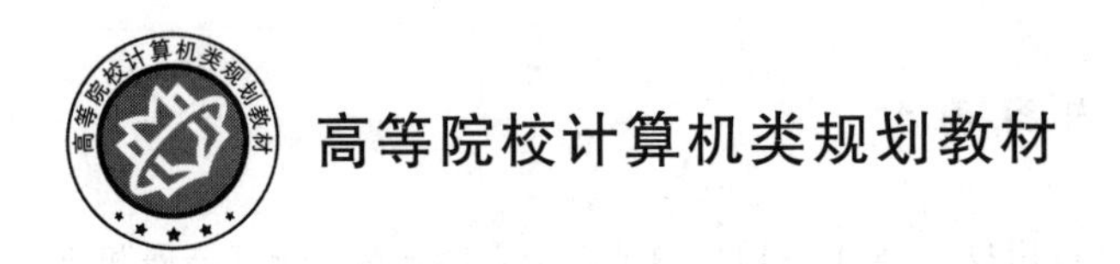

人工智能原理及应用

刘丽 鲁斌 李继荣 姜丽梅 编著

北京邮电大学出版社
www.buptpress.com

内容简介

本书系统介绍人工智能的基本原理、方法和应用技术，全面反映国内外人工智能领域的研究进展和热点。第1章为绪论，探讨人工智能的基本概念、发展历程、研究目标、学术流派及研究和应用领域等；第2章为知识表示，对人工智能的典型知识表示技术，以及基于特定知识表示技术的推理方法进行讨论；第3章为搜索策略，讨论问题的搜索求解策略，包含盲目搜索和启发式搜索等；第4章为逻辑推理，基于归结原理讨论逻辑推理在人工智能系统中的应用；第5章为不确定性推理，介绍不确定性推理的基本概念和典型的不确定性推理技术；第6章为机器学习的基本概念，以及一些经典机器学习算法的基本思想；第7章为计算智能，探讨基于仿生的智能算法，包括遗传算法和群算法的基本原理和实现技术；第8章为智能体和多智能体系统，介绍智能体和多智能体系统的基本概念，多智能体系统的通信、协调与协作技术以及实际应用；第9章为人工智能在电力系统中的应用，介绍电力系统故障诊断、电力巡检、用电行为分析中的人工智能技术。

本书内容由浅入深、循序渐进、条理清晰，各章留有大量的例题和习题，便于读者巩固所学知识，可用作高等学校计算机类、电气信息类、机械类以及其他相关专业高年级本科生和研究生的教材或教学参考书，也可供其他相关研究、设计和技术开发人员参考。

图书在版编目（CIP）数据

人工智能原理及应用 / 刘丽等编著. -- 北京：北京邮电大学出版社，2023.4

ISBN 978-7-5635-6906-9

Ⅰ.①人… Ⅱ.①刘… Ⅲ.①人工智能 Ⅳ.①TP18

中国国家版本馆 CIP 数据核字(2023)第 052170 号

策划编辑：马晓仟　**责任编辑**：马晓仟　谢亚茹　**责任校对**：张会良　**封面设计**：七星博纳

出版发行：北京邮电大学出版社
社　　址：北京市海淀区西土城路 10 号
邮政编码：100876
发 行 部：电话：010-62282185　传真：010-62283578
E-mail：publish@bupt.edu.cn
经　　销：各地新华书店
印　　刷：保定市中画美凯印刷有限公司
开　　本：787 mm×1 092 mm　1/16
印　　张：19.75
字　　数：514 千字
版　　次：2023 年 4 月第 1 版
印　　次：2023 年 4 月第 1 次印刷

ISBN 978-7-5635-6906-9　　定价：52.00 元

·如有印装质量问题，请与北京邮电大学出版社发行部联系·

前　言

人工智能是一门新理论、新技术、新方法和新思想不断涌现的前沿交叉学科，更是一个比较接近应用层面的领域。硬件的发展为人工智能算法的优化及进化提供了强有力的支撑，各领域的人工智能理论研究及应用不断涌现，进一步推进了人工智能的普及。如今，人工智能已慢慢渗透到了各个领域，如能源、机械、电子、天文等，成为这些领域的基本工具，并逐渐成为技术人员的必备工具。2017 年，《新一代人工智能发展规划》《促进新一代人工智能产业发展三年行动计划（2018—2020 年）》等一系列政策规划的出台让人工智能的发展有了明确的时间表和路线图，也表明人工智能已经上升至国家战略层面。人工智能作为引领未来的战略性技术，相关人才的培养已上升到国家战略高度。近几年，随着国家的重视和教育资源的不断投入，我国在人工智能关键技术方面取得了不错的成绩，我国高校的人工智能教育水平也在飞速提升。

本书作者多年来一直从事人工智能及其应用方面的教学和研究工作，根据人工智能学科的特点和发展趋势，结合教学思路和经验，在 2017 年编写出版了《人工智能及应用》作为本科生的人工智能课程的教材。随着人工智能技术的发展，越来越多的本科专业开设了人工智能课程，其教材也在不断更新。本书根据新工科建设和工程教育认证要求，对人工智能课程的教学内容和组织形式进一步充实和优化，其目的是：使学生学习人工智能的基本概念、基本原理和基本技术，了解人工智能的前沿内容和具体应用，为今后进一步从事人工智能理论研究和实际应用工作奠定基础。

本书共 9 章。第 1 章为绪论，介绍人工智能的基本概念、发展历程、研究目标、学术流派以及研究和应用领域。第 2 章为知识表示，介绍一阶谓词逻辑表示法、产生式表示法、语义网络表示法、框架表示法和知识图谱。第 3 章为搜索策略，介绍基于搜索的问题求解策略。第 4 章为逻辑推理，介绍逻辑推理、归结原理和逻辑程序设计语言 PROLOG。第 5 章为不确定性推理，介绍确定性理论、主观 Bayes 方法、证据理论、贝叶斯网络、模糊推理等不确定性推理技术。第 6 章为机器学习，介绍决策树学习、朴素贝叶斯算法、人工神经网络、支持向量机、聚类分析等学习方法。第 7 章为计算智能，介绍以遗传算法、粒子群算法、蚁群算法为代表的随机搜索算法。第 8 章为智能体和多智能体系统，介绍智能体和多智能体的基本概念、理论和实际应用。第 9 章为人工智能在电力系统中的应用，针对专家系统用于电力系统故障诊断、智能机器人用于电力巡检、基于电力大数据的用电行为分析进行详细介绍。

参编人员在本书的编写过程中进行了广泛调研和讨论，形成了本书内容全面、目标清晰、注重实用和特色鲜明的风格。

① 内容全面。本书详细介绍了人工智能的经典理论、研究方法和新兴技术，有助于帮助读者充分掌握人工智能的基本理论，并为以后更深入的学习奠定基础。

② 目标清晰。本书作为人工智能的入门级教材，用通俗的语言进行深入浅出的讲解，旨在帮助初学者掌握人工智能的基本理论和对人工智能有一个全面的理解，有助于读者循序渐进地了解人工智能。

③ 注重实用。在“重基础，强应用”的基本原则下，本书精选人工智能的基本理论和具体应用实例，能够让读者更快、更容易地理解教材内容，同时考虑新工科建设和工程教育专业认证要求，注重学生人工智能应用能力的培养。

④ 特色鲜明。人工智能技术对电力信息化、智能化的发展至关重要，作者结合自身的研究工作，对人工智能在电力系统中的应用进行了详细介绍，因此本书可为智能电网相关领域的研究者提供参考。

本书由刘丽、鲁斌、李继荣和姜丽梅编著。作者在本书的编写过程中参阅了大量的国内外文献资料，在此谨向这些文献的作者表示由衷的敬意和感谢。

本书的编写与出版得到了华北电力大学中央高校基本科研业务费专项资金（项目号：2022MS102）的资助。

由于作者水平有限，书中难免会有不足之处，欢迎读者提出宝贵意见。

作　者

2022 年 8 月

目　录

第1章 绪论

人工智能(Artificial Intelligence,AI)与空间技术、能源技术并称世界三大尖端技术,也被认为是三次工业革命后的又一次革命,它是在计算机科学、控制论、信息论、神经生理学、哲学、语言学等多种学科研究的基础上发展起来的,是一门新思想、新观念、新理论、新技术不断涌现的前沿性学科和迅速发展的综合性学科。当前,人工智能被广泛应用到各行各业,成为推动产业发展的重要手段之一,从IBM的“Waston”到微软的“小冰”,从“深蓝”到“AlphaGo”,人工智能一次次引人注目。本章着重讨论人工智能的基本概念,并对人工智能的发展、研究目标、研究途径以及研究领域等做相应的探讨。

1.1 人工智能的基本概念

什么是智能?什么是人工智能?人工智能和人的智能、动物的智能有什么区别和联系?这些是每个人工智能的初学者都会问到的问题,也是学术界长期争论的问题。人工智能的出现不是偶然的,从思想基础上讲,它的出现是人们长期以来探索能进行计算、推理和其他思维活动的智能机器的必然结果;从理论基础上讲,它的出现是控制论、信息论、系统论、计算机科学、神经生理学、心理学、数学和哲学等多种学科相互渗透的结果;从物质基础上讲,它的出现是电子数字计算机广泛应用的结果。

为了帮助读者更好地理解人工智能的内涵,本节先介绍一些与人工智能相关的基本概念。

1.1.1 智能的概念

智能的拉丁文是“Legere”,意思是收集、汇集。但智能的本质是什么,智能是如何产生的,尽管相关的学者和研究人员一直在努力探究,但这些问题仍然没有完全解决,依然是困扰人类的自然奥秘。

近年来,神经生理学家、心理学家等对人脑的结构和功能有了一些初步认识,但整个神经系统的内部结构和作用机制,特别是脑的功能原理还没有被完全搞清楚,因此对智能做出一个精确、可被公认的定义显然是不可能的,即研究人员只能基于自己的研究领域,从不同角度、侧面对智能进行描述。通过对这些观点的学习,人们可以大致了解智能的内涵和特征。

思维理论认为,智能的核心是思维,人类的一切智慧或智能都来自大脑的思维活动,人类的一切知识都是人们思维的产物，因而通过对思维规律与方法的研究可以揭示智能的本质。思维理论来源于认知科学，认知科学是研究人们认识客观世界的规律和方法的一门学科。

知识阈值理论认为，智能行为取决于知识的数量和知识的一般化程度，系统的智能来自它运用知识的能力，智能就是在巨大的搜索空间中迅速找到一个满意解的能力。知识阈值理论强调知识在智能中的重要意义和作用，推动了专家系统、知识工程等领域的发展。

进化理论认为，人的本质能力是在动态环境中的行走能力、对外界事物的感知能力、维持生命和繁衍生息的能力，这些本质能力为智能的发展提供了基础，因此智能是某种复杂系统所呈现的性质，是许多部件交互作用的结果。智能仅仅由系统总的行为以及行为与环境的联系所决定，它可以在没有明显的可操作的内部表达的情况下产生，也可以在没有明显的推理系统的情况下产生。进化理论是由 MIT 的布鲁克斯(R. A. Brooks)教授提出的。他是人工智能进化主义学派的代表人物。

综合以上各种观点，智能是知识与智力结合的产物，其中知识是智能行为的基础，智力是获取知识并运用知识解决问题的能力。智能具有如下特征。

1. 感知能力

感知能力是指人类通过诸如视觉、听觉、触觉、味觉、嗅觉等感觉器官感知外部世界的能力。感知是人类最基本的生理、心理行为，也是获取外部信息的基本途径。人类通过感知能力获得关于世界的相关信息，然后将其经大脑加工成为知识。感知是智能活动产生的前提和基础。

通常，人类对感知到的外界信息有两种不同的处理方式：一是在紧急或简单情形下，不经大脑思索，直接由底层智能机构做出反应；二是在复杂情形下，通过大脑思维，做出反应。

2. 记忆与思维能力

记忆与思维都是人脑的重要特征：记忆存储感觉器官感知到的外部信息和思维产生的知识；思维则对记忆的信息进行处理，动态地利用已有知识对信息进行分析、计算、比较、判断、推理、联想、决策等，是获取知识、运用知识并最终解决问题的根本途径。

思维有逻辑思维、形象思维和灵感思维等之分。其中，逻辑思维与形象思维是最基本的两类思维方式，而灵感思维指人在潜意识的激发下获得灵感而“忽然开窍”，也称顿悟思维。神经生理学家发现，逻辑思维与左半脑的活动有关，而形象思维与右半脑的活动有关。

逻辑思维也被称为抽象思维，是根据逻辑规则对信息进行理性处理的思维，反映了人们以抽象、间接、概括的方式认识客观世界的过程。推理、证明、思考等活动都是典型的抽象思维过程。抽象思维具有如下特征：

① 抽象思维是基于逻辑的思维；

② 抽象思维过程是串行、线性的过程；

③ 抽象思维容易形式化，可以用符号串表示思维过程；

④ 抽象思维过程严密、可靠，可用于从逻辑上合理预测事物的发展，加深人们对事物的认识。

形象思维以客观现象为思维对象，以感性形象认识为思维材料，以意象为主要思维工具，以指导创造物化形象的实践为主要目的，因此也称直感思维。图像识别、视觉信息加工等都需要形象思维。形象思维具有如下特征：

① 形象思维主要基于直觉或感觉形象思维；

② 形象思维过程是并行协同式、非线性的过程；

③ 形象思维较难形式化，对象、场合不同，形象的联系规则也不同，因此没有统一的形象联系规则；

④ 信息变形或缺少时，仍然有可能得到比较满意的结果。

灵感思维是显意识与潜意识相互作用的思维方式。"茅塞顿开""恍然大悟"等都是灵感思维的典型例子，在这样的过程中除了能明显感觉到的显意识外，不能感觉到的潜意识也发挥了作用。灵感思维具有如下特点：

① 灵感思维具有不定期的突发性；

② 灵感思维具有非线性的独创性及模糊性；

③ 灵感思维穿插于形象思维与逻辑思维之中，有突破、创新、升华的作用；

④ 灵感思维过程更复杂，至今无法描述其产生和实现的原理。

3. 学习与自适应能力

学习是人类的本能，这种学习可能是自觉、有意识的，也可能是不自觉、无意识的，可能是有教师指导的学习，也可能是通过自身实践的学习。人类通过学习，不断适应环境，积累知识。

4. 行为能力

行为能力是指人们通过语言、表情、眼神或者形体动作对外界刺激做出反应的能力，也被称为表达能力。外界的刺激可以是通过感知直接获得的信息，也可以是通过思维活动得到的信息。

1.1.2 现代人工智能的兴起

尽管人工智能的历史背景可以追溯到遥远的过去，但一般认为人工智能这门学科于1956年诞生于达特茅斯(Dartmouth)学院。

1946年，世界上第一台电子计算机ENIAC诞生于美国，其最初被用于军方弹道表的计算，经过大约10年的计算机科学技术的发展，人们逐渐意识到，除了单纯的数字计算外，计算机还可以帮助人们完成更多的事情。1956年夏季，达特茅斯学院的数学助教麦卡锡(J. McCarthy，后为斯坦福大学教授)、哈佛大学的数学与神经学初级研究员明斯基(M. L. Minsky，后为麻省理工学院教授)、IBM公司的信息研究中心负责人罗切斯特(N. Lochester)和贝尔实验室的信息部数学研究员香农(C. Shannon，信息论的创始人)邀请IBM公司的莫尔(T. More)和塞缪尔(A. L. Samuel)、麻省理工学院的塞尔弗里奇(O. Selfridge)和索罗门夫(R. Solomonff)以及兰德(RAND)公司和卡内基(Carnagie)工科大学的纽厄尔(A. Newell)和西蒙(H. A. Simon)等人参加了一个持续2个月的夏季学术讨论会，会议的主题涉及自动计算机和如何为计算机编程使其能够使用语言、神经网络、计算规模理论、自我改造、抽象、随机性与创造性等方面。在这次学术讨论会上，他们第一次正式使用了人工智能这一术语，并开创了人工智能的研究方向，这标志着人工智能作为一门新兴学科正式诞生。

1.1.3 人工智能的定义

考虑到人工智能学科本身相对较短的发展历史以及学科所涉及领域的多样性，人工智能的定义至今仍存在争议，目前还没有一个公认的说法。在人工智能发展过程中，不同学术流派、具有不同学科背景的人工智能学者对它有着不同的理解，提出了一些不同的观点。以下是人工智能领域一些比较权威的科学家给出的人工智能的定义。

人工智能之父、达特茅斯会议的倡导者之一、1971年图灵奖的获得者麦卡锡教授认为，人工智能使一部机器的反应方式就像是一个人在行动时所依据的智能。

人工智能逻辑学派的奠基人、美国斯坦福大学人工智能研究中心的尼尔森(J. Nilsson)教授认为，人工智能是关于知识的科学，即怎样表示知识、获取知识和使用知识的科学。

美国人工智能协会前主席、麻省理工学院的P. Winston教授认为，人工智能是研究如何使计算机做过去只有人才能做的智能工作的学科。

人工智能之父、达特茅斯会议的倡导者之一、首位图灵奖的获得者明斯基认为，人工智能是研究让机器做本需要人的智能才能做到的事情的一门学科。

知识工程的提出者、大型人工智能系统的开拓者、图灵奖的获得者费根鲍姆(E. A. Feigenbaum)认为，人工智能是一个知识信息处理系统。

综合各种不同的人工智能观点，可以从“能力”和“学科”两方面对人工智能进行理解。从本质上讲，人工智能是指用人工的方法在机器上实现智能，是一门研究如何构造智能机器或智能系统，使之具备模拟人类智能活动的能力，以延伸人类智能的科学。

1.1.4 广义人工智能和狭义人工智能

2001年，中国人工智能学会第九次全国学术会议在北京举行，中国人工智能学会荣誉理事长涂序彦在题为《广义人工智能》的报告中，提出了广义人工智能(Generalized Artificial Intelligence，GAI)的概念，并给出了广义人工智能的学科体系，他认为人工智能这个学科已经从学派分歧、不同层次、传统的“狭义人工智能”转变为多学派兼容、多层次结合的广义人工智能。广义人工智能的含义如下：

① 广义人工智能是多学派兼容的，能模拟、延伸与扩展“人的智能”以及“其他动物的智能”，既研究机器智能，也开发智能机器；

② 广义人工智能是多层次结合的，如自推理、自联想、自学习、自寻优、自协调、自规划、自决策、自感知、自识别、自辨识、自诊断、自预测、自聚焦、自融合、自适应、自组织、自整定、自校正、自稳定、自修复、自繁衍、自进化等，不仅研究专家系统、人工神经网络，而且研究模式识别、智能计数器人等；

③ 广义人工智能是多智体协同的，不仅研究个体、单机、集中式人工智能，而且研究群体、网络、多智体(multi-Agent)、分布式人工智能(Distributed Artificial Intelligence，DAI)，从而模拟、延伸与扩展人的群体智能或其他动物的群体智能。

1.1.5 图灵测试和中文房间问题

在人工智能的发展史上，学者们针对一些关键问题，曾经有不少激烈的讨论。例如，如何判断一个系统是否具有智能，是否能够制造出真正能推理和解决问题、具有知觉和自我意识的智能机器，等等。本节介绍图灵测试和中文房间问题，并针对这两个问题进行一些有趣的探讨。

1. 图灵测试

如果现在有一台计算机运算速度非常快，其记忆容量和逻辑单元的数目也超过了人脑，而且这台计算机配备了许多智能化的程序和相应的大量数据使它能做一些人性化的事情，如听或说、回答某些问题等，那么是否能说这台机器具有了思维能力呢？也就是说，怎样才能判断一台机器是否具备了思维能力呢？

1950年,阿兰·麦席森·图灵(A. M. Turing)到曼彻斯特大学任教,同时还担任该大学自动计算机项目的负责人。1950年的10月,他发表了一篇题为《机器能思考吗?》的论文。在这篇论文里,图灵第一次提出"机器思维"的概念,逐条反驳了机器不能思维的论调,还从行为主义的角度对智能问题下了定义,并由此提出一个假想:如果一个人在不接触对方的情况下通过一种特殊的方式和对方进行一系列的问答,并在相当长的时间内无法根据这些问题判断对方是人还是计算机,就可以认为这个计算机具有同人相当的智力,即这台计算机是具有智能的。这就是著名的"图灵测试"(Turing test)。

(1) 测试的设置

测试的设置如图1-1所示。测试的参与者包含两部分,分别是测试人和被测试人,其中被测试人为一个人和一个声称自己具有人类智力的机器。在测试过程中,被测试的人须如实回答问题,并试图说服测试人"自己是人,对方是计算机";而声称自己具有人类智力的机器则努力说服测试人"自己是人,对方才是计算机"。

测试过程中,测试人与被测试人是分开的,测试人只能通过一些装置(如键盘)向被测试人随意询问一些问题。问过一些问题后,如果测试人能够正确地分出谁是人、谁是机器,那么机器就没有通过图灵测试;如果测试人不能分出谁是机器、谁是人,那么这台机器就通过了图灵测试,具有了图灵测试意义下的智能。

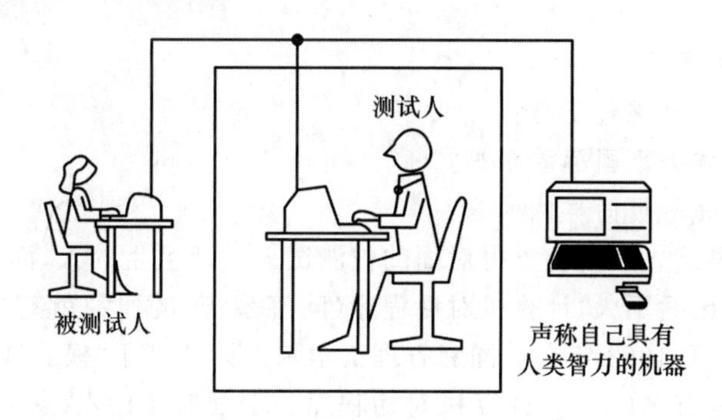

图1-1 图灵测试的设置

(2) 测试的实例

图灵测试要求测试人不断提出各种问题,从而辨别回答者是人还是机器。图灵还为这项测试亲自拟定了几个示范性例子。

范例一

问:请给我写出一首有关"第四号桥"主题的十四行诗。

答:不要问我这道题,我从来不会写诗。

问:34 957加70 764等于多少?

答:(停30秒后)105 721。

问:你会下国际象棋吗?

答:是的。

问:我在K1处有棋子K;而你在K6处有棋子K,在R1处有棋子R。现在轮到你走,你应该走哪步棋?

答:(停15秒钟后)棋子R走到R8处,将军!

在这个范例中,测试者大概会认为回答问题的是人。

图灵指出:“如果机器在某些现实的条件下,能够非常好地模仿人回答问题,以至于测试人在相当长的时间里误认为它不是机器,那么该机器就可以被认为是具有思维的。”从表面上看,使机器回答按一定范围提出的问题可以通过编制特殊的程序来实现,似乎没有什么困难。然而,由于测试人问题的任意性,尤其是在涉及常识问题的时候,编制完美的程序是极其困难的,如下面的范例。

范例二

问:你会下国际象棋吗?

答:是的。

问:你会下国际象棋吗?

答:是的。

问:请再次回答,你会下国际象棋吗?

答:是的。

在这个范例中,测试人多半会认为,面前的这位被测试人是一部笨机器。但如果通过编制程序,使得提问与回答呈现出下面的状态,那么结论或许会不一样。

范例三

问:你会下国际象棋吗?

答:是的。

问:你会下国际象棋吗?

答:是的,我不是已经说过了吗?

问:请再次回答,你会下国际象棋吗?

答:你烦不烦,干吗老提同样的问题?

在这个范例中,测试人大概会觉得对面的被测试人是活生生的人,而不是机器。

在图灵测试被提出后不久,计算机对话程序(问答系统)的研究就有了长足的进步。威森鲍姆(J. Weizenbaum)于1968年在美国麻省理工学院设计的基于“模式匹配”的自然语言系统中的ELIZA就是比较有名的一个计算机对话程序。下面是ELIZA模拟一位心理治疗医生(计算机)同一位女患者(用户)进行交谈的谈话片段。

P(女患者):所有男人都一个样。

E(ELIZA):这从何说起呢?

P:他们总是这样那样地找我们的麻烦。

E:你能举一个例子吗?

P:好吧,你瞧,我的男朋友叫我到这儿来。

E:哦,你的男朋友叫你到这儿来。

P:他总说我看起来精神沮丧。

E:听到你说你精神沮丧,我很同情。

P:说真的,我很不高兴。

E:你认为到这儿来能帮你高兴起来吗?

P:那当然,我需要帮助。

E:如果你得到了帮助,那意味着什么?

P:或许我能学会如何跟妈妈相处。

E:和我讲讲你的家人吧。

……

ELIZA是根据“罗杰斯心理治疗模式”编写的，许多和ELIZA聊过天的人坚信ELIZA是一个真实的人，哪怕在程序开发者再三说明后仍然如此。更奇怪的是，他们乐意与ELIZA单独聊天，有时一聊就是几个小时。也就是说，ELIZA作为一个心理治疗医师是相当成功的，它甚至得到了专业医师的好评。然而，ELIZA并没有通过图灵测试。当然，图灵自己也认为制造一台能通过图灵测试的计算机并不是一件容易的事情，尤其是在测试人有足够心理预期的情况下，他们始终清楚自己是在辨析聊天对象是人还是机器的，这和寻求心理治疗的人很不相同。

从上面的例子可以看出，为了通过图灵测试，计算机除了要模拟好人类的优点，还要模拟好人类的不足，即计算机在测试中既不能表现得比人类愚蠢，也不能表现得比人类聪明。在这个过程中，真正让具有强大计算和存储能力的计算机感到困难的是一些常识性问题。即使是那些人类非常轻松就能处理的常识性问题，对于计算机来说也非常困难。

利用计算机难以通过图灵测试的特点，编程时可以逆向使用图灵测试，解决复杂问题。例如，在进行申请邮箱、网站注册时，我们经常会看到在登录界面上除了要输入用户名、密码，还要识别出系统随机产生的一些在复杂背景上的变形文字，这些变形文字就是用于防止恶意软件对网络系统攻击的。

2. 中文房间问题

在人工智能的研究过程中，哲学家将人工智能的观点分为两类，即弱人工智能和强人工智能。弱人工智能只是把计算机看作研究心灵哲学的一个有力的工具，即机器智能只是模拟智能。强人工智能则认为搭载适当编程的计算机就可以被认为具有理解能力和其他认知状态，也就是说，搭载恰当编程的计算机就是一个心灵，机器确实可以有真正的智能。强人工智能和弱人工智能两种观点进行了激烈的争论，出现了不少巧妙的假想实验，中文房间(chinese room)问题就是著名的一个。

1980年，美国哲学家约翰·希尔勒(J. Searle)博士提出了名为“中文房间”的假想实验来模拟图灵测试，从而反驳强人工智能观点，其中一个是基于罗杰·施安克的故事理解程序的。

罗杰·施安克的故事理解程序是指：计算机在“阅读”一个英文写的小故事之后，回答一些和故事有关的问题。英文故事如下。

故事一：一个人进入餐馆并订了一份汉堡包。汉堡包端来后，此人发现汉堡包被烘脆了，此人暴怒地离开餐馆，没有付账或留下小费。

故事二：一个人进入餐馆并订了一份汉堡包。汉堡包端来后，此人非常喜欢，而且在付完账离开餐馆之前，给了女服务员很多小费。

作为对理解故事程序的检验，人们可以向计算机询问，在上述每一种情况下此人是否吃了汉堡包。对这类简单的故事和问题，计算机可以给出和任何会讲英文的人无区别的答案(答案只有“是”或“否”两种)，即计算机在这种意义上已经通过了图灵测试。但这是否意味着计算机或程序本身具有了理解能力呢？希尔勒博士用中文房间问题给出了弱人工智能的结论：某台计算机即使能正确回答问题，通过了图灵测试，它对问题也没有任何理解，因此不具备真正的智能。

希尔勒博士假设：希尔勒博士本人在一个封闭的房间里，该房间有用于输入/输出的缝隙与外部相通，房间内有一本英文指令手册，从中可以找到某个外部输入的信息对应的正确输出。在这个假设下，房间相当于一台计算机，用于输入/输出的缝隙相当于计算机的输入/输出系统，希尔勒博士相当于计算机中的CPU，房间内的英文指令手册则是CPU运行的程序。外部输入房间的信息是中文问题,而房间内的希尔勒博士事先已经声明自己对中文一窍不通,他只是根据英文指令手册找到对应于中文输入的解答,然后把作为答案的中文符号写在纸上,再从缝隙输出房间。考虑到英文指令手册来源于经过检验、能正确回答问题的故事理解程序,希尔勒博士通过手册能处理输入的中文问题并给出正确答案(中文的"是"或"否"),就如同一台计算机通过了图灵测试。但是,他对那些中文问题毫不理解,甚至不理解其中的任何一个词!

希尔勒博士用中文房间问题说明:正如房间中的人不能通过英文指令手册理解中文一样,计算机也不能通过程序获得对中文(自然语言)故事的理解能力。

1.2 人工智能的发展历程

从 1956 年达特茅斯会议上"人工智能"作为一门新兴学科正式提出到现在,人工智能走过了一条坎坷曲折的发展道路,也取得了惊人的成就和迅速的发展。人工智能的发展历程包括孕育期、形成期和发展期 3 个主要阶段。

1.2.1 孕育期(1956 年之前)

尽管人工智能的兴起一般被认为开始于 1956 年夏季的达特茅斯会议,但自古以来,人类就一直在尝试用各种机器代替人的部分劳动,以提高征服自然的能力。例如,中国道家的重要典籍《列子》中有"偃师造人"一文,记载了能工巧匠偃师研制歌舞机器人的传说;春秋后期,据《墨经》记载,鲁班曾造过一只木鸟,能在空中飞行"三日不下";古希腊也有制造机器人帮助人们从事劳动的神话传说。当然,除了文学作品中关于人工智能的记载之外,很多科学家也为"人工智能"这个学科的诞生付出了艰辛的劳动和不懈的努力。

古希腊著名的哲学家亚里士多德(Aristotle)曾在他的著作《工具论》中提出了一些形式逻辑的主要定律,其中的"三段论"至今仍然是演绎推理的基本依据,亚里士多德本人也因此被称为形式逻辑的奠基人。

提出"知识就是力量"这一警句的英国哲学家培根(F. Bacon)系统地提出了归纳法,对人工智能转向以知识为中心的研究产生了重要影响。

德国数学家和哲学家莱布尼茨(G. W. Leibniz)在法国物理学家和数学家布莱斯・帕斯卡(B. Pascal)所设计的机械加法器的基础上,发展并制成了能进行四则运算的计算器,还提出了逻辑机的设计思想,即通过符号体系对对象的特征进行推理,这种"万能符号"和"推理计算"思想的产生标志着现代化"思考"机器开始萌芽。

英国逻辑学家布尔(G. Boole)创立了布尔代数,并首次用符号语言描述了思维活动的基本推理法则。

19 世纪末期,德国逻辑学家弗雷治(G. Frege)提出用机械推理的符号表示系统,从而发明了人们现在熟知的谓词演算。

1936 年,英国数学家图灵提出了一种理想计算机的数学模型,即图灵机,这为后来电子计算机的问世奠定了理论基础。他还在 1950 年提出了著名的"图灵测试",给智能的标准提供了明确的定义。

1943 年,美国神经生理学家麦卡洛克(W. McCulloch)和数理逻辑学家皮茨(W. Pitts)提出了第一个神经元的数学模型,即 M-P 模型,开创了神经科学研究的新时代。

1945年,美籍匈牙利数学家冯.诺依曼(J. V. Neumann)提出了以二进制和程序存储控制为核心的通用电子数字计算机体系结构原理,奠定了现代电子计算机体系结构的基础。

1946年,美国数学家莫克利(J. W. Mauchly)和埃柯特(J. P. Eckert)制造出了世界上第一台电子数字计算机ENIAC。这项重要的研究成果为人工智能的研究提供了物质基础,对全人类的生活影响至今。

此外,美国著名数学家维纳(N. Wiener)创立的控制论、贝尔实验室主攻信息研究的数学家香农创立的信息论等,都为人工智能这一学科的诞生铺平了道路。

在这一时期,人工智能的雏形逐步形成,人工智能诞生的客观条件也逐渐具备。因此,这一时期被称为人工智能的孕育期。

1.2.2 形成期(1956—1969年)

达特茅斯讨论会之后,美国形成了以人工智能为研究目标的几个研究组,它们分别是纽厄尔和西蒙的Carnegie-RAND协作组(也称为心理学组)、塞缪尔和格伦特尔(H. Gelernter)的IBM公司工程课题研究组以及明斯基和麦卡锡的MIT研究组,这3个小组在后续的十多年中,分别在定理证明、问题求解、博弈等领域取得了重大突破。人们把这一时期称为人工智能基础技术的研究和形成期。鉴于这一阶段人工智能的飞速发展,也有人称之为人工智能的高潮时期。这一时期,人工智能研究工作主要集中在以下几个方面。

1. Carnegie-RAND协作组

1957年,纽厄尔、肖(J. Shaw)和西蒙等人编制了一个名为逻辑理论机(Logic Theory Machine,LTM)的数学定理证明程序,该程序能模拟人类用数理逻辑证明定理时的思维规律,证明了怀特黑德(A. N. Whitehead)和罗素(B. A. W. Russel)的经典著作《数学原理》中第2章的38个定理,后来又在一部较大的计算机上完成了该章全部的52条定理的证明。1960年,他们编制的通用问题求解程序(General-Problem Solving Program,GPS)解决了诸如不定积分、三角函数、代数方程、猴子摘香蕉、汉诺塔、人羊过河等11种不同类型的问题。通用问题求解程序和逻辑理论机都是首次在计算机上运行的启发式程序。

此外,Carnegie-RAND协作组还发明了编程的表处理技术和NSS国际象棋机,纽厄尔关于自适应象棋机的论文以及西蒙关于问题求解、决策过程中合理选择和环境影响的行为理论的论文,这些都是当时信息处理研究方面的巨大成就。后来,他们的学生还做了许多相关的研究工作,如1959年,人的口语学习和记忆的初级知觉和记忆程序(Elementary Perceiving and Memory Program,EPAM)模型,成功地模拟了高水平记忆者的学习过程与实际成绩;1963年,林德赛(R. Lindsay)用IPL-V表处理语言设计的自然语言理解程序SAD-SAM能回答关于亲属关系方面的提问;等等。

2. IBM公司工程课题研究组

1956年,塞缪尔在IBM 704计算机上成功研制了一个具有自学习、自组织和自适应能力的西洋跳棋程序,该程序可以像人类棋手那样多看几步后再走棋,可以学习人的下棋经验或自已积累经验,还可以学习棋谱。这个程序1959年战胜了设计者本人,1962年击败了美国一个州的跳棋冠军。他们的工作为发现启发式搜索在智能行为中的基本机制作用做出了贡献。

3. MIT研究组

1958年,麦卡锡进行Advice Taker课题的研究,试图使程序能接受劝告而改善自身的性能。Advice Taker被称为世界上第一个体现知识获取工具思想的系统。1959年,麦卡锡发明了表处理语言 LISP,该语言成为人工智能程序设计的主要语言,至今仍被广泛采用。1960年,明斯基撰写论文《走向人工智能的步骤》。这些工作都对人工智能的发展起了积极的作用。

4. 其他

1965 年,鲁宾孙(J. A. Robinson)提出了归结原理(消解原理),这种与传统演绎推理完全不同的方法成为自动定理证明的主要技术。

1965 年,知识工程的奠基人、美国斯坦福大学的费根鲍姆领导的研究小组成功研制了化学专家系统 DENDRAL,该系统能够根据质谱仪测得的实验数据分析推断出未知化合物的分子结构。DENDRAL 于 1968 年完成并投入使用,其分析能力已经接近于甚至超过了有关化学专家的水平,在美国、英国等国家得到了实际应用。DENDRAL 的出现对人工智能的发展产生了深刻的影响,其意义远远超出系统本身在实际使用中创造的价值。

1957 年,罗森布拉特(F. Rosenblatt)提出了可用于简单的文字、图像和声音识别的感知器(Perceptron),推动了人工神经网络的发展。

1969 年,国际人工智能联合会议(International Joint Conferences on Artificial Intelligence, IJCAI)成立,这是人工智能发展史上的一个重要里程碑,标志着人工智能这门学科已经得到了世界的肯定。

1.2.3 发展期(1970—2010 年)

在这一时期,人工智能的发展经历曲折而艰难,曾一度陷入困境,但又很快兴起,知识工程的方法渗透到了人工智能的各个领域,人工智能也从实验室走向实际应用。

1. 困境

1970 年以后,许多国家相继开展了人工智能方面的研究工作,大量成果不断涌现,但困难和挫折也随之而来。人工智能遇到了很多当时难以解决的问题,其发展陷入困境。

塞缪尔研制的下棋程序在和世界冠军对弈时,5 局中败了 4 局,并且很难再有发展。

鲁宾孙提出的归结原理在证明两个连续函数之和仍然是连续函数时,推导了 10 万步依然没有得到结论。

人们曾认为只用一部双向词典和一些语法知识就能实现的机器翻译,结果闹出了笑话。例如,当其把“光阴似箭”的英语句子“Time flies like an arrow”翻译成日语再翻译回英语时,结果成了“苍蝇喜欢箭”;当把“心有余而力不足”的英语句子“The spirit is willing but the flesh is weak”翻译成俄语再翻译回英语时,结果成了“The wine is good but the meat is spoiled”,即“酒是好的,但肉却变质了”。

对于问题求解,旧方法研究的多是良结构问题,但在用旧方法解决现实世界中的不良结构问题时,产生了组合爆炸问题。

在神经心理学方面,研究发现人脑的神经元多达 10^{11}～10^{12} 个,因此在当时的技术条件下用机器从结构上模拟人脑根本不可能。明斯基出版的专著 *Perceptrons* 指出了备受关注的单层感知器存在严重缺陷,竟然不能解决简单的异或(XOR)问题。人工神经网络的研究陷入低潮。

在这种情况下,本来就备受争议的人工智能更是受到了来自哲学、心理学、神经生理学等各个领域的责难、怀疑和批评,有些国家还削减了人工智能的研究经费,人工智能的发展进入了低潮期。

2. 生机

尽管人工智能研究的先驱们面对了种种困难,但他们没有退缩和动摇。其中,费根鲍姆在斯坦福大学带领研究团队进行了以知识为中心的人工智能研究,开发了大量杰出的专家系统(Expert System,ES)。人工智能从困境中找到新的生机,很快再度兴起,进入了以知识为中心的时期。

在这个时期,不同功能、不同类型的专家系统在多个领域产生了巨大的经济效益和社会效益,鼓舞了大量的学者从事人工智能、专家系统的研究。专家系统是一个具有大量专门知识,并能够利用这些知识解决特定领域中需要由专家才能解决的那些问题的计算机程序。这一时期比较著名的专家系统有DENDRAL、MYCIN、PROSPECTOR、XCON等。

DENDRAL是一个化学质谱分析系统,能根据质谱仪的数据和核磁谐共数据,利用专家知识推断出有机化合物的分子结构,其能力相当于一个年轻的博士,它于1968年投入使用。

MYCIN是1976年研制成功、用于血液病治疗的专家系统,能够识别51种病菌,正确使用23种抗生素,可协助医生诊断、治疗细菌感染性血液病,为患者提供最佳处方,已成功地处理了数百例病例。MYCIN曾经与斯坦福大学医学院的9位感染病医生一同参加过一次测试:他们分别对10例感染源不明的患者进行诊断并开出处方,然后由8位专家对他们的诊断进行评判。在整个测试过程中,MYCIN和其他9位医生互相隔离,评判专家也不知道哪一份答卷是谁做的。专家的评判内容包含两部分:一是所开具的处方是否对症有效,二是开出的处方是否对其他可能的病原体也有效且用药不过量。对于第一个评判内容,MYCIN与另外3位医生开出的处方一致且有效;对于第二个评判内容,MYCIN的得分超过了9位医生,显示出了较高的医疗水平。

PROSPECTOR是1981年斯坦福大学国际人工智能中心的杜达(R. D. Duda)等人研制的地矿勘探的专家系统,它拥有15种矿藏知识,能根据岩石标本以及地质勘探数据对矿藏资源进行估计和预测,即能对矿床分布、储藏量、品质、开采价值等进行推断,并能合理制定开采方案,曾经成功找到一个价值超过一亿美元的钼矿。

XCON是美国DEC公司的专家系统,能根据用户的需求确定计算机的配置,专家做这项工作一般需要3个小时,而XCON只需要0.5分钟,速度提高了300多倍。DEC公司还有一些其他的专家系统,由此产生的净收益每年超过了4 000万美元。

这一时期与专家系统同时发展的重要领域还有计算机视觉、机器人、自然语言理解和机器翻译等。1972年,MIT的维诺格拉德(T. Winograd)开发了一个在"积木世界"中进行英语对话的自然理解系统SHRDLU。该系统模拟一个能操纵桌子上一些玩具积木的机器人手臂,用户通过人-机对话方式命令机器人摆弄那些积木块,系统则通过屏幕给出回答并显示现场的相应情景。卡内基-梅隆大学(CMU)的尔曼(L. D. Erman)等人于1973年设计了一个自然语言理解系统HEARSAY-Ⅰ,并于1977年将其发展为HEARSAY-Ⅱ,该系统具有一千多条词汇,能以60 MIPS的速度理解连贯的语言,正确率达85%。这期间,美国开发了商用机械手臂UNIMATE和VERSATRAN,它们成为机械手研究发展的基础。

此外,在知识表示、不确定性推理、人工智能语言和专家系统开发工具等方面也有重大突破。例如,1974年明斯基提出了框架理论,1975年绍特里夫(E. H. Shortliffe)提出了确定性理论并用于MYCIN,1976年杜达提出了主观贝叶斯方法并应用于PROSPECTOR,1972年科迈瑞尔(A. Colmerauer)带领的研究小组在法国马赛大学研制成功了人工智能编程语言PROLOG。

1977 年,费根鲍姆在第五届国际人工智能联合会上提出了"知识工程"的概念,推动了以知识为基础的智能系统的研究与建造。而在知识工程长足发展的同时,一直处于低谷的人工神经网络也逐渐复苏。1982 年,霍普菲尔德(J. Hopfield)提出了一种全互联性人工神经网络,成功解决了 NP 完全的旅行商问题。1986 年,鲁梅尔哈特(D. Rumelhart)等研制出具有误差反向传播(Error Back-Propagation)功能的多层前馈网络,即 BP 网络,该网络成为后来应用最广泛的人工神经网络之一。

3. 发展

随着专家系统应用的不断深入和计算机技术的飞速发展,专家系统本身存在的应用领域狭窄、缺乏常识性知识、知识获取困难、推理方法单一、没有分布式功能、与现有主流信息技术脱节等问题暴露出来。为解决这些问题,从 20 世纪 80 年代末以来,专家系统的研究又开始尝试走"多技术、多方法综合集成,多学科、多领域综合应用"的道路。大型分布式专家系统、多专家协同式专家系统、广义知识表示、综合知识库、并行推理、多种专家系统开发工具、大型分布式人工智能开发环境和分布式环境下的多 Agent 协同系统逐渐出现。

1986 年之后也称为集成发展时期。计算智能弥补了人工智能在数学理论和计算上的不足,更新和丰富了人工智能理论框架,使人工智能进入了一个新的发展时期。但专家系统、神经网络学习的局限性等问题使人工智能处于低速发展期,这一阶段史称"人工智能的第二个冬天"。

虽然遭遇危机,但人工智能的研究并没有就此走向终结。1987 年,首届国际人工神经网络学术大会在美国圣地亚哥(San-Diego)举行,并成立了"国际神经网络协会"(International Neural Network Society,INNS)。1994 年,IEEE 在美国召开首届国际计算智能大会,提出了"计算智能"这个学科范畴。

1991 年,MIT 理工学院的布鲁克斯教授在国际人工智能联合会议上展示了他研制的新型智能机器人。该机器人拥有 150 多个包括视觉、触觉、听觉在内的传感器,20 多个执行机构和 6 条腿,采用"感知—动作"模式,能通过对外部环境的适应逐步进化来提高智能。

在这一时期,人工智能学者不仅继续进行人工智能关键技术问题的研究,如常识性知识表示、非单调推理、不确定推理、机器学习、分布式人工智能、智能机器体系结构等基础性研究,以期取得突破性进展,而且研究人工智能的实际应用,如专家系统、自然语言理解、计算机视觉、智能机器人、机器翻译系统,都朝实用化迈进。比较著名的应用系统有美国人工智能公司(AIC)研制的英语人-机接口 Intellect、加拿大蒙特利尔大学与加拿大联邦政府翻译局联合开发的实用性机器翻译系统 TAUM-METEO 等。1997 年 5 月 11 日,深蓝(DeepBlue)成为战胜国际象棋世界冠军卡斯帕罗夫的第一个计算机系统。2005 年,斯坦福大学开发的一台机器人在一条沙漠小径上成功地自动行驶了 131 英里①,赢得了无人驾驶机器人挑战赛(DARPA Grand Challenge)头奖。日本本田技研工业开发多年的人形机器人阿西莫(ASIMO)是目前世界上最先进的机器人之一,它有视觉、听觉、触觉等,能走路、奔跑、上楼梯,可同时与 3 人进行对话,手指动作灵活,甚至可以完成转开水瓶、握住纸杯、倒水等动作。

1.2.4 深度学习和大数据驱动人工智能蓬勃发展期(2011 年至今)

随着大数据、云计算、物联网等信息技术的发展,以及深度学习的提出,人工智能在"三算"

---

① 1 英里=1609.334 米。

〔算法、算力和算料(数据)〕等方面取得了重要突破,直接支撑了图像分类、语音识别、知识问答、人机对弈、无人驾驶等方面的人工智能复杂应用,人工智能进入以深度学习为代表的大数据驱动人工智能发展期。

2006年,针对BP学习算法训练过程中存在的严重梯度扩散现象、局部最优和计算量大等问题,Hinton等根据生物学的重要发现,发表了一篇名为《深度信念网络的快速学习算法》(A Fast Learning Algorithm for Deep Belief Nets)的文章,提出了著名的深度学习方法。该方法逐渐被应用于科学、商业和政府等领域,目前已经在博弈、主题分类、图像识别、人脸识别、机器翻译、语音识别、自动问答、情感分析等领域取得突出的成果。由于在深度学习领域的突出贡献,2018年的图灵奖被授予了Yann LeCun、Geoffrey Hinton和Yoshua Bengio 3位深度学习先驱。

人工智能可分为专用人工智能和通用人工智能。目前的人工智能主要是面向特定任务的专用人工智能,处理的任务需求明确、应用边界清晰、领域知识丰富,在局部智能水平的单项测试中往往能够超越人类智能。例如,AlphaGo在围棋比赛中战胜人类冠军,人工智能程序在大规模图像识别和人脸识别中达到了超越人类的水平,人工智能系统识别医学图片等达到专业医生水平。相对于专用人工智能技术的发展,通用人工智能刚处于起步阶段。事实上,人的大脑是一个通用的智能系统,可处理视觉、听觉、判断、推理、学习、思考、规划、设计等各类问题。人工智能的发展方向应该是从专用智能向通用智能的。

目前,全球产业界充分认识到人工智能技术引领新一轮产业变革的重大意义,把人工智能技术作为许多高技术产品的引擎,同时,大量的人工智能应用促进了人工智能理论的深入研究。但是,从长远来看,人工智能仍处于学科发展的早期阶段,其理论、方法和技术都不太成熟,人们对它的认识也比较肤浅,因此有待人们长期探索。

1.3 人工智能的研究目标

关于人工智能的研究目标,MIT出版的著作*Artificial Intelligence at* MIT:*Expanding Frontiers*中的论述为:“它的中心目标是使计算机有智能,一方面是使它们更有用,另一方面是理解使智能成为可能的原理。”

研制像图灵所期望的智能机器或智能系统,是人工智能研究的本质和根本目标,具体来讲,就是要使计算机具有看、听、说、写等感知和交互功能,具有联想、推理、理解、学习等高级思维能力,还要有分析问题、解决问题和发明创造的能力。简言之,就是使计算机像人一样具有自动发现规律和利用规律的能力,或者说具有自动获取知识和利用知识的能力,从而扩展和延伸人的智能。为实现这个目标,就必须彻底搞清楚使智能成为可能的原理,同时还需要相应硬件及软件的密切配合,这涉及脑科学、认知科学、计算机科学、系统科学、控制论、微电子学等多种学科,依赖于它们的协同发展。但是就目前来说,这些学科的发展还没有达到所要求的水平,图灵测试意义下的智能机器难以实现的。因此,可以把构造智能计算机或智能系统作为人工智能研究的远期目标。

人工智能研究的近期目标是实现智能机器,即先部分地或某种程度地实现机器的智能,使现有的计算机更聪明、更有用,使它不仅能做一般的数值计算及非数值信息的数据处理,还能运用知识处理问题,能模拟人类的部分智能行为。针对这一目标,人们就要根据现有计算机的特点研究实现智能的有关理论、技术和方法，建立相应的智能系统，如专家系统、机器翻译系统、模式识别系统、机器人、人工神经网络等。

人工智能研究的远期目标与近期目标相辅相成，远期目标为近期目标指明了方向，近期目标的研究为远期目标的最终实现奠定了基础，做好了理论及技术上的准备，就能增强人们实现远期目标的信心。最后还应该注意的是，近期目标与远期目标之间并无严格的界限，随着人工智能研究的深入、发展，近期目标会不断变化，逐步向远期目标靠近。近年来，人工智能在各个领域中取得的成就充分说明了这一点。

1.4 人工智能的学术流派

随着人工神经网络的再度兴起和布鲁克斯机器虫的出现，人工智能的研究形成了相对独立的三大学术流派，即符号主义、联结主义和行为主义。当然，从其他角度来看，人工智能的学术流派还有另外的划分方法，如前文提到的强人工智能学派与弱人工智能学派、传统人工智能学派与现场人工智能学派、简约派和粗陋派等，本节将对它们进行详细说明。

1.4.1 符号主义、联结主义与行为主义

人工智能的研究途径是指研究人工智能的观点与方法，从一般的观点来看，根据人工智能研究途径的不同，人工智能的学者被分为以下三大学术流派。

1. 符号主义学派

符号主义学派也称为心理学派、逻辑学派，这一学派的学者主要基于心理模拟和符号推演的方法进行人工智能研究。早期的代表人物有纽厄尔、肖、西蒙等，后来还有费根鲍姆、尼尔森等，其代表性的理念是所谓的"物理符号系统假设"，认为人对客观世界的认知基元是符号，认知过程就是符号处理的过程。

"心理模拟，符号推演"是从人脑的宏观心理层面入手，以智能行为的心理模型为依据，将问题或知识表示成某种逻辑网络，采用符号推演的方法，模拟人脑的逻辑思维过程，实现人工智能。采用这一途径与方法的原因如下：

① 人脑可意识到的思维活动是在心理层面上进行的，如记忆、联想、推理、计算、思考等思维过程都是一些心理活动，心理层面上的思维过程是可以用语言符号显式表达的，因而人的智能行为可以用逻辑来建模；

② 心理学、逻辑学、语言学等实际上是建立在人脑的心理层面上的，因此这些学科的一些现成理论和方法可供人工智能参考或直接使用；

③ 数字计算机可以方便地实现语言符号型知识的表示和处理；

④ 人们可以直接运用人类已有的显式知识(包括理论知识和经验知识)建立基于知识的智能系统。

符号推演法是人工智能研究中最早使用的方法之一，人们采用这种方法取得了人工智能的许多重要成果，如自动推理、定理证明、问题求解、机器博弈、专家系统等。由于这种方法模拟人脑的逻辑思维，利用显式的知识和推理来解决问题，因此它擅长实现人脑的高级认知功能，如推理、决策等抽象思维。

2. 联结主义学派

联结主义学派也被称为生理学派，主要采用生理模拟和神经计算的方法进行人工智能研究，其代表人物有麦卡洛、匹茨、罗森布拉特、科厚南（T. Kohonen）、霍普菲尔德、鲁梅尔哈特等。联结主义学派早在20世纪40年代就已出现，但由于种种原因发展缓慢，甚至一度出现低潮，直到20世纪80年代中期才重新崛起，现已成为人工智能研究中不可或缺的重要途径与方法，每年国内外都会召开很多关于人工神经网络的专门会议，用于相关领域工作的交流。

"生理模拟，神经计算"是从人脑的生理层面，即微观结构和工作机理入手，以智能行为的生理模型为依据，采用数值计算的方法模拟脑神经网络的工作过程以实现人工智能。具体来讲，就是用人工神经网络作为信息和知识的载体，用称为神经计算的数值计算方法来实现网络的学习、记忆、联想、识别和推理等功能。

神经网络具有高度的并行分布性、很强的鲁棒性和容错性，它擅长模拟人脑的形象思维，便于实现人脑的低级感知功能，如图像、声音信息的识别和处理。但由于人脑的生理结构是由大约10^{11}～10^{12}个神经细胞组成的神经网络，是一个动态、开放、高度复杂的巨系统，人们至今对它的生理结构和工作机理还未完全清楚，因此对人脑的真正和完全模拟一时难以办到，目前的生理模拟只是局部的或近似的。

3. 行为主义学派

行为主义学派也称进化主义、控制论学派，是基于控制论"感知—动作"控制系统的人工智能学派，其代表人物是MIT的布鲁克斯教授。行为主义认为人工智能起源于控制论，人工智能可以像人类智能一样逐步进化，智能取决于感知、行为和对外界复杂环境的适应，而不是表示和推理。这种方法通过模拟人和动物在与环境交互、控制过程中的智能活动和行为特性（如反应、适应、学习、寻优等）研究和实现人工智能。

行为主义的典型工作是布鲁克斯教授研制的六足智能机器虫，这个机器虫可以被看作新一代的"控制论动物"，它虽然不具备人的推理、规划能力，但其应对复杂环境的能力却大大超过了原有的机器人，在自然环境下，具有灵活的防碰撞和漫游行为。

1.4.2 传统人工智能与现场人工智能

事实上，由于行为主义的人工智能观点与已有的传统人工智能看法完全不同，有人把人工智能的研究分为传统人工智能与现场人工智能两大方向。以卡内基-梅隆大学（CMU）为代表的传统人工智能观点认为，智能表现在对环境的深刻理解以及深思熟虑的推理决策上，因此智能系统需要强有力的传感和计算设备来支持复杂环境建模和寻找正确答案的决策方案。因此，传统人工智能学派采用的是"环境建模—规划—控制"的纵向体系结构。现场人工智能强调的是智能体与环境的交互，为了实现这种交互，智能体一方面要从环境获取信息，另一方面要通过自己的动作对环境施加影响，而且这种影响行为不是深思熟虑后做出的，而是一种反射行为。因此，现场人工智能学派采用的是"感知—动作"的横向体系结构。

1.4.3 弱人工智能与强人工智能

在人工智能研究中，根据对"程序化的计算机的作用"所持有的不同观点，人工智能的研究者们被划分为强人工智能学派和弱人工智能学派。弱人工智能学派持工具主义的态度，认为程序是用来解释理论的工具；而强人工智能学派持有实在论的态度，认为程序本身就是解释对象——心灵。

弱人工智能学派认为：不可能制造出能真正地推理和解决问题的智能机器，机器只能执行人的指令，而所谓的智能是被设定的，机器只能通过运行设定好的计算机程序对外界刺激作出相应的反应，它并不真正拥有智能，也不会有自主意识。

弱人工智能所表现出的行为方式是人类预先设定好的，其目的是生命以外的程序性的目的，其知识是有限的，其运算过程也处在一个相对封闭的环境中。即使弱人工智能的能力在今后的发展中得到非常大的提升，这样的提升也仅仅是知识量的增加、运算速度的提高和运算范围的扩大。人类借助弱人工智能产品极大地减少了人脑的工作量，使自己从简单重复的劳动中解放出来，并将有限的精力投入更重要的研究。弱人工智能完全是受人类掌控的，所以它作为人类手中的工具对人类来说相对安全。

强人工智能学派认为：有可能制造出真正能推理和解决问题的智能机器，并且这样的机器是有知觉的、有自我意识的。玛格丽特・A・博登(M. A. Boden)在《人工智能哲学》一书中曾这样描述：带有正确程序的计算机确实可被认为具有理解和其他认知状态，在这个意义上，搭载恰当编程的计算机其实就是一个心灵。

强人工智能有类人的人工智能和非类人的人工智能之分，前者认为机器的思考和推理与人的思维相似，而后者则认为机器具有和人完全不一样的知觉和意识，其推理方式也和人完全不一样。

1.4.4 简约与粗陋

简约(neat)和粗陋(scruffy)的概念最初是由夏克(R. Schank)于20世纪70年代中期提出的，用于表征他本人在自然语言处理方面的工作同麦卡锡、纽厄尔、西蒙、科瓦斯基(R. Kowalski)等人工作的不同。

简约派认为问题的解答应该是简洁的、可证明正确的，应注重形式推理和优美的数学解释，他们把智能看成从上而下，以逻辑与知识为基础的推理行为。粗陋派则认为智能是非常复杂的，难以用某种简约的系统解决，不主张从上到下逻辑地构建智能系统，而是从下到上地通过与环境的交互，不断地学习、凑试，最后形成适当的响应。通过这个思想建立的智能系统有很强的自主能力，对未知的环境有很高的适应能力，系统的鲁棒性也很强。对于简约派来说，粗陋的方法看起来有点儿杂乱，成功案例只是偶然的，不可能真正对智能如何工作这个问题有实质性的解释。对粗陋派来说，简约的方法看起来有些形式主义，在应用到实际系统时太慢、太脆弱。

还有一些学者认为，简约和粗陋两个学派的争论还有些地理位置和文化的原因。粗陋派与明斯基20世纪60年代领导的MIT人工智能研究室密切相关，MIT人工智能实验室因研究人员“随心所欲”的工作方式而闻名，他们会花大量时间调试程序直到其达到要求。MIT开发的比较重要的有影响力的“粗陋”系统包括威森鲍姆的ELIZA、维诺格拉德的SHRDLU等。然而，由于粗陋派的做法缺乏整体设计，因此很难维持程序的更大版本，即太杂乱以至于无法被扩展。MIT人工智能实验室和其他实验室的研究方法的差别被描述为“过程和声明的差别”：SHRDLU等程序被设计成能实施行动的主体，这些主体可以执行过程；其他实验室的程序则被设计成推理机，推理机能操控关于世界的形式语句(或声明)，并能把操控转换成行为。

简约派和粗陋派的分歧在20世纪80年代达到顶峰。1983年，尼尔森在国际人工智能学会的演说中曾讨论了这种分歧，他认为人工智能既需要简约派，也需要粗陋派。事实上，人工智能领域大多数成功的实例确实依赖于简约方法与粗陋方法的结合。

粗陋方法在20世纪80年代被布鲁克斯应用于机器人学，他致力于设计快速、低价并脱离控制〔“Out of Control”是1989年布鲁克斯与弗林(A. Flynn)合著的论文的标题〕的机器人,这样的机器人与早期的机器人不同,它们不是基于机器学习算法对视觉信息进行分析从而建立对世界的表示,也不是通过基于逻辑的形式化描述规划行为,而是单纯地对传感器信息作出反应,它们的目标是生存或移动。20世纪90年代,人们开始用统计和数学的方法进行人工智能研究,如贝叶斯网络和数学优化这样的高度形式化的方法,这种趋势被诺维格(P. Norvig)和罗素描述为“简约的成功”。简约派解决问题的方式在21世纪获得了很大的成功,也在整个技术工业中得到了应用,然而这种解决问题的方式只是使用特定的解法解决特定的问题,对于一般的智能问题仍然无能为力。

尽管简约和粗陋这两个学派之间的争论没有结论,但“简约”和“粗陋”这两个术语在21世纪已经很少被人工智能的研究人员使用。诸如机器学习和计算机视觉这些问题的简约解决方式已经成为整个技术工业中不可或缺的部分,而特定、详细、杂乱无章的粗陋解决方式在机器人和常识方面的研究中仍然占主导地位。

1.5 人工智能的研究和应用领域

1974年,美国的人工智能学者尼尔森对人工智能的研究问题进行归纳,提出人工智能的4个核心研究课题——知识的模型化和表示方法、启发式搜索理论、各种推理方法(演绎推理、归纳推理、常识性推理、规划等)以及人工智能系统和语言,这一论述今天已被公认为一种经典论述。

1. 知识的模型化和表示方法

人工智能的目标是构造智能机器和智能系统,模拟延展人的智慧。为达到这个目标,必须研究人类智能在计算机上的表示形式,从而把知识存储到智能机器或系统的硬件载体中,供问题求解使用。知识的模型化和表示方法的研究实际上是对怎样表示知识的一种研究,需要寻求计算机能接受的对知识的描述、约定或者数据结构。

常用的知识表示方法有:一阶谓词逻辑表示方法、产生式规则表示方法、框架表示方法、语义网络表示方法、脚本表示方法、面向过程表示方法、面向对象表示方法等。

2. 启发式搜索理论

问题求解是人工智能的早期研究成果,有时也被称为状态图的启发式搜索。搜索可以是首先将问题转化到问题空间中,然后在问题空间中寻找从初始状态到目标状态(问题的解)的通路;搜索也可以是首先将问题简化为子问题,然后将子问题划分为更低一级的子问题,如此进行下去直到最终的子问题内有无用的或已知的解。启发则强调在搜索过程中使用有助于发现解的与问题有关的专门知识,从而减少搜索次数,提高搜索效率。

3. 各种推理方法

所谓推理,是指运用知识的主要过程,如利用知识进行推断、预测、规划、问题回答或获取新知识。从不同角度,推理技术有很多分类方式,产生了很多特定的推理方法,如演绎推理是从一般性的前提出发,通过推导即“演绎”,得出具体陈述或个别结论的过程;归纳推理是根据一类事物的部分对象具有某种性质,推出这类事物的所有对象都具有这种性质的推理,是从特殊到一般的过程;常识性推理要用到大量的知识,旨在帮助计算机更自然地理解人的意思以及跟人进行交互,其方式是收集所有背景假设,并将它们教给计算机,长期以来常识性推理在自然语言处理领域最为成功；规划是对从某个特定问题状态出发，寻找并建立一个操作序列，直到求得目标状态的行动过程的描述，它是一种重要的问题求解技术，要解决的问题一般是真实世界中的实际问题，更侧重于问题求解的过程。

4. 人工智能系统和语言

很多原因促进了人工智能系统和语言的发展，如很多人工智能应用程序都很大、原型设计方法学的重要性、使用搜索策略产生了庞大的空间、难以预测启发式程序的行为等。考虑到人工智能所要解决的问题以及人工智能程序的特殊性，目前的人工智能语言有函数型语言、逻辑型语言、面向对象语言以及混合型语言等。

除了以上提到的核心课题之外，目前人工智能的研究更多的是结合具体应用领域进行的，图 1-2 列出了部分人工智能的研究和应用课题，以下分别对它们进行介绍。

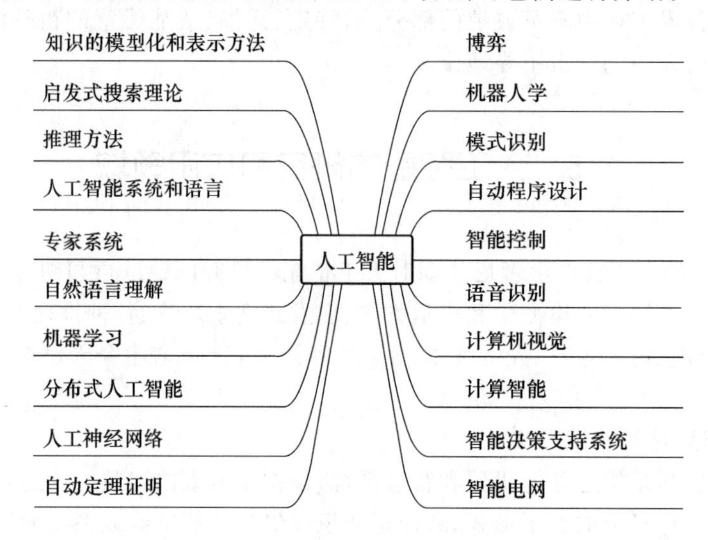

图 1-2　人工智能的研究和应用课题

1.5.1 专家系统

专家系统是人工智能的一个重要分支，也是目前人工智能中一个最活跃且最有成效的研究领域。自 1968 年费根鲍姆等人研制成功第一个专家系统 DENDRAL 以来，专家系统迅速发展，其应用领域涉及医疗诊断、图像处理、石油化工、地质勘探、金融决策、实时监控、分子遗传工程、教学、军事等，产生了巨大的经济效益和社会效益，有力地促进了人工智能基本理论和基本技术的研究与发展。

专家系统是一种在相关领域中具有专家水平解题能力的智能程序系统，它能运用领域专家多年积累的经验和专门知识，模拟人类专家的思维过程，求解专家才能解决的困难问题。

专家系统由知识库、数据库、推理机、解释模块、知识获取模块和人机接口 6 个部分组成。其中，知识库是专家系统的知识存储器，存放求解问题的领域知识；数据库用来存储有关领域问题的事实、数据、初始状态（证据）和推理过程中得到的中间状态等；推理机是一组用来控制、协调整个专家系统的程序；解释模块以用户便于接受的方式向用户解释自己的推理过程；知识获取模块为修改知识库中的原有知识和扩充新知识提供了手段；人机接口主要用于专家系统和外界之间的通信和信息交换。专家系统一般具有以下一些基本特征：

① 具有专家水平的专门知识;

② 能进行有效的推理;

③ 具有获取知识的能力;

④ 具有灵活、透明、交互和实用性;

⑤ 具有一定的复杂性和难度。

人工智能发展史上一些比较经典的专家系统包括帮助化学家判断某待定物质的分子结构的专家系统 DENDRAL、卡内基-梅隆大学的用于语音识别的专家系统 HEARSAY-Ⅰ和 HEARSAY-Ⅱ、能帮助医生对住院的血液感染患者诊疗的专家系统 MYCIN、地矿勘探的专家系统 PROSPECTOR、用于青光眼诊疗的专家系统 CASNET,以及为 DEC 公司的 VAX 计算机制订硬件配置方案的专家系统 XCON(R1)。

1.5.2 自然语言理解

自然语言理解(Nature Language Processing,NLP)又叫自然语言处理,主要研究如何使计算机理解和生成自然语言,即采用人工智能的理论和技术将设定的自然语言机理用计算机程序表达出来,构造能够理解自然语言的系统。它有以下 3 个主要目标:

① 计算机能正确理解人类的自然语言输入的信息,并能正确答复(或响应)输入的信息;

② 计算机对输入的信息能产生相应的摘要,而且复述输入信息的内容;

③ 计算机能把输入的自然语言翻译成要求的另一种语言。

目前,自然语言理解主要分为声音语言理解和书面语言理解两大类,除此之外,机器翻译也是自然语言理解的一个重要研究领域。其中,声音语言理解过程包括语音分析、词法分析、句法分析、语义分析和语用分析 5 个阶段;书面语言理解则包括除语音分析之外的其他 4 个阶段;机器翻译指利用计算机把一种语言翻译成另外一种语言。

对自然语言理解的研究可以追溯到 20 世纪 50 年代初期。当时,由于通用计算机的出现,人们开始考虑用计算机把一种语言翻译成另外一种语言,在此之后的十多年中,机器翻译几乎是所有自然语言处理系统的中心课题。起初,主要是进行“词对词”的翻译,当时人们认为翻译工作只需要进行“查词典”和“语法分析”两个过程,即对需要翻译的文章,首先通过查词典找出两种语言间的对应词,然后经过简单的语法分析调整次序就可以实现翻译。但这种方法未能达到预期的效果,甚至闹出了一些笑话。1966 年,美国科学院公布的一个报告中指出,在可以预见的将来,机器翻译不会获得成功。在这一观点的影响下,机器翻译进入了低潮期,自然语言处理转向对语法、语义和语用等基本问题的研究,一批自然语言理解系统脱颖而出,在语言分析的深度和难度方面都比早期的系统有了长足的进步。这期间的代表性工作有维诺格拉德 1972 年研制的 SHRDLU、伍德(W. Woods)1972 年研制的 LUNAR、夏克 1973 年研制的 MARGIE 等。其中,SHRDLU 是一个在“积木世界”中进行英语对话的自然语言理解系统,该系统模拟一个能操纵桌子上一些玩具积木的机器人手臂,用户通过人-机对话方式命令机器人手臂摆弄那些积木块,系统则通过屏幕给出回答并显示现场的相应情景;LUNAR 是一个用来协助地质专家查找、比较和评价阿波罗 11 号飞船从月球带回的岩石和土壤标本的化学分析数据的系统,该系统首次实现了用普通英语与计算机对话的人机接口;MARGIE 是一个用于研究自然语言理解过程的心理学模型。

20 世纪 80 年代,一方面自然语言理解在理论和应用上都有了突破性进展,市场上出现了许多高水平的实用化系统;另一方面,新型智能计算机、多媒体计算机以及智能人机接口的研究等都对自然语言理解提出了新的要求,它们要求更为友好的人-机界面,使自然语言、文字、图像和声音等都能直接输入计算机,使计算机能用自然语言直接与人进行交流对话。

2006 年以来,深度学习成为人工智能研究领域发展最为迅速、性能最为优秀的技术之一。应用深度学习方法构造的神经机器翻译系统,相比于统计机器翻译系统,翻译速度与准确率都大幅度提高,机器翻译进入了神经机器翻译阶段。

1.5.3 机器学习

知识是智能的基础,要使计算机具有智能,就必须使它具有知识。使计算机具有知识一般有两种途径:一是人们把有关的知识归纳、整理在一起,并用计算机可以接受、处理的方式输入计算机;二是使计算机具有学习的能力,它可以直接向书本、教师学习,也可以在实践过程中不断总结经验、吸取教训,实现自身的不断完善。第二种途径一般称为机器学习(machine learning)。

机器学习是机器具有智能的重要标志,同时也是获取知识的根本途径。它主要研究如何使得计算机模拟或实现人类的学习功能。机器学习的研究,主要在以下 3 个方面进行。

① 研究人类学习的机理、人脑思维的过程。通过对人类获取知识、技能和抽象概念的天赋能力的研究,从根本上解决机器学习中存在的种种问题。

② 研究机器学习的方法。通过研究人类的学习过程,探索各种可能的学习方法,建立起独立于具体领域的学习算法。

③ 研究如何建立针对具体任务的学习系统。根据具体的任务要求,建立相应的学习系统。

机器学习按照学习时所用的方法分为机械式学习、指导式学习、示例学习、类比学习、解释学习等。当然,还有其他分类方式,在后续章节中会详细介绍。

机器学习的研究是建立在信息科学、脑科学、神经心理学、逻辑学、模糊数学等多种学科基础上的,它的发展依赖于这些学科的共同发展。虽然经过近些年的研究,机器学习已经取得很大的进展,有了很多的学习方法,但还没有从根本上完全解决问题。

1.5.4 分布式人工智能

分布式人工智能(Distributed Artificial Intelligence,DAI),是人工智能和分布式计算相结合的产物,主要研究在逻辑上或物理上实现分散的智能体(Agent)的行为与方法,研究协调、操作它们的知识、技能和规划,用以完成多任务系统和求解各种具有明确目标的问题。

目前,分布式人工智能的研究大致可划分为两个方向:一是分布式问题求解(Distributed Problem Solving,DPS),二是多智能体系统(Multi-Agent System,MAS)实现技术。其中,分布式问题求解研究如何在多个合作的和共享知识的模块、节点或子系统之间划分任务,并求解问题;多智能体系统主要研究不同智能体之间的行为协调和工作任务协同,即通过协调一群自治的 Agent 的知识、目标、技能和系统规划,采取必要的策略与操作,达到求解多任务系统及解决各种复杂问题的目标。二者的共同点在于它们都是研究如何对资源、知识、控制等进行划分的。二者的不同点在于:分布式问题求解往往需要有全局的问题、概念模型和成功标准,而多智能体系统则包含多个局部的问题、概念模型和成功标准。

分布式人工智能系统，主要具有如下特性。

(1) 分布性

无论是从逻辑上还是从物理上，系统中的数据和知识的布局都以分布式表示为主，系统中各路径和节点既能并发地完成信息处理，又能并行地求解问题，从而提高了全系统的求解效率。

(2) 连接性

在问题求解的过程中，各个子系统和求解结构通过计算机网络互相连接，降低了求解问题的代价。

(3) 协作性

各个子系统协调共组，能够求解单个结构难以解决或者无法解决的困难问题，提高求解问题的能力，扩大应用领域。

(4) 开放性

网络互联和系统的分布方便了系统规模的扩充，使系统具有了比单个系统更大的开放性和灵活性。

(5) 容错性

分布式系统具有较多的冗余度和调度处理的知识，能够使系统在出现故障时，仅仅通过调度冗余路径或降低响应速度，就可以保障系统正常工作，提高系统可靠性。

(6) 独立性

在系统中，可以把要求解的总任务划分为几个相对独立的子任务，降低各处理节点、子系统问题求解和软件设计开发的复杂性。

比起传统的集中式结构，分布式人工智能强调的是分布式智能处理，克服了集中式系统中心部件负荷太重、知识调度困难等弱点，极大地提高了系统知识的利用程度以及问题的求解能力和效率。同时，分布式人工智能系统具有并行处理或者协同求解能力，可以把复杂的问题分解成多个较简单的子问题，从而各自分别(分布式)求解，降低了问题的复杂度，改善了系统的性能。当然，也应该看到，分布式人工智能在某种程度上带来了技术的复杂性和系统实现的难度。

1.5.5 人工神经网络

人工神经网络(Artificial Neural Network，ANN)是一种由大量的人工神经元联结而成，用来模仿大脑结构和功能的数学模型或计算模型。它是在现代神经科学研究成果的基础上提出的，反映了人脑功能的基本特性，但它并不是人脑的真实写照，而是人脑的某种抽象、简化与模拟。

人工神经网络的研究可追溯到1943年心理学家麦卡洛和数学家匹茨提出的M-P模型，该模型首先提出计算能力可以建立在足够多的神经元的相互联结上。20世纪50年代末，罗森布拉特提出的感知机把神经网络的研究付诸工程实践，这种感知机能通过有教师指导的学习实现神经元间联结权的自适应调整，以产生线性的模式分类和联想记忆能力。

1982年，美国生物物理学家霍普菲尔德提出具有联想记忆能力的神经网络模型。后来，该领域又陆续出现了著名的玻尔兹曼机(一种具有自学习能力的神经网络)和BP学习算法等成果。

2006年，Hinton等发表了一篇名为《深度信念网络的快速学习算法》(A Fast Learning

Algorithm for Deep Belief Nets)的文章,提出了著名的深度学习方法,掀起了深度学习的浪潮,其在计算机视觉、自然语言处理等多个领域取得了突破性进展。现在,神经网络已经成为人工智能学科中一个极其重要的研究领域,神经网络模型、算法、理论分析和硬件实现方面的大量研究,为神经网络走向应用提供了物质基础。

人工神经网络有不同的类型:从网络内部信息传递方向来看,有前馈型神经网络和反馈型神经网络之分;从网络的深度来看,有浅层神经网络和深层神经网络之分;从网络的拓扑结构来看,有层次型神经网络和互联型神经网络之分。人工神经网络具有 4 个基本特征。

(1) 非线性

非线性关系是自然界的普遍特性,大脑的智慧就是一种非线性现象。人工神经元处于激活或抑制这两种不同的状态,这种行为在数学上也表现为一种非线性关系。具有阈值的神经元构成的网络具有更好的性能,可以提高容错性和存储容量。

(2) 非局限性

一个神经网络通常由多个神经元广泛连接而成。一个系统的整体行为不是仅取决于单个神经元的特征,而是由单元之间的相互作用、相互连接所决定的。人工神经网络通过单元之间的大量连接模拟大脑的非局限性。联想记忆是非局限性的典型例子。

(3) 非常定性

人工神经网络具有自适应、自组织、自学习能力。神经网络不但处理的信息可以发生各种变化,而且在处理信息的同时,非线性动力系统本身也在不断变化。经常采用迭代过程描写动力系统的演化过程。

(4) 非凸性

一个系统的演化方向,在一定条件下将取决于某个特定的状态函数。例如,能量函数的极值对应于系统比较稳定的状态。非凸性是指这种函数有多个极值,故系统具有多个较稳定的平衡态,这将导致系统演化的多样性。

1.5.6 自动定理证明

自动定理证明(Automatic Theorem Proving,ATP)就是让计算机模拟人类证明定理的方法,自动实现像人类证明定理那样的非数值符号演算过程。实际上,除了数学定理之外,还有很多非数学领域的任务,如医疗诊断、信息检索、难题求解等,都可以转化成定理证明的问题。自动定理证明是人工智能中最先进行研究并取得成功应用的一个研究领域,对人工智能的发展起到了重要的推动作用。

自动定理证明的主要方法有自然演绎法、判定法、定理证明器、计算机辅助证明等。

自然演绎法的基本思想是依据推理规则,从前提和公理中可以推出许多定理,如果待证的定理恰在其中,则定理得证。自然演绎法的突出代表是纽厄尔等人研制的逻辑理论机 LT 和的格伦特尔用于证明平面几何定理的程序。

判定法,即对一类问题找出统一的计算机上可实现的算法解。这方面的著名成果如我国数学家吴文俊教授 1977 年提出的初等几何定理证明方法。

定理证明器是一种研究一切可判定问题的证明方法。典型代表是 1965 年鲁滨孙提出的归结原理(resolution principle)。

计算机辅助证明是以计算机为辅助工具,利用机器的高速度和大容量,帮助人完成用手工证明难以完成的大量计算、推理和穷举等。典型代表是 1976 年 7 月,美国的阿佩尔(K. Appel)等人合作,用计算机辅助证明解决了长达124年之久未能证明的四色定理。这次证明,使用了3台大型计算机,花费了1 200小时的CPU时间,并对中间结果反复进行了500多处的人为修改。

1.5.7 博弈

诸如下棋、打牌、战争等竞争性的智能活动称为博弈(game playing),博弈是人类社会和自然界中普遍存在的现象,博弈的双方可以是个人或群体,也可以是生物群或智能机器,双方都力图用自己的智力击败对方。

人们对博弈一直有很大的研究兴趣。1956年,现代人工智能刚刚兴起时,塞缪尔就研制出了跳棋程序(checkers),并获得美国的州级冠军;1967年,格林布莱特(R. Grenblatt)等人设计的国际象棋程序(chess)赢得了美国一个州举办的D级业余比赛的银杯,现在该程序已经是美国象棋协会的名誉会员;1993年8月,IBM公司研制的Deep Thought 2(深思)计算机击败了历史上最年轻的最强女性棋手小波尔加(J. Polgar);1997年,IBM公司的计算机深蓝打败了国际象棋冠军卡斯帕罗夫;2011年,IBM公司又一个杰出的计算机系统沃森(Watson)参加了美国的一档智力竞赛节目"危险边缘",战胜了两位该节目历史上最强的选手。2016年,DeepMind公司的AlphaGo与围棋世界冠军、职业九段棋手李世石进行围棋人机大战,最终以4∶1的总比分获胜。2017年5月,在中国乌镇围棋峰会上,AlphaGo与排名世界第一的围棋大师柯洁对战,以3∶0的总比分获胜。2017年10月18日,DeepMind公司公布了最强版阿尔法围棋,代号AlphaGo Zero。目前,围棋界公认AlphaGo的棋力已经超过人类职业围棋顶尖水平。

人工智能研究博弈的目的并不是为了游戏,而是为人工智能提供一个很好的实验平台,通过对博弈的研究来检验某些人工智能技术是否能达到对人类智能的模拟。人工智能中的许多概念和方法都是从博弈程序中提炼出来的,博弈的许多研究成果已经成功应用于军事指挥和经济决策系统之中。

1.5.8 机器人学

机器人是一种可编程的多功能操作装置,能模拟人类的某些智能行为。机器人学(robotics)是在电子学、人工智能、控制论、系统工程、信息传感、仿生学及心理学等多种学科或技术的基础上形成的一种综合性技术学科,人工智能的所有技术几乎都可在该领域得到应用,因此它可以被当作人工智能理论、方法、技术的试验场地;反过来,对机器人学的研究又大大推动了人工智能研究的发展。

从20世纪60年代初世界上第一台工业机器人诞生以来,机器人的研究得到了快速发展,经历了遥控机器人、程序机器人、自适应机器人和智能机器人4个发展阶段。

遥控机器人和程序机器人是两种最简单的机器人,由遥控装置或事先装到机器人存储器中的程序控制其活动,一般从事简单或重复性工作。

自适应机器人配备有相应的感觉传感器(如视觉、听觉、触觉传感器等),能获得作业环境、操作对象等简单信息,并通过体内的计算机进行分析、处理,从而控制自身的动作。这类机器人主要从事焊接、装配、搬运等工作,它们虽然有一些初级智能,但还没有达到完全"自治"的程度,因此有时也被称为人-眼协调型机器人。

智能机器人具有类似于人的智能，具有感知能力、思维能力和作用于环境的行为能力。目前已经研制出了肢体和行为功能灵活，能根据思维机构的命令完成多种复杂操作、能回答各种复杂问题的机器人，但这些智能机器人也还是只具备了部分智能，真正的智能机器人还在研究之中。

1.5.9 模式识别

模式识别(pattern recognition)的作用是使计算机能够对给定的事物进行鉴别，并把它归于与其相同或相似的模式中。模式识别作为人工智能的一个重要研究领域，其目标在于实现人类识别能力在计算机上的模拟，使计算机具有视、听、触等感知外部世界的能力。目前，模式识别已在字符识别、医疗诊断、遥感、指纹识别、脸形识别、环境监测、产品质量监测、语音识别、军事等领域得到了广泛应用。

根据采用的理论不同，模式识别技术可分为模板匹配法、统计模式法、模糊模式法、神经网络法等。模板匹配法首先对每个类别建立一个或多个模板，然后将输入样本与数据库中的每个类别的模板进行比较，最后根据相似性大小进行决策；统计模式法是根据待识别事物的有关统计特征构造出一些彼此存在一定差别的样本，并把这些样本作为待识别事物的标准模式，然后利用这些标准模式及相应的决策函数对待识别的事物进行分类，统计模式法适用于不易给出典型模板的待识别事物，如手写体数字的识别；模糊模式法以模糊理论中的隶属度为基础，运用模糊数学中的“关系”概念和运算进行分类；神经网络法将人工神经网络与模式识别相结合，即以人工神经元为基础，对脑部工作的生理机制进行模拟，从而实现模式识别。

根据模式识别的不同实现方法，模式识别包括有监督的分类和无监督的分类。有监督的分类又叫有人管理分类，主要利用判别函数进行分类判别，用于有足够的先验知识的情况；无监督的分类又叫无人管理分类，用于没有先验知识的情况，主要采用聚类分析的方法。

1.5.10 自动程序设计

自动程序设计(automatic programming)的任务是设计一个程序系统，它以所设计的程序要实现的目标的高级描述为输入，以自动生成的一个能完成这个目标的具体程序为输出，即让计算机设计程序。这相当于给机器配置了一个“超级编译系统”，它能够对高级描述进行处理，通过规划过程，生成所需的程序。但这个过程只是自动程序设计的主要内容，被称为程序的自动综合。自动程序设计还包括程序自动验证，即自动证明所设计程序的正确性。

程序正确性的验证需要研究出一套理论和方法，通过运用这套理论和方法能证明出程序的正确性。目前常用的验证方法是用一组已知结果的数据对程序进行测试，如果程序的运行结果与已知结果一致，就认为程序是正确的。这种方法对简单程序来说较易实现，但对复杂系统来说就会有些困难，因为复杂程序中存在更为复杂的关系，会形成难以计数的通路，即使采用很多测试数据，也很难保证实现对每个通路的测试，因而无法保证程序的正确性。程序正确性的验证至今仍然是一个比较困难的课题，有待进一步研究。

自动程序设计研究的重大贡献之一是把程序调试的概念作为问题求解的策略来使用。实践发现，对程序设计或机器人控制问题，先产生一个代价不太高的有错误的解再进行修改的做法的效率比坚持要求第一次得到没有缺陷的解的做法的效率高得多。

1.5.11 智能控制

智能控制(intelligent control)是指那种无需或少需人的干预,就能独立地驱动智能机器实现其目标的自动控制,是一种把人工智能技术与经典控制理论及现代控制理论相结合,研制智能控制系统的方法和技术。

智能控制系统是能够实现某种控制任务的智能系统,由传感器、感知信息处理模块、认知模块、规划和控制模块、执行器和通信接口模块等主要部件组成,一般应具有学习能力、自适应功能和自组织功能,还应具有相当的在线实时响应能力和友好的人机界面,以保证人-机互助和人-机协同工作。

智能控制技术主要用来解决那些用传统的方法难以解决的复杂系统的控制问题,其主要应用领域有智能机器人系统、计算机集成制造系统、复杂的工业过程控制系统、航空航天控制系统、社会经济管理系统、交通运输系统、通信网络系统、环保与能源系统等。

目前,国内外的智能控制研究方向及主要内容涉及如下几方面:

① 智能控制的基础理论和方法;

② 智能控制系统结构;

③ 基于知识系统的专家控制;

④ 基于模糊系统的智能控制;

⑤ 基于学习及适应性的智能控制;

⑥ 基于神经网络的智能控制;

⑦ 基于信息论和进化论的学习控制器;

⑧ 基于感知信息的智能控制;

⑨ 其他方面,如计算机智能集成制造系统、智能计算系统、智能并行控制、智能容错控制、智能机器人等。

1.5.12 语音识别

语音识别(speech recognition)是利用机器对语音信号进行识别和理解并将其转换成相应文本和命令的技术,其本质是一种模式识别,通过对未知语音和已知语音的比较,匹配出最优的识别结果。

语音识别技术始于1952年贝尔实验室研发的能进行10个孤立数字语音识别的系统。在发展的早期,主要通过模板匹配的方法进行语音识别;进入20世纪80年代以后,研究思路转向以隐马尔可夫模型(Hidden Markov Model, HMM)为基础的概率统计模型为主;进入21世纪后,语音识别技术开始建立在深度学习基础上,并取得了大量成果。

语音识别从不同角度考虑存在不同类型,如从对说话人的要求考虑可分为特定人和非特定人系统,从识别对象考虑可分为孤立词识别、关键词识别和连续语音识别,从语音设备和通道考虑可分为桌面语音识别、电话语音识别和嵌入式设备语音识别,从识别速度考虑还可分为听写和自然语速的识别。

一套完整的语音识别系统包括预处理、特征提取、声学模型、语言模型和搜索算法等模块。其中,预处理是指在特征提取之前对原始语音进行处理,部分消除噪声和不同说话人带来的影响,使处理后的信号更能反映语音的本质特征。特征提取是指根据语音信号波形提取有效的声学特征。语音识别系统的模型通常由声学模型和语言模型两部分组成,分别对应于语音到音节概率的计算和音节到字概率的计算。搜索模块是指在训练好声学模型和语言模型后,根据字典搜索最优路径,即寻找一个词模型序列以描述输入语音信号,从而得到词解码序列。

1.5.13 计算机视觉

计算机视觉(computer vision)是使用计算机及相关设备对生物视觉的一种模拟,即通过对采集的图片或视频进行处理以获得相应场景的三维信息。

目前,计算机视觉的研究方法主要有两种。一种是仿生学方法,以人类视觉系统为模型,建立相应模块,完成类似功能;另一种是工程学方法,并不模仿人类视觉系统的内部结构,仅考虑系统的输入和输出,以现有的任何可行手段实现系统功能。

计算机视觉与机器视觉有着千丝万缕的联系,很多情况下二者作为同义词使用。更细致地说,一般认为计算机视觉偏软件,更侧重场景分析和图像解释的理论和方法,而机器视觉包括软硬件,偏应用,更关注通过视觉传感器获取环境的图像,构建具有视觉感知功能的系统以及实现检测和辨识物体的算法。

近年来计算机视觉已在许多领域得到广泛应用,例如:

① 人脸识别;

② 汽车自动驾驶;

③ 安全监控;

④ 遥感测绘;

⑤ 医学图像处理;

⑥ 虚拟现实;

⑦ 图像自动解释;

⑧ 工业监测;

⑨ 视觉导航。

1.5.14 计算智能

计算智能(computational intelligence)是信息科学、生命科学和认知科学等不同学科相互交叉的产物,它主要借鉴仿生学的思想,基于对生物体的结构、进化、行为等机理的认识,以模型(计算模型、数学模型)为基础,以分布、并行、仿生计算为特征模拟生物体和人类的智能。

计算智能是在神经网络、进化计算及模糊系统这 3 个领域发展相对成熟的基础上形成的一个统一的学科概念。美国科学家贝兹德克(J. C. Bezdek)在 1992 年首次提出了“计算智能”一词,他认为,如果一个系统仅处理低层的数值数据,含有模式识别部件,没有使用人工智能意义上的知识,且具有计算适应性、计算容错力、接近人的计算速度和近似于人的误差率这 4 个特性,则它是具有计算智能的。

计算智能方法有以下 6 个特点。

① 具有隐并行性、协同进化、全局搜索能力强、健壮性高、适合大规模数据等特点。

② 不以达到某个最优条件或找到理论上的最优解为目标,而是更看重计算的速度和效率。

③ 对目标函数和约束条件的要求比较宽松。

④ 算法的基本思想来自对某种自然规律的模仿。

⑤ 算法以包含多个进化个体的种群为基础，寻优过程实际上就是种群的进化过程。

⑥ 算法的理论基础较为薄弱，一般情况下不能保证其一定能够收敛到最优解。

目前，计算智能已成功应用于信息处理、调度优化、工程控制、经济管理等众多领域，展示出了强劲的发展势头。

1.5.15 智能决策支持系统

智能决策支持系统(Intelligent Decision Support System，IDSS)最早由美国学者波恩切克(Bonczek)等人于20世纪80年代提出，指在传统决策支持系统(Decision Support System，DSS)中增加了相应的智能部件的决策支持系统，是决策支持系统与人工智能，特别是专家系统相结合的产物，它综合运用了决策支持系统在定量模型求解与分析方面的优势以及人工智能在定性分析与不确定性推理方面的特长，利用人类在问题求解中的知识，通过人机对话的方式，为解决半结构化和非结构化问题提供了决策支持。

智能决策支持系统由数据库系统、模型库系统、方法库系统、人机接口系统及知识库系统五部分组成。数据库系统由数据库及其管理系统组成，是任何智能决策支持系统不可缺少的基本部件；模型库系统是整个系统的支柱性部件，能够为决策者提供推理、分析、比较选择问题的模型库；方法库系统是一个软件系统，用于向系统提供通用的决策方法、优化方法及软件工具等，并可以实现对方法的管理；知识库系统也叫智能部件，用于模拟人类决策过程中的某些智能行为；人机接口系统可为决策者提供方便、优化的交互环境等。智能决策支持系统具有如下特点：

① 基于成熟的技术，容易构造出实用系统；

② 充分利用了各层次的信息资源；

③ 基于规则的表达方式，使用户易于掌握和使用；

④ 具有很强的模块化特性，并且模块重用性好，系统的开发成本低；

⑤ 系统的各部分组合灵活，可实现强大功能，并且易于维护；

⑥ 系统可迅速采用先进的支撑技术，如人工智能技术等。

1.5.16 智能电网

智能电网(smart grid)是以物理电网为基础(中国的智能电网以特高压电网为骨干电网，各电压等级电网协调发展的坚强电网为基础)，将现代先进的传感测量技术、通信技术、信息技术、计算机技术、控制技术和物理电网高度集成形成的新型电网。它是以充分满足用户对电力的需求，优化资源配置，确保电力供应安全、可靠、经济、环保、优质、适应发展为目标的现代电网。

从智能电网的基本技术组成来说，它包括先进的传感与量测技术、电力电子技术、数字仿真技术、可视化技术、可再生能源与新能源发电技术、储能技术、电动汽车和智能建筑等。在智能电网概念中，这些技术的应用将渗透到电力系统发、输、配、变、用的每个环节当中。以下列出了智能电网建设中部分常用的人工智能相关技术。

① 人工神经网络：它主要用于继电保护、自适应保护、故障诊断、安全评估、负荷预报、设备工作状况监测、电力系统暂态稳定评估、谐波源位置识别等方面。

② 专家系统:它主要用于继电保护、电力系统运行规划、电力系统恢复、培训、保护系统设计、系统管理、故障诊断与警报、配电自动化、电力系统稳定控制等方面。

③ 模糊理论:它主要用于负荷管理、变电站选址规划、故障检测、潮流与状态估计、配电系统负荷水平估计、配电系统能量损耗估计、变压器保护等方面。

④ 计算智能:它主要用于电力系统经济调度、发电规划、电动机转子时间常数识别、输电系统扩展规划、参数优化配置、求解无功与电压控制问题等方面。

⑤ 分布式人工智能:它主要用于多代理系统方面,如电力市场模拟、智能保护、最优潮流问题、输电系统规划、短期负荷预报等。

⑥ 机器学习:它主要用于负荷预测、安全评估、安全稳定控制、自动发电控制、电压无功控制及电力市场等方面。

人工智能作为一门研究活跃的交叉性学科,在智能电网的发展中正起着重要的推动作用。这里仅仅列出了部分常用技术,还有一些其他的技术及其应用实例将在后续章节中详细探讨。

1.6 本章小结

本章简要讨论了智能及人工智能的基本概念。智能是知识与智力的综合,具有感知能力、记忆与思维能力、学习能力、自适应能力和行为能力。

1956 年达特茅斯会议的召开标志着现代人工智能的兴起,人工智能是指用人工的方法在机器上实现的智能,是一门研究如何构造智能机器或智能系统,使之拥有模拟人类智能活动的能力,以延伸人类智能的学科。

人工智能的研究经历了孕育、形成、发展、深度学习和大数据驱动下的蓬勃发展几个阶段,目前新方法、新技术和新应用仍然在不断涌现。

人工智能的远期目标是构造智能计算机或智能系统,使计算机像人一样具有自动发现规律和利用规律的能力。而近期目标是实现智能机器,即先部分地或某种程度地实现机器的智能,使现有的计算机更聪明、更有用。

人工智能的研究途径主要有符号主义、联结主义和行为主义。

人工智能的研究领域比较广泛、核心的课题有:知识的模型化和表示方法、启发式搜索理论、各种推理方法以及人工智能系统结构和语言。除此之外,还有专家系统、自然语言理解、机器学习、分布式人工智能、人工神经网络、自动定理证明、博弈、机器人学、模式识别、自动程序设计、智能控制、智能决策支持系统、智能电网等课题。

1.7 习　题

1. 什么是智能？它有哪些主要特征？
2. 什么是人工智能？人工智能的发展经历了哪些阶段？
3. 如何理解中文房间问题？
4. 人工智能的研究目标是什么？它的主要研究领域有哪些？
5. 人工智能的主要研究学术流派、研究途径有哪些？
6. 举例说明现实生活中有哪些人工智能应用的例子？

第2章 知识表示

智能活动主要是获得知识并运用知识的过程，而知识必须有恰当的表示形式才能在智能系统的硬件载体中存储、检索、使用和修改。所谓的知识表示就是在计算机中用合适的形式对问题求解过程中用到的各种知识进行组织，它是构建智能系统的基础。因此，在人工智能的研究课题中，知识表示，或者说知识的机器表示一直都是比较重要的一部分，它们对人工智能学科的发展起到了重要的推动作用。

本章对人工智能的典型知识表示技术以及基于特定知识表示技术的推理方法进行讨论。

2.1 概　述

符号主义学派认为，知识是所有智能行为的基础，要构建智能机器或智能系统，首先必须使其具备知识。但是，人类使用自然语言描述的知识是无法直接被计算机识别和处理的，因此必须采用一定的方法和技术将人类的知识表示出来，使得其更容易被计算机接受。

根据知识中是否包含不确定性因素，知识可以分为确定性知识和不确定性知识。本章只研究确定性知识的表示技术，不确定性知识的表示及推理问题将在后续章节中单独讨论。

在介绍具体的知识表示技术之前，本节先介绍一些关于知识表示的概念，例如，什么是知识、知识有哪些性质、什么是知识表示、什么是知识表示观。

2.1.1 什么是知识

人类赖以生存的物质世界中包含大量的信息(information)，为了记载和传递这些信息，必须用一定的形式将其表示出来，尤其是在用计算机存储和处理这些信息时，更需要一组特定的符号。像这样为了描述客观世界中的具体事物而引入的一些数字、字符、文字等符号或这些符号的组合称为数据(data)。

信息与数据是两个密切相关的概念，信息是对客观事物的简单描述，是数据在特定场合的具体含义，而数据是信息的载体和表示。例如，用文字串“李茉莉”表示人的姓名，用文字“女”表示人的性别，用数字“23”描述人的年龄，“李茉莉”“女”“23”这些都是数据，而“女孩李茉莉23岁”则是一条信息，是由不同数据组成的一种有意义的结构。

信息在人类的生活中占据着十分重要的地位，但只有在经过一定的智能加工(如整理、解释、挑选和改造等)并形成对客观世界的规律性认识后的信息才可以称为知识(knowledge)。一般来说,知识可以通过对信息的关联得到,而信息的关联方式很多,其中最常用的一种是

“如果……那么……”

这种关联方式反映了信息之间的因果关系,例如:如果头疼并且流鼻涕,那么可能感冒了。

然而到目前为止,在人工智能的相关研究中,关于知识还没有形成一个统一、严格、形式化的定义。为了对知识有一个更全面的解释,这里列出一些有代表性的定义。

① 费根鲍姆:知识是经过消减、塑造、解释、选择和转换的信息。

② 伯恩斯坦(Bernstein):知识是由特定领域的描述、关系和过程组成的。

③ 海斯-罗思(Hayes-Roth):知识是事实、信念和启发式规则。

2.1.2 知识的性质

尽管对于知识的定义,目前还没有一个公认的结论,但有关知识的性质,众多的学者还是达到了一定的共识。知识主要具有以下性质。

1. 相对正确性

知识作为对客观世界认识的表达,具有相对正确性。因为任何知识都是在一定的条件和环境下产生的,因而只有在这种条件和环境下某些知识才是正确的。例如,现在很多人减肥,认为苗条很美,但中国的唐朝时期是以胖为美的,那时崇尚的女性体态美是额宽、脸圆、体胖。再如,1+1=2 也只在十进制的前提下适用,如果在二进制下,1+1=2 就不正确了。

2. 不确定性

知识是相关信息关联在一起形成的信息结构,“信息”与“关联”是构成知识的要素。由于客观世界是复杂多变的,“信息”可能是精确的,也可能是不精确的,“关联”可能是确定的,也可能是不确定的,因此所构成的不可能是“非真即假”的刚性知识,而应该是存在很多不确定性的柔性知识。知识的不确定性主要有以下几个来源。

(1) 随机性

在同样条件下做同一个试验,得到的结果可能相同,也可能不相同,而且在试验之前无法预言会出现哪一个结果。如抛掷硬币的结果可能是正面向上,也可能是反面向上,具有偶然性;又如掷一枚骰子的结果可能是一点、二点、三点……六点,掷之前无法预知结果,这样的现象叫随机现象。在随机现象中,试验结果呈现的不确定性称为随机性。随机性不能简单地用真或假来刻画,而是用区间[0,1]上的一个数字来量化,具有随机性的事件是不确定的。

(2) 模糊性

世界上的许多事物都具有模糊非定量的特点,如年轻人和老年人、胖子和瘦子、高个子和矮个子、温度偏高和温度偏低等,这些都是没有量化的模糊概念,是由于事物类属划分的不明而引起的不确定性。

除了诸如父子关系、兄弟关系、大小关系这种明确的经典关系之外,还有另外一类关系,其论域中的元素很难用完全肯定的属于或完全否定的不属于来回答,如大得多、长得像等,它们是普通关系的拓宽,被称为模糊关系。模糊关系使得人们不能准确地判断事物间的关系究竟是“真的”还是“假的”。由模糊概念、模糊关系形成的知识显然是不确定的。

(3) 不完全性

由于现实世界的复杂性,人们对其形成的认识是有一个过程的,只有在积累了大量的感性认识后才能升华到理性认识的高度,才能形成知识,因此知识有一个逐步完善的过程。然而,

形成过程中的知识是不完全的，关于事物的信息是不全面、不完整、不充分的。不完全性是导致知识不确定性的一个重要原因。

(4) 经验性

在专家系统中，知识库中的知识一般是由领域专家提供的，它们基于专家长时间的实践及研究，是经验性的知识。例如，医疗专家系统中的一条知识："如果头疼、发烧、流鼻涕，那么有可能患了感冒。"由于专家经验本身就蕴含着不精确性与模糊性，而且很难精确的表述，因此经验性也是导致知识不确定性的一个重要原因。

3. 可表示性

可表示性是指知识可以用语言、文字、图形、神经网络等适当的形式表示、存储和传播。

4. 可利用性

可利用性是指可以利用知识解决现实世界中的问题。

5. 矛盾性

矛盾性是指不同知识集合中的知识有时是不一致的，从不同的知识集合或不同的知识背景出发，可以推导出不同的结论。

6. 相容性

相容性是指同一知识集合中的知识应该是相容的，不可能推导出不相同的甚至是矛盾的知识。

2.1.3 知识的分类

可以从不同的角度对知识进行分类，从而得到知识的不同类型。

1. 按知识的作用范围

知识可以分为常识性知识和领域性知识。常识性知识是通用的人们普遍了解的适用于所有领域的知识。领域性知识则是面向某个特定领域的专业性知识，只有该领域的专业人员才能掌握和运用，如专家系统就是基于领域性知识进行工作的。

2. 按知识的作用效果

知识可以分为事实性知识、过程性知识和控制性知识。

事实性知识(也称陈述性知识)用于描述事物的概念、属性、状态、环境等。例如，北京是中国的首都，天鹅会飞等。事实性知识反映了事物的静态特性，一般采用静态表达的形式，通常用谓词逻辑表示法表示。

过程性知识一般是通过对领域内各种问题的比较与分析得出的规律性知识，由领域内的规则、定律、定理及经验构成，主要描述问题求解过程中需要的操作、演算或行为。这种知识说明了问题求解过程是如何使用与问题有关的事实性知识的，如计算机维修方法、某种菜肴的烹饪方法等。其表示方法主要有产生式规则、语义网络等。

控制性知识(也称为深层知识、元知识、超知识)是关于如何运用知识进行问题求解的知识，即关于知识的知识。例如，问题求解时用到的推理策略(正向推理、反向推理和双向推理)、状态空间搜索时用到的搜索策略(广度优先、深度优先和启发式搜索)等。

3. 按知识的形式

知识可以分为显式知识和隐式知识。显式知识是人能直接接收处理、能以某种媒体方式在某种载体上直接表示出来的知识，如图像、声音等。隐式知识则无法用语言直接表达，只能意会不能言传，如开车、游泳。

4. 按知识的内容

知识可以分为原理性知识和方法性知识。原理性知识用于描述对客观事实原理的认识，包括现象、本质、属性等。方法性知识是利用客观规律解决问题的方法和策略，包括操作、规则等。

5. 按知识的层次

知识可以分为表层知识和深层知识。表层知识描述客观事物的现象以及现象与结论间的关系，如经验性知识、感性知识等，其形式简单、容易表达和理解，但无法反映事物的本质。深层知识能刻画事物的本质、因果关系内涵、基本原理等，如理论知识、理性知识等。

6. 按知识的确定性

知识可以分为确定性知识和不确定性知识。确定性知识是非真即假的知识，是精确的知识。不确定性知识具有明显的不确定性，不能简单用真假衡量，是不精确性、不完全性、模糊性知识的总称。其中，不精确性是指知识不能完全被确定为真或者不能完全被确定为假；不完全性是指解决问题时不具备解决该问题所需要的全部知识；模糊性是指概念的类属划分不明确。

7. 按知识的结构及表现形式

知识可以分为逻辑性知识和形象性知识。逻辑性知识反映人类逻辑思维的过程，一般具有因果关系及难以精确描述的特点，如专家经验，表示方法有一阶谓词逻辑表示法、产生式表示法等。形象性知识通过事物的形象建立，对应人的形象思维，如看到恐龙模型后头脑中建立的“恐龙”的概念，其表示方法如神经网络表示法。

8. 按知识的等级

知识可以分为零级知识、一级知识、二级知识等。零级知识是指问题领域内的事实、定理、方法、实验对象和操作等常识性知识及原理性知识。一级知识是指具有经验性、启发性的知识，如经验性规则、建议等。而二级知识是指如何运用上述两级知识的知识。在实际应用中，通常把零级和一级知识统称为领域知识，把二级及以上的知识统称为超知识（也称元知识）。

除以上列出的类型之外，知识还有行为性、实例性、类比性等类型。其中，行为性知识不直接给出事实本身，而只给出它在某方面的行为，经常表示为某种数学模型，从某种意义上讲，行为性知识描述的是事物的内涵，而不是外延，如微分方程。实例性知识只给出事物的一些实例，知识藏在实例中，人们感兴趣的不是实例本身，而是隐藏在大量实例中的规律性知识，如举例说明、教学活动中的例题等。而类比性知识既不给出事物的外延，也不给出事物的内涵，只给出它与其他事物的某些相似之处，类比性知识一般不能完整地刻画事物，但可以启发人们在不同的领域中做到知识的相似性共享，如比喻、谜语等。

2.1.4 知识表示

知识表示（knowledge representation）是对知识的一种描述或约定，这种描述或约定应该是某种适宜机器接收、管理和运用的数据结构。对知识进行表示的过程就是把知识编码成某种数据结构的过程。

知识表示方法（也称为知识表示技术），其表现形式就是知识表示模式。现有的知识表示技术大多是为了进行某种具体的研究而提出的，概括起来，这些表示方法可以分为两大类，即符号表示法和连接表示法。符号表示法基于各种具有不同含义的符号，通过对这些符号的组合来表示知识，主要用于表示逻辑性的知识；连接表示法用神经网络把各种物理对象以不同方式及次序连接起来，并在其间互相传递及加工各种包含具体意义的信息，通过这种方式表示知识。

知识表示是构建智能机器或智能系统的重要前提,进行知识表示时采用的具体技术和方法直接关系到智能机器或智能系统的性能。对同一种知识,一般可以用多种方法表示,但由于各种知识表示的技术特点不同,所以可能会产生不同的效果。构建智能机器或智能系统时,究竟采用哪一种知识表示技术,目前还没有一个统一的标准,但应该考虑到以下几个方面。

(1) 领域知识表示的充分性

知识表示技术的选择要受领域知识自然结构的制约,要根据领域知识的特点选择恰当的知识表示技术,以实现充分表示。

(2) 表示范围的广泛性

除了正确、有效地表示知识,还要求知识表示技术所能表示的知识范围广泛。例如,数理逻辑表示的知识范围比单纯的数字表示的知识范围广泛。

(3) 对不精确知识表示的支持程度

客观世界具有先天的不精确性,因此能否表示不精确的知识也是应该注意的重要方面。很多高水平的专家系统都能表示不精确的知识,如 MYCIN 用确定性因子描述不确定性,PROSPECTOR 用充分性因子和必要性因子描述专家经验的不确定性。

(4) 求解算法的高效性

考虑到智能系统的实用性要求,基于知识表示技术的问题求解必须有高效的算法,知识表示才有意义。

(5) 对推理的适应性

人工智能通常只能处理适合推理的知识,因此所选用的知识表示必须适合推理。

(6) 可组织性、可维护性和可管理性

知识的不同表示方法对应于不同的组织方式,因此选择知识表示方法时要考虑对知识的组织方式。智能系统建立之后,诸如增加、删除、修改等对知识的维护和管理都是不可避免的,因此确定知识表示模式时,还要充分考虑维护和管理的方便性。

(7) 可实现性

知识的可实现性是指知识要便于在计算机上实现,便于计算机对其处理,否则这种知识表示技术就没有实用价值。一般说来,用文字表示的知识不便于在计算机上处理。

(8) 可理解性

知识的可理解性是指知识表示模式应该是容易理解的,符合人们思维习惯的。

(9) 自然性

一般在表示方法尽量自然和使用效率之间进行折中。比如,对于推理来说,PROLOG 比高级语言如 C++自然,但其显然牺牲了效率。

(10) 过程性知识表示还是说明性知识表示

一般认为,说明性知识表示涉及细节少、抽象程度高,因此可靠性好、修改方便,但执行效率低。过程性知识表示则恰好相反,涉及细节多、抽象程度低,因此可靠性差、修改困难,但执行效率高。

(11) 是否适合于加入启发性信息

在已知的前提下,如何最快地推得所需的结论,以及如何才能推得最佳的结论,人们的认识是不精确的,往往需要再加入一些启发性信息。选择知识表示方法的时候也要考虑这一因素。

事实上，由于目前对知识的定义还没有严格统一，而且考虑到与知识表示有关的技术也在发展时期，所以有学者认为：严格来讲，人工智能对知识表示的认真、系统的研究才刚刚开始。

2.1.5 知识表示观

任何科学研究都有其指导思想，知识表示的研究也不例外。知识表示观是对“什么是表示”这一基本问题持有的不同理解和采用的方法论，是指导知识表示研究的思想观点。

人工智能知识表示观的争论焦点是常识的处理、表示与推理的关系等问题。主要的知识表示观包括认识论、本体论和知识工程论。

1. 认识论

认识论表示观最早出现在麦卡锡与海耶斯(P. J. Hayes)的一篇文章中，认为应将人工智能问题分成两个部分，即认识论部分和启发式部分。表示是对自然世界的描述，表示自身不显示任何智能行为，其唯一的作用就是携带知识。表示研究与启发式研究无关。

认识论表示观认为对智能行为的刻画是与常识性知识的形式化紧密相关的，因此对常识形式化的研究就是人工智能的核心任务。常识推理在某种程度上就是问题求解中的“灵活性”，而灵活性的特点包含不完全性、不一致性、不确定性及进化性，这些特点最终与常识推理的可废弃性(defeasible)相联系。常识可以被用来说明自然世界中那些“什么均可以发生，什么也可以不发生”的现象。非单调推理是认识论学派研究的主流，而对“灵活性”的不同考虑与侧重产生了对常识研究的不同理论。

“知识不完全性”也许是认识论学派讨论最多的情况。在这种情况下，推理者的知识是不完全的，但却是一致的，关键是能在保持知识一致性的前提下得出新的结论。

“知识不一致性”是常识的另一类性质，这是一类更难以直接形式化的常识，最典型的就是所谓的“多扩张问题”，具体地说就是人们对即将产生的矛盾结论难以排序。例如，教友派教徒是和平主义者，共和党是好战分子，已知某教授既是教友派教徒又是共和党人，问他是否为和平主义者。

“知识不确定性”是一类更为复杂的常识问题，尽管人工智能已采用了如模糊理论、可信度理论、人工神经网络等丰富了对常识的研究，但是它们均不能明显地表现出“可废弃性”这个重要特征，这就大大限制了对智能行为“灵活性”的描述。因此，在进行复杂问题的求解时，集成几种方法是有吸引力的想法。

“常识的进化性”目前在人工智能中还研究甚少，但却是认识论表示观的本质所在。理性与常识属于知识的不同集合，理性的集合是有限的，而常识的集合是无限的，一旦对某类常识给出理性的总结，则它将不再属于常识的范畴。因此，“常识的理性化”似乎成为悖论，而将“常识理论”理解为在认识论意义下“理性”序列的极限可能才是合理的。

在人工智能中，基于认识论思想的表示观有以下几个特点。

① 表示是在特定环境下对世界观察的结果，这个特点的意义在于说明表示是自然现象的一种替代形式。对人工智能研究来说，认识论表示观更加强调自然现象与表示之间的因果关系，即，如果一种表示不能刻画某种智能行为，它也就失去了在人工智能范畴内研究的意义。

② 认识论表示观认为启发式方法不属于表示的研究内容，认为对自然现象的表示是对这种现象的机制更深刻的刻画，至于“怎样有效地得到行为描述与最后的合法结论”不是认识世界的问题，而仅仅是怎样做得更好的问题。由于表示是对自然世界的刻画，因此从事实推出结论的过程是合法的。另外，这种表示观对在计算机中有效存储的考虑并不是针对某些特定的

已有表示方法,而是由于常识知识的特点在于其存在着例外,因此需要有理论依据的概括才可有效地在计算机中存储它们。

③ 基于以上两点考虑,认识论表示观认为对常识知识的形式化是重要的任务,表示的唯一作用就是携带知识。表示可以独立于知识来研究,当这个携带者中的变元被自然世界中的事实所代替时,知识将存在于其行为之中。

2. 本体论

美国斯坦福大学的教授莱纳特(D. Lenat)在领导研制大型知识库系统 CYC 时明确提出了本体论的知识表示观。本体论表示观认为,表示是对自然世界的一种近似,它规定了看待自然世界的方式,即一个约定的集合,表示只是描述了这个世界中观察者当前所关心的那部分,其他部分则被忽略。他们还认为,表示研究应与启发式研究联系起来。

本体论表示观的基本考虑是:表示是对自然世界的描述,绝对逼真是不可能的,自然世界唯一绝对精确的表示是其自身,其他表示都不是绝对逼真的,任何表示都不可避免地包含着简化或人为的规定。人们基于这样的考虑提出了一系列的问题,解决这些问题的方法就是使用本体论表示观。

① 由于任何一种表示都是对自然世界事物的近似,因此表示必然需要对世界的某个部分给予特别的注意(聚焦),而忽略世界的其他部分(衰减),其中聚焦什么和衰减什么的聚焦-衰减效应(心理学称这种现象为注意力集中)就是看待外部世界的规定,它导致了本体论约定的集合。

② 本体论表示观强调对自然世界可以采用不同的方法来记述,但其注重的不是语言形式,而是内容。这与认识论表示观中"表示的唯一功能是携带知识"的观点针锋相对。但本体论表示观又与知识工程表示观不同,它所注重的"内容"不是某些特定领域的特殊专家知识,而是自然世界中那些具有普遍意义的一般知识(general knowledge)。依照莱纳特的观点,在人工智能研究中使用本体论表示观的动机是为了实现知识工程方法在知识组织上过于无序而造成的过量知识和物理学、数学使用简洁规则而过于有序所造成的过长推理之间的折中。寻找并建立这样一个具有常识知识性质并可为大多数领域使用的一般性知识库,就是本体论表示观中关于"内容"的含意。

③ 本体论表示观认为,表示只是表述智能行为的部分理论,暗示不考虑推理的纯粹表示是不存在的。这个观点与认识论表示观没有什么本质区别,但强调表示研究应与启发式搜索联系起来考虑,启发式搜索是表示理论的重要组成部分。

④ 本体论表示观认为"计算效率无疑是表示的核心问题之一",这是这种表示观考虑"启发式搜索是表示研究不可分割的一部分"的必然结论。本体论表示观强调"启发式"方法对表示的作用,意味着有效的知识组织及与领域有关的启发式知识是其提高计算效率的手段。

⑤ 本体论表示观认为使用哪种语言作为表示形式不是最重要的,但为了刻画自然世界的丰富性集成多种表示方法是必然的。另外,这类表示观特别指出"表示不是数据结构",这是它与知识工程表示观的重要区别之一。

⑥ 本体论表示观所带来的最大困难在于"本体论约定的相对性"。例如,对于电子线路分析,如果从"电路是相互连接的实体,信号顺着线路瞬时地流动"来看,则存在着一种本体论,而如果从电动力学来看,则存在另一种本体论。本体论研究者一般认为智能系统往往需要分成不同的层次,每个层次都具有其本体论的约定,这对专家系统一类的问题已被证明是有效的。

鉴于常识知识的复杂性,本体论表示观强调在解决自然世界复杂问题的系统中应该采用多种表示方法,正如明斯基的观点:“在解决非常复杂的问题时,我们将不得不同时使用几个完全不同的表示,这是因为每种特别的表示均有其自身的优点与缺陷,对涉及我们称为常识的那些东西,没有一种表示可以认为是足够的。”采用集成的方法来克服理论不足所带来的困难,不仅对本体论表示观是必然的,而且对其他两种表示观也是现实的。

3. 知识工程论

知识工程表示观认为表示是对自然世界描述的计算机模型,它应该满足计算机这一实体的具体限制,因此,表示可以被理解为一类数据结构及在其上的一组操作。这类表示观有别于其他两类表示观,它更强调其工程实现性,而不甚关心对其行为的科学解释,它具有两个重要特征:

① 一般将表示理解为一类数据结构及在其上的操作;

② 对知识的内容更强调那些与该领域相关的、只适合于这个领域或来自该领域专家经验的知识。

综上所述,不同的表示观规定了智能模拟研究的不同侧重方向,知识工程论强调自然世界在计算机内部某类数据结构的映射形式及对存储的内容所采用的处理方法,因此,研究知识的存储结构与对其进行有效的使用(推理与搜索)成为这种表示观研究的主要任务,这种表示观还侧重“计算机可接受”这个条件。认识论表示观认为表示是一种携带知识的理论,问题求解的有效性不在其考虑之列,它强调对自然现象抽象简洁的刻画。本体论的表示观则认为任何表示均是不完全的知识理论,而对其使用的有效性(计算困难程度)则是先决条件。因此,本体论的表示观强调一种聚焦的功能,“启发式成为表示研究的一部分”。

这些表示观是从不同角度及不同描述层次解释表示的内涵而产生的不同结论。但是,不能因为本体论表示观强调表示的不完善及可计算而否定它对知识的携带作用,它与认识论表示观的区别仅仅在于这种作用是不是唯一的。另外,由于本体论表示观承认表示与启发式研究之间的关系,因此它与知识工程表示观必然紧密相关。

一般来说,认识论表示观强调知识的某种存在性研究,本体论表示观更多地考虑知识的构造性研究,而知识工程表示观则以知识系统的可实现性作为重点。显然,对任何一门学科,存在性、构造性及可实现性均是重要的,简单地否定某种表示观是不合适的,甚至是错误的。

2.2 一阶谓词逻辑表示法

人工智能中涉及的逻辑可以分为两大类,即一阶经典逻辑和除一阶经典逻辑以外的非经典逻辑。其中,一阶经典逻辑包括一阶命题逻辑和一阶谓词逻辑,其命题或谓词是非真即假的,也称二值逻辑;非经典逻辑主要包括三值逻辑、多值逻辑、模糊逻辑等。

命题逻辑与谓词逻辑是最先应用于人工智能的两种逻辑,在知识表示的研究、定理的自动证明方面发挥了重要作用。本节主要介绍一阶谓词逻辑表示法。

2.2.1 一阶谓词逻辑表示法的逻辑学基础

1. 命题

定义 2-1 命题(proposition)是一个非真即假的陈述句。

命题包含两个要求,首先要求是陈述句,其次要求能判断真假。命题通常用大写英文字母表示，它的值称为真值。命题只有真、假两种情况：命题为真时，其真值为真(True)，用T表示；命题为假时，其真值为假(False)，用F表示。

例 2-1　判断下面的句子是否是命题。

(1)“五星红旗是中华人民共和国的国旗。”是一个真值为T的命题。

(2)“西安是个直辖市。”是一个真值为F的命题。

(3)“今天是晴天。”是一个命题，其真值要根据今天天气的实际情况确定。

(4)“快点儿回家！”是个祈使句，不满足命题的要求，因此不是命题。

(5)“$X+Y>z$”无法判断真假，不满足命题的要求，因此不是命题。

英文字母表示的命题可以有特定的含义，称为命题常量，也可以有抽象的含义，称为命题变量，把确定的命题带入命题变量后，命题变量就具有了明确的真值。

定义 2-2　原子命题是用简单陈述句表达的命题，也称为简单命题。

用否定、合取、析取、蕴含、双条件等连接词连接原子命题，可以构成复合命题。

命题逻辑表示法表示知识简单、明确，但无法描述事物的结构及逻辑特性，也无法刻画不同事物间的共同特征。例如，命题逻辑中用P表示“小张是小王的妻子”，无法显现二者的夫妻关系。又如，用R表示“仙人掌是植物”，用Q表示“海棠是植物”，无法形式化地表示两者的共性(都是植物)。在命题逻辑基础上发展起来的谓词逻辑则克服了这些不足。

2. 谓词

定义 2-3　设D是个体域，$P:D^n\to\{T,F\}$是一个映射，其中：

$$D^n=\{(x_1,x_2,\cdots,x_n)\mid x_1,x_2,\cdots,x_n\in D\}$$

则称P是一个n元谓词(predicate，$n=1,2,\cdots$)，记为$P(x_1,x_2,\cdots,x_n)$。其中，P是谓词名，用于刻画个体的性质、状态或关系；$x_1,x_2,\cdots,x_n$为个体，表示某个独立存在的事物或某个抽象的概念。

谓词名由使用者定义，一般是具有相应意义的英文单词，或者是大写英文字母；个体则一般用小写英文字母表示。

谓词中的个体可以是常量、变元或函数，它们统称为项。常量表示一个或一组指定的个体，如用Student(wang)表示“小王是个学生”，wang为个体常量；变元表示没有指定的一个或一组个体，如用Like(x,y)表示“x喜欢y”，其中x和y是个体变元；函数表示一个个体到另一个个体的映射，如Student(Friend(wang))表示“小王的朋友是学生”，这里Friend(wang)是个函数，表示“小王的朋友”。

谓词与函数的形式相似，但本质不同。谓词具有非真即假的真值，是个体域到{T,F}的映射；函数无真值可言，其值是个体域中的个体，实现的是个体域中一个个体到另一个个体的映射。

谓词中包含的个体数目称为谓词的元数，如$P(x)$是一元谓词，$R(x,y)$是二元谓词……

在谓词$P(x_1,x_2,\cdots,x_n)$中，如果$x_i(i=1,2,\cdots,n)$是个体常量、变量或函数，则称它为一阶谓词；如果某个x_i本身又是一个一阶谓词，则称它为二阶谓词。

3. 量词

量词(quantifier)用来刻画谓词与个体之间的关系，是用量词符号和被其量化的变元组成的表达式。一阶谓词逻辑中有两个量词符号，即全称量词(universal quantifier，符号“∀”)和存在量词(existential quantifier，符号“∃”)。

全称量词符号“∀”指“所有的、任一个”。“$\forall x$”是一个全称量词，表示“对个体域中所有的

(或任一个)个体 x",读作"对于所有的 x"。若$(\forall x)P(x)$为真,则当且仅当对论域中所有的 x,都有 $P(x)$为真;若$(\forall x)P(x)$为假,则当且仅当论域中至少存在一个 x_0,使得 $P(x_0)$为假。

存在量词符号"∃"指"至少有一个、存在"。"$\exists x$"是一个存在量词,表示"在论域中存在个体 x",读作"存在 x"。若$(\exists x)P(x)$为真,则当且仅当论域中至少存在一个 x_0,使得 $P(x_0)$为真;若$(\exists x)P(x)$为假,则当且仅当对论域中所有的 x,都有 $P(x)$为假。

量词后面的单个谓词或者用括号括起来的谓词公式称为量词的辖域,辖域内与量词中同名的变元称为约束变元,不受约束的变元称为自由变元。例如:

$$(\forall x)(P(x)\rightarrow Q(x,y))\vee R(x,y)$$

其中,$(P(x)\rightarrow Q(x,y))$是全称量词$(\forall x)$的辖域,辖域内的变元 x 是受$(\forall x)$约束的变元,即约束变元,而 $R(x,y)$中的 x 是自由变元,公式中所有的 y 都是自由变元。

在类似的式子(这种式子称为谓词公式,后面有详细说明)中,变元的名字无关紧要,且可以进行改名操作,但必须注意,当对辖域内的约束变元改名时,必须把同名的约束变元都统一换成另外一个相同的名字;当对辖域内的自由变元改名时,不能将其改成与约束变元相同的名字。例如,$(\exists x)P(x,y)$可以改名为$(\exists z)P(z,v)$,其中约束变元 x 改为 z,自由变元 y 改为 v。

4. 谓词公式

定义 2-4 项满足如下规则:

① 单独一个个体是项;

② 若 $t_1,t_2,\cdots,t_n$ 是项,f 是 n 元函数,则 $f(t_1,t_2,\cdots,t_n)$是项;

③ 由①、②生成的表达式是项。

定义 2-5 若 $t_1,t_2,\cdots,t_n$ 是项,P 是谓词符号,则称 $P(t_1,t_2,\cdots,t_n)$是原子谓词公式。

定义 2-6 可按如下规则得到谓词公式:

① 原子谓词公式是谓词公式;

② 若 A 是谓词公式,则$\neg A$ 也是谓词公式;

③ 若 A、B 是谓词公式,则 $A\wedge B$、$A\vee B$、$A\rightarrow B$、$A\leftrightarrow B$ 也是谓词公式;

④ 若 A 是谓词公式,则$(\forall x)A$、$(\exists x)A$ 也是谓词公式;

⑤ 有限步应用①~④生成的公式也是谓词公式。

在谓词公式中,将连接词按优先级从高到低排序为$\neg$、$\wedge$、$\vee$、$\rightarrow$、$\leftrightarrow$。

2.2.2 一阶谓词逻辑表示法表示知识的步骤

用一阶谓词逻辑表示法中的谓词公式表示知识的一般步骤如下:

① 定义谓词及个体,并指出它们的确切含义;

② 根据要表达的事物和概念,为每个谓词中的变元赋特定的值;

③ 根据语义,用恰当的连接词将谓词连接起来,形成一个谓词公式,从而完整地表达知识。

例 2-2 用一阶谓词逻辑表示法表示知识:所有的消防车都是红色的。

解:首先定义谓词和个体:

Fireengine(x)表示"x 是消防车"

Color(x,y)表示"x 的颜色是 y"

red 表示"红色"

该知识用一阶谓词逻辑表示为

$$(\forall x)(\text{Fireengine}(x))\rightarrow \text{Color}(x,\text{red}))$$

可读作：对于所有 x，如果 x 是消防车，那么 x 的颜色是红色。

例 2-3 用一阶谓词逻辑表示法表示知识：所有的自然数不是奇数就是偶数。

解：首先定义谓词：

$N(x)$表示 x 是自然数

$O(x)$表示 x 是奇数

$E(x)$表示 x 是偶数

该知识用一阶谓词逻辑表示为

$$(\forall x)(N(x)) \rightarrow O(x) \vee E(x))$$

可读作：对于所有 x，如果 x 是自然数，那么 x 是奇数或偶数。

例 2-4 用一阶谓词逻辑表示法表示知识：305 房间有个物体。

解：首先定义谓词和个体：

In(x,y)表示“x 在 y 里面”

Room(x)表示“x 是房间”

r305 表示“房间的名称，即 305”

该知识用一阶谓词逻辑表示为

$$(\exists x)\mathrm{In}(x,\mathrm{Room}(\mathrm{r305}))$$

可读作：存在一个 x，x 在房间 r305 中。

例 2-5 用一阶谓词逻辑表示法表示知识：(1)每个车间都有一个负责人；(2)有一个人是所有车间的负责人。

解：首先定义谓词：

Workshop(x)表示“x 是个车间”

Head(x,y)表示“x 是 y 的负责人”

以上知识用一阶谓词逻辑表示为

$$(\forall x)(\exists y)(\mathrm{Workshop}(x) \rightarrow \mathrm{Head}(y,x))$$

$$(\exists y)(\forall x)(\mathrm{Workshop}(x) \rightarrow \mathrm{Head}(y,x))$$

可分别读作：对于所有 x 存在一个 y，如果 x 是个车间，那么 y 是 x 的负责人；存在一个 y 对于所有 x，如果 x 是个车间，那么 y 是 x 的负责人。

例 2-6 用一阶谓词逻辑表示法表示机器人拿箱子问题。假设房间的 c 处有一个机器人，a 处和 b 处各有一张桌子，分别是 a 桌和 b 桌，a 桌上有一个箱子。让机器人从 c 处出发把箱子从 a 桌拿到 b 桌，然后回到 c 处。问题的初始状态(初态)和目标状态(目态)如图 2-1 所示。

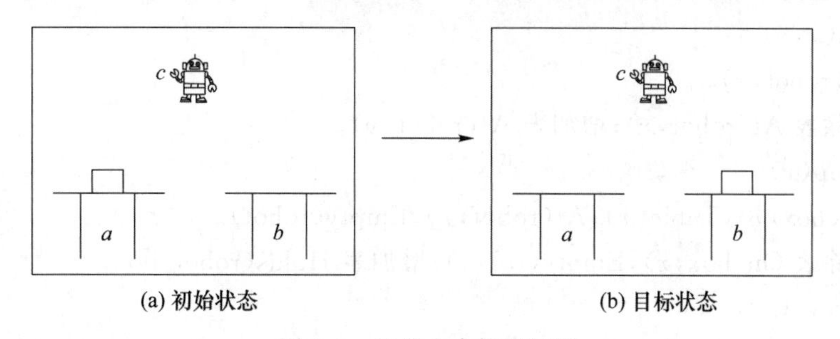

图 2-1 机器人拿箱子问题

解：首先定义谓词和个体：

box 表示“箱子”

robot 表示“机器人”

a、b、c 表示“位置”，a、b 也可以表示“桌子”

On(x,y)表示“x 在 y 桌上，x 的个体域是{box}，y 的个体域是{a,b}”

Table(x)表示“x 是桌子，x 的个体域是{box}”

At(x,y)表示“x 在 y 附近，x 的个体域是{robot}，y 的个体域是{a,b,c}”

Empty(x)表示“x 双手空空，x 的个体域是{robot}”

Holds(x,y)表示“x 拿着 y，x 的个体域是{robot}，y 的个体域是{box}”

问题的初始状态：

At(robot,c)
Empty(robot)
On(box,a)
Table(a)
Table(b)

问题的目标状态：

At(robot,c)
Empty(robot)
On(box,b)
Table(a)
Table(b)

机器人的行动目标是将问题从初始状态转化为目标状态，为了实现状态的转化，机器人必须完成一些列操作。每个操作可以分为条件和动作两部分。其中，条件是指完成这个操作需要的先决条件，只有先决条件满足了才能执行这个操作，先决条件可以用谓词公式表示，其成立与否可以用归结原理(详见 4.3 节)来判断；动作说明了操作对问题状态的改变情况，可以用操作执行前后的状态变化表示，即指出操作后应从操作前的状态中删去和增加什么样的谓词公式。

机器人为实现行动目标，需要的操作主要有如下几个：

Goto(x,y)表示“从 x 处走到 y 处”
Pickup(x)表示“在 x 处拿起箱子”
Setdown(x)表示“在 x 处放下箱子”

各操作对应的条件和动作分别如下。

(1) Goto(x,y)

条件：At(robot,x)。

动作：删除表 At(robot,x)；增加表 At(robot,y)。

(2) Pickup(x)

条件：On(box,x)，Table(x)，At(robot,x)，Empty(robot)。

动作：删除表 On(box,x)，Empty(robot)；增加表 Holds(robot,box)。

(3) Setdown(x)

条件：Table(x)，At(robot,x)，Holds(robot,box)。

动作：删除表 Holds(robot,box)；增加表 Empty(robot)，On(box,x)。

机器人在执行每个操作之前，应首先判断当前状态下该操作的先决条件是否满足，如果满足就执行相应的操作，如果不满足就检查下一操作所要求的先决条件。在检查条件的满足性时进行了变量的代换。图 2-2 所示是整个问题的谓词逻辑表示。

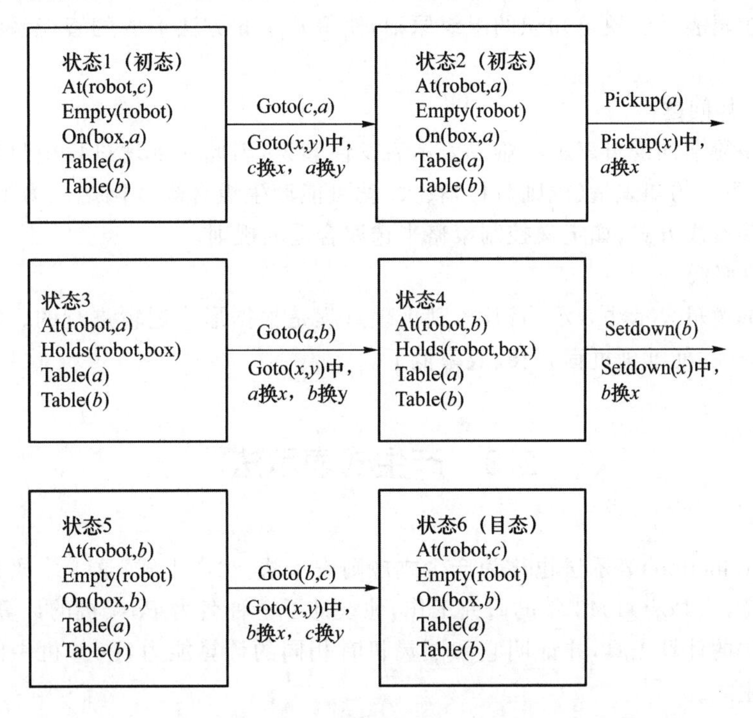

图 2-2 机器人拿箱子问题的谓词逻辑表示

2.2.3 一阶谓词逻辑表示法的特点

一阶谓词逻辑表示法是一种形式语言系统，它用逻辑方法研究推理的规律，其优点如下。

(1) 自然

一阶谓词逻辑表示接近于自然语言，易于被人们接受，因此用它表示的知识比较容易理解。

(2) 精确

一阶谓词逻辑属于二值逻辑，谓词公式的真值只有真和假两种，因此可以表示精确的知识，并可以保证知识库中新旧知识在逻辑上的一致性，以及演绎推理所得结论的精确性，这是其他知识表示法不能相比的。

(3) 严密

一阶谓词逻辑表示法的发展相对成熟，具有扎实的理论基础、严格的形式定义和推理规则，因此对知识表达方式的科学严密性要求比较容易得到满足。

(4) 易于模块化

用一阶谓词逻辑表示法表示的知识可以比较容易地转换为计算机的内部形式，易于模块化，便于对知识进行增加、删除和修改。

除了上述优点，一阶谓词逻辑表示法还有一些缺陷。

(1) 无法表示不精确性的知识

一阶谓词逻辑表示法表示知识的能力差，无法表示不精确的知识，而不精确性是自然世界客观存在的，这就使得它表达知识的范围和能力受到限制。此外，谓词逻辑还难以表示启发性知识及元知识。

(2) 不易管理

一阶谓词逻辑表示法缺乏知识的组织原则,使得基于此方法形成的智能系统的知识库管理比较困难。

(3) 组合爆炸问题

由于使用一阶谓词逻辑表示法难以表示启发性知识,因此在推理过程中只能盲目地使用推理规则,一旦系统的知识量(规则数目)较大,就可能产生组合爆炸问题。为了解决此问题,人们提出了一些解决方式,如定义控制策略来选取合适的规则。

(4) 系统效率低

用一阶谓词逻辑表示法表示知识时,其推理过程是根据形式逻辑进行的。它割裂了推理与知识的语义,往往使推理过程冗长、效率低下。

2.3 产生式表示法

产生式(production)表示法也称为产生式规则表示法。"产生式"这一术语最早来源于美国数学家波斯特(E. Post)1943 年的研究工作,他设计了一种名为 Post 机的计算模型,目的是构造一种形式化的计算工具,并证明它和图灵机有相同的计算能力,Post 机中的每一条规则都称为一个产生式。

几乎在同一时期,乔姆斯基(A. N. Chomsky)在研究自然语言结构时提出了文法分层的概念,并提出了文法的"重写规则",即语言生成规则,这实际上是特殊的产生式。1960 年,巴科斯(J. Backus)提出了著名的 BNF(巴科斯范式),用以描述计算机语言的文法。后来发现,BNF 实际上就是乔姆斯基的上下文无关文法。至此,产生式的应用范围大大扩展。1972 年,纽厄尔和西蒙在研究人类的认知模型时开发了基于规则的产生式系统。目前,产生式表示法已成为构建专家系统的首选知识表示方法,许多成功的专家系统都是用产生式来表示知识的,如用于化工工业测定分子结构的专家系统 DENDRAL、用于诊断脑膜炎和血液病毒感染的专家系统 MYCIN 和用于估计矿藏勘探的专家系统 PROSPECTOR 等。

2.3.1 产生式表示法的表示形式

产生式表示法通常用于表示事实、规则等,还能表示不确定性的知识,以下分别讨论。

1. 事实的表示

事实是断言一个语言变量的值或多个语言变量之间关系的陈述句。其中,语言变量的值或语言变量之间的关系可以用数字表示,也可以用词表示,还可以是其他恰当的描述。例如,"天是蓝色的"中,"天"是语言变量,"蓝色的"是语言变量的值。又如,"杨洋喜欢文学"中,两个语言变量分别是"杨洋"和"文学",它们之间的关系是"喜欢"。

对确定性的事实,一般用三元组表示,具体形式如下:

(对象,属性,值)或(关系,对象 1,对象 2)

对不确定性的事实,一般用四元组表示,具体形式如下:

(对象,属性,值,可信度)或(关系,对象 1,对象 2,可信度)

例 2-7 用产生式表示法表示下述知识:

(1) 小陈 25 岁;

(2) 老李和小张是忘年交;

(3) 小陈25岁左右;

(4) 老李和小张有可能是朋友。

解:以上知识表示为

(Chen,Age,25)

(Friend,Li,Zhang)

(Chen,Age,25,0.9)

(Friend,Li,Zhang,0.7)

其中的数字0.9、0.7是事实的不确定性度量,说明该事实为真的程度,可以用0和1之间的数字来表示。

2. 规则的表示

规则表示事物间的因果关系等,其产生式表示形式通常被称为产生式规则,简称为产生式或规则,其基本表示形式如下:

IF P THEN Q 或者 $P \to Q$

其中,P 称作前件、模式或条件,指出了该产生式可用的条件;Q 称作操作、后件或结论,说明了当前提 P 指出的条件被满足时应该得出的结论或应该执行的操作。前件和后件也可以是由"与""或""非"等逻辑运算符组合而成的表达式。整个产生式的含义是:如果前提 P 被满足,那么推出结论 Q 或者执行 Q 所规定的操作。例如:

IF 动物有犬齿 AND 有爪 AND 眼盯前方 THEN 该动物是食肉动物

(天下雨∧外出)→(带伞∨带雨衣)

如果规则是不确定的,那么还要另附可信度度量值。不确定性规则的表示形式如下:

IF P THEN Q (可信度) 或者 $P \to Q$(可信度)

例如,专家系统MYCIN中的一条规则:

IF 本生物的染色斑是革兰氏阴性
本微生物的形状呈杆状
病人是中间宿主
THEN 该微生物是绿脓杆菌 CF=0.6

它表示,当前提中的所有条件都被满足时,结论的可信度是0.6。有关MYCIN可信度的表示和计算方法将在后续章节详细分析。

3. 产生式与蕴含式的区别

从产生式的表示形式来看,它与逻辑表示中的蕴含式很相似。但实际上它们并不相同,蕴含式只是产生式的特例,原因如下。

① 产生式描述了前件和后件的一种对应关系,其外延广泛,可以是因果、蕴含、操作、规则、变换、算子、函数等。逻辑中的蕴含式、等价式、程序设计语言中的文法规则、数学中的微分积分公式、化学中分子结构式的分解变换规则、体育比赛规则、国家法律条文、单位规章制度等,都可以用产生式表示。

② 蕴含式只能表示确定性的知识,其真值只能取True或False;而产生式既能表示确定性的知识,也能表示不确定性知识。

③ 产生式表示中,通过检查已知事实是否与前件描述的条件匹配来决定该规则是否可用,这种匹配可以是精确的,也可以是不精确的,而蕴含式的匹配则要求是精确的。

2.3.2 产生式系统的基本结构

将一组产生式放在一起，让它们互相匹配，协同工作，一个产生式生成的结论作为另一个产生式的前提使用，以这种方式逐步进行问题求解的系统就是产生式系统（production system）。产生式系统是以产生式表示法构造的智能系统，主要包括数据库、规则库和推理机3个主要模块，它们之间的关系如图2-3所示。

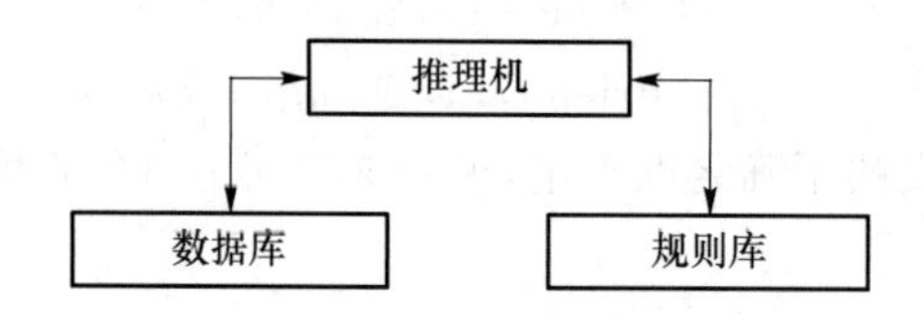

图2-3 产生式系统的基本结构

1. 数据库

数据库（Data Base，DB）也称综合数据库、事实库、上下文、黑板等，用于存放问题求解过程中的各种当前生成的数据结构，包括问题的初始状态、原始证据、中间结论和最终结论等。数据的格式可以是常量、变量、多元组、谓词、表格、图像等。在推理过程中，若规则库中某条规则的前提和数据库中的已知事实相匹配，则该规则被激活，由它推出的结论作为新的事实放入数据库，成为后续推理的已知事实。

2. 规则库

规则库（Rule Base，RB）用于存放领域知识，是与求解有关的所有产生式规则的集合。规则库是产生式系统问题求解的基础，其知识的完整性、一致性、准确性、灵活性以及组织合理性，将直接影响系统的性能和运行效率。因此，设计规则库时要注意对知识的合理组织和管理，检测并排除冗余、矛盾的知识等，保证知识的一致性，从而提高问题的求解效率。

规则库中的每一条知识都由前件和后件组成，系统运行时通常采用匹配的方法核实前件，即查看当前数据库中是否存在规则前件，若匹配成功则执行后件规定的动作或得到后件描述的结论。

3. 推理机

推理机（inference engine）也称为控制系统、推理机构，它由一组程序组成，控制协同规则库与数据库的运行，包含了推理方式和控制策略。推理方式包括正向推理、反向推理和双向推理，控制策略主要是指冲突消解策略。推理机是产生式系统的核心，其性能决定了系统的性能。

推理机的主要工作如下。

① 按一定的策略从规则库中选择规则，并与数据库中的已知事实进行匹配。所谓匹配，是指把规则的前提条件与数据库中的已知事实进行比较，可能会产生3种情况：

a. 如果两者一致，或近似一致且满足预先规定的条件，则称匹配成功，此条规则被列入被激活候选集（冲突集）；

b. 如果两者矛盾，或近似一致但不满足预先规定的条件，则称匹配失败，此条规则被完全放弃；

c. 如果前提条件完全与输入事实无关，则将该规则列入待测试规则集，在下一轮匹配中使用。

② 当匹配成功的规则多于一条时,推理机按照一定的冲突消解策略从中选择一个。

③ 解释执行上一步所选规则后件的动作。如果规则后件不是问题的目标,则将其加入数据库;如果规则后件是一个或多个操作,则按照一定的策略,有选择、有顺序地执行。

④ 掌握结束产生式系统的时机。对要执行的规则,如果其后件满足问题的结束条件,则停止推理。

上述第②步中的冲突消解策略是指当有多条规则匹配成功时,用于从中选择一条作用于当前数据库的控制策略。冲突消解策略主要有如下几种。

① 专一性排序:如果某一条规则条件部分规定的情况比另一条规则条件部分规定的情况更有针对性,则这条规则有较高的优先级。

② 规则排序:规则编排的顺序说明了规则启用的优先级。

③ 数据排序:把规则条件部分的所有条件按优先级次序编排起来,运行时首先使用在条件部分包含较高优先级数据的规则。

④ 规模排序:按规则的条件部分的规模排列优先级,优先使用被满足的条件较多的规则。

⑤ 就近排序:把最近使用的规则放在最优先的位置。

⑥ 上下文限制:把规则按上下文分组,在某种上下文条件下,只能从与其相对应的那组规则中选择可应用的规则。

2.3.3 产生式系统的推理方式

产生式系统的推理方式主要有正向推理、反向推理和双向推理。这里以一个植物识别系统的例子说明这 3 种推理方式。

假设有一个植物识别系统,可用于判断植物的类别、特性等,以下是该系统规则库的一个片段。

R_1:IF 它种子的胚有两个子叶 OR 它的叶脉为网状 THEN 它是双子叶植物

R_2:IF 它种子的胚有一个子叶 THEN 它是单子叶植物

R_3:IF 它的叶脉平行 THEN 它是单子叶植物

R_4:IF 它是双子叶植物 AND 它的花托呈杯形 OR 它是双子叶植物 AND 它的花为两性 AND 它的花瓣有 5 枚 THEN 它是蔷薇科植物

R_5:IF 它是蔷薇科植物 AND 它的果实为核果 THEN 它是李亚科植物

R_6:IF 它是蔷薇科植物 AND 它的果实为梨果 THEN 它是苹果亚科植物

R_7:IF 它是李亚科植物 AND 它的果皮有毛 THEN 它是桃

R_8:IF 它是李亚科植物 AND 它的果皮光滑 THEN 它是李

R_9:IF 它的果实为扁圆形 AND 它的果实外有纵沟 THEN 它是桃

R_{10}:IF 它是苹果亚科植物 AND 它的果实里无石细胞 THEN 它是苹果

R_{11}:IF 它是苹果亚科植物 AND 它的果实里有石细胞 THEN 它是梨

R_{12}:IF 它的果肉为乳黄色 AND 它的果肉质脆 THEN 它是苹果

1. 正向推理

正向推理也称数据驱动方式,是从已知初始状态正向使用规则,朝着目标状态前进的推理方式。所谓正向使用规则,是指以问题的初始状态为初始数据库,只有当数据库中的事实满足某条规则的前提时,该规则才能被使用。例如,初始数据库中有事实 A,规则库中有规则 A→B、B→C、C→D、D→E,正向推理过程可表示为 A→B→C→D→E。正向推理的具体步骤如下。

① 将初始事实读入工作存储器。

② 按照某种策略从规则库取出某条规则，将规则与工作存储器中的事实进行比较。如果匹配成功，则将规则加入激活候选集；如果匹配失败，则放弃该规则；如果匹配无结果，则将该规则放入待测试规则集，并在下一轮匹配中使用。

③ 如果冲突集为空，则转④；否则，冲突消解，将所选规则的结论加入工作存储器；如果达到目标节点，则转④；否则返回②。

④ 结束。

假设植物识别系统输入的初始事实为{果肉乳黄色，果实里无石细胞，果实为梨果，果皮无毛，花托呈杯形，种子的胚有两个子叶}。按照正向推理的步骤，推理过程如下。

① 工作存储器读入初始数据，其中的内容为{果肉乳黄色，果实里无石细胞，果实为梨果，果皮无毛，花托呈杯形，种子的胚有两个子叶}。

② 按照某种策略依次选中规则集中的规则进行匹配，此时假设按规则序号选择规则进行匹配，匹配成功的放入激活候选集，匹配失败的放弃，匹配无结果的放入待测试规则集。假设冲突消解策略为按规则序号从小到大依次优先激活。

a. 首先选中规则 R_1 进行匹配，因为工作存储器中有“种子的胚有两个子叶”，R_1 的前提“它种子的胚有两个子叶 OR 它的叶脉为网状”被满足，所以 R_1 匹配成功，被放入激活候选集。由于事先规定了冲突消解策略为按规则序号从小到大优先激活，所以 R_1 作为所有规则中的第一条一定会被选中激活，其结论中的“双子叶植物”被放入工作存储器，此时，工作存储器中的内容为{果肉乳黄色，果实里无石细胞，果实为梨果，果皮无毛，花托呈杯形，种子的胚有两个子叶，双子叶植物}，而待测试规则集为{}。

b. 观察规则 R_2，前提为“它种子的胚有一个子叶”，工作存储器中的事实无法确定其前提为真，也无法确定其前提为假，匹配无结果，将 R_2 放入待测试规则集，此时，工作存储器中的内容为{果肉乳黄色，果实里无石细胞，果实为梨果，果皮无毛，花托呈杯形，种子的胚有两个子叶，双子叶植物}，而待测试规则集为{ R_2 }。

c. 观察规则 R_3，前提为“它的叶脉平行”，同工作存储器中的事实进行匹配，匹配无结果，将 R_3 放入待测试规则集，此时，工作存储器中的内容为{果肉乳黄色，果实里无石细胞，果实为梨果，果皮无毛，花托呈杯形，种子的胚有两个子叶，双子叶植物}，而待测试规则集为{ R_2，R_3 }。

d. 观察规则 R_4，前提为“它是双子叶植物 AND 它的花托呈杯形 OR 它是双子叶植物 AND 它的花为两性 AND 它的花瓣有 5 枚”，同工作存储器中的事实进行匹配，匹配成功，R_4 被放入激活候选集。根据事先确定的冲突消解策略，R_4 作为目前优先级最高规则，一定会被选中激活，其结论“蔷薇科植物”被放入工作存储器，此时，工作存储器中的内容为{果肉乳黄色，果实里无石细胞，果实为梨果，果皮无毛，花托呈杯形，种子的胚有两个子叶，双子叶植物，蔷薇科植物}，而待测试规则集为{ R_2，R_3 }。

e. 观察规则 R_5，与 R_2、R_3 类似，匹配无结果，此时工作存储器中的内容不变，待测试规则集为{ R_2，R_3，R_5 }。

f. 观察规则 R_6，匹配成功，经过冲突消解，其结论被放入工作存储器，此时，工作存储器中的内容为{果肉乳黄色，果实里无石细胞，果实为梨果，果皮无毛，花托呈杯形，种子的胚有两个子叶，双子叶植物，蔷薇科植物，苹果亚科}，而待测试规则集为{R_2，R_3，R_5}。

g. 观察规则 R_7，前提为“IF 它是李亚科植物 AND 它的果皮上有毛”，同工作存储器中的事实“果皮无毛”矛盾，匹配失败，R_7 在本次问题的求解中被丢弃，不再考虑，此时，工作存储器内容和待测试规则集不变。

h. 依次观察规则 R_8 和 R_9，匹配无结果，放入待测试规则集，此时，工作存储器中的内容为{果肉乳黄色，果实里无石细胞，果实为梨果，果皮无毛，花托呈杯形，种子的胚有两个子叶，双子叶植物，蔷薇科植物，苹果亚科}，而待测试规则集为{ R_2，R_3，R_5，R_8，R_9 }。

i. 观察规则 R_{10}，匹配成功，经过冲突消解，其结论被放入工作存储器，此时，工作存储器中的内容为{果肉乳黄色，果实里无石细胞，果实为梨果，果皮无毛，花托呈杯形，种子的胚有两个子叶，双子叶植物，蔷薇科植物，苹果亚科，苹果}，而待测试规则集为{ R_2，R_3，R_5，R_8，R_9 }。

j. 依次观察规则 R_{11} 和 R_{12}：R_{11} 匹配失败，丢弃；R_{12} 匹配无结果，放入待测试规则集。此时，工作存储器中的内容为{果肉乳黄色，果实里无石细胞，果实为梨果，果皮无毛，花托呈杯形，种子的胚有两个子叶，双子叶植物，蔷薇科植物，苹果亚科，苹果}，而待测试规则集为{ R_2，R_3，R_5，R_8，R_9，R_{12} }。

至此，12 条规则全被观察完毕。

③ 进入第二轮匹配。由于 12 条规则中匹配成功的已被激活，结论已被放入工作存储器，而匹配失败的已被丢弃，所以只对待测试规则集中的规则{R_2，R_3，R_5，R_8，R_9，R_{12}}进行观察。此时，在上一工作周期结束时的工作存储器的基础上，将待测试规则集清空，重复刚才的过程。

④ 在第二轮匹配结束后，工作存储器和待测试规则集中的内容与第一轮匹配结束后没有任何变化，推理结束。

在这个例子中，我们是这样设计产生式系统工作结束的时机的：如果工作存储器中的内容没有变化，或者待测试规则集为空，则推理结束，否则进入下一轮匹配。事实上，我们也可以将问题的最终结论，如系统中的苹果、桃、梨、柿子等全部名称列于一个结论集合中，每激活一条规则产生一个结论，就检查该结论是否在该结论集合中，如果包含在此集合中，则推理结束，这也是一种常见的产生式系统结束工作的设计方式。

2. 反向推理

反向推理也称为逆向推理、目标驱动方式，是从目标状态出发，反向使用规则，朝着初始状态前进的推理方式。所谓反向使用规则，是指以问题的目标状态作为初始数据库，仅当数据库中的事实满足某条规则的后件时，该规则才能被使用。

反向推理的具体实现方法是，先假设一个可能的目标，再让系统试图证明它，看此假设是否在工作存储器中存在，若存在，则假设成立；否则，找出结论部分包含此假设的规则，把它们的前提作为新的假设，并试图证明它。这样周而复始，直到所有目标都被证明。

在植物识别的例子中，假设推理的结果是“苹果”，在初始工作存储器中寻找它，由于没有找到，而规则 R_{10} 和 R_{12} 的结论部分是“苹果”，因此将它们的前提作为新的假设，尝试证明……

3. 双向推理

双向推理是正向推理和反向推理的结合，显然，这种推理方式的推理网络较小，效率也较高，也叫正反向推理。

通过上面的分析发现：正向推理简单明了，能求出所有的结论，但执行效率低，有一定的盲目性；反向推理不会寻找无用数据，也不会使用与问题无关的规则。在设计实际的产生式系统时,推理方法的选择取决于推理的目标和搜索空间的形状:如果目标是从一组给定的事实出发,找出所有可能的结论,通常使用正向推理;如果目标是证实或否定某一特定结论,通常使用反向推理。

2.3.4 产生式表示法的特点

产生式表示法的特点如下。

(1) 自然性

产生式表示法用“IF *P* THEN *Q*”的形式表示知识,这种表示形式与人类的判断性知识基本一致,而且直观、自然、便于推理。同时,基于产生式表示法构建的智能系统求解问题的过程与人类求解问题的思维很像,容易理解。

(2) 有效性

产生式表示法对确定性知识、不确定性知识、启发性知识以及过程性知识都能进行有效的表示,很多高效的专家系统都是基于产生式表示法构建知识库的。

(3) 模块性

产生式是规则库中最基本的知识单元,它们与推理机相对独立,每条规则仅描述了前件和后件之间的静态关系,只有通过数据库才能关联,而不能互相调用,这使得规则的模块性很强,有利于对知识的增加、删除、修改、扩展,方便管理。

(4) 求解效率低

根据产生式系统的工作流程,各规则之间通过数据库联系,求解过程是一个反复进行的“匹配－冲突消解－执行”的过程,即先用规则的前提与已知事实匹配,再按照一定的策略从可用规则集中选取一条,最后执行选中的规则,如此反复进行,直到推理结束。考虑到规则库的规模一般比较大,因此求解效率低,甚至还有可能发生组合爆炸问题。

(5) 不便于表示结构性知识

产生式表示法用三元或四元组表示事实,用“IF *P* THEN *Q*”的形式表示规则,格式比较规范,适合表示具有因果关系的过程性知识,而且规则之间不能直接调用,因此那些具有结构关系或层次关系的知识不宜用此方式表达。

2.4 语义网络表示法

语义网络(semantic network)表示法也是一种发展比较早的知识表示方法,是奎廉(J. R. Quillian)于 1968 年在他的博士论文中作为人类联想记忆的心理学模型提出的,随后,奎廉又把它用作知识表示,设计实现了一个可教式语言理解器(Teachable Language Comprehenden,TLC)。1972 年,西蒙正式提出了语义网络的概念,并将其用于自然语言理解系统的研究设计中。1975 年,亨德里克(G. G. Hendrix)又对全称量词的表示提出了语义网络分区技术。目前,语义网络表示法已被应用于人工智能的很多领域,尤其是自然语言处理方面。

2.4.1 语义基元

语义网络是通过实体及其语义关系表示知识的一种网络图,而且是一个带有标识的有向图。从结构上看，语义网络一般由一些最基本的语义单元组成，这些最基本的语义单元被称为语义基元，可用三元组(结点1，弧，结点2)来表示，它们在图中对应着两个结点和一条有向弧，如图2-4所示。

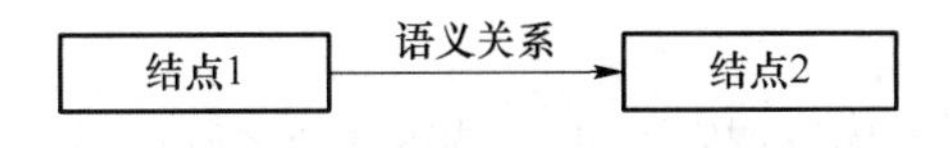

图2-4 语义基元的表示

其中，结点表示实体，对应了领域中的各种事物、概念、情况、属性、状态、事件、动作等。在语义网络的知识表示中，结点一般有实例结点和类结点两种类型。有向弧表示两个结点之间的语义关系，是语义网络组织知识的关键。应该注意的是，有向弧的方向不能随意调换，如果要调换，弧上的语义关系也要随之改变。

当把多个语义基元用相应的语义联系关联在一起时，就形成了如图2-5所示的一个语义网络。网络中的每一个结点和弧都必须带有标识，这些标识被用来说明它所代表的实体或语义。

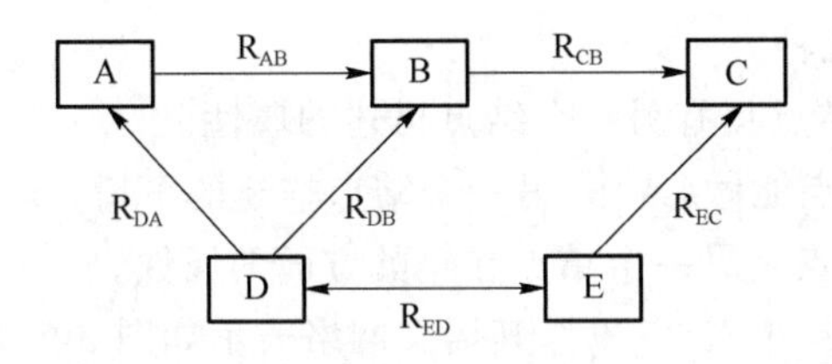

图2-5 一个语义网络

2.4.2 基本语义关系

语义关系具有丰富性，不同应用系统所需要的语义关系的种类与解释不尽相同。以下介绍一些比较典型的语义关系。

1. 类属关系

类属关系是一种具有继承性的语义关系，处在具体层、子类层或个体层的结点不仅可以具有自己特殊的属性，还可以继承处在抽象层、父类层或集体层的结点的所有属性。类属关系主要包含实例关系、分类关系和成员关系等。

(1) 实例关系

实例关系刻画“具体与抽象”的概念，用来描述一个事物是另一个事物的实例，通常标识为ISA，或Is-a。例如，“王琼是一个人，赵晶是一个教师”，其语义网络表示如图2-6所示。

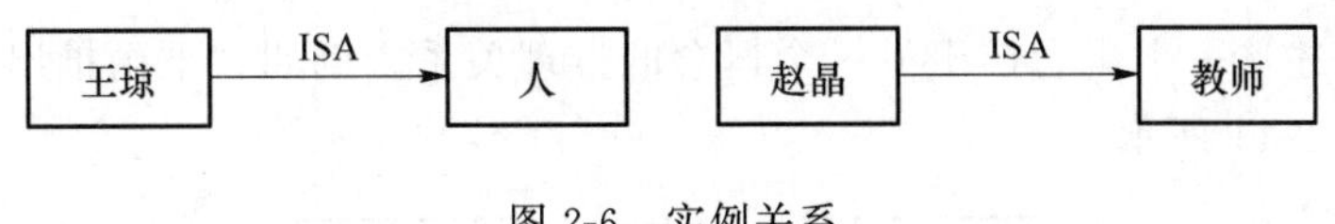

图2-6 实例关系

(2) 分类关系

分类关系也称泛化关系、从属关系，刻画“子类与超类”的概念，用来描述一个事物是另一个事物的一种，通常标识为AKO，或A-Kind-of。例如，“老虎是一种动物”，其语义网络表示如图2-7所示。

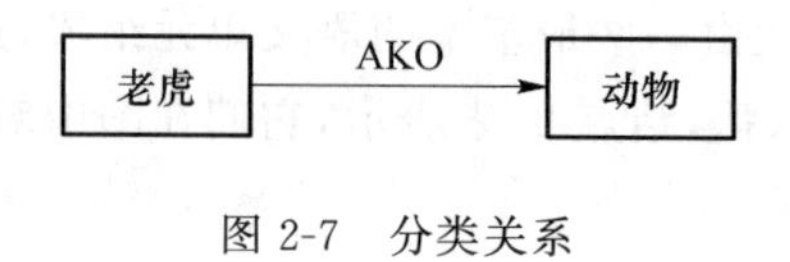

图 2-7　分类关系

(3) 成员关系

成员关系刻画"个体与集体"的概念,用来描述一个事物是另一个事物的一个成员,通常标识为 A-Member-of。例如,"肖玲玲是一名少先队员",其语义网络表示如图 2-8 所示。

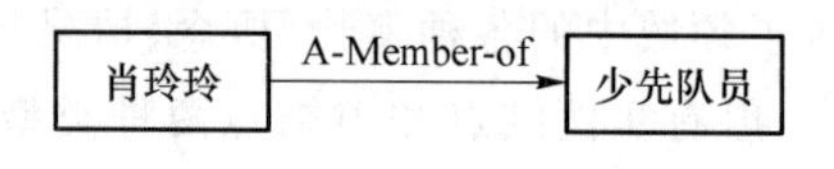

图 2-8　成员关系

由于类属关系的继承性,图 2-6、2-7 和 2-8 中的结点王琼、赵晶、老虎、肖玲玲不仅可以具有自己的属性,还可以继承通过类属关系与之相连的结点的属性。

2. 属性关系

属性关系用来描述事物与其属性(如能力、状态、特征等)之间的关系。事物的属性可能有很多,这里仅列出常见的几种。

(1) Have,表示一个结点具有另一个结点描述的属性。

(2) Can,表示一个结点能做(或作)另一个结点描述的事情。

(3) Age,表示一个结点是另一个结点在年龄方面的属性。

例如,"鱼有腮,鸟会飞,小王 20 岁",其语义网络表示如图 2-9 所示。

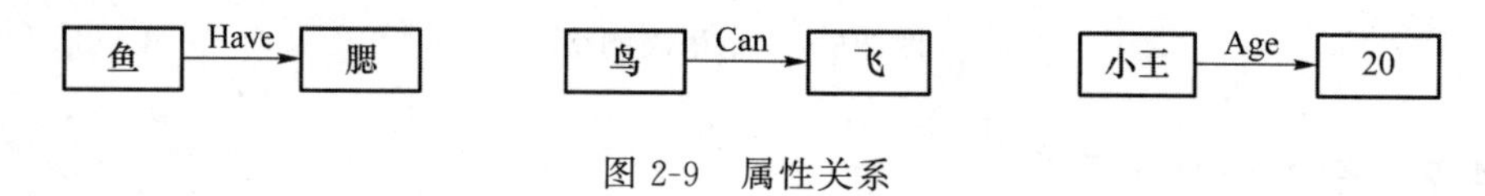

图 2-9　属性关系

3. 聚类关系

聚类关系也称包含关系、聚集关系,刻画具有组织或结构特征的"部分与整体"的概念,用来描述个体与其组成部分之间的关系。聚类关系不同于类属关系,不具备继承性。常用的聚类关系如 Part-of。

Part-of,表示一个事物是另一个事物的一部分。例如,"镜头是相机的一部分",其语义网络表示如图 2-10 所示。

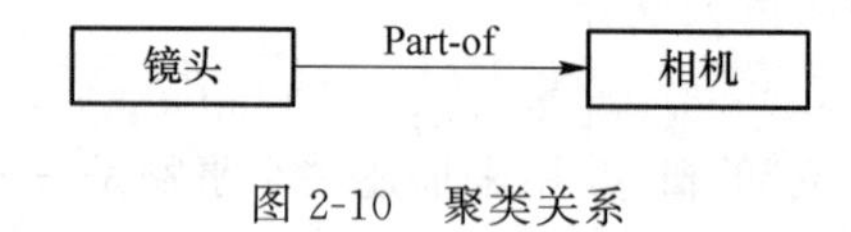

图 2-10　聚类关系

4. 推论关系

推论关系描述从一个概念推出另一个概念的推理关系。例如,"下雨推出出门带伞",其语义网络表示如图 2-11 所示。

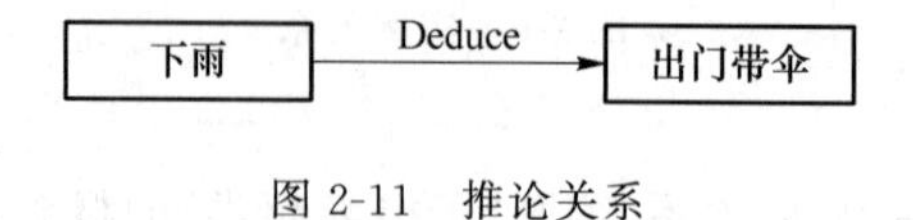

图 2-11　推论关系

5. 时间关系

时间关系刻画不同事件在发生时间方面的先后次序关系。常用的时间关系如下。

(1) Before,表示一个事件在另一个事件之前发生。

(2) After,表示一个事件在另一个事件之后发生。

例如,“伦敦奥运会在北京奥运会之后召开”,其语义网络表示如图 2-12 所示。

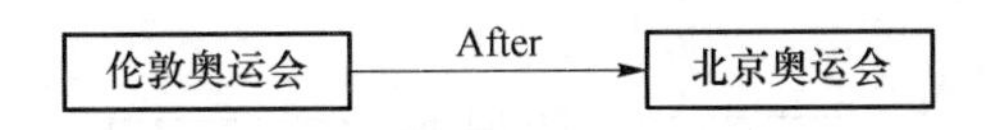

图 2-12 时间关系

6. 位置关系

位置关系刻画不同事物在位置方面的关系。常用的位置关系如下。

(1) Located-at,表示一个物体所处的位置。

(2) Located-on,表示一个物体在另一个物体之上。

(3) Located-under,表示一个物体在另一个物体之下。

(4) Located-inside,表示一个物体在另一个物体之内。

(5) Located-outder,表示一个物体在另一个物体之外。

例如,“手机在书包里”,其语义网络表示如图 2-13 所示。

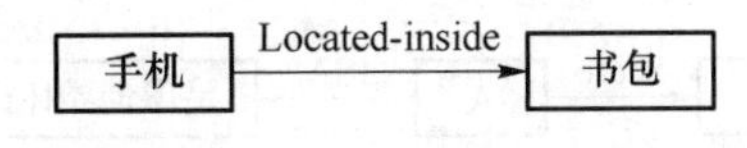

图 2-13 位置关系

7. 相近关系

相近关系刻画不同事物在形状、内容上的相似和接近。常用的相近关系如下。

(1) Similar-to,表示一个事物与另一个事物相似。

(2) Near-to,表示一个事物与另一个事物接近。

例如,“领角鸮是一种和猫头鹰很相似的濒危动物”的语义网络表示如图 2-14 所示。

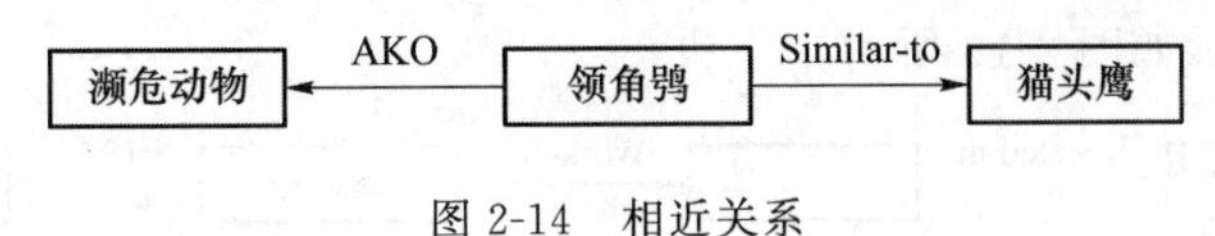

图 2-14 相近关系

2.4.3 关系的表示

假设有 n 元谓词或 n 元关系 $R(arg_1, arg_2, \cdots, arg_n)$,以下根据 n 的不同情形说明 n 元关系的表示方法。

1. 一元关系

$n=1$ 时,$R(arg_1, arg_2, \cdots, arg_n)$为一元关系。一元关系描述的是最简单、最直观的事物或概念,通常用来说明事物的性质、属性等,常用“是”“有”“会”“能”等说明,如“鸟会飞”“王琼是个人”等的语义网络。“鸟有翅膀,会飞,是卵生动物”的语义网络表示如图 2-15 所示。

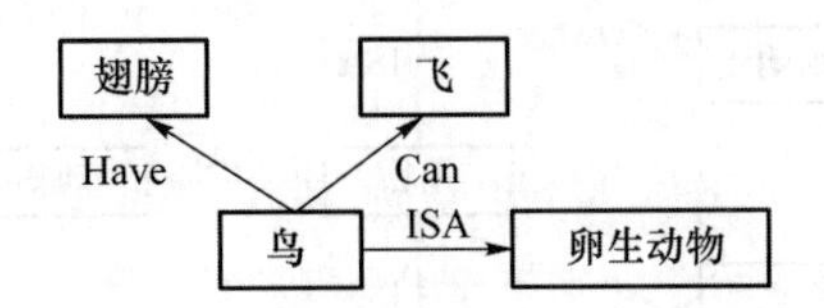

图 2-15 多个一元关系的表示

2. 二元关系

$n=2$ 时,$R(\text{arg}_1,\text{arg}_2,\cdots,\text{arg}_n)$为二元关系。二元关系可以很方便地转换为语义网络,其中的 arg_1 和 arg_2 用结点表示,关系 R 用有向弧表示。例如,“卓娅和欢欢是好朋友”的语义网络表示如图 2-16 所示。

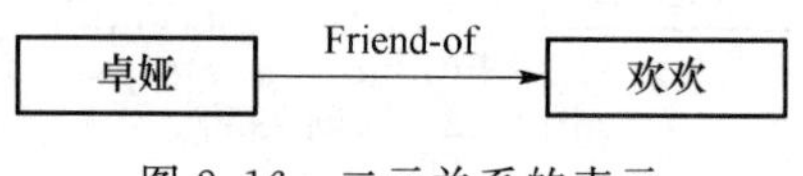

图 2-16 二元关系的表示

3. 多元关系

$n>2$ 时,$R(\text{arg}_1,\text{arg}_2,\cdots,\text{arg}_n)$为多元关系,刻画了现实世界中多种事物用某种关系联系起来的情况。多元关系可以通过转化的方式进行表示,即将多元关系转化为多个一元或二元关系表示。例如,“巴西和荷兰的巴西世界杯比赛以 0:1 结束”的语义网络表示如图 2-17 所示,其中 A 是一个增加的附加结点,用来将多元关系简化。

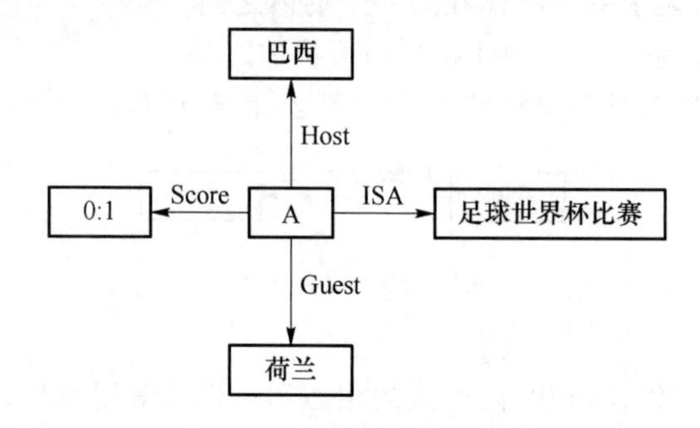

图 2-17 多元关系的表示

下面是一些用语义网络表示关系的例子,通过这些例子加深对语义网络的理解。

例 2-8 用语义网络表示:李玲玲,35 岁,女,是河海大学的教师,河海大学位于江苏省。

解:语义网络表示如图 2-18 所示。

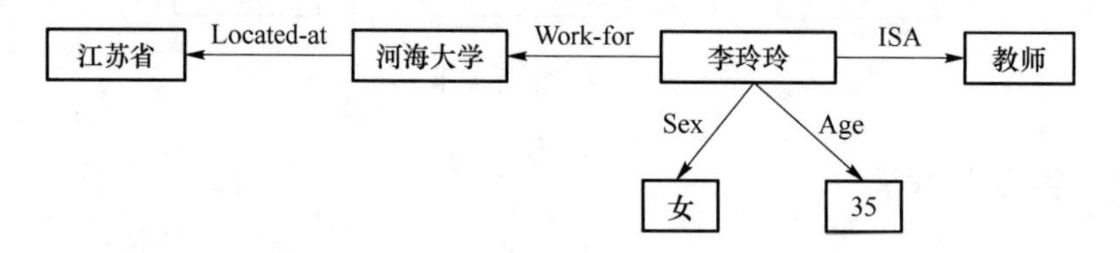

图 2-18 李玲玲的语义网络

例 2-9 用语义网络表示:约翰的宠物是黑色的德国黑背,名叫骑士。杰克的宠物是白色的贵宾犬,名叫雪花。

解:语义网络表示如图 2-19 所示。

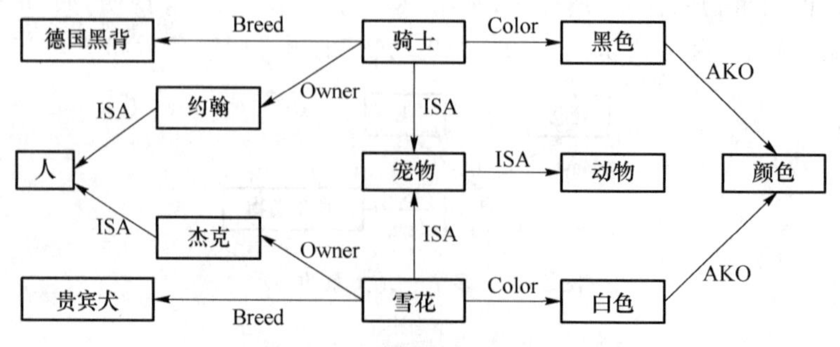

图 2-19 宠物狗的语义网络

2.4.4 情况、动作和事件的表示

为了表示复杂的情况、动作和事件等，可以采用增加情况结点、动作结点或事件结点的方法。

1. 情况的表示

用语义网络表示情况时，需增加一个情况结点，该节点有一组向外引出的有向弧，用于说明不同的情况。例如，“小燕子 Blair 从春天到秋天一直占着一个巢”的语义网络表示如图 2-20所示。

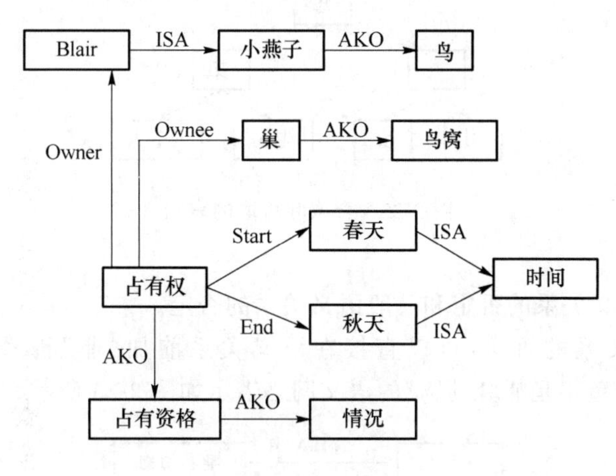

图 2-20 情况的表示

2. 事件和动作的表示

用语义网络表示动作或事件时，需增加一个动作或事件结点，同时向外引出一组弧，说明动作(事件)的实施者和接收者、主体和客体等关系。例如，“小虎在操场踢了小英”的语义网络表示如图 2-21 所示。

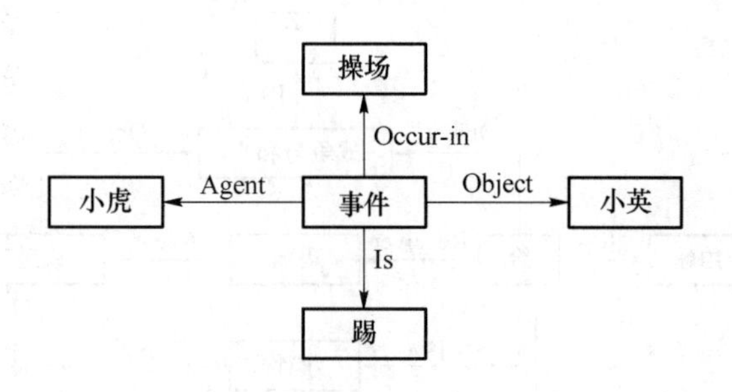

图 2-21 动作、事件的表示

2.4.5 谓词连接词的表示

谓词连接词主要有合取、析取、否定和蕴含等，以下分别说明它们的表示方式。

1. 合取和析取的表示

在语义网络中，合取通过引入“与”结点表示，析取通过引入“或”结点表示。例如，知识“参加大会的有男有女，有老人有年轻人”的表示，分析发现与会者有 4 种情况，即老年男性、老年

女性、年轻男性和年轻女性，这 4 种情况来源于(老人 ∨ 年轻人) ∧ (男 ∨ 女)，其语义网络如图 2-22所示。

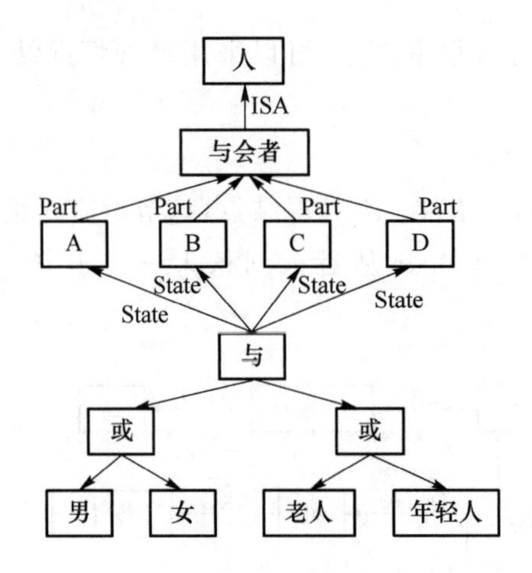

图 2-22　合取和析取的表示

2. 否定的表示

否定分为基本语义关系的否定和一般语义关系的否定。

对于基本语义关系的否定，可以直接在语义关系前加“非”符号，如¬ ISA，¬ AKO，¬ Part-of 等。例如，“鱼不是哺乳动物”的语义网络表示如图 2-23 所示。

图 2-23　基本语义关系的否定的表示

对于一般语义关系的否定，则通过引入“非”结点来表示。例如，“约翰没有把《战争与和平》这本书给玛丽，但是玛丽读过《战争与和平》”的语义网络表示如图 2-24 所示，其中的“但”用合取表示。

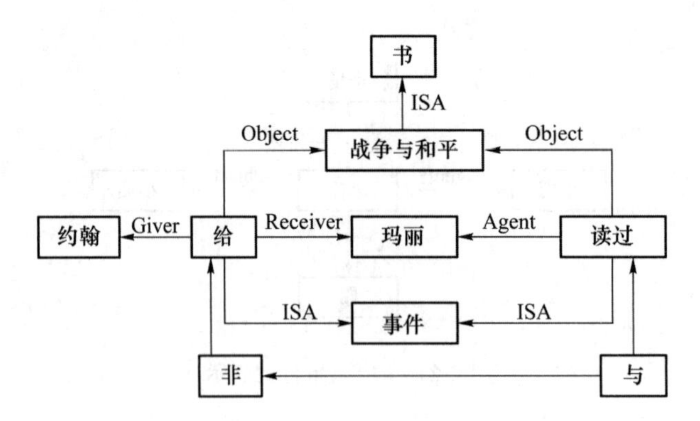

图 2-24　一般语义关系的否定的表示

3. 蕴含的表示

在语义网络中，蕴含关系通过增加“蕴含”结点来表示，“蕴含”结点引出两条弧，一条指向“蕴含”的前件，记为 ANTE，一条指向“蕴含”的后件，记为 CONSE。例如，“如果学校组织创新大赛，王安安就参加”的语义网络表示如图 2-25 所示。

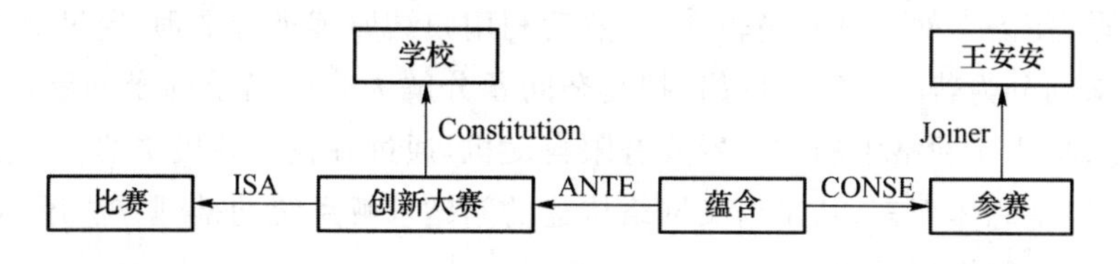

图 2-25 蕴含的表示

2.4.6 量词的表示

语义网络表示知识时，往往会涉及存在量词和全称量词。存在量词可以直接用 ISA、AKO 等弧表示，全称量词则用亨德里克提出的语义网络分区技术表示。

例如，“每个孩子都参加了一个兴趣班”的语义网络表示如图 2-26 所示。其中，GS 是一个概念节点，表示具有全称量化的一般事件；g 是一个实例节点，代表 GS 的一个具体例子；k 是一个全称变量，表示任意一个孩子；p 是一个存在变量，表示一种参加；c 是一个存在变量，表示一个兴趣班；k、p、c 之间的语义联系构成了一个子空间，表示每一个孩子都存在一个参加事件 p 和一个课外辅导班 c；g 引出的 ISA 弧说明 g 是 GS 的一个实例，F 弧说明子空间及其具体形式，∀弧说明 g 代表的全称量词。

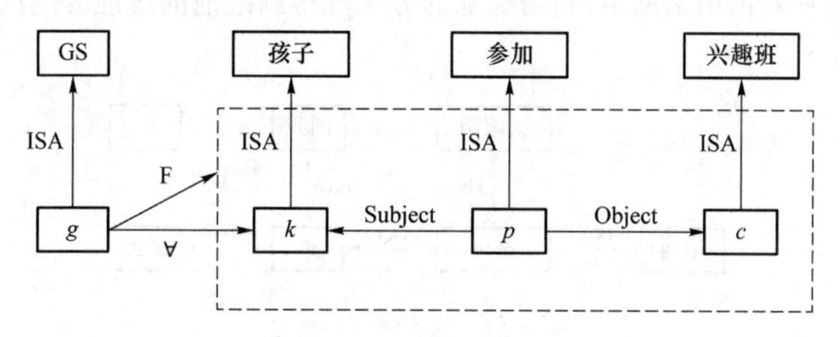

图 2-26 全称量词的表示

在语义网络分区技术中，要求 F 指向的子空间中的所有非全称变量结点都应该是全称变量结点的函数，否则应该放在子空间的外面。

例如，知识“每个孩子都参加了美术兴趣班”中，“美术兴趣班”是一个常量结点，而不是全称变量结点的函数，所以其表示如图 2-27 所示。

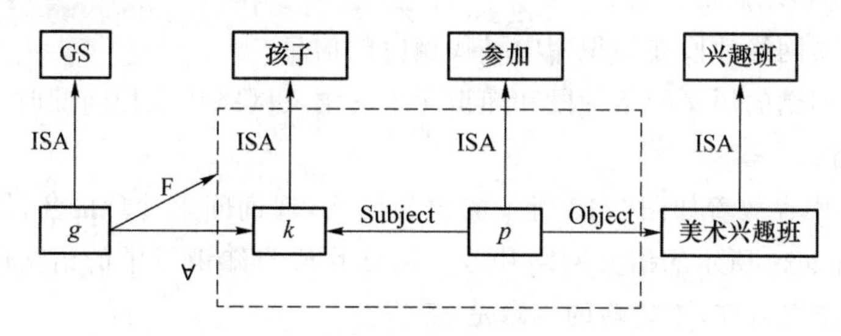

图 2-27 含有常量结点的全称量词的表示

2.4.7 基于语义网络的推理

针对语义网络的推理问题，很多学者提出了不同的方法。例如，通过引入否定、析取、合取、蕴含等结点,使语义网络具有逻辑含义,然后利用归结原理进行推理;通过语义网络分区技术,将复杂网络划分为若干个简单网络,把复杂问题分解为多个简单的子问题,简化问题难度和推理复杂度;将语义网络中的结点看成有限自动机,通过寻找自动机中的会合点来达到问题求解的目的。但是总体而言,基于语义网络构建的问题求解系统的推理方法还不完善,目前主要有继承和匹配两种推理过程。

1. 继承

继承是指把对事物的描述从抽象结点(或父类层结点、集体层结点)传递到具体结点(或子类层结点、个体层结点)。通过继承可以得到所需结点的一些属性值,它通常是沿着继承弧进行的。继承的一般过程如下。

① 建立结点表,用来存放待求解结点和所有通过继承弧与此结点相连的那些结点。初始情况下,节点表中只有待求解的结点。

② 检查结点表中的第一个结点是否有继承弧连接。如果有,就将该弧所指的所有结点放在结点表的末尾,记录这些结点的所有属性,并删除结点表中第一个结点;如果没有,仅删除结点表中第一个结点。

③ 重复步骤②,直到结点表为空。此时,记录下来的属性就是待求结点的所有属性。

对于图 2-28 所示的语义网络,利用继承的方法可得到泡泡的属性为“有大眼睛、有腮、有鳍和会游泳”。

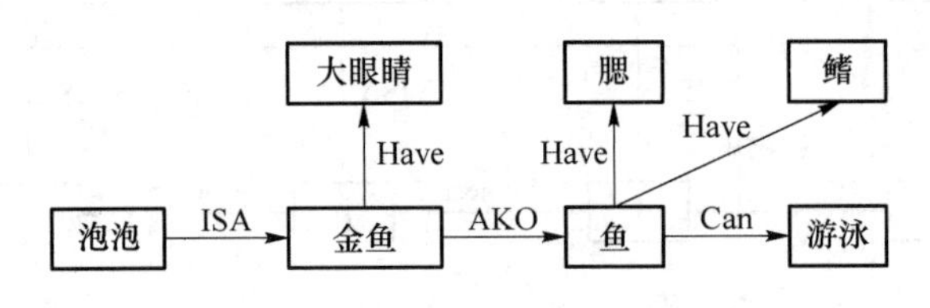

图 2-28　语义网络的继承

2. 匹配

语义网络的匹配是指在知识库的语义网络中寻找与待求问题相符的语义网络模式。匹配的一般过程如下:

① 根据问题的求解要求构造语义网络片段,该语义网络片段中有些结点或弧的标识是空的,称为询问处,即待求解的问题;

② 根据该语义网络片段在知识库中寻找相应的信息;

③ 当待求解问题的语义网络片段和知识库中的语义网络片段相匹配时,与询问处对应的事实就是问题的解。

假设,知识库中存放着如图 2-18 所示的语义网络,现询问李玲玲的年龄。针对问题的求解要求,构造如图 2-29 所示的语义网络片段。用该片段与知识库中的语义网络进行匹配,根据 Age 弧指向的结点可知,李玲玲的年龄是 35 岁。

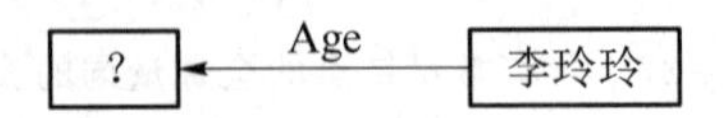

图 2-29　待求解问题的语义网络片段

2.4.8 语义网络表示法的特点

语义网络表示法的特点如下。

(1) 结构性

语义网络能显式地表示事物的属性、事物之间的联系,结构性较好,而且下层结点可以继承、新增和变异上层结点的属性,实现了信息共享。

(2) 联想性

语义网络表示法强调事物间的语义联系,反映了人类思维的联想过程。

(3) 自索引性

通过网络的形式把结点之间的联系简洁明确地表示出来,具有自索引性,利用与结点连接的弧很容易地查找出相关信息,而不必查找整个知识库,有效避免了搜索时的组合爆炸问题。

(4) 自然性

用语义网络表示知识直观、自然,符合人们的思维习惯,因此把自然语言转换成语义网络较为容易。

(5) 非严格性

语义网络表示法没有严格的形式表示体系,推理规则不十分明了,理论基础严密性较差,通过语义网络实现的推理不能保证正确性。

(6) 复杂性

一旦结点个数太多,网络复杂性就会增强,而且由于表示方法灵活,可能造成表示形式的不一致,这就导致问题求解的复杂性进一步增强。

2.5 框架表示法

1975年,美国计算机科学家、图灵奖的获得者明斯基在论文"A Framework for Representing Knowledge"中提出了著名的框架理论,引起了人工智能学者和认知科学家的关注。

框架理论认为人脑中已存储了大量的典型情景,这些情景是以一种类似于框架的结构存储的,当面临新的情景时,就从记忆中选择一个合适的框架作为基本知识结构,并根据具体情况对这个框架的细节进行修改和补充,形成对新情景的认识存储在人脑中。例如,一个人在走进酒店大堂之前就能依据以往对"酒店大堂"的认识,想象这个大堂应该有接待台、工作人员、大堂经理、一些接待设施和价目表等,尽管他对这个大堂的规模、档次、工作人员数量、具体的接待设施等细节还不清楚,但对一些基本结构还是了解的,而他一旦进入酒店大堂,就可以对一些细节进行补充,从而形成对这个酒店大堂的具体概念。

框架理论是基于人们理解事物情景或某一事物时的心理学模型提出的,符合人们理解问题、解决问题的思路。在知识的框架表示法中,框架是知识的基本单位,一组相关的框架联系起来就形成了框架系统。框架系统的行为是由系统内框架的变化来表现的,推理过程是由框架间的协调来完成的。

2.5.1 框架的一般结构

框架(frame)是一种描述所讨论对象(事物、事件或概念)属性的数据结构,通常由若干槽(slot)构成,槽描述了所讨论对象在某一方面的属性,其值称为槽值。每一个槽又拥有一定数量的侧面(aspect),侧面描述了相应属性的一个方面,每个侧面拥有若干个侧面值(aspect value)。为了区分不同的框架、槽和侧面,分别将它们命名为框架名、槽名和侧面名。在设计框架时,有时候还可以增加一些说明性的信息,一般是一些约束条件,说明什么样的值才能加到槽和侧面中,用于提高框架结构的表达能力和推理能力。框架的一般结构如下。

```
<框架名>
槽名 A:    侧面名 A1    侧面值 A11,侧面值 A12,侧面值 A13,…
           侧面名 A2    侧面值 A21,侧面值 A22,侧面值 A23,…
             ⋮
槽名 B:    侧面名 B1    侧面值 B11,侧面值 B12,侧面值 B13,…
           侧面名 B2    侧面值 B21,侧面值 B22,侧面值 B23,…
             ⋮
槽名 C:    侧面名 C1    侧面值 C11,侧面值 C12,侧面值 C13,…
           侧面名 C2    侧面值 C21,侧面值 C22,侧面值 C23,…
             ⋮
  ⋮
约束条件:  约束条件 1
           约束条件 2
             ⋮
```

根据描述对象的实际情况,框架可以有任意有限数目的槽,槽可以有任意有限数目的侧面,侧面可以有任意有限数目的侧面值。槽值或侧面值可以是数值、字符串、布尔值、动作、过程,甚至可以是另一个框架名,从而实现一个框架对另一个框架的调用。

例 2-10 用框架描述:常欢,男,28 岁,身高 180 cm,在百度公司工作。

解:框架描述如下所示。

```
<员工-1>
姓名:常欢
性别:男
年龄:28
身高:180 cm
工作单位:百度公司
```

例 2-11 用框架描述:据日本共同社报道,日本当地时间 2014 年 11 月 22 日 22 时许,日本中部长野县发生 6.7 级强震,已造成至少 57 人受伤,约 10 栋房屋在地震中倒塌,震源深度为 10 公里,首都东京地区也有震感,地震还导致部分地区停电,道路开裂,局部铁路新干线暂停运行。

解:框架描述如下所示。

<地震>
报道媒体:日本共同社
地点:日本中部长野县
时间:当地时间 2014 年 11 月 22 日 22 时许
震级:6.7 级
强度:强
震源深度:10 公里
损失伤亡情况:受伤人员　至少 57 人
　　　　　　倒塌房屋　约 10 栋
　　　　　　电力供应　部分地区停电
　　　　　　道路　开裂
　　　　　　铁路　局部新干线暂停运行
　　　　　　其他　首都东京地区也有震感

例 2-12　用框架分别描述教师、副教授和计算机学院副教授王楠楠的概念。

解:教师框架如下所示。

<教师>
姓名:单位(姓,名)
性别:范围(男,女)
　　Default　男
年龄:单位(岁)
　　If-Needed　Ask-Age
地址:<教师地址>
电话:家庭电话(电话号码)
　　移动电话(电话号码)
　　If-Needed　Ask-Telephone

教师框架中一共有 5 个槽,分别描述了一个教师的姓名、性别、年龄、地址和电话。其中,“姓名”槽有 1 个侧面“单位”,侧面值是“姓,名”;“性别”槽有 2 个侧面,“范围”侧面的侧面值是“男,女”,Default 侧面的侧面值是“男”;“年龄”槽也有 2 个侧面,“单位”侧面的侧面值是“岁”,If-Needed 侧面的侧面值是“Ask-Age”过程;“地址”槽的槽值是“教师地址”框架,即“教师”框架和“教师地址”框架发生了横向的联系;“电话”槽有 3 个侧面,“家庭电话”侧面的侧面值是“电话号码”,“移动电话”侧面的侧面值是“电话号码”,If-Neede 侧面的侧面值是“Ask-Telephone”过程。

副教授框架如下所示。

```
＜副教授＞
AKO:＜教师＞
专业:单位(专业)
    If-needed   Ask-Major
    If-Added   Check-Major
研究方向:单位(方向)
    If-need   Ask-Field
项目:范围(国家级,省级,其他)
    Default   国家级
论文:范围(SCI,EI,核心,一般)
    Default   核心
```

副教授框架中一共有5个槽,分别描述了一个副教授的职业类型、专业、研究方向、项目信息和论文情况。其中,AKO是一个系统预定义槽名,是框架表示法中事先定义好的一些可以公用的标准槽名,含义为“是一种”,当AKO作为下层框架的槽名时,其槽值为上层框架的框架名,表示下层框架是上层框架的子框架,而且可以像语义网络表示法中的AKO弧一样,使得下层框架继承上层框架的属性和操作;“专业”槽有3个侧面,“单位”侧面的侧面值是“专业”,If-Needed侧面的侧面值是“Ask-Major”过程,If-Added侧面的侧面值是“Check-Major”过程;“研究方向”槽有2个侧面,“单位”侧面的侧面值是“方向”,If-Needed侧面的侧面值是“Ask-Field”过程;“项目”槽也有2个侧面,“范围”侧面的侧面值是“国家级,省级,其他”,Default侧面的侧面值是“国家级”;“论文”槽有2个侧面,“范围”侧面的侧面值是“SCI,EI,核心,一般”,Default侧面的侧面值是“核心”。

副教授王楠楠的框架如下所示。

```
＜副教授-1＞
ISA:＜副教授＞
姓名:王楠楠
专业:计算机专业
研究方向:大数据处理方向
项目:其他
```

这是一个实例槽,描述了副教授王楠楠的具体情况,其中用到了一个系统预定义槽ISA,其含义为“是一个”,表示下层框架是上层框架的一个实例,也具有继承性。

根据这3个逐层具体的框架,我们认识了3个特殊的侧面,即Default、If-Needed和If-Added,这是常用于框架继承技术的3个侧面。

Default侧面可以为相应槽提供默认值,当其所在的槽未填入槽值时,系统以Default侧面的侧面值为槽值。例如,“教师”框架中的性别槽默认值为“男”。

If-Needed侧面为相应槽提供一个赋值的服务,当其所在的槽不能提供默认值时,可在该槽中增加一个If-Needed侧面,系统通过调用侧面提供的过程,产生相应的槽值。例如,“教师”框架中的“Age”槽,由于没有默认值,系统通过调用If-Needed侧面的侧面值“Ask-Age”过程进行询问,从而获得年龄属性。

If-Added 侧面提供了一个因相应槽值发生变化而引起的后续处理的服务。当某个槽的槽值发生变化时，可能会影响一些相关槽的槽值，因此需要给该槽增加一个 If-Added 侧面，系统通过调用 If-Added 侧面提供的过程完成对相关槽的处理。例如，"副教授"框架中的专业和研究方向是两个相关的信息，当"专业"槽的槽值发生变化时，可能会引起"研究方向"槽的变化，因此系统调用"专业"槽的 If-Added 侧面提供的过程"Check-Major"进行后续处理，并对"研究方向"等相关槽进行修改。

在上述例子中，我们还见到了 AKO 和 ISA 这 2 个特殊的槽。除了它们，还有很多系统预定义槽。常见的有以下几个系统预定义槽：

① Subclass 槽，含义是"子类"，当它作为下层框架的槽时，表示下层框架是上层框架的一个子类；

② Instance 槽，是 AKO 槽的逆关系，当它作为某上层框架的槽时，用来指出下层框架有哪些；

③ Part-of 槽，用于指出部分和整体的关系，当它作为某下层框架的槽时，表示下层框架是上层框架的一部分；

④ Infer 槽，含义是"推理"，用于指出两个框架之间的逻辑推理关系，可以表示产生式规则；

⑤ Possible-Reson 槽，与 Infer 槽的作用相反，用于连接某个结论和可能的原因。

2.5.2 框架系统

当一个框架的槽值或侧面值是另一个框架的名字时，两个框架之间就建立了横向的联系，可以通过一个框架找到另一个框架。例如，"教师"框架和"教师地址"框架之间的联系。

当下层框架和上层框架之间有继承关系时，两个框架之间就建立了纵向的联系，下层框架可以继承上层框架的属性和操作。例如，"副教授"框架通过 AKO 槽与"教师"框架建立的联系。

当用框架表示某个领域的复杂知识时，会涉及一组互相联系的框架，这些框架之间有横向联系，也有纵向联系，这些具有横向联系和纵向联系的一组框架便构成了框架系统。图 2-30 所示是一个关于学生的框架系统。

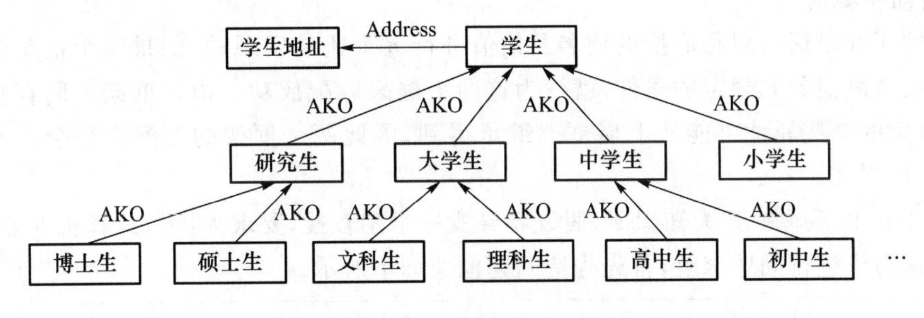

图 2-30 关于学生的框架系统

2.5.3 基于框架的推理

框架表示法没有固定的推理方法，在基于框架的系统中，问题的求解主要通过继承、匹配和填槽来实现。进行问题的求解时，首先把问题用框架表示出来，接着利用框架之间的继承关系与知识库中的框架进行匹配，找出一个或多个可匹配的候选框架，然后在这些候选框架的引导下进一步获取更多信息，填充尽量多的槽值，从而建立一个描述当前情况的实例，最后用某种评价方法对候选框架进行评估，以确定最终的解。

1. 继承

继承是指由于框架之间的继承关系，一个框架所描述的某些属性及值可以从它的上层、上上层框架继承过来。继承主要通过 ISA 和 AKO 槽实现。当询问某个事物的某个属性，但该事物的框架没有提供相应的属性值时，系统就沿着 ISA 或 AKO 链向上追溯。如果上层框架的对应槽有 Default 侧面，则本层继承该默认值并将其作为询问结果；如果上层框架的对应槽没有 Default 侧面，但有 If-Needed 侧面，则本层执行 If-Needed 侧面提供的继承，并执行相应的操作（过程），获得查询值。

如果对某个框架的某个属性进行了赋值或修改操作，系统会自动沿着 ISA 和 AKO 链追溯到相应的上层框架，只要发现上层框架的同名槽中有 If-Added 侧面，则执行 If-Added 侧面提供的操作（过程），并进行后续处理，从而保证概念的一致性。

由上述分析可以得出：If-Needed 侧面在系统查询概念的某个属性时激活，被动地查询所需要的属性值；If-Added 侧面在系统赋值、修改概念的某个属性时激活，主动地做好后续处理。

下面以例 2-12 的教师框架为知识库，说明 Default、If-Needed 和 If-Added 侧面的用法。

① 假设要查询“副教授-1”的姓名，可以直接查询姓名槽，得到“王楠楠”。

② 假设要查询“副教授-1”的性别，但该框架没有直接提供相应的槽，那么先沿着 ISA 链追溯到“副教授”框架，再沿着 AKO 链追溯到“教师”框架，找到“性别”槽的 Default 侧面，获得默认值“男”。

③ 假设要查询“副教授-1”的年龄，则类似地追溯到“教师”框架，根据“年龄”槽的 If-Needed侧面提供的 Ask-Age 过程，产生一个值。如果产生的值是 40，则表示“副教授-1”的年龄是 40 岁。

④ 假设要修改“副教授-1”的专业为“思政专业”，则沿着 ISA 链追溯到“副教授框架”，执行“专业”槽的 If-Added 侧面提供的 Check-Major 操作，对相关的“研究方向”槽进行一致性修改。

2. 匹配和填槽

框架的匹配是通过对相应槽的槽名及槽值进行逐个比较实现的，如果两个框架的对应槽没有矛盾或者满足预先规定的条件，就认为这两个框架匹配成功。由于框架之间存在纵向联系，一个框架的某些属性可能从上层框架继承得到，因此两个框架的匹配往往会涉及上层框架，使复杂性增强。

以例 2-12 的教师框架为知识库，假设要寻找一个副教授，要求为：男，计算机专业，大数据处理方向。为了进行问题求解，首先构造问题框架如下所示。

＜副教授-x＞
姓名：
性别：男
专业：计算机专业
研究方向：大数据处理

用问题框架同知识库中的框架进行匹配，查找到＜副教授-1＞可以匹配成功，因为“专业”

"研究方向"槽都没有矛盾,虽然<副教授-1> 没有"性别"槽,但可以通过继承得到其默认值"男",也满足要求,所以<副教授-1>可以作为候选框架,要找的副教授可能是"王楠楠"。为了明确最终的解,可以采用某种评价方法,如进一步搜集信息、提出要求,使问题的求解向前推进,直到最终确定问题的解就是"王楠楠"或其他。

2.5.4 框架表示法的特点

框架表示法的特点如下。

(1) 结构性

框架表示法善于表示结构性的知识,能将知识的内部关系及知识间的特殊联系表示出来,属于结构化的知识表示方法。在框架表示法中,知识的基本单位是框架,框架由若干槽构成,槽由若干侧面构成,因此知识的内部结构得到了很好的显现。同时,由于设计了各种预定义槽,如 ISA、AKO、Infer 等,框架可以自然地表达事物间的因果联系或更深层次的联系。

(2) 自然性

框架理论是根据人们理解情景、故事时的心理学模型提出的,与人们观察事物时的思维活动是一致的,所以比较自然。

(3) 继承性

框架表示法利用诸如 ISA 和 AKO 槽等实现了框架间的纵向联系,这种联系使得下层框架可以继承上层框架的一些属性和操作,而且还可以进行补充和修正,不仅解决了知识的冗余问题,还可以保证知识的一致性。

(4) 不严密性

同语义网络表示法一样,框架表示法缺乏严格的形式理论,没有明确的推理机制保证问题求解的可行性,一致性检查也并非基于良好定义的语义。

(5) 不清晰性

框架系统中的各个框架数据结构不一定一致,无法保证系统的清晰性,增加了推理的难度。

(6) 不擅长过程性知识的表达

框架系统不擅长表示过程性的知识,因此常与产生式表示法结合使用,取得互补的效果。

2.6 知识图谱

2012 年,Google 公司为了利用网络多源数据构建的知识库来增强语义搜索,提升搜索引擎返回的答案质量和用户查询的效率,提出了知识图谱(knowledge graph)。Google 首席算法专家阿米特·辛格哈尔在介绍知识图谱时提到,"The world is not made of strings , but is made of things"。知识图谱以结构化的形式描述客观世界中存在的概念、实体及其间的复杂关系,将互联网的信息表达成更接近人类认知世界的形式,为人类提供了一种更好地组织、管理和理解互联网海量信息的方法。

2.6.1 知识图谱的基本概念

知识图谱是一种互联网环境下的知识表示方法。从狭义上说,随着知识图谱技术应用的深化,知识图谱已经成为大数据时代一种重要的知识表示形式,它本质上是一种大规模语义网络。除了语义网络,万维网之父 T. B. Lee 于 1998 年提出的语义网(semantie web),也可以看作知识图谱的前身。从广义上说,知识图谱是大数据时代知识工程等一系列技术的总称。

知识图谱又称科学知识图谱,用各种可视化技术描述知识资源及其载体,挖掘、分析、构建、绘制和显示知识及知识之间的相互联系。

目前,知识图谱还没有一个标准的定义,作为一种知识表示形式,它包含实体(entity)、概念(concept)及其之间的各种语义关系。图 2-31 所示是一个知识图谱的片段,其中的"阿尔伯特·爱因斯坦"是一个实体,"物理学家"是一个概念,"出生时间"是一种属性,"好友"则可看作一种关系。

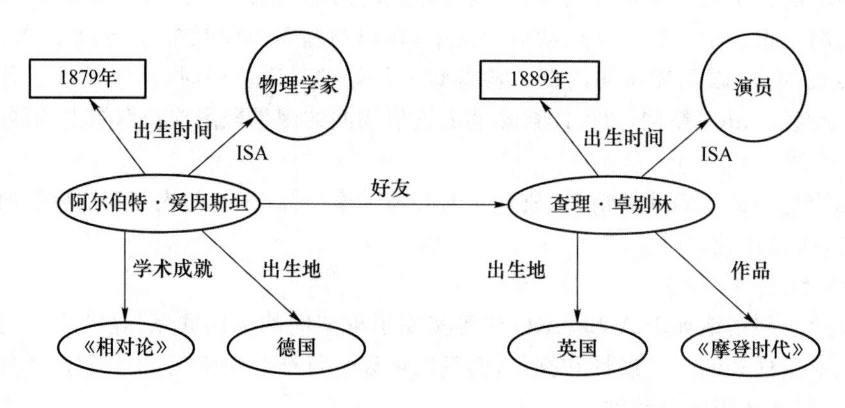

图 2-31 一个知识图谱片段

(1) 实体

实体有时也被称为对象(object)或实例(instance),是具有可区别性且能独立存在的某种事物,它是属性赖以存在的基础。如"阿尔伯特·爱因斯坦""查理·卓别林"等,又如某个国家、某个城市、某个大学、某种植物、某种商品等。实体是知识图谱中最基本的元素,不同的实体间存在不同的关系。

(2) 概念

概念又被称为类别(type)、类(category 或 class)等,是具有同种特性的实体构成的集合,如物理学家、演员、书籍、电脑等。概念主要指集合、类别、对象类型、事物的种类,如人物、地理等。

(3) 内容

内容通常作为实体和概念的名字、描述、解释等,可以由文本、图像、音/视频等来表达。

(4) 值

每个实体都有一定的属性值,属性值可以是常见的数值类型,日期类型或者文本类型。比如,中国陆地面积约为 960 万平方公里,这是数值类型;阿尔伯特·爱因斯坦的出生年份是 1879 年,这是日期类型;阿尔伯特·爱因斯坦的英文译名是 Albert Einstein,这是文本类型。

(5) 属性与关系

知识图谱中的边包括属性与关系两类。属性描述实体某方面的特性,比如人的出生日期、出生地、身高、体重、性别等。属性是人们认识世界、描述世界的基础。关系是一类特殊的属性,当实体的某个属性值也是一个实体时,这个属性实质上就是关系。比如,阿尔伯特·爱因斯坦的好友是查理·卓别林,卓别林也是一个实体,因此这里的"好友"实际上是一种关系。类似的还有阿尔伯特·爱因斯坦的“父亲”是赫尔曼·爱因斯坦、中国的“首都”是北京。

知识图谱本质上是大规模语义网络，与传统语义网络相比，其规模巨大、语义丰富、质量精良并且结构友好。这些特点使得知识图谱在扩大规模时往往需要付出质量方面的代价，因此在设计中通常采用经济务实的做法，即允许模式定义不完善，甚至缺失。同时，仅仅依靠专家完成知识获取难以满足知识图谱的大规模要求，大规模的实现更依赖自动化的知识获取。

2.6.2 知识图谱的类型

随着互联网应用需求的日益增加，越来越多的知识图谱应运而生。这些知识图谱可以按照不同角度进行分类。

按照知识图谱的构建方式分类，知识图谱可以分为全自动构建的知识图谱、半自动构建的知识图谱和人工为主构建的知识图谱。

按照语言分类，知识图谱可以分为单语言知识图谱和多语言知识图谱。单语言知识图谱如基于英语的 Cyc 和 Freebase、基于汉语的 CN-DBpedia 和百度知心，而谷歌知识图谱和 YAGO 是典型的多语言知识图谱。

按照知识图谱的应用分类，知识图谱可大致分为通用知识图谱（general-purpose knowledge graph）与领域知识图谱（domain-specific knowledge graph）。通用知识图谱面向通用领域，主要包含了大量的现实世界中的常识性知识，覆盖面广，知识表示的广度较宽，粒度较粗，知识获取时专家参与的程度较轻，知识应用的推理链条较短。Cyc、WorldNet 、Freebase、CN-DBpedia、谷歌知识图谱、搜狗知立方等都是通用知识图谱。领域知识图谱是面向某一特定领域的，是由该领域的专业数据构成的行业知识库，因其基于行业数据构建，有着严格而丰富的数据模式，所以知识表示的深度较深，粒度较细，知识获取的质量要求比通用知识图谱更为苛刻，专家参与的程度也更重，知识应用的推理链条较长，应用更为复杂。由 Geonames. org 构建的 GeoNames 知识图谱是一个典型的领域知识图谱，也是一个开放的全球地理知识图谱。

按照知识图谱中的知识类型分类，知识图谱可以分为概念知识图谱、百科知识图谱、常识知识图谱和词汇知识图谱。概念知识包括实体与概念之间的类属关系和子概念与父概念之间的子类关系，典型的概念知识图谱如微软亚洲研究院研发的 Probase；百科知识图谱是一类专门从百科类网站中抽取知识构建而成的知识图谱，涵盖了以实体为中心的事实知识，事实知识是关于某个特定实体的基本事实，FreeBase、YAGO、WikiData 和搜狗知立方是典型的百科知识图谱；常识知识是人们在交流时无需言明就能理解的知识，典型的常识知识图谱包括 Cyc、ConceptNet 等；词汇知识主要包括实体与词汇之间的关系以及词汇之间的关系，典型的词汇知识图谱如基于认知语言学的 WordNet 以及多语言词典知识库 BabelNet。

还有一些知识图谱是上述图谱的组合，被称为综合知识图谱，如 Google 知识图谱。

2.6.3 典型知识图谱

知识图谱最初是为了提高搜索引擎的能力，改善用户的搜索质量以及搜索体验而提出的，随着人工智能技术的发展和应用，各大机构和公司纷纷构建知识图谱，用于智能搜索、智能问答、个性化推荐和内容分发等领域。

1. Cyc

Cyc 始于 1984 年，其名称来源于英文单词“encyclopedia”（百科全书），最早由 MCTC

(Microelectronics and Computer Technology Corporation)公司开发,现归属于 Cycorp 公司。Cyc 项目试图将人类全部的常识编码建成知识库,并将所有的知识都用一阶逻辑来表示,用以支持机器像人类一样进行自动推理。Cyc 的过于形式化导致其在扩展性和灵活性方面存在不足。

2. WordNet

WordNet 始于 1985 年,是普林斯顿大学的心理学家、语言学家和计算机工程师联合设计的一种基于认知语言学的英语词典,是传统的词典信息与计算机技术及心理学、语言学的研究成果相结合的产物。WordNet 是一个按词义关系组织的巨大词库,它根据词条的意义将词汇分组,使具有相同意义的字词组成一组同义词集合。WordNet 为每一组同义词集合提供了一个定义,并记录不同同义词集合之间的语义关系。

3. ConceptNet

ConceptNet 始于 2004 年,最早源于 MIT 媒体实验室的 Open Mind Common Sense (OMCS)项目,该项目的目标是构建一个常识知识库。ConceptNet 的知识来源于多种渠道,包括互联网众包、游戏以及由专家创建等。ConceptNet 比较侧重于词与词之间的关系,与 Cyc 相比,ConceptNet 采用了非形式化、更接近自然语言的描述方式。

4. Freebase

Freebase 由 MetaWeb 公司于 2005 年创建,是一个类似 Wikipedia 的开放、共享、协同构建的知识图谱,其主要数据来源包括 Wikipedia、NNDB、MusicBrainz 以及社区志愿者的贡献等。2010 年,Google 收购了 Freebase,将其作为 Google 知识图谱的数据来源之一。2016 年,Google 宣布将 Freebase 的数据和 API 服务都迁移至 WikiData,并正式关闭了 Freebase。

5. GeoNames

GeoNames 始于 2006 年,是一个开放的全球地理知识图谱。它覆盖了 250 多个国家,有超过 1 000 万条的地理位置信息,包括行政区划分、水文、地区、城市、道路、建筑、地势、海底、植被等,主要提供经纬度等基本信息。GeoNames 允许志愿者手动编辑、纠正以及添加新的地理信息,还提供了免费的 API 接口供大众使用,目前已被应用于包括旅游、商铺点评、房地产等行业中。

6. DBpedia

DBpedia 项目始于 2007 年,目的是从 Wikipedia 页面中抽取结构化的知识供大众使用,该图谱由柏林自由大学、莱比锡大学以及 OpenLink 软件公司联合完成,是一个多语言知识图谱。DBpedia 通过数十种不同的关系抽取器从 Wikipedia 中获取了实体的各种知识,同时借助全球范围内的志愿者的力量构建了本体,还支持持续更新。

7. YAGO

YAGO 始于 2007 年,是德国马克斯・普朗克计算机科学研究所研发的一个大型知识图谱,其数据来源于维基百科、WordNet 以及 GeoNames。YAGO 融合了 WordNet 的层次结构和维基百科的标签分类体系,也拥有许多来自 WordNet 的主题分类,还为知识图谱中的很多事实都加入了时间和空间两种维度的描述。对于每一类关系,YAGO 都给出了一个可信度。经人工评估,YAGO 中关系的准确率达到 95%以上。

8. BabelNet

BabelNet 始于 2010 年,是一个类似于 WordNet 的多语言词典知识库,包含词典和百科网站的所有实体,其目标是解决 WordNet 的非英语语种数据稀缺的问题。BabelNet 包含

1 400万个实体，每个实体都有详细的解释，并且包含不同语言的同义词。BabelNet 融合了包括 WordNet、Wikipedia 在内的多个数据源。

9. WikiData

WikiData 始于 2012 年，是 Wikipedia 的姊妹工程，也是一个机器与人都可以进行读/写的大型知识库。与 DBpedia 不同，WikiData 不仅提供了在线浏览功能，而且任何人都可以对相关词条进行编辑。

10. Google 知识图谱

Google 知识图谱于 2012 年发布，被认为是搜索引擎的一次重大革新。利用 Google 知识图谱，可以让搜索引擎真正理解用户的搜索意图，从而得到更加准确的结果。

11. Probase

Probase 项目始于 2012 年，是微软亚洲研究院研发的大规模概念图谱，其数据来自微软搜索引擎 Bing 的网页，主要利用 Hearst 模式从文本中抽取 ISA 关系，包含实体与概念之间的 InstanceOf 关系以及概念与概念之间的 SubclassOf 关系。Probase 现已更名为微软概念图谱(Microsoft concept graph)。

12. 搜狗知立方

搜狗知立方是 2012 年年底搜狗在其搜索引擎中加入的知识图谱模块，数据主要来源于搜狗百科等，它是娱乐领域的知识图谱，提供了明星、电影、电视剧等方面的深度信息。

13. 百度知心

百度知心是 2013 年百度在其搜索引擎中加入的知识图谱模块，数据主要来源于百度百科。

14. CN-DBpedia

CN-DBpedia 始于 2015 年，是复旦大学知识工场实验室研发的大规模开放中文通用知识图谱，主要从中文百科类网站(如百度百科、互动百科、中文维基百科等)的半结构化页面中提取信息，经过滤、融合、推断等操作后，最终形成高质量的结构化数据。

15. XLORE

XLORE 是融合中英文维基、法语维基和百度百科，对百科知识进行结构化和跨语言链接构建的多语言知识图谱，是中英文知识规模较平衡的大规模多语言知识图谱，它具有更丰富的语义关系，基于 ISA 关系验证，并拥有多种查询接口，可助力第三方使用。

16. AMiner

AMiner 是清华大学研发的科技情报知识服务引擎，拥有我国完全自主知识产权，该系统于 2006 年上线。AMiner 平台以科研人员、科技文献、学术活动三大类数据为基础，构建三者之间的关联关系，并深入分析挖掘，面向全球科研机构及相关工作人员，提供学者、论文文献等学术信息资源检索，以及面向科技文献、专利和科技新闻的语义搜索、语义分析、成果评价等知识服务。

2.6.4 知识图谱的架构及构建

知识图谱的架构包括自身的逻辑结构以及构建知识图谱所采用的体系架构。

1. 知识图谱的逻辑结构

知识图谱在逻辑上可分为模式层与数据层。数据层主要由一系列的事实组成，而知识以事实为单位进行存储。模式层构建在数据层之上，是知识图谱的核心。通常用本体库来管理知识图谱的模式层。本体是结构化知识库的概念模板，通过本体库而形成的知识库不仅层次结构较强，并且冗余程度较小。

2. 知识图谱的体系架构

知识图谱的体系架构是指构建模式结构，如图 2-32 所示。其中虚线框内的部分为知识图谱的构建过程，也包含知识图谱的更新过程。

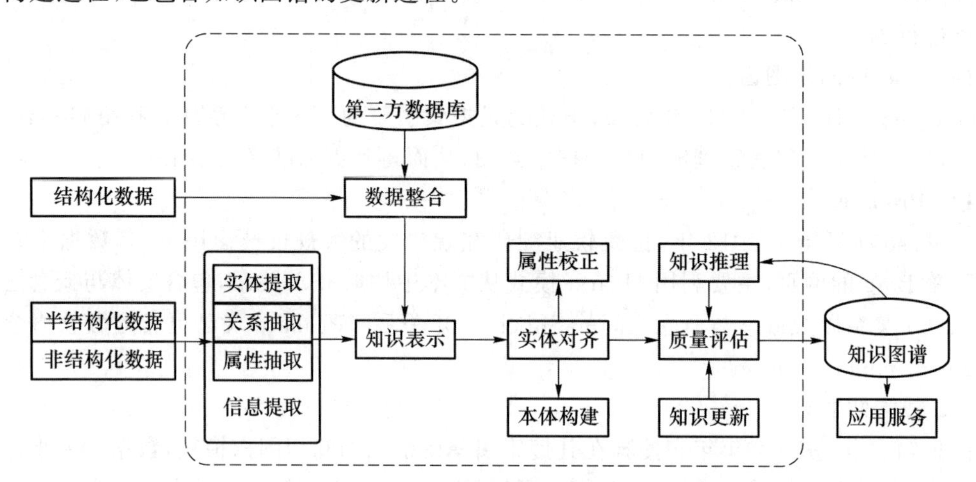

图 2-32　知识图谱的体系架构

获取知识的资源对象大体可分为结构化数据、半结构化数据和非结构化数据 3 类。结构化数据为表格、数据库等按照一定格式表示的数据，通常可以直接用来构建知识图谱；非结构化的数据为文本、音频、视频、图片等，需要对它们进行信息抽取才能进一步建立知识图谱；半结构化数据是介于结构化和非结构化之间的一种数据，也需要进行信息抽取才能建立知识图谱。

3. 知识图谱的构建

知识图谱经历了由人工和群体智慧构建到面向互联网利用机器学习和信息抽取技术自动获取的过程。早期的知识资源通过人工添加和合作编辑获得，如 WordNet、Cyc 和中文的 HowNet。自动构建知识图谱的特点是面向互联网的大规模、开放、异构环境，利用机器学习和信息抽取技术自动获取互联网上的信息，如 ConceptNet、YAGO 和 CN-DBpedia 等。

知识图谱的构建从最原始的数据出发，采用一系列自动或者半自动的技术手段，从原始数据库和第三方数据库中提取知识事实，并将其存入知识库的数据层和模式层，这一过程包含信息抽取、知识表示、知识融合、知识推理 4 个过程，每一次更新换代均包含这 4 个阶段。

知识图谱主要有自顶向下(top-dowm)与自底向上(bottom-up)两种构建方式。

① 自顶向下方式，即先为知识图谱定义好本体与数据模式，再将实体加入知识库。该构建方式需要利用一些现有的结构化知识库作为其基础知识库，如 Freebase 项目就采用了这种方式，它的绝大部分数据是从维基百科中得到的。

② 自底向上方式，即先从一些开放链接数据中提取出实体，选择其中置信度较高的加入知识库，再构建顶层的本体模式。目前，大多数知识图谱都采用自底向上的方式进行构建，其中最典型的是 Google 公司的 Knowledge Vault 和微软公司的 Satori 知识库，这种方式也比较符合互联网数据内容知识产生的特点。

信息抽取是构建知识图谱的第一步，这是一种自动地从半结构化和非结构化数据中抽取实体、关系以及实体属性等结构化信息的技术,涉及的关键要素有实体抽取、关系抽取和属性抽取。实体抽取也称为命名实体识别(Named Entity Recognition,NER),是指从原始数据语料中自动地识别出命名实体,如人名、地名、机构名、专有名词等。实体抽取的质量(准确率和召回率)对后续的知识获取效率和质量影响极大,是信息抽取中最为基础和关键的部分。实体抽取得到的是一系列离散的命名实体,为了得到语义信息,还需要进行关系抽取,从相关的语料中提取出实体之间的关联关系,并通过关联关系将实体(概念)联系起来,形成网状的知识结构。属性抽取的目标是从不同信息源中采集特定实体的属性信息。属性抽取技术能够从多种数据来源中汇集属性信息,实现对实体属性的完整刻画。

知识表示通过一定的有效手段对知识要素进行表示,便于进一步处理使用。

通过知识融合,可消除实体、关系、属性等指称项与事实对象之间的歧义,形成高质量的知识库。

知识推理是指在已有的知识库基础上进一步挖掘隐含的知识,丰富、扩展知识库。

2.7 本章小结

本章讨论了知识、知识表示的相关概念,介绍了一些典型的知识表示方法。

知识可以被看作相关信息进行智能加工后形成的对客观世界的规律性认识,具有相对正确性、不确定性、可表示性、可利用性、矛盾性和相容性等特性。从不同的角度,可以将知识划分为很多不同的类别,今后讨论得比较多的是事实性知识、过程性知识、控制性知识、确定性知识和不确定性知识等。

知识表示是对知识的一种描述或约定,应该是适合机器接收、管理和运用的数据结构。知识表示观是指导知识表示研究的思想观点,主要有认识论、本体论和知识工程论。

本章介绍了一些知识表示方法及其推理技术,并讨论了它们的优缺点。对同一知识可以使用不同的知识表示方法(或模式)来表示,应根据具体的应用领域,基于一些原则选择最合适的一种。

知识图谱是一种互联网环境下的知识表示方法,是由一些相互连接的实体及其属性构成的。知识图谱在逻辑上可以分为模式层与数据层,模式层构建在数据层之上,是知识图谱的核心。

目前已有的知识表示方法大多偏重于实际应用,缺乏严格的底层理论支撑,还没有形成规范。关于常识知识的表示方法是亟待解决的一个问题。事实上,由于目前对知识的定义还没有严格统一,与知识表示有关的技术也处在发展时期,所以人工智能对知识表示的系统研究才刚刚开始。

2.8 习 题

1. 如何理解知识的含义?知识有哪些特性,哪些类别?
2. 什么是知识表示?构建智能系统时应如何选取知识表示方法,有什么原则?
3. 如何理解知识表示观?有哪些知识表示观,各自的主要观点是什么?

4. 用谓词逻辑表示知识有哪些步骤？一阶谓词逻辑表示法有什么特点？

5. 用一阶谓词逻辑表示法表示下面的知识。

(1) 有的人喜欢牡丹，有的人喜欢月季，有的人既喜欢牡丹又喜欢月季。

(2) 王洪是计算机系的一名学生。王洪和李涛是同班同学。凡是计算机系的学生都喜欢编程序。

(3) 如果停车场里有辆银灰色的斯柯达，那么它一定是王强的。

(4) 并不是每个计算机系的学生都喜欢写代码。

6. 房间内有一只猴子，位于 a 处。在 b 处上方的天花板上有一串香蕉，猴子想吃但摘不到。在房间 c 处还有一只箱子，如果猴子站到箱子上，可以摸到天花板并摘到香蕉。请用一阶谓词逻辑表示法表示猴子为了摘到香蕉要完成的操作过程。问题的初始状态和目标状态如图 2-33所示。

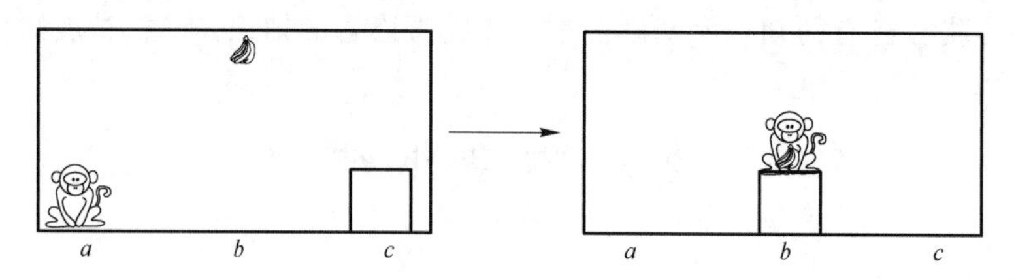

图 2-33 猴子摘香蕉问题的初始状态和目标状态

7. 产生式知识表示方法如何表示事实和规则？产生式与蕴含式有什么区别和联系？

8. 产生式知识表示方法有什么特点？

9. 什么是产生式系统？它由哪些模块构成？这些模块各自有什么作用？

10. 什么是语义网络？语义网络表示法有什么特点？

11. 用语义网络表示法表示下面的知识。

(1) 树和草都是植物，树和草都有叶和根，水草是草，水草生活在水中，果树是树，果树会结果，苹果树是一种果树，苹果树能结苹果。

(2) 动物能运动、会吃，鸟是一种动物，鸟有翅膀、会飞，鱼是一种动物，鱼生活在水中，知更鸟是一种鸟，其寿命有 15 年，秋秋是一只知更鸟，从春天到秋天占有一个巢。

(3) All branch managers of DEC participate in a profit-sharing plan.

(4) S. W. Hawking，1942 年出生于英国牛津，是英国剑桥大学应用数学与理论物理学系的物理学家，主要研究领域是宇宙论和黑洞。宇宙论是研究宇宙的大尺度结构和演化的学科，黑洞是广义相对论所预言的在宇宙空间中存在的一种质量相当大的天体。Hawking 于 1979—2009 年担任卢卡斯数学教授席位，卢卡斯数学教授是英国剑桥大学的一个荣誉职位，授予对象为数理相关的研究者。

12. 什么是框架？框架的一般表示形式是什么？

13. 简要说明框架表示法的特点。

14. 写出一个表示学生的框架。

15. 构建一个描述师、生、员工的框架系统。

16. 什么是知识图谱？知识图谱有哪些类型？

第3章 搜索策略

在进行问题的智能求解时，一般会涉及以下两个部分。

第一个部分是问题的表示，也就是把待求解的问题表示出来。如果一个问题找不到一种合适的表示方法，对它的求解也就无从谈起。在第2章中我们已经讨论过各种知识表示技术，可以基于这些技术表示待求解的问题。

第二个部分是问题的具体求解，即针对问题，分析其特征，选择一种相对合适的方法进行求解。目前问题求解的基本方法有搜索法、归约法、归结法、推理法、约束满足法、规划和产生式、模拟退火法、遗传算法等。

本章主要讨论问题的搜索求解策略，即采用搜索法求解问题时怎样表示问题，怎样基于具体的搜索策略解决问题。

3.1 概　　述

搜索是人工智能的经典问题之一，它与推理密切相关，搜索策略的优劣直接影响到智能系统的性能。本节介绍搜索的概念，并对搜索的基本过程、控制策略，以及搜索策略的分类等做一个简单的介绍。

3.1.1 什么是搜索

人工智能所要解决的问题大多数是结构不良或非结构化的问题。对于这样的问题，一般很难获得其全部信息，也没有成熟的求解算法可供利用，问题的求解只能依靠经验，利用已有的知识一步步地摸索着前进。例如，对于医疗诊断的智能系统，基于已知的初始症状，需要在规则库中寻找可以使用的医疗知识，逐步诊断出患者的疾病，这就存在按照何种线路进行诊断的问题。另外，从初始的症状到最后疾病的判断可能存在多条诊断路线，这就存在按照哪条路线进行诊断可以获得较高求解效率的问题。像这种根据问题的实际情况，不断寻找可以利用的知识，从而构造出一条代价较小的推理路线，使问题得到圆满解决的过程称为搜索。

人工智能进行问题求解时，即使对于结构性能较好、理论上有算法可依的问题，如果问题本身或算法的复杂性较高（如按照指数级增长），同时受计算机在时间和空间上的限制，也会产生人们常说的组合爆炸问题。例如,64 阶汉诺塔问题有 3^{64} 种状态,仅从空间上看,这是任何计算机都无法存储的问题。再如,当实现一个能进行人机对弈的智能系统时,计算机为了取得胜利,需要考虑所有的可能性,然后选择最佳的走步方式,设计这样的算法并不困难,但却需要计算机付出惊人的时间和空间代价。对于这种理论上有算法却无法实现的问题,有时也需要通过搜索策略来解决。

搜索中需要解决的基本问题有:

① 搜索过程是否一定能找到一个解?

② 搜索过程是否能终止运行?或是否会陷入一个死循环?

③ 当搜索过程找到一个解时,找到的是不是最佳解?

④ 搜索过程的时间和空间复杂性如何?

我们曾经遇到过的走迷宫问题、旅行商问题、八数码问题等,都是很经典的搜索问题。后文会基于这些典型问题的求解,探讨不同的搜索策略和它们各自的特征。

3.1.2 搜索的主要过程

对于不同的搜索策略,其搜索的具体步骤不一样,但它们都有以下几个主要过程。

① 从初始状态或目标状态出发,并把它们作为当前状态。

② 扫描操作算子集(操作算子用于实现状态的转换),将适用于当前状态的一些操作算子作用于当前状态得到新的状态,并建立指向其父结点的指针。

③ 检查所生成的新状态是否满足结束状态?如果满足,则得到问题的一个解,并可以沿着有关指针从结束状态逆向到达开始状态,给出这一解的路径;否则,将新状态作为当前状态,返回第②步再进行搜索。

3.1.3 搜索策略的分类

可以根据搜索过程中是否使用了启发性的信息将搜索分为盲目搜索和启发式搜索两种类型。

盲目搜索,也称无信息引导的搜索,是指没有利用和问题相关的知识,而是按照预定的控制策略进行的搜索,在搜索过程中获得的中间信息也不用来改进控制策略。由于搜索总是按照预先设定的路线进行,没有考虑待求解问题本身的特性,因此这种搜索具有盲目性,效率不高,不擅长解决复杂问题。但盲目搜索具有通用性,当一时难以找到待求解问题的有效知识时,它是一种不得不采用的方法。

启发式搜索,也称有信息引导的搜索,它与盲目搜索正好相反,在搜索中加入了与问题有关的启发性信息,用以指导搜索朝着最有希望的方向前进,加速了问题求解的过程,以尽快找到(最佳)解。启发式搜索由于利用了与问题有关的知识,一般来说,问题的搜索范围会缩小,搜索效率会提高。但如何找到对问题求解有帮助的知识以及如何利用这些知识,是启发式搜索的关键和难点。

根据问题的表示方式,也可以将搜索分为状态空间搜索和与/或图搜索。状态空间搜索策略将在 3.2～3.4 节详细讨论,与/或图搜索策略则在 3.5 节进行说明。

根据搜索进行的方向分类,可以将搜索分为正向搜索和逆向搜索。

正向搜索指从初始状态出发的搜索，也称为数据驱动的搜索。它从问题给出的条件和一个用于状态转换的操作算子集出发，不断应用操作算子从给定的条件中产生新的条件，再用操作算子从新条件中产生更多的新条件，直到有满足目标要求的解产生为止。

逆向搜索指从目标状态出发的搜索，也称为目标驱动的搜索。它从想要达到的目标入手，看哪些操作算子能产生该目标，以及应用这些操作算子产生该目标时需要哪些条件，这些条件就成为想要达到的新目标，即子目标。搜索通过反向地不断寻找子目标，直到找到问题给定的条件为止，这样就找到了从初始状态到目标状态的解，尽管搜索方向和解正好相反。

究竟采用正向搜索还是逆向搜索，一般可以考虑以下 3 个因素。

① 观察初始状态和目标状态中哪个状态更大。一般从小的状态集合朝大的状态集合搜索，这样问题求解更容易一些。

② 比较正向搜索和逆向搜索哪个分支因素低。一般朝着分支因素低的方向进行搜索。所谓分支因素是指从一个结点出发可以直接到达的平均结点数。

③ 选择搜索方向时还可以考虑操作算子的数目和复杂性、状态空间的形状和人们的思考方法等。

当然，也可以将正向搜索和逆向搜索结合起来构成双向搜索，即两个方向同时进行，直到在中间的某处汇合。

3.1.4 主要的搜索策略

到目前为止，人工智能领域已经出现了很多具体的搜索方法，概括起来有以下几种。

1. 求任一解的搜索策略有以下 6 种：

① 回溯(back tracking)法；
② 爬山(hill-climbing)法；
③ 宽度优先(breadth-first)搜索策略；
④ 深度优先(depth-first)搜索策略；
⑤ 限定范围搜索(beam search)法；
⑥ 最佳优先(best-first)搜索算法。

2. 求最佳解的搜索策略有以下 4 种：

① 大英博物馆(British museum)法；
② 分支界限(branch and bound)法；
③ 动态规划(dynamic programming)法；
④ 最佳图搜索法(A^*算法)。

3. 求与/或关系解图的搜索策略有以下 4 种：

① 一般与/或图搜索法(AO^*算法)；
② 极大极小(Minimax)搜索法；
③ α-β剪枝(alpha-beta pruning)法；
④ 启发式剪枝(heuristic pruning)法。

本章将对其中几个基本的搜索策略做进一步讨论。

3.2 状态空间知识表示法

人工智能虽然有很多研究领域，而且每个研究领域又有自己的特点和规律，但从它们解决实际问题的过程来看，都可以归纳抽象成一个“问题求解”的过程。采用搜索法进行问题求解时，首先必须采用某种知识表示技术将待求解的问题表示出来，其表示方法是否恰当，将直接影响问题求解的效率。

本节介绍的状态空间知识表示法（下称状态空间表示法）和后文将要介绍的与/或图表示法是两种基本的知识表示方法，可以用来表示问题及其求解过程。考虑到它们和搜索问题的密切关系，以及搜索问题在人工智能研究中的核心地位，将这两种知识表示技术放在本章详细讨论，而没有将它们同谓词逻辑、产生式、语义网络等知识表示技术一起放在第 2 章说明。

3.2.1 状态空间表示法概述

状态空间表示法是用“状态”和“操作”来表示和求解问题的一种方法。其中，“状态”用来描述问题求解过程中的各种情况，“操作”用来实现“状态”之间的转换。

1. 状态

状态(state)是描述问题求解过程中每一步问题状况的数据结构，一般采用如下形式表示：

$$S_k=(S_{k0},S_{k1},S_{k2},\cdots)$$

当对每一个分量 S_{ki} 赋予一个确定的值时，就得到了一个具体的状态。在实际问题求解中，可以采用任何恰当类型的数据结构来描述状态，如符号、字符串、向量、多维数组、树和表格等，只要它有利于问题的解决。

2. 操作

操作(operator)，也称为算符，是将问题从一个状态转换为另一个状态的手段。当对一个状态使用某个可用的操作时，会引起该状态中某些分量的值的变化，导致问题从这个状态转换为另一个状态。简单地说，操作可以看成状态集合上的一个函数，它描述了状态之间的关系。操作可以是一个运算、一条规则、一个过程或一个机械步骤。例如，在产生式系统中，操作实际就是一条条的产生式规则。

3. 状态空间

状态空间(state space)是由问题的全部状态和全部可用操作构成的集合，它描述了问题的所有状态和它们之间的相互关系，一般用一个四元组表示：

$$(S,O,S_0,G)$$

其中，S 是状态集合，S 中的每一个元素表示一个状态；O 是操作的集合，O 中的每一个元素表示一个操作；S_0 是问题的初始状态集合，是 S 的非空子集，$S_0\subset S$；G 是问题的目标状态集合，是 S 的非空子集，$G\subset S$，G 可以是若干具体的状态，也可以是满足某些性质的路径信息。

从 S_0 结点到 G 结点的路径被称为求解路径。

状态空间的一个解是一个有限操作算子序列，它使初始状态转换为目标状态。即：

$$S_0\xrightarrow{O_1}S_1\xrightarrow{O_2}S_2\xrightarrow{O_3}\cdots\xrightarrow{O_k}G$$

其中，O_i 为操作算子，$O_1,O_2,O_3,\cdots,O_k$ 是状态空间的一个解。解也可以用对应的状态序列来表示。当然，解往往不是唯一的。

例 3-1 八数码问题的状态空间表示。

八数码问题（也称重排九宫问题）是在如图 3-1 所示的 3×3 的方格棋盘上，放置 8 张标记为 1～8 的将牌，还有一个空格，空格四周上下左右的将牌可以移动到空格中。需要找到一种移动将牌的方式，使 8 张将牌的排列由某种情况转换为另一种情况。用状态空间表示法表示八数码问题。

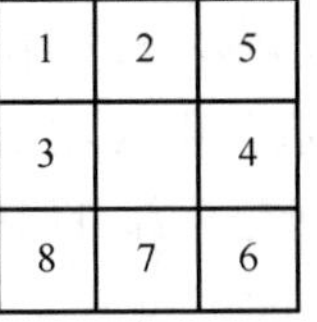

图 3-1 八数码问题的一个状态

解：现对八数码问题的状态空间表示中状态、操作和状态空间的形式进行说明。

① 8 张将牌的任何一种排列方式都是一种状态，所有的排列方式构成了状态集合 S，其大小为 9！个。

② 操作是进行状态变换的手段，可以从两个角度进行设计。从将牌的角度看，操作可以是对将牌的移动，每张将牌可以有上下左右 4 个移动方向，一共有 8 张将牌，因此操作算子共有 4×8＝32 个；从空格的角度看，操作也可以看成对空格的移动，空格可以有上下左右 4 个移动方向，而且只有 1 个空格，因此操作算子共有 4×1＝4 个，即空格上移 Up、空格下移 Down、空格左移 Left 和空格右移 Right。显然，后一种操作的设计方式更为简单。值得注意的是，并不是任何状态都可以使用这 4 个操作，对某个状态实施操作时还要确保空格不会被移出方格棋盘。例如，当空格在左下角时，只有 2 个操作可以使用，它们是空格上移 Up 和空格右移 Right。同样的道理，如果从将牌移动的角度设计操作，也并不是任何状态都可以使用 32 个操作，毕竟只有和空格相邻的将牌才能移动。

③ 状态空间描述了问题所有的状态和它们之间的关系，在四元组(S,O,S_0,G)中，状态集合与操作集合都已在上面说明，问题的初始状态集合 S_0 和目标状态集合 G 可以是需要的任何布局，图 3-2 所示就是其中的一种。在搜索问题中，实际上就是要寻找一个将牌移动的序列（操作序列），使问题由初始状态变换为目标状态。

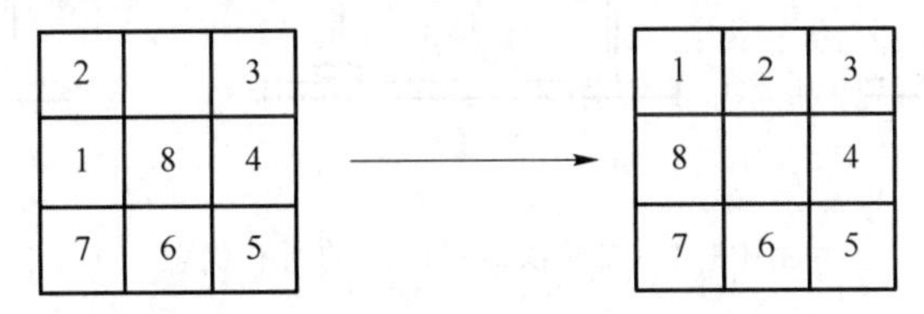

图 3-2 八数码问题的初始状态和目标状态

例 3-2 二阶汉诺塔问题的状态空间表示。

假设有编号为 1 号、2 号和 3 号的 3 根钢针，初始情况下，1 号钢针上穿有 A 和 B 两个金片，A 比 B 小，A 位于 B 的上面。要求通过金片的移动将 A 和 B 移动到另外一根钢针上，规定每次只能移动一个金片，而且任何时刻都不能使大的金片位于小的金片上方。问题的初始状态和目标状态如图 3-3 所示。

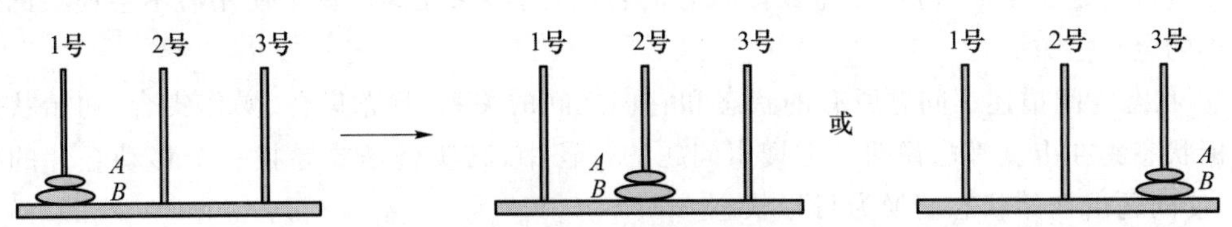

图 3-3 二阶汉诺塔问题的初始状态和目标状态

解:现对当汉诺塔问题用状态空间表示法表示时,状态、操作和状态空间的形式进行说明。

① 两个金片任意一种合法的放置方式都是一种状态,假设两个金片的状态用二元组 $S_k=(S_{k0},S_{k1})$来表示,其中 S_{k0} 表示金片 A 所在的钢针号,S_{k1} 表示金片 B 所在的钢针号。如 $S_0=(1,1)$表示金片 A 在 1 号钢针上,金片 B 也在 1 号钢针上,且金片 A 在金片 B 上方。

② 问题全部可能的状态一共有 9 种,即

$$S_0=(1,1),S_1=(1,2),S_2=(1,3)$$
$$S_3=(2,1),S_4=(2,2),S_5=(2,3)$$
$$S_6=(3,1),S_7=(3,2),S_8=(3,3)$$

如图 3-4 所示。它们构成了状态集合 S,其大小为 9 个。

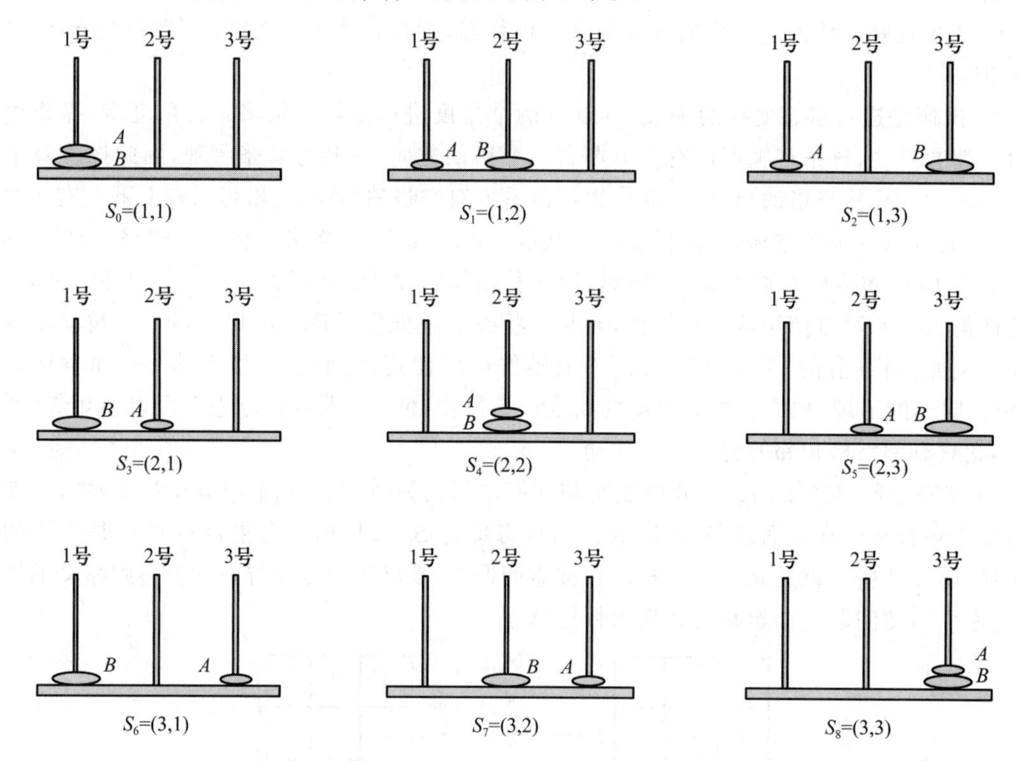

图 3-4　二阶汉诺塔问题的所有状态

③ 初始状态集合为$\{S_0\}$,目标状态集合为$\{S_4,S_8\}$

④ 操作是进行状态变换的手段,分别用 $A(i,j)$和 $B(i,j)$表示,其中 $A(i,j)$表示把金片 A 从第 i 号钢针移动到第 j 号钢针上,$B(i,j)$表示把金片 B 从第 i 号钢针移动到第 j 号钢针上。操作一共有 12 种,它们分别是

$$A(1,2),A(1,3),A(2,1),A(2,3),A(3,1),A(3,2)$$
$$B(1,2),B(1,3),B(2,1),B(2,3),B(3,1),B(3,2)$$

当进行问题求解时,应当注意保证状态的合法性,即保证操作算子使用后不会使大的金片位于小的金片上方。

⑤ 状态空间描述了问题所有的状态和它们之间的关系,状态集合、操作集合、初始状态集和目标状态集在上文都已说明。在搜索问题的过程中,其实就是要寻找一个移动金片的操作序列,使问题由初始状态变换为目标状态。

3.2.2 状态空间图

状态空间可以用有向图来描述，因为图是最直观的。图中的结点表示问题的状态，图中的有向弧表示状态之间的关系，也就是操作。

进行问题求解时，初始状态对应实际问题的已知信息，是图的根结点。问题求解的目的就是寻找从初始状态转换为目标状态的某个操作算子序列，也就是寻找从初始状态到目标状态的一条路径。因此，问题的解，又可以很形象地称为解路径。

和操作算子序列对应地，问题的解也可以是一个合法状态的序列，其中序列的第一个状态是问题的初始状态，最后的一个状态是问题的结束状态。介于初始状态和结束状态之间的则是中间状态。除了第一个状态外，该序列中任何一个状态，都可以通过一个操作，由与它相邻的前一个状态转换得到。

在图 3-5 所示的状态空间的有向图中，初始状态集合为$\{S_0\}$，目标状态集合为$\{S_{12}\}$，有向弧上的标识说明了相应的操作算子。通过利用操作算子对状态进行转换，可以找到从初始状态到目标状态的一个解，即 O_2，O_6，O_{12}，或者用状态序列表示为 S_0，S_2，S_6，S_{12}。

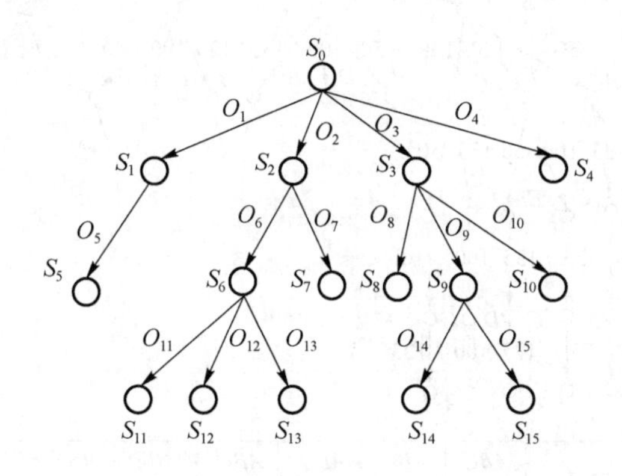

图 3-5 状态空间的有向图

在某些问题中，各操作算子的执行代价不同，这时只需要在图中给各弧线标注代价。

一般来说，实际待求解问题的规模是比较大的，即问题所有可能的状态数是比较多的。当问题有解时，如何缩小搜索范围，快速有效地找到问题的解，甚至是问题的最佳解，正是搜索问题所要研究和探讨的。不难想象，对同一个问题来说，采用不同的搜索策略，找到解的搜索空间是有区别的。一般来说，对大空间问题，搜索策略就是要解决组合爆炸的问题。

例 3-3 旅行商问题（Traveling Salesman Problem，TSP）的状态空间图。

假设一个推销员从图 3-6 中的 A 城市出发，到其他所有城市推销产品，最终再回到出发地 A 城市。需要找到一条路径，能使推销员访问每个城市后回到出发地经过的路径（或费用）最短（或少）。各个城市之间的距离（或费用）标注在了弧线上。

图 3-7 示出了旅行商问题的部分状态空间图。最下方的表格里列出了各条路径及其消耗（代价）。

前面的例子都可以画出问题的全部状态空间图，即使对于例 3-3 的五城市旅行商问题，虽然我们只画出了状态空间图的一部分，但将其补充完整是可能的。但是，如果是 80 个城市的旅行商问题，要在有限时间内画出问题的全部状态空间图难度却很大。因此，这类显示的描述对于复杂问题来说是不切实际的，而对于包含无限结点的问题更是不可能的。此时，一个问题的状态空间是客观存在的，只不过需要用 n 元组之类的隐式描述而已。

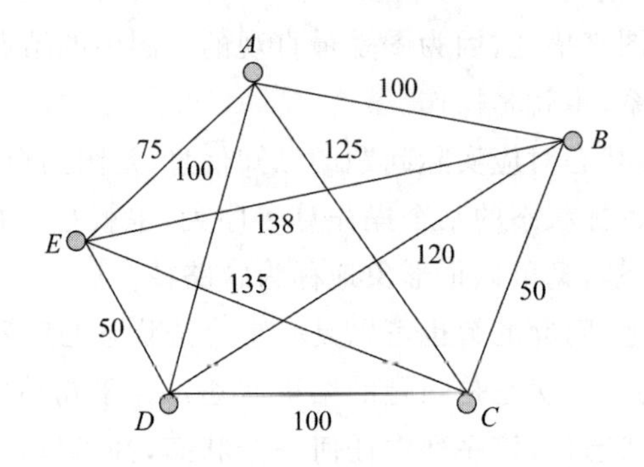

图 3-6　旅行商问题

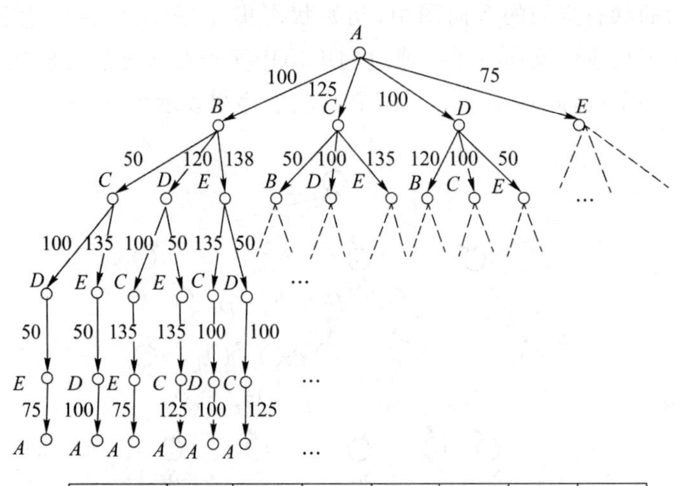

路径	ABC DEA	ABC EDA	ABD CEA	ABD ECA	ABE CDA	ABE DCA	…
距离	375	435	530	530	573	513	…

图 3-7　旅行商问题的部分状态空间图

3.3　状态空间的盲目搜索

盲目搜索的过程中由于没有利用与问题有关的启发性知识，其搜索效率可能不如启发式搜索，但由于启发式搜索需要启发性信息，而启发性信息的获取和利用一般比较困难，因此在难以获取启发性信息的情况下，盲目搜索不失为一种比较好的选择。本节主要讨论状态空间的盲目搜索策略。

3.3.1　回溯策略

前面已经分析过，寻找从初始状态到目标状态的解路径实际上就是在状态空间中寻找从初始状态到目标状态的一个操作序列，如果在寻找这个操作序列时，系统能给出一个绝对可靠或绝对正确的选择策略，那就不需要所谓的搜索了，因为求解会一次性成功地穿过状态空间到达目标状态，得到解路径。但对于实际问题来说，不可能存在这样一个绝对可靠的预测，求解必须通过不断地尝试，直到找到目标状态。回溯策略就是一种系统地尝试状态空间中不同路径的搜索技术。以下将给出回溯策略的算法描述和基于此策略的搜索实例。

1. 一个基本的回溯策略

回溯策略是一种用于状态空间搜索的盲目搜索策略。其主要的思想是：首先给问题所有的规则（操作、操作算子）一个固定的排序，在搜索时对当前状态（刚开始搜索时，当前状态就是初始状态）依次检测规则集中的每一条规则，在当前状态未使用过的规则集中找到第一条可以触发的规则，应用于当前状态，得到一个新的状态，新状态重新设置为当前状态，并重复以上搜索。如果对当前状态而言，没有规则可用，或者所有的规则都已经被试探过但仍然没有找到问题的解，则将当前状态的前一个状态（当前状态的父状态）设置为当前状态，重复以上搜索。如此进行下去，直到找到问题的解，或者试探了所有的可能后仍找不到问题的解。

基于回溯策略进行搜索的过程明显呈现出递归的性质，其算法描述如下面的 StepTrack 所示，它的返回值有两种情况：如果从当前状态 Data 到目标状态有路径存在，则返回以规则序列（操作序列）表示的从 Data 到目标状态的解路径；如果从当前状态 Data 到目标状态没有路径存在，则返回 Fail。

递归过程 StepTrack(Data)如下。

① If Goal(Data) Then Return Nil；Goal(Data)返回值为真，表示 Data 是目标状态，即找到目标，过程返回空表 Nil。

② If Deadend(Data) Then Return Fail；Deadend(Data)返回值为真，表示 Data 是非法状态，过程返回 Fail，即需要回溯。

③ Rules：=Apprules(Data)；如果 Deadend(Data)返回值为假，执行 Apprules 函数，计算 Data 所有可应用的规则，再按照某种原则排列后赋给 Rules。

④ Loop：If Null(Rules) Then Return Fail；Null(Rules)返回值为真，表示规则用完未找到目标或根本没有可应用的规则，过程返回 Fail，即需要回溯。

⑤ R：=First(Rules)；取头条可应用的规则。

⑥ Rules：=Tail(Rules)；删去头条规则，更新未被使用的规则集。

⑦ Newdata：=Gen(R，Data)；调用规则 R 作用于当前状态，生成新状态。

⑧ Path：=StepTrack(Newdata)；对新状态递归调用本过程。

⑨ If Path=Fail Then Go Loop Else Return Cons(R，Path)；* 当 Path=Fail 时，表示递归调用失败，没有找到从 Newdata 到目标的解路径，转移到 Loop 处调用下一条规则进行测试，否则过程返回解路径。

递归过程 StepTrack(Data)将递归和循环结合在一起，实现了解路径的纵向和横向搜索。如图 3-8 所示，如果当前状态 *A* 不是目标状态，则对它第一个子状态 *B* 调用回溯过程 StepTrack(*B*)，而在 StepTrack(*B*)中，首先对 *B* 的第一个子状态 *E* 调用回溯过程 StepTrack(*E*)……这是一种纵向的搜索，依靠递归来实现。如果在以 *B* 为根的子图中没有找到目标状态，就对 *B* 的兄弟状态 *C* 调用回溯过程 StepTrack(*C*)，如果在以 *C* 为根的子图中没有找到目标状态，就对 *B* 和 *C* 的兄弟状态 *D* 调用回溯过程 StepTrack(*D*)……这是一种横向的搜索，依靠循环来实现。

图 3-8 给出了一个状态空间中搜索从 A 到 D 的解路径的回溯搜索过程示意图，其中虚线箭头指出了搜索的轨迹，结点旁边的数字说明了该结点被搜索到的次序。

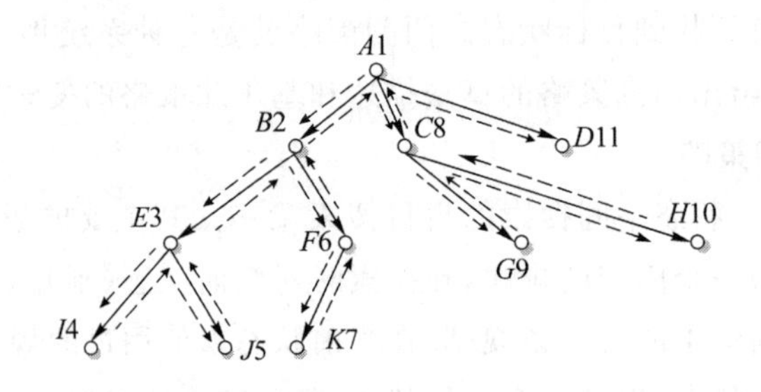

图 3-8 回溯搜索过程示意图

递归过程 StepTrack(Data)有以下几点需要注意。

① 当某一个状态 t 满足结束条件时，算法在第①步结束并返回 NiL，此时 StepTrack(t)的返回值为 NiL，即 t 到目标状态的解路径是一张空的规则表。

② 算法返回 Fail 发生在第②和第④步，第②步是由于不合法状态而返回 Fail，第④步是由于所有规则都试探失败而返回 Fail。返回 Fail，意味着过程会回溯到上一层继续运行，若在最高层返回 Fail 则整个过程将失败而退出。

③ 如果找到解路径，那么算法在第⑨步通过 Cons 函数构造出解路径。

例 3-4 N 皇后问题的回溯实现。

在一个 $N\times N$ 的国际象棋棋盘上，依次摆放 N 个皇后棋子，摆好后要求满足每行、每列和每个对角线上只允许出现一个皇后，即皇后之间不许相互俘获。

图 3-9 给出四皇后问题的几种摆放方式，其中图 3-9(a)和图 3-9(b)满足摆放要求，皇后在行、列和对角线上均没有冲突，而图 3-9(c)、图 3-9(d)、图 3-9(e)和图 3-9(f)为非法状态，图 3-9(c)中有列的冲突，图 3-9(d)中有行的冲突，图 3-9(e)表示 4×4 棋盘的主对角线冲突，图 3-9(f)则表示一个较短对角线(3×3 棋盘)的冲突。

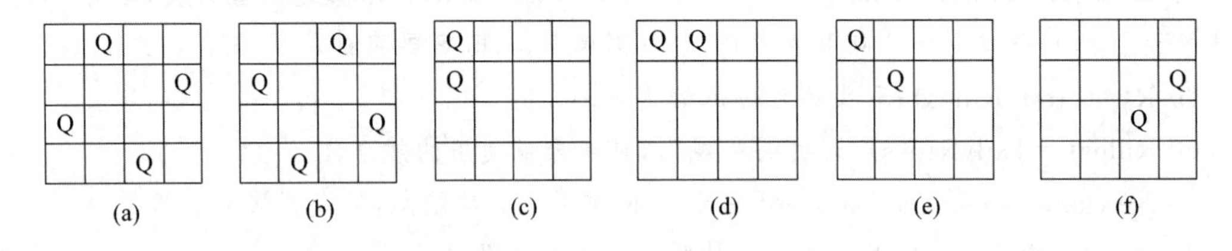

图 3-9 四皇后问题的合法状态和非法状态

对于四皇后问题，求解前首先给所有规则排序，这里的规则就是操作算子，即摆放皇后的方法。假设皇后摆放的次序为棋盘上从左到右、从上到下，依次为 r_{11}，r_{12}，r_{13}，r_{14}，r_{21}，r_{22}，r_{23}，r_{24}，r_{31}，r_{32}，…，r_{44}，这里 r_{ij} 表示将一个皇后放置在第 i 行第 j 列。

问题的状态用一个表来表示，如图 3-9(a)表示为(12　24　31　43)，每个分量均表示一个皇后所在的行列编号，由于四皇后问题中最多有 4 个皇后，所以表中最多有 4 个分量。根据 StepTrack(Data)的基本流程，可以得到如图 3-10 所示的搜索图。其中，为简单起见，每个状态只写出其增量部分。由图 3-10 中向上的箭头可知，为了解决问题，整个过程共进行了 22 次回溯。

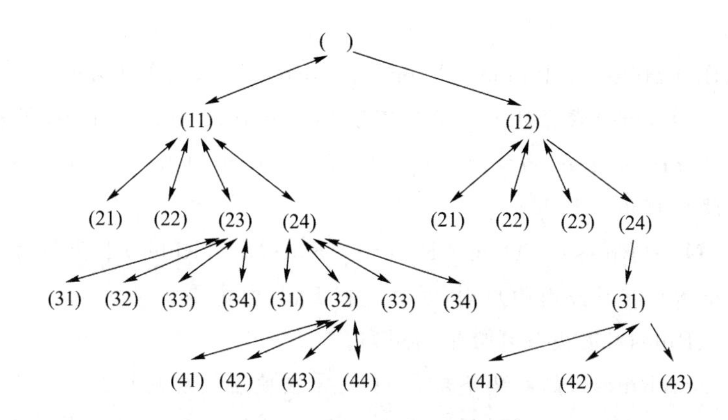

图 3-10 四皇后问题的回溯搜索

2. 一个改进的回溯策略

在回溯过程 StepTrack(Data)中,第②步和第④步均设置了两个回溯点,一个是非法状态的回溯,另一个是试探了一个状态的所有子状态后,仍然找不到解时的回溯。然而,对于某些问题还可能会遇到一些其他情况,StepTrack(Data)无法解决。

例如,如果问题的状态空间图中有某个分枝可以向纵向无限深入,即这个分枝是一个"无限深渊",StepTrack(Data)可能会落入这个"深渊"永远回溯不出来。这样,即使问题在旁边的分枝上有解,算法落入这个无限深渊也不能找到这个解。

又如,问题的状态空间图的某一个分枝上具有环路,搜索一旦进入这个环路就会陷入无限循环,在这个环路中一直搜索,同样回溯不出来。这样,即使问题在旁边的分枝上有解,也不可能找到这个解。

为了解决这两个问题,我们可以对 StepTrack(Data)做一些改进,通过增加回溯点的方法解决"无限深渊"与"环路"的问题。下面给出的算法 StepTrack1 比 StepTrack 增加了两个回溯点:一个是超过深度限制 Bound 的回溯点,一旦发现当前结点的深度超过深度限制,就强制回溯;另一个是出现环路的回溯点,算法记录了从初始结点到当前结点的搜索路径,一旦发现当前结点已经在搜索路径上出现过,就说明有环路存在,强制回溯。

StepTrack1 的返回值和 StepTrack 的一样,有两种情况:如果从当前状态 Data 到目标状态有路径存在,则返回以规则序列表示的从 Data 到目标状态的解路径;如果从当前状态 Data 到目标状态没有路径存在,则返回 Fail。此外,为了处理环路的问题,StepTrack1 的形参由当前状态 Data 换为从初始状态到当前状态的逆序表 Datalist,即初始状态排在表的最后面,而当前状态排在表的最前面。

递归过程 StepTrack1(Datalist)如下。

① Data:=First(Datalist);设置 Data 为当前状态。

② If Member(Data,Tail(Datalist)) Then Return Fail;函数 Tail 是取尾操作,Tail(Datalist)表示取 Datalist 中除了第一个元素以外的所有元素,Member(Data,Tail(Datalist))取值为真,表示 Data 在 Tail(Datalist)中存在,即有环路出现,过程返回 Fail,需要回溯。

③ If Goal(Data) Then Return Nil;Goal(Data)返回值为真,表示 Data 是目标状态,即找到目标,过程返回空表 Nil。

④ If Deadend(Data) Then Return Fail;Data 是非法状态,过程返回 Fail,即需要

回溯。

⑤ If Length(Datalist)>Bound Then Return Fail;函数 Length 用于计算 Datalist 的长度,即搜索的深度,当搜索深度大于给定常数 Bound 时,过程返回 Fail,即需要回溯。

⑥ Rules:=Apprules(Data);执行 Apprules 函数,计算 Data 所有可应用的规则,再按照某种原则排列后赋给 Rules。

⑦ Loop:If Null(Rules) Then Return Fail;Null(Rules)返回值为真,表示规则用完未找到目标或根本没有可应用的规则,过程返回 Fail,即需要回溯。

⑧ R:=First(Rules);取头条可应用的规则。

⑨ Rules:=Tail(Rules);删去头条规则,更新未被使用的规则集。

⑩ Newdata:=Gen(R,Data);调用规则 R 作用于当前状态,生成新状态。

⑪ Newdatalist:=Cons(Newdata,Datalist);将新状态加到表 Datalist 的前面,构成新的状态列表。

⑫ Path:=StepTrack1(Newdatalist);递归调用本过程。

⑬ If Path=Fail Then Go Loop Else Return Cons(R,Path);当 Path=Fail 时,表示递归调用失败,没有找到从 Newdata 到目标的解路径,转移到 Loop 处调用下一条规则进行测试,否则过程返回解路径。

StepTrack1 比 StepTrack 增加了两个回溯点,即第②步的环路回溯和第⑤步的深度超限回溯。当然,在 StepTrack1 中也可能存在深度限制不合理的问题,如问题的解的深度为 Bound+1,但由于设定的深度界限 Bound 不太合理,导致找不到问题的解。此时,我们可以做可变深度限制的处理,即若在遍历过深度 Bound 之内的结点后仍然没有找到问题的解,则适当增加 Bound 的值,接着搜索。

3. 避免多次试探同一个结点的回溯策略

上面介绍的 StepTrack 和 StepTrack1 尽管已经能处理非法状态的回溯、试探所有子结点的回溯、无限深渊回溯和环路回溯,但还是有可能出现多次试探同一个结点的问题。对于什么是多次试探同一个结点,可以通过几个例子说明。

图 3-8 示出了 StepTrack 或 StepTrack1 的搜索轨迹,但如果在图 3-8 中增加一条从 C 结点到 F 结点的路径,如图 3-11 所示,即 F 结点可以由 B 结点生成,也可以由 C 结点生成,搜索的情况就会稍稍发生变化。此时,由于 StepTrack 和 StepTrack1 只保留了从初始结点到当前结点的一条路径,而没有其他的数据结构记录那些试探过的但不在从初始结点到当前结点的路径上的结点,导致 F 结点被试探了 2 次,以试探其是否能通向目标结点。其中,第一次试探来自 B 结点,B 的第一个子结点 E 无法通向目标,因此试探 E 的兄弟结点 F,此时算法记录的结点序列是 $A \to B \to F$,在发现 F 也无法通向目标后,由于 E 和 F 没有其他兄弟结点,回溯至 B 结点,回溯至 A 结点。接着,试探 B 的兄弟结点 C 是否能通向目标,C 结点有两个子结点,第一个是 F 结点,此时算法记录的结点序列为 $A \to C \to F$,由于没有数据结构记录 F 结点的试探结果,此时会对 F 结点进行第二次向纵深进行的试探,而这次试探来自 C 结点。试探后发现 F 结点无法通向目标,再去试探 C 结点的另一个子结点、F 结点的兄弟结点 G 结点。与 F 结点类似,K 结点也会被试探两次。图 3-11 中虚线箭头指出了搜索的轨迹,结点旁边的数字说明了该结点被搜索到的次序。

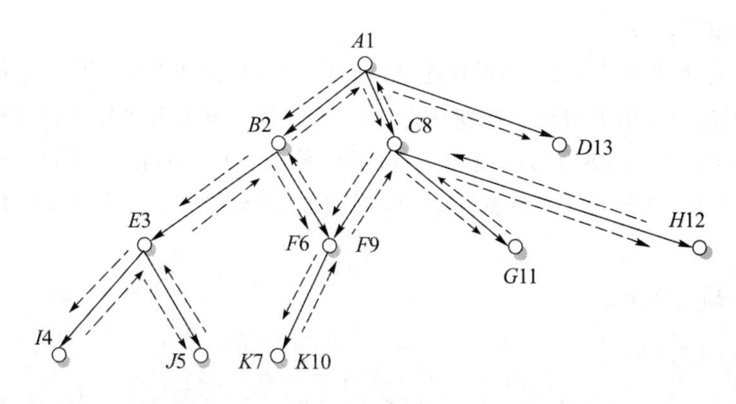

图 3-11 含有 $C \to F$ 路径的回溯搜索示意图

图 3-12 所示是一个更极端的例子。初始结点有若干个子结点，每个子结点都链接到 3 条很深的路径中，且其中两条是最左边的 A 路径和 B 路径，而目标结点 t 位于最右边路径的最深处。

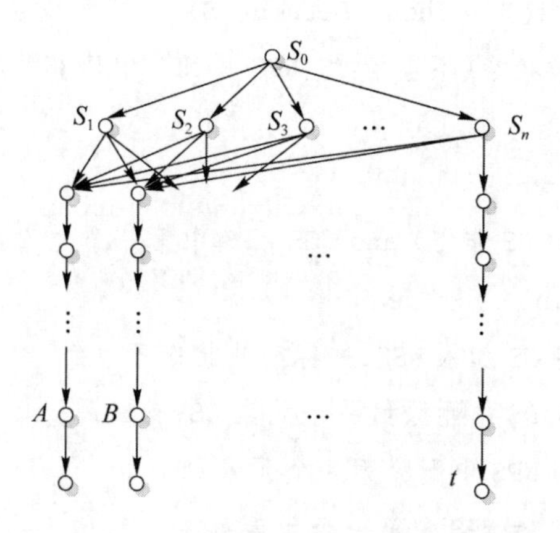

图 3-12 一个极端例子的回溯搜索示意图

当采用 StepTrack 或 StepTrack1 时，由于它们只保留了从初始结点 S_0 到当前结点的一条路径，所以从 S_1 进入 A 路径搜索，回溯后，又进入 B 路径、第三条路径。由于没有找到解，又从 S_2 往下搜索。对 S_2 而言，同样要搜索 A 和 B 路径。对 S_0 的其他子结点也是同样。这样，A 和 B 路径将被多次搜索，影响了搜索的效率。

为了解决某个结点被多次试探的问题，可以通过增加 3 张保存不同类型结点的表对前面的算法进一步改进。这 3 张表分别是：

① PS(PathState)表，路径状态表，保存当前搜索路径上的状态，如果找到了目标状态，PS 就是以状态序列表示的解路径；

② NPS(NewPathState)表，新路径状态表，保存了等待搜索的状态，其后裔状态还没有被搜索到，即还没有被生成扩展；

③ NSS(NoSolvableStata)表，不可解状态表，保存了不可解的结点，即找不到解路径的状态，如果在搜索中扩展出的结点属于 NSS 表，则可立刻将其排除，不必沿着该结点往下搜索试探。

每生成一个新状态，都要判断其是否在 PS、NPS 或 NSS 中出现过，如果出现过，说明它已经被搜索到而不必再考虑。

对于当前正在被检测的状态(当前状态,current state),记作CS。CS总是最晚加入PS的状态,对CS应用各种规则后得到一些新状态,即CS的子状态的有序集合,再将该集合中的第一个子状态作为CS,加入PS,其余子状态则按顺序放入NPS中,用于以后的搜索。如果CS没有子状态,则要从PS和NPS中删除它,同时将它加入NSS,之后回溯查找NPS中的首元素。

具体的算法描述如下。

```
Function BackTrack:
  Begin
    PS:=[Start];NPS:=[Start];NSS:=[ ];CS:=Start; * 初始化
    While  NPS≠[ ]  Do
      Begin
        If  CS=目标状态  Then  Return(PS); * 搜索成功,返回解路径
        If  CS没有子状态(不包括PS、NPS和NSS中已有的状态)
          Then
            Begin
              While((PS非空) and (CS=PS中第一个元素))  Do
                Begin
                  将CS加入NSS; * 标明此状态不可解
                  从PS中删除第一个元素CS; * 回溯
                  从NPS中删除第一个元素CS;
                  CS:=NPS中第一个元素;
                End;
              将CS加入PS;
            End;
        Else
          Begin
            将CS的子状态(不包括PS、NPS和NSS中已有的)加入NPS;
            CS:=NPS中第一个元素;
            将CS加入PS;
          End;
      End;
    Return Fail; * 整个空间搜索完
  End
```

例3-5 用BackTrack搜索算法求解图3-13中A到G的解路径。

解:初始化:PS:=[A];NPS:=[A];NSS=[ ];CS:=A。算法的搜索过程如表3-1所示。

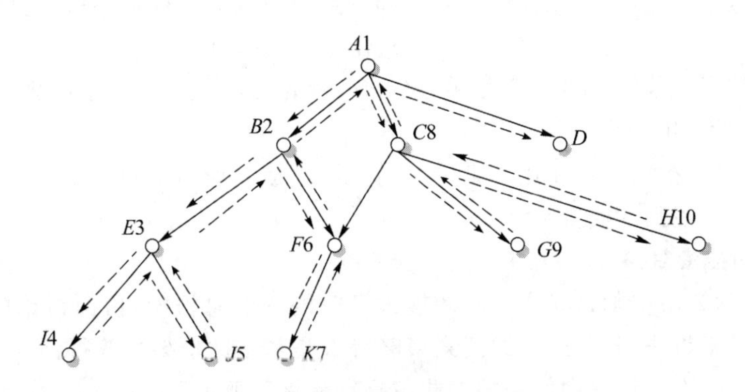

图 3-13 回溯搜索示例

表 3-1 例 3-5 的搜索过程

循环次数	CS	PS	NPS	NSS
0	*A*	[*A*]	[*A*]	[ ]
1	*B*	[*BA*]	[*BCDA*]	[ ]
2	*E*	[*EBA*]	[*EFBCDA*]	[ ]
3	*I*	[*IEBA*]	[*IJEFBCDA*]	[ ]
4	*J*	[*JEBA*]	[*JEFBCDA*]	[*I*]
5	*F*	[*FBA*]	[*FBCDA*]	[*EJI*]
6	*K*	[*KFBA*]	[*KFBCDA*]	[*EJI*]
7	*C*	[*CA*]	[*CDA*]	[*BFKEJI*]
8	*G*	[*GCA*]	[*GHCDA*]	[*BFKEJI*]

算法返回值为 PS,即解路径为 $A \to C \to G$。

BackTrack 是状态空间搜索的一个比较基本的盲目搜索策略,各种状态空间图的搜索算法,如深度优先搜索策略、宽度优先搜索策略、最佳优先搜索策略等都应用了回溯的思想。BackTrack 有以下几个要注意的地方:

① 用 NPS 表使算法回溯到任一状态;

② 用 NSS 表避免算法重复探索无解的路径;

③ 用 PS 表记录当前搜索的路径,一旦找到目标,就将 PS 作为解路径返回;

④ 为避免陷入死循环,每次新状态生成后都检查其是否在这 3 张表中,如果在其中,就不做任何处理。

3.3.2 一般的图搜索策略

首先简要给出搜索策略中用到的一些术语。

1. 一些术语

(1) 路径

设一结点序列为$(n_0, n_1, n_2, \cdots, n_k)$,对 $i=1,2,\cdots,k$,若任一结点 n_{i-1} 都具有一个后继结点 n_i,则该结点序列称为从结点 n_0 到结点 n_k 的长度为 k 的一条路径。

(2) 路径耗散值

令 $c(n_i, n_j)$为结点 n_i 到结点 n_j 的有向弧(或路径)的耗散值,一条路径的耗散值等于连接这条路径的各结点间所有有向弧耗散值的总和。路径耗散值可按式(3-1)进行递归计算。

$$c(n_i,t)=c(n_i,n_j)+c(n_j,t) \tag{3-1}$$

其中,$c(n_i,t)$为结点 n_i 到 t 的路径耗散值,$c(n_j,t)$为结点 n_j 到 t 的路径耗散值。

(3) 扩展一个结点

扩展一个结点是指对结点使用规则(操作算子)生成其所有后继结点,并给出连接弧线的耗散值(相当于使用规则的代价)。

2. 一般的图搜索算法

一般的图搜索算法实际是状态空间图搜索策略的一个总框架,后面讨论的深度优先搜索策略、宽度优先搜索策略、各种启发式搜索策略等都是基于此框架修改得到的。在给出这个算法的具体描述之前,先对算法中使用的一些数据结构做简要说明。

① 一般将初始结点记为 S 或 S_0,目标结点记为 t 或 g 或 S_g。

② 图体现了通过规则或操作产生的结点(状态)之间的连接关系,一般记为 G。

③ 为了记录搜索过程中探索过的结点的信息,设计了两个重要的数据结构,即 OPEN 表和 CLOSED 表,如表 3-2 和表 3-3 所示。

④ OPEN 表记录搜索过程中所有生成出来的但还未被扩展的结点,也就是在状态空间图中出现的,但还没有子结点的结点。CLOSED 表记录搜索过程中所有被扩展过的结点,也就是在状态空间图中出现的、有子结点的结点。很显然,OPEN 表和 CLOSED 表没有交集,它们的合集为扩展出的所有结点,也就是状态空间图中的所有结点。

表 3-2 OPEN 表

状态结点	父结点

表 3-3 CLOSED 表

编号	状态结点	父结点

⑤ 搜索主要是对 OPEN 表和 CLOSED 表这两个表的交替处理。首先判断 OPEN 表是否为空,如果是空那么搜索失败而结束,这是因为只有通过扩展结点才能逐渐达到目标结点,而能被扩展的结点是那些未被扩展过的结点,也就是 OPEN 表中的结点。如果 OPEN 表为空,意味着没有结点可被扩展,也就无法到达目标结点。否则,OPEN 表不空,取出其中第一个结点,判断是否为目标,如果是目标,则算法成功而结束;如果不是目标,则对它进行扩展,同时修改 OPEN 表和 CLOSED 表的状态,对 OPEN 表排序,继续判断。

具体的算法描述如下。

① $G:=G_0(G_0=S)$,OPEN:=(S);G 为图,S 为初始结点,设置 OPEN 表,OPEN 表中最初只包含初始结点。

② CLOSED:=( );设置 CLOSED 表,初始情况下 CLOSED 表为空表。

③ Loop:If OPEN=( ) Then Exit(Fail);OPEN表为空,算法失败退出。

④ n:=First(OPEN),Remove(n,OPEN),Add(n,CLOSED);称OPEN表的第一个结点为n,将其移出OPEN表,放入CLOSED表。

⑤ If Goal(n) Then Exit(Success);如果n是目标结点,算法成功退出,此时通过查找CLOSED表,得到由n返回S的路径,即逆向的解路径。

⑥ Expand(n),生成一组子结点$M=\{m_1,m_2,m_3,\cdots\}$,M中不包含n的父辈结点,G:=Add(M,G);扩展结点n,并将其子结点加入图。

⑦ 根据M中结点的不同性质,标记和修改它们到父结点的指针。

a. 对于未在OPEN表和CLOSED表中出现过的子结点,即刚刚由n扩展出来的子结点,将其加入OPEN表,并标记其到父结点n的指针。

b. 对于已经在OPEN表中出现的子结点,即图中已经由其他结点扩展出来并且未被扩展、这次又由结点n扩展出来的子结点,计算是否要修改其父结点的指针。

c. 对于已经在CLOSED表中出现的子结点,即图中已经由其他结点扩展出来并且已经被扩展、这次又由结点n扩展出来的子结点,计算是否要修改其父结点的指针,以及计算是否要修改其后继结点指向其父结点的指针。

⑧ 对OPEN表中的结点,按某种原则重新排序。

⑨ Go Loop;跳转到Loop标号处接着搜索。

对于一般的图搜索策略,有以下几点需要特别说明。

① 一般的图搜索算法是后面所有要讨论的状态空间图搜索算法的总框架,各种状态空间图搜索算法都是在这个框架的基础上修改得到的,它们最主要的区别在于OPEN表中结点的排序方式不同。

② 当OPEN表为空但仍然没有找到解路径时,算法失败而退出。

③ 当目标结点位于OPEN表最前面的时候,算法才成功结束;目标结点在OPEN表中出现但不在OPEN表最前面时,算法还需要继续进行。

④ 算法一旦成功结束,就可以根据目标结点指向父结点的指针逆向地追溯至初始结点,从而获得问题的解路径。

⑤ 算法的难点和重点是第⑦步,即标记和修改指针,此时要对结点n的不同类型的子结点进行分别处理。结点n的子结点的类型如图3-14所示。

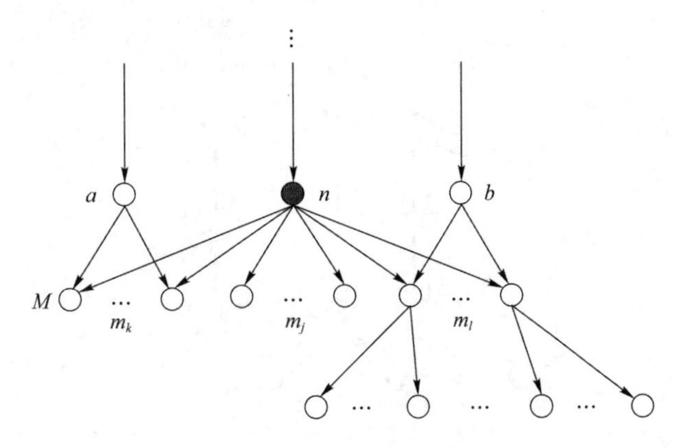

图3-14 结点n的子结点类型

在对结点 n 进行扩展后，一组子结点 $M=\{m_1,m_2,m_3,\cdots\}$ 生成了。注意：M 中不包含 n 的父辈结点。M 中的结点分为 3 种类型：

① 第一种是以前没有在图中出现过的结点，即没有在 OPEN 表和 CLOSED 表中出现过的结点，如图 3-14 中的 m_j 结点，它刚刚由结点 n 扩展出来，这种结点将被直接加到 OPEN 表中(因为它们还没有子结点，所以没有被扩展过)，并且要标记指向父结点 n 的指针。

② 第二种结点是已经在图中出现过但还没有被扩展过、这次又由结点 n 扩展出来的结点，即 OPEN 表中已有的结点，如图 3-14 中的 m_k 结点。对 m_k 结点要计算是否需要修改其到父结点的指针。如果从初始结点经过原先的父结点 a 到达 m_k 的路径耗散值大于从初始结点经过结点 n 到达 m_k 的路径耗散值，也就是新路径比旧路径耗散小，那么修改 m_k 到父结点的指针，由指向原先的 a 改为指向 n；否则，指向父结点的指针不变，仍然指向 a。

③ 第三种结点是已经在图中出现而且已经被扩展过、这次又由结点 n 扩展出来的结点，即 CLOSED 表中已有的结点，如图 3-14 中的 m_l 结点。对 m_l 结点要处理两件事情。首先要计算是否修改其到父结点的指针，如果从初始结点经过原先的父结点 b 到达 m_l 的路径耗散值大于从初始结点经过结点 n 到达 m_l 的路径耗散值，也就是新路比旧路耗散小，那么修改 m_l 到父结点的指针，由原先的指向 b 改为指向 n；否则，指向父结点的指针不变，仍然指向 b。其次要计算是否修改 m_l 的后继结点指向其父结点的指针，修改的原则仍然是保证从初始结点到 m_l 的后继结点的路径耗散值最小，哪条路径的耗散值小，m_l 的后继结点的父指针就存在于哪条路径上。

事实上，如果要搜索的状态空间图是树状结构，则 n 的子结点只有一种形式，即 m_j 结点，不存在 m_k 和 m_l 这两种类型的子结点，因此不必进行修改指针的操作。然而，如果要搜索的状态空间图不是树状结构，情况就比较复杂了，可能这 3 种类型的子结点都会存在，这样就要比较不同路径的耗散值，保证指向父结点的指针在具有较小耗散值的路径上。

(6) 在搜索图中，除了初始结点之外，任何结点都有且只有一个指向父结点的指针。因此，由所有结点及其指向父结点的指针构成的集合是一个树，称为搜索树。

例 3-6 图 3-15 是一个状态空间图搜索过程中的一种情形，其中实心的结点表示已经被扩展过的结点，即 CLOSED 表中的结点，空心的结点表示未被扩展的结点，即 OPEN 表中的结点，父结点的指针在有向弧旁边标注，每条有向弧的耗散值为单位耗散值。现在假设先要扩展结点 6，接着扩展结点 1，基于一般的图搜索算法，分析扩展后各结点的情况。

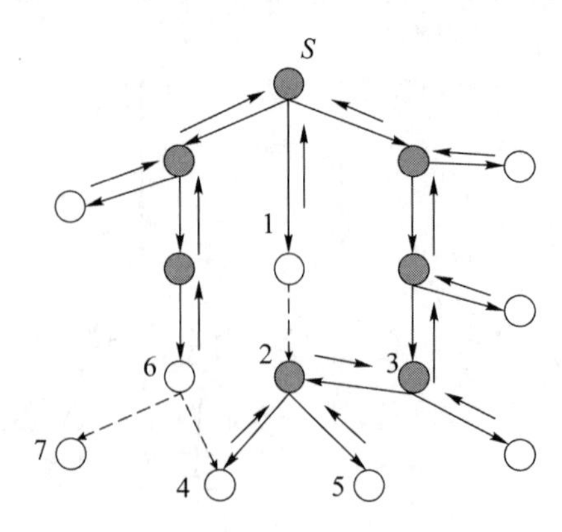

图 3-15　扩展结点 6 之前的情况

解:首先扩展结点 6,生成 2 个子结点,即结点 7 和结点 4。结点 7 是刚刚由结点 6 扩展出来的新结点,将被直接加到 OPEN 表中,并标记指向结点 6 的指针,如图 3-16 所示。结点 4 已经由结点 2 扩展,这次又由结点 6 扩展出来,而且结点 4 还未扩展,所以结点 4 是 OPEN 表中的已有结点。现在有两条从初始结点 *S* 到结点 4 的路径,一条是老路径 S→3→2→4,耗散值是 5 个单位,另一条是新路径 S→6→4,耗散值是 4 个单位,因此结点 4 的父结点指针从原先的结点 2 修改为结点 6,如图 3-16 所示。

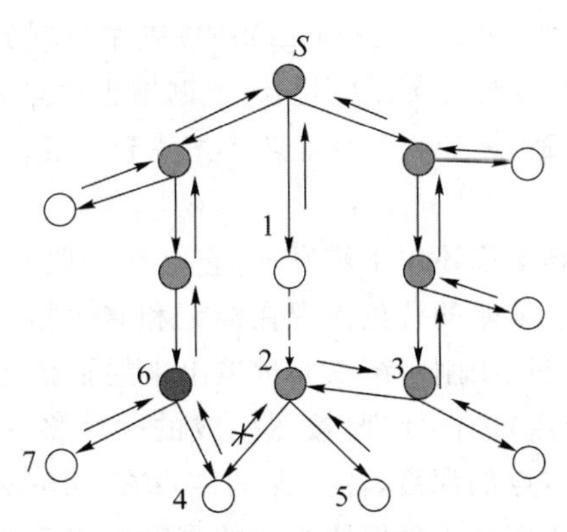

图 3-16 扩展结点 6 之后的情况

接着扩展结点 1,结点 1 只有一个子结点,即结点 2。结点 2 已经在图中出现,原先是由结点 3 扩展出来的,而且结点 2 还有 2 个子结点,即结点 4 和结点 5,说明结点 2 是 CLOSED 表中的结点。现在有两条从初始结点 *S* 到结点 2 的路径,一条是老路径 *S*→3→2,耗散值是 4 个单位,另一条是新路径 *S*→1→2,耗散值是 2 个单位,因此结点 2 的父结点指针从原先的结点 3 修改为结点 1,如图 3-17 所示。同时,在结点 2 的子结点中,结点 4 要继续考虑,因为现在有两条可以从初始结点 *S* 到结点 4 的路径,一条是老路径 *S*→6→4,耗散值是 4 个单位,另一条是新路径 *S*→1→2→4,耗散值是 3 个单位,因此结点 4 的父结点指针从原先的结点 6 又修改为结点 2,如图 3-17 所示。

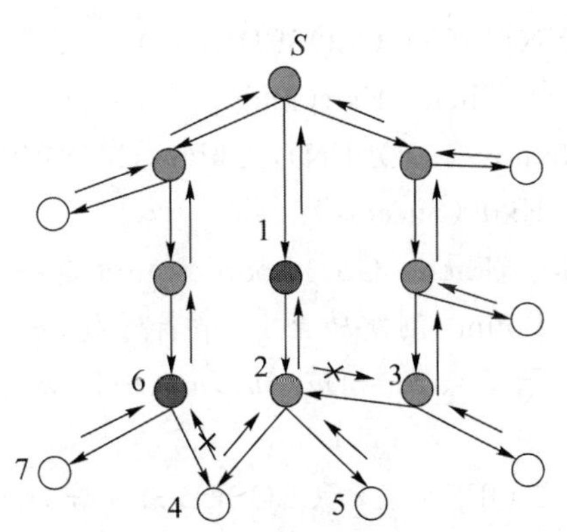

图 3-17 扩展结点 1 之后的情况

3.3.3 深度优先搜索策略

深度优先搜索策略没有利用与问题有关的知识,是一种盲目的搜索策略。而深度优先是指在每次扩展结点时优先选择到目前为止深度最深的结点扩展。深度优先搜索的过程如下。

① $G:=G_0(G_0=S)$，OPEN：=(S)，CLOSED：=( )。

② Loop：If　OPEN=( )　Then　Exit(Fail)。

③ $n:=$First(OPEN)，Remove(n，OPEN)，Add(n，CLOSED)。

④ If　Goal(n)　Then　Exit (Success)。

⑤ Expand(n)，生成一组子结点 $M=\{m_1,m_2,m_3,\cdots\}$，M 中不包含 n 的父辈结点，$G:=$ Add(M,G)。

⑥ 将 n 的子结点中没有在 OPEN 表和 CLOSED 表中出现过的结点，按照生成的次序加到 OPEN 表的前端，并标记它们到结点 n 的指针；把刚刚由结点 n 扩展出来、以前没有出现过的结点放在 OPEN 表的最前面，使深度大的结点优先得到扩展。

⑦ Go Loop。

从深度优先搜索策略的算法描述中不难发现，它是在一般的图搜索框架基础上变换得到的，更具体地说，深度优先搜索策略的特色体现在标记和修改指针上，它只对结点 n 的第一种子结点(以前没有在图中出现过、刚刚由结点 n 扩展出来的子结点，亦即那些没有在 OPEN 表和 CLOSED 表中出现过的结点)进行处理，按照生成的顺序将它们放在 OPEN 表的最前端。由于子结点的深度大于父辈结点的深度，深度深的结点在 OPEN 表的前面，深度浅的结点在 OPEN 表的后面，也就是说，OPEN 表是按照结点的深度由大到小进行排序的。这样，当下一个循环再次取出 OPEN 表的第一个元素时，实际上选择的就是到目前为止深度最深的结点，从而保证了搜索的深度优先。

很明显，深度优先搜索策略不一定能找到最佳解。由于是盲目的搜索策略，在最糟糕的情况下，深度优先搜索等同于遍历(穷举)，这时的搜索空间就是问题的全部状态空间。

而且，如果状态空间中有"无限深渊"，深度优先搜索就有可能找不到解。为了处理"无限深渊"的问题，我们可以将其改进为有界深度优先搜索。当然，这个深度限制应该设置的合理，深度过深会影响搜索的效率，而深度过浅则有可能找不到解，这时可以进一步将算法改进为可变深度限制的深度优先搜索。

有界深度优先搜索策略的算法描述如下。

① $G:=G_0(G_0=S)$，OPEN：=(S)，CLOSED：=( )。

② Loop：If　OPEN=( )　Then　Exit(Fail)。

③ $n:=$First(OPEN)，Remove(n，OPEN)，Add(n，CLOSED)。

④ If　Goal(n)　Then　Exit (Success)。

⑤ If　Depth(n)≥Bound　Then　Go　Loop；Bound 是一个事先设置好的常数，表示深度界限，如果 n 的深度超过了 Bound，则跳转至 Loop 标号处，进行下一轮搜索。

⑥ Expand(n)，生成一组子结点 $M=\{m_1,m_2,m_3,\cdots\}$，M 中不包含 n 的父辈结点，$G:=$ Add(M,G)。

⑦ 将 n 的子结点中没有在 OPEN 表和 CLOSED 表中出现过的结点，按照生成的次序加到 OPEN 表的前端，并标记它们到结点 n 的指针。

⑧ Go Loop。

例 3-7　八数码问题的深度为 4 的有界深度优先搜索，问题的初始状态和目标状态如图 3-2 所示。试画出搜索图，并写出 OPEN 表和 CLOSED 表的变化情况。

解：可用的规则为空格的上、下、左、右移动，每次对状态使用规则时，也按照空格的上移、下移、左移、右移来依次使用规则。搜索图如图 3-18 所示，OPEN 表和 CLOSED 表的变化情况如表 3-4 所示，其中略去了父结点指针情况。

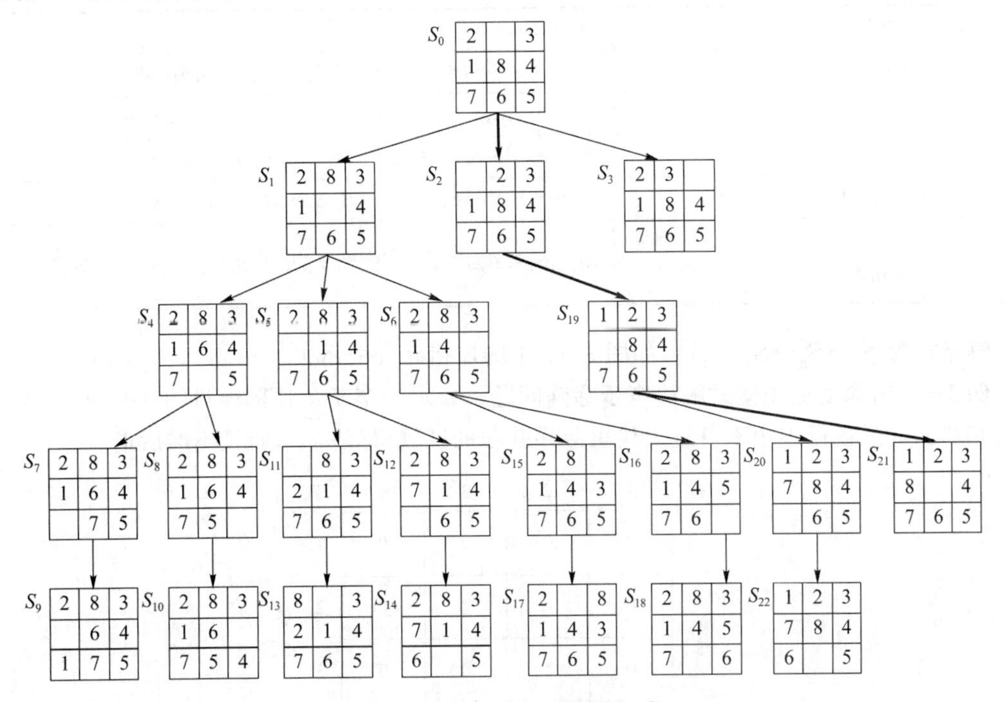

图 3-18　八数码问题的深度优先搜索图

表 3-4　八数码问题深度优先搜索的 OPEN 表和 CLOSED 表的变化情况

循环次数	OPEN 表	CLOSED 表
0	(S_0)	( )
1	$(S_1 S_2 S_3)$	(S_0)
2	$(S_4 S_5 S_6 S_2 S_3)$	$(S_0 S_1)$
3	$(S_7 S_8 S_5 S_6 S_2 S_3)$	$(S_0 S_1 S_4)$
4	$(S_9 S_8 S_5 S_6 S_2 S_3)$	$(S_0 S_1 S_4 S_7)$
5	$(S_8 S_5 S_6 S_2 S_3)$	$(S_0 S_1 S_4 S_7 S_9)$
6	$(S_{10} S_5 S_6 S_2 S_3)$	$(S_0 S_1 S_4 S_7 S_9 S_8)$
7	$(S_5 S_6 S_2 S_3)$	$(S_0 S_1 S_4 S_7 S_9 S_8 S_{10})$
8	$(S_{11} S_{12} S_6 S_2 S_3)$	$(S_0 S_1 S_4 S_7 S_9 S_8 S_{10} S_5)$
9	$(S_{13} S_{12} S_6 S_2 S_3)$	$(S_0 S_1 S_4 S_7 S_9 S_8 S_{10} S_5 S_{11})$
10	$(S_{12} S_6 S_2 S_3)$	$(S_0 S_1 S_4 S_7 S_9 S_8 S_{10} S_5 S_{11} S_{13})$
11	$(S_{14} S_6 S_2 S_3)$	$(S_0 S_1 S_4 S_7 S_9 S_8 S_{10} S_5 S_{11} S_{13} S_{12})$
12	$(S_6 S_2 S_3)$	$(S_0 S_1 S_4 S_7 S_9 S_8 S_{10} S_5 S_{11} S_{13} S_{12} S_{14})$
13	$(S_{15} S_{16} S_2 S_3)$	$(S_0 S_1 S_4 S_7 S_9 S_8 S_{10} S_5 S_{11} S_{13} S_{12} S_{14} S_6)$
14	$(S_{17} S_{16} S_2 S_3)$	$(S_0 S_1 S_4 S_7 S_9 S_8 S_{10} S_5 S_{11} S_{13} S_{12} S_{14} S_6 S_{15})$
15	$(S_{16} S_2 S_3)$	$(S_0 S_1 S_4 S_7 S_9 S_8 S_{10} S_5 S_{11} S_{13} S_{12} S_{14} S_6 S_{15} S_{17})$
16	$(S_{18} S_2 S_3)$	$(S_0 S_1 S_4 S_7 S_9 S_8 S_{10} S_5 S_{11} S_{13} S_{12} S_{14} S_6 S_{15} S_{17} S_{16})$
17	$(S_2 S_3)$	$(S_0 S_1 S_4 S_7 S_9 S_8 S_{10} S_5 S_{11} S_{13} S_{12} S_{14} S_6 S_{15} S_{17} S_{16} S_{18})$

续表

循环次数	OPEN 表	CLOSED 表
18	$(S_{19}S_3)$	$(S_0S_1S_4S_7S_9S_8S_{10}S_5S_{11}S_{13}S_{12}S_{14}S_6S_{15}S_{17}S_{16}S_{18}S_2)$
19	$(S_{20}S_{21}S_3)$	$(S_0S_1S_4S_7S_9S_8S_{10}S_5S_{11}S_{13}S_{12}S_{14}S_6S_{15}S_{17}S_{16}S_{18}S_2S_{19})$
20	$(S_{22}S_{21}S_3)$	$(S_0S_1S_4S_7S_9S_8S_{10}S_5S_{11}S_{13}S_{12}S_{14}S_6S_{15}S_{17}S_{16}S_{18}S_2S_{19}S_{20})$
21	$(S_{21}S_3)$	$(S_0S_1S_4S_7S_9S_8S_{10}S_5S_{11}S_{13}S_{12}S_{14}S_6S_{15}S_{17}S_{16}S_{18}S_2S_{19}S_{20}S_{22})$
22	(S_3) 成功退出	$(S_0S_1S_4S_7S_9S_8S_{10}S_5S_{11}S_{13}S_{12}S_{14}S_6S_{15}S_{17}S_{16}S_{18}S_2S_{19}S_{20}S_{22}S_{21})$

解路径为 $S_0 \to S_2 \to S_{19} \to S_{21}$，如图 3-18 中的加粗路径所示。

例 3-8 用深度优先搜索解决卒子穿阵问题。要求一卒子从顶部通过图 3-19 所示的阵列到达底部。卒子在行进中不可进入代表敌兵驻守的区域(标注 *)，而且不准后退。

行	1	2	3	4	列
	*	0	0	0	1
	0	0	*	0	2
	0	*	0	0	3
	*	0	0	0	4

图 3-19 卒子穿阵问题的阵列图

解:将卒子在阵列中的位置用其行号和列号来表示，即(行号，列号)，问题的操作(状态转换的规则)可以是卒子的左移、前进和右移，初始情况下卒子在阵列之外。实际搜索时，对每一个状态，按照卒子左移、前进和右移依次使用规则，问题的搜索图如图 3-20 所示，OPEN 表和 CLOSED 表的变化情况如表 3-5 所示。

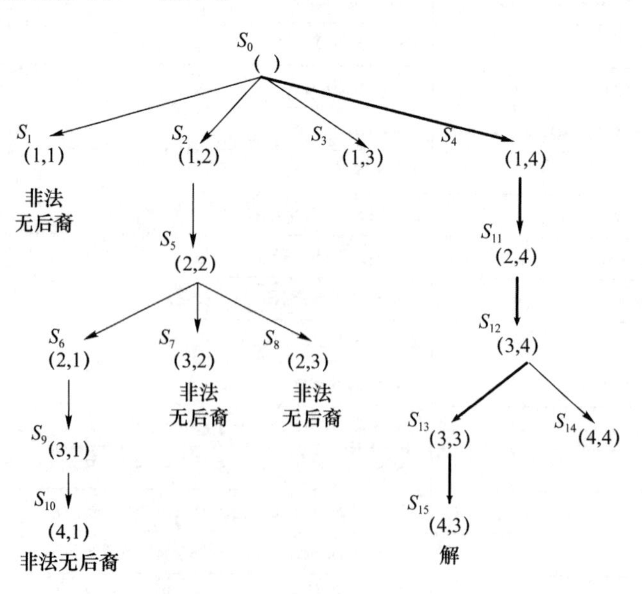

图 3-20 卒子穿阵问题的搜索图

表 3-5 卒子穿阵问题的 OPEN 表和 CLOSED 表的变化情况

循环次数	OPEN 表	CLOSED 表
0	(S_0)	( )
1	$(S_1 S_2 S_3 S_4)$	(S_0)
2	$(S_2 S_3 S_4)$	$(S_0 S_1)$
3	$(S_5 S_3 S_4)$	$(S_0 S_1 S_2)$
4	$(S_6 S_7 S_8 S_3 S_4)$	$(S_0 S_1 S_2 S_5)$
5	$(S_9 S_7 S_8 S_3 S_4)$	$(S_0 S_1 S_2 S_5 S_6)$
6	$(S_{10} S_7 S_8 S_3 S_4)$	$(S_0 S_1 S_2 S_5 S_6 S_9)$
7	$(S_7 S_8 S_3 S_4)$	$(S_0 S_1 S_2 S_5 S_6 S_9 S_{10})$
8	$(S_8 S_3 S_4)$	$(S_0 S_1 S_2 S_5 S_6 S_9 S_{10} S_7)$
9	$(S_3 S_4)$	$(S_0 S_1 S_2 S_5 S_6 S_9 S_{10} S_7 S_8)$
10	(S_4)	$(S_0 S_1 S_2 S_5 S_6 S_9 S_{10} S_7 S_8 S_3)$
11	(S_{11})	$(S_0 S_1 S_2 S_5 S_6 S_9 S_{10} S_7 S_8 S_3 S_4)$
12	(S_{12})	$(S_0 S_1 S_2 S_5 S_6 S_9 S_{10} S_7 S_8 S_3 S_4 S_{11})$
13	$(S_{13} S_{14})$	$(S_0 S_1 S_2 S_5 S_6 S_9 S_{10} S_7 S_8 S_3 S_4 S_{11} S_{12})$
14	$(S_{15} S_{14})$	$(S_0 S_1 S_2 S_5 S_6 S_9 S_{10} S_7 S_8 S_3 S_4 S_{11} S_{12} S_{13})$
15	(S_{14}) 成功退出	$(S_0 S_1 S_2 S_5 S_6 S_9 S_{10} S_7 S_8 S_3 S_4 S_{11} S_{12} S_{13} S_{15})$

解路径为 $S_0 \rightarrow S_4 \rightarrow S_{11} \rightarrow S_{12} \rightarrow S_{13} \rightarrow S_{15}$，如图 3-20 中的加粗路径所示。

3.3.4 宽度优先搜索策略

宽度优先搜索策略也称为广度优先搜索策略，它同深度优先搜索策略一样，也是一种盲目的搜索策略，即搜索过程中没有利用与问题有关的知识。宽度优先搜索策略是从一般的图搜索算法变化而来的，但不同于深度优先搜索策略每次选择深度最深的结点优先进行扩展，宽度优先搜索策略每次选择深度最浅的结点优先进行扩展。具体来说，宽度优先搜索策略在算法的第⑦步，将刚刚生成的子结点放在了 OPEN 表的末端，从而实现了对 OPEN 表中的结点按深度从小到大的排序，这样一来，每次都是选择深度最浅的结点进行优先扩展，而搜索是宽度优先的。

宽度优先搜索策略的算法描述如下。

① $G:=G_0(G_0=S)$，OPEN:=(S)，CLOSED:=( )。

② Loop:If OPEN=( ) Then Exit(Fail)。

③ n:=First(OPEN)，Remove(n,OPEN)，Add(n,CLOSED)。

④ If Goal(n) Then Exit (Success)。

⑤ Expand(n)，生成一组子结点 $M=\{m_1,m_2,m_3,\cdots\}$，M 中不包含 n 的父辈结点，$G:=$ Add(M,G)。

⑥ 将 n 的子结点中没有在 OPEN 表和 CLOSED 表中出现过的结点按照生成的次序加到 OPEN 表的末端，并标记它们到结点 n 的指针；把刚刚由结点 n 扩展出来、以前没有出现过的结点放在 OPEN 表的最后面，使深度浅的结点优先扩展。

⑦ Go Loop。

很显然，宽度优先搜索策略是一种完备的搜索策略，即当问题有解时，宽度优先搜索策略不但保证一定能找到解，而且在单位耗散的情况下保证找到最佳解(耗散值最小的解)。这些都是宽度优先搜索策略的优势，但它的主要缺点是盲目性比较大，尤其是当目标结点与初始结点的距离比较远时，可能会产生很多无用的结点，导致搜索效率低下。

例 3-9 用宽度优先搜索策略解决图 3-2 所示的八数码问题，试画出搜索图，并写出 OPEN 表和 CLOSED 表的变化情况。

解：搜索图如图 3-21 所示，OPEN 表和 CLOSED 表的变化情况如表 3-6 所示。

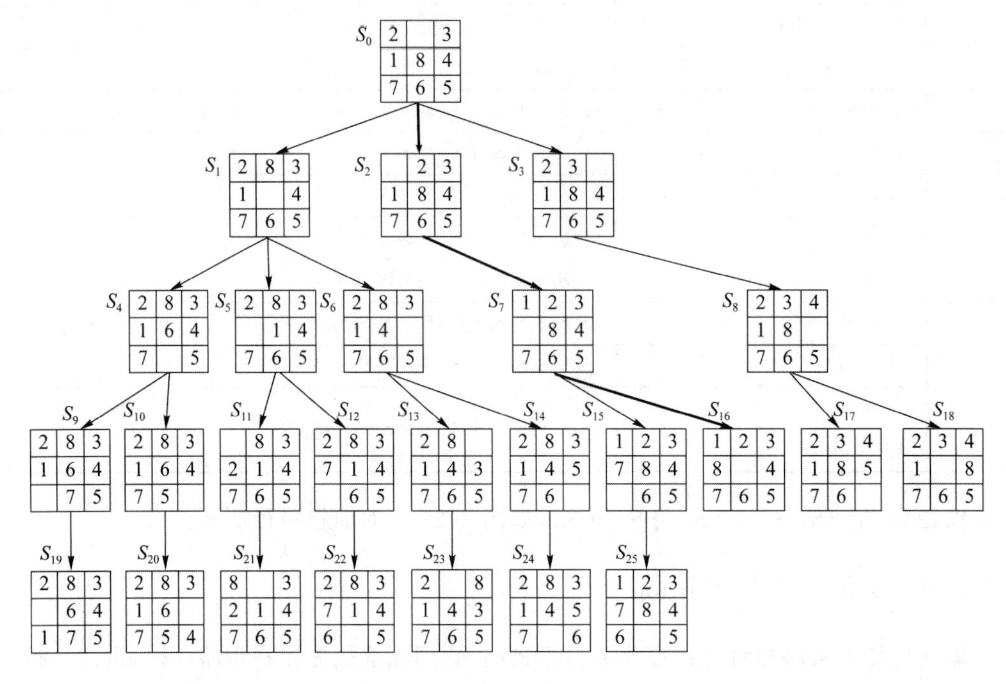

图 3-21 八数码问题的宽度优先搜索图

表 3-6 八数码问题的 OPEN 表和 CLOSED 表的变化情况

循环次数	OPEN 表	CLOSED 表
0	(S_0)	( )
1	($S_1 S_2 S_3$)	(S_0)
2	($S_2 S_3 S_4 S_5 S_6$)	($S_0 S_1$)
3	($S_3 S_4 S_5 S_6 S_7$)	($S_0 S_1 S_2$)
4	($S_4 S_5 S_6 S_7 S_8$)	($S_0 S_1 S_2 S_3$)
5	($S_5 S_6 S_7 S_8 S_9 S_{10}$)	($S_0 S_1 S_2 S_3 S_4$)
6	($S_6 S_7 S_8 S_9 S_{10} S_{11} S_{12}$)	($S_0 S_1 S_2 S_3 S_4 S_5$)
7	($S_7 S_8 S_9 S_{10} S_{11} S_{12} S_{13} S_{14}$)	($S_0 S_1 S_2 S_3 S_4 S_5 S_6$)
8	($S_8 S_9 S_{10} S_{11} S_{12} S_{13} S_{14} S_{15} S_{16}$)	($S_0 S_1 S_2 S_3 S_4 S_5 S_6 S_7$)
9	($S_9 S_{10} S_{11} S_{12} S_{13} S_{14} S_{15} S_{16} S_{17} S_{18}$)	($S_0 S_1 S_2 S_3 S_4 S_5 S_6 S_7 S_8$)
10	($S_{10} S_{11} S_{12} S_{13} S_{14} S_{15} S_{16} S_{17} S_{18} S_{19}$)	($S_0 S_1 S_2 S_3 S_4 S_5 S_6 S_7 S_8 S_9$)
11	($S_{11} S_{12} S_{13} S_{14} S_{15} S_{16} S_{17} S_{18} S_{19} S_{20}$)	($S_0 S_1 S_2 S_3 S_4 S_5 S_6 S_7 S_8 S_9 S_{10}$)

续表

循环次数	OPEN 表	CLOSED 表
12	($S_{12}S_{13}S_{14}S_{15}S_{16}S_{17}S_{18}S_{19}S_{20}S_{21}$)	($S_0S_1S_2S_3S_4S_5S_6S_7S_8S_9S_{10}S_{11}$)
13	($S_{13}S_{14}S_{15}S_{16}S_{17}S_{18}S_{19}S_{20}S_{21}S_{22}$)	($S_0S_1S_2S_3S_4S_5S_6S_7S_8S_9S_{10}S_{11}S_{12}$)
14	($S_{14}S_{15}S_{16}S_{17}S_{18}S_{19}S_{20}S_{21}S_{22}S_{23}$)	($S_0S_1S_2S_3S_4S_5S_6S_7S_8S_9S_{10}S_{11}S_{12}S_{13}$)
15	($S_{15}S_{16}S_{17}S_{18}S_{19}S_{20}S_{21}S_{22}S_{23}S_{24}$)	($S_0S_1S_2S_3S_4S_5S_6S_7S_8S_9S_{10}S_{11}S_{12}S_{13}S_{14}$)
16	($S_{16}S_{17}S_{18}S_{19}S_{20}S_{21}S_{22}S_{23}S_{24}S_{25}$)	($S_0S_1S_2S_3S_4S_5S_6S_7S_8S_9S_{10}S_{11}S_{12}S_{13}S_{14}S_{15}$)
17	($S_{17}S_{18}S_{19}S_{20}S_{21}S_{22}S_{23}S_{24}S_{25}$) 成功退出	($S_0S_1S_2S_3S_4S_5S_6S_7S_8S_9S_{10}S_{11}S_{12}S_{13}S_{14}S_{15}S_{16}$)

解路径为 $S_0 \to S_2 \to S_7 \to S_{16}$，如图 3-21 中的加粗路径所示。

例 3-10　用宽度优先搜索策略解决图 3-22 所示的积木问题。要求通过搬动积木块，从初始状态到达目标状态。解决问题时，可用的操作算子为 MOVE(X,Y)，即把积木 X 搬到 Y 的上方，Y 可以是积木，也可以是桌面，如 MOVE(A,Table)表示将积木 A 搬到桌面上。MOVE(X,Y)使用的先决条件是：①被搬动的积木块 X 顶部必须是空的；②如果 Y 是积木块，Y 的顶部必须是空的；③同一状态下，使用操作算子的次数不得多于 1 次。试画出搜索图，并写出 OPEN 表和 CLOSED 表的变化情况。

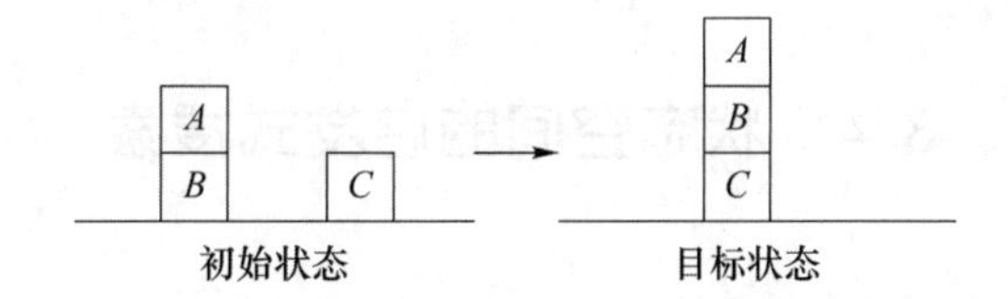

图 3-22　积木问题的初始状态和目标状态

解：搜索图如图 3-23 所示，OPEN 表和 CLOSED 表的变化情况如表 3-7 所示。

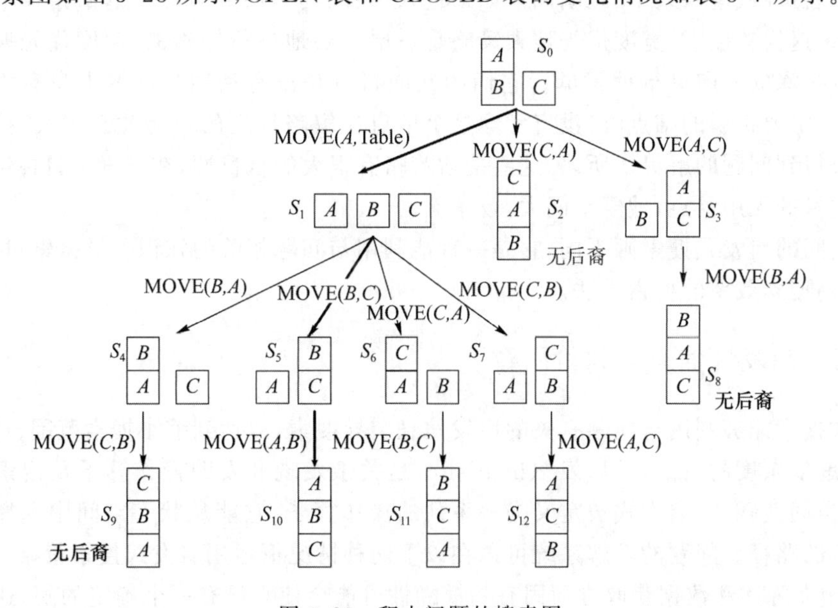

图 3-23　积木问题的搜索图

表 3-7 积木问题的 OPEN 表和 CLOSED 表的变化情况

循环次数	OPEN 表	CLOSED 表
0	(S_0)	( )
1	$(S_1S_2S_3)$	(S_0)
2	$(S_2S_3S_4S_5S_6S_7)$	(S_0S_1)
3	$(S_3S_4S_5S_6S_7)$	$(S_0S_1S_2)$
4	$(S_4S_5S_6S_7S_8)$	$(S_0S_1S_2S_3)$
5	$(S_5S_6S_7S_8S_9)$	$(S_0S_1S_2S_3S_4)$
6	$(S_6S_7S_8S_9S_{10})$	$(S_0S_1S_2S_3S_4S_5)$
7	$(S_7S_8S_9S_{10}S_{11})$	$(S_0S_1S_2S_3S_4S_5S_6)$
8	$(S_8S_9S_{10}S_{11}S_{12})$	$(S_0S_1S_2S_3S_4S_5S_6S_7)$
9	$(S_9S_{10}S_{11}S_{12})$	$(S_0S_1S_2S_3S_4S_5S_6S_7S_8)$
10	$(S_{10}S_{11}S_{12})$	$(S_0S_1S_2S_3S_4S_5S_6S_7S_8S_9)$
11	$(S_{11}S_{12})$ 成功退出	$(S_0S_1S_2S_3S_4S_5S_6S_7S_8S_9S_{10})$

解路径为 $S_0 \to S_1 \to S_5 \to S_{10}$，如图 3-23 中的加粗路径所示。

3.4 状态空间的启发式搜索

前面讨论的回溯策略、深度优先搜索策略和宽度优先搜索策略都属于盲目的图搜索策略，都是按照事先规定的路线进行搜索的。例如，回溯策略从初始状态出发，不断试探性地寻找路径，直到到达目标或进入某个“死胡同”，如果进入“死胡同”，回溯策略会返回路径中最近的父结点上，继续这样的搜索；宽度优先搜索策略是一层一层地进行搜索的；深度优先搜索策略则是优先沿着纵深的方向进行搜索的。它们的共同特点是没有利用与问题本身有关的特征信息，而且在决定要扩展的结点时，没有考虑这个结点在解路径上的可能性有多大，扩展它是否有利于尽快得到问题的解等。所以，这些搜索策略有很大的盲目性，在搜索出目标结点之前可能会产生大量的无用结点，搜索空间大，效率低。

状态空间的启发式搜索则不同，它是一种能利用与问题相关的知识引导搜索过程、缩小搜索范围、提高搜索效率的搜索方法。

3.4.1 启发性信息与评价函数

启发式搜索能够利用与问题有关的启发信息引导搜索，以达到缩小搜索范围、提高搜索效率、降低问题复杂度的目的。“启发”(heuristic)是关于发现和发明操作算子及搜索方法的研究，在状态空间搜索中，启发式被定义为一系列的操作算子，它能从状态空间中选择最有希望到达问题解的路径。问题的求解系统可以在以下两种情况下运用启发式搜索策略。

① 问题在陈述和数据获取方面固有的模糊性可能会使它没有一个确定的解，这就要求系统能运用启发式策略做出最有可能的解释。例如，对于医疗诊断中已知的一系列症状，可能会有很多种原因，此时医生必须使用启发式策略选取最有可能的诊断结果并制定相应的治疗

计划。

② 虽然一个问题可能有确定解，但是其状态空间特别大，搜索中生成的状态数会随着搜索深度的增加呈指数级增长。遍历式搜索在一个给定的较实际的时空内很可能找不到问题的解，而启发式搜索可以通过一些引导帮助搜索朝最有希望的方向进行，把没有希望的状态以及这些状态的后裔从搜索中排除掉，克服组合爆炸问题，提高搜索效率。

在讨论具体的启发式搜索策略之前，先说明一下启发式信息的强度和搜索效率之间的一个大致关系。一般来说：启发式信息比较弱时，在找到解路径之前会扩展较多的结点，求得解路径花费的工作量比较大；启发式信息比较强时，有可能大大降低搜索的工作量，但不能保证找到最佳解，有可能找到的是次优解，甚至一无所获。

由于启发式搜索常常根据经验和直觉来决定优先扩展哪个结点，因此要想利用有限的关于问题的信息准确地预测下一步的行为是很难办到的。而在实际问题求解中，我们总是希望加入的启发式信息能很好地降低搜索工作量，同时又能保证找到最佳解，这几乎是一个两难问题，需要从理论上研究启发信息和最佳路径的关系，从实际上解决获取启发信息方法的问题。所以，启发式搜索策略的研究一直是人工智能的一个核心研究课题。

在一般的图搜索策略中，要按照某种原则对 OPEN 表中的元素进行排序。对于启发式搜索策略来说，对 OPEN 表中的元素进行排序的原则是越有希望通向目标结点的那些结点越要排在 OPEN 表的前面，这就需要一种计算方法来计算 OPEN 表中的结点通向目标结点的希望程度，然后按照这种希望程度对 OPEN 表中的元素进行排序。

通常的做法是定义一个评价函数 $f(n)$(evaluation function)，用 $f(n)$来衡量 OPEN 表中各个结点通向目标的希望程度(n 表示结点)，而究竟如何设计 $f(n)$，使得它能合理地衡量 OPEN 表结点通向目标结点的希望程度，一般有以下一些参考的原则。

① 从概率的角度来设计，将 $f(n)$定义为结点 n 处在最佳路径上的概率，概率值越大，说明越有希望通向目标结点。

② 从距离或差异的角度来设计，将 $f(n)$定义为结点 n 与目标结点 t 的距离或差异，其值越小，说明距目标结点越近(或与目标结点差异越小)，越有希望通向目标结点。

③ 从打分的角度来设计，对结点 n 所表示的格局进行打分，$f(n)$表示结点 n 的得分，得分越高，说明越有希望通向目标结点。

当然，以上设计 $f(n)$的参考原则对于解决实际问题来说，看起来还是很抽象的，因此还可以再根据求解问题的最终要求进行细化。考虑到问题的解是从初始结点开始、到目标结点结束的一条路径，因此量化一个结点通向目标结点的希望程度，必须综合考虑两方面的情况，即已经付出的代价和将要付出的代价。所以，将评价函数 $f(n)$定义为从初始结点经过结点 n 到达目标结点的最短路径的耗散值，$f(n)$的一般形式：

$$f(n)=g(n)+h(n) \tag{3-2}$$

其中，$g(n)$是从初始结点 S 到结点 n 的实际路径的耗散值，即从初始结点 S 到结点 n 已经付出的代价，$h(n)$是从结点 n 到目标结点 t 的最佳路径的耗散值的估计，即从结点 n 到目标结点 t 将要付出的代价。这样一来，考察结点 n 通向目标结点的希望程度时就综合考虑了已付出的代价和将要付出的代价两部分。对于 $g(n)$的值，可以按照指向父结点的指针，从结点 n 逆向地追溯至初始结点 S，得到一条从初始结点 S 到结点 n 的路径，然后将路径上各有向弧的耗散相加，即可得到 $g(n)$的值；对于 $h(n)$的值，需要根据待求解问题自身的性质设置，它体现了问题自身的启发性信息，因此 $h(n)$也被称为启发式函数。

一般来说，在评价函数 $f(n)$ 中，$g(n)$ 的比重越大，越倾向于使用宽度优先搜索策略，而 $h(n)$ 的比重越大，启发性能越强；$g(n)$ 的作用一般是不能忽略的，因为它代表了从初始结点 S 经过结点 n 到达目标结点 t 的总代价中已经付出的那一部分，保持 $g(n)$ 就是保持了宽度优先搜索的趋势，这有利于保持搜索的完备性，但会影响搜索的效率。在特殊情况下，如果问题求解只关心找到解但不关心付出什么代价，那么 $g(n)$ 项可以忽略，另外，当 $h(n)>>g(n)$ 时，$g(n)$ 的作用也可以忽略，此时有 $f(n)=h(n)$，有利于获得较高的搜索效率，但会影响搜索的完备性。综上所述，在实际设计 $f(n)$ 时，要根据问题的特性和解的特性权衡利弊，才能获得最好的结果。

例 3-11 对于图 3-2 表示的八数码问题，设计启发式搜索中可以用到的评价函数。

解： 由于评价函数的一般形式为 $f(n)=g(n)+h(n)$，其中 $g(n)$ 是从初始结点 S 到结点 n 的实际路径的耗散值，$h(n)$ 是从结点 n 到目标结点 t 的最佳路径的耗散值的估计，因此 $g(n)$ 可以用结点 n 在搜索过程中的深度 $d(n)$ 来表示，即

$$g(n)=d(n) \tag{3-3}$$

同时，从结点 n 与目标结点 t 的差异角度来设计启发式函数 $h(n)$，即 $h(n)$ 可以用式(3-4)表示。

$$h(n)=W(n) \tag{3-4}$$

其中，$W(n)$ 表示“不在位的将牌数”，即与目标状态 t 相比结点 n 中不在目标状态的位置上的将牌数目。例如，图 3-24 所示的八数码问题的某个状态 n 与图 3-25 所示的目标状态 t 相比，不在位的将牌有将牌 1、将牌 2、将牌 6 和将牌 8，即不在位的将牌数为 4，故 $W(n)=4$。

2	8	3
1	6	4
7		5

图 3-24 八数码问题的某个状态 n

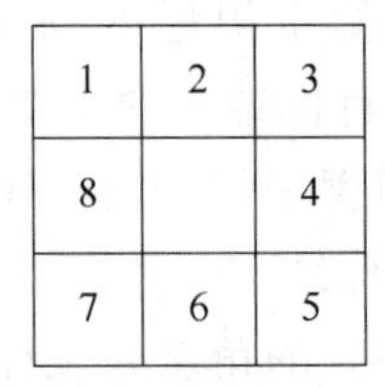

图 3-25 八数码问题的目标状态 t

综上所述，八数码问题的一个评价函数可以设计为

$$f(n)=d(n)+W(n) \tag{3-5}$$

如果图 3-24 所示的结点为初始结点，那么其深度为 0，此时 $f(S)=0+4=4$

例 3-12 设计如图 3-26 所示的移动将牌游戏的启发式函数。

B	*B*	*B*	*W*	*W*	*W*	*E*

图 3-26 移动将牌游戏的初始状态

其中，B 代表黑色将牌，W 代表白色将牌，E 代表该位置为空。该游戏的玩法如下：

① 当一个将牌移入相邻的位置时，费用为 1 个单位；

② 一个将牌至多可以跳过两个将牌进入空位，其费用等于跳过的将牌数加 1；

③ 要求把所有的黑色将牌 B 都移动至所有的白色将牌 W 的右边。

解： 根据问题要求可知，从初始状态到某个状态的耗散(费用)$g(n)$ 可通过游戏的玩法说明计算得到。由于目标状态要求所有的 B 将牌在所有的 W 将牌的右边，也就是说 W 左边的

B 将牌越少，越接近目标，因此可以从差异的角度设计启发式函数 $h(n)$：

$$h(n)=a\times(\text{每个 } W \text{ 左边的 } B \text{ 的个数的总和}) \tag{3-6}$$

其中，a 为一个正常数，可以用来扩大 $h(n)$ 在 $f(n)$ 中的比重，如 $a=3$，此时对于 3-26 所示的初始状态，有 $h(S_0)=3\times(3+3+3)=27$；如果对于图 3-27 所示的中间状态 n，有 $h(n)=3\times(1+2+3)=18$。

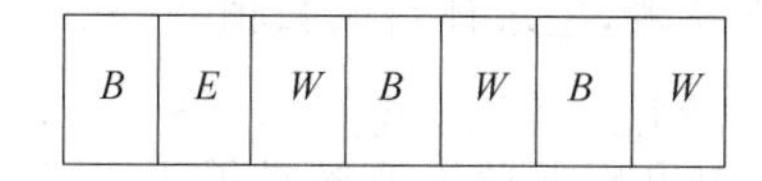

B	E	W	B	W	B	W

图 3-27　移动将牌游戏的某个中间状态 n

3.4.2　A 算法

在状态空间的图搜索算法中，如果能在搜索的每一步都能根据 $f(n)$ 值的大小对 OPEN 表中的元素进行排序，即每次扩展结点时都选择了当前最有希望通向目标的结点，那么这个搜索算法就是 A 算法。由于评价函数 $f(n)=g(n)+h(n)$ 中包含了与问题自身相关的启发式信息，因此 A 算法是启发式的搜索算法。

A 算法的描述如下。

① OPEN:=(S)，CLOSED:=( )，$f(S)=g(S)+h(S)$；初始化。

② Loop:If　OPEN=( )　Then　Exit(Fail)。

③ n:=First(OPEN)，Remove(n,OPEN)，Add(n,CLOSED)。

④ If　Goal(n)　Then　Exit(Success)。

⑤ Expand(n)，生成一组子结点 $M=\{m_1,m_2,m_3,\cdots\}$，M 中不包含 n 的父辈结点，G:=Add(M,G)，对每个子结点 m_i 计算式(3-7)对应的值。

$$f(n,m_i)=g(n,m_i)+h(m_i) \tag{3-7}$$

其中，$g(n,m_i)$ 是从初始结点 S 通过 n 到达 m_i 的耗散值，$h(m_i)$ 是从子结点 m_i 到目标结点 t 的最短路径的耗散值的估计，$f(n,m_i)$ 是以 n 为父结点的子结点 m_i 的评价函数值。

⑥ 根据 M 中结点的不同性质，标记和修改它们到父结点的指针。

a. 对于未在 OPEN 表和 CLOSED 表中出现过的子结点，即刚刚由 n 扩展出来的子结点而言(对应图 3-14 中的 m_j 结点)，将其加入 OPEN 表，并标记到其父结点 n 的指针，此时 $f(m_j)=f(n,m_j)$。

b. 对于已经在 OPEN 表中出现的子结点，即图中已经由其他结点扩展出来并且未被扩展、这次又由结点 n 扩展出来的子结点(对应图 3-14 中的 m_k 结点)而言，If　$f(n,m_k)\leqslant f(m_k)$　Then　$f(m_k)=f(n,m_k)$，修改其父结点指针为指向 n。

c. 对于已经在 CLOSED 表中出现的子结点，即图中已经由其他结点扩展出来并且已经被扩展、这次又由结点 n 扩展出来的子结点(对应图 3-14 中的 m_l 结点)而言，If　$f(n,m_l)\leqslant f(m_l)$　Then　$f(m_l)=f(n,m_l)$，修改其父结点指针为指向 n，并将该子结点从 CLOSD 表移到 OPEN 表中，不必计算是否要修改其后继结点指向父结点的指针。

⑦ 将 OPEN 中的结点按评价函数值从小到大排序。

⑧ Go Loop。

从 A 算法的算法描述可以看到，它同样是由一般的图搜索算法变换而成的。而算法的第

⑦步按照 f 值从小到大对 OPEN 表中的结点的排序，体现了 A 算法的启发式特性。

A 算法的重点和难点在算法的第⑥步，即标记和修改指针，此时要对结点 n 的不同类型的子结点做分别处理。

① 第一种是以前没有在图中出现过的结点，即没有在 OPEN 表和 CLOSED 表中出现过的结点，亦即图 3-14 中的 m_j 结点。由于它们刚刚出现，从初始结点经过 m_j 到目标结点的路径只有一条，因此直接加入 OPEN 表，记录评价函数值 $f(m_j)=f(n,m_j)$，并标记指向父结点 n 的指针。

② 第二种结点是已经在图中出现但还没有被扩展过、这次又由结点 n 扩展出来的结点，即 OPEN 表中已有的结点，亦即图 3-14 中的 m_k 结点。由于从初始结点经过 m_k 到目标结点的路径现在有两条，一条是旧路，即从初始结点经过原先的父结点 a 再到 m_k 最终到达目标结点的路径，其耗散值为 $f(m_k)$，另一条是新路，即从初始结点经过结点 n 再到 m_k 最终到达目标结点的路径，其耗散值为 $f(n,m_k)$。如果新路的耗散值比旧路小，说明它更好，修改 m_k 的评价函数值为新路的耗散值，即 $f(n,m_k)$，同时使指向父结点的指针从原先的结点 a 改为结点 n。否则，m_k 的评价函数值不变，仍然为原先的 $f(m_k)$，指向父结点的指针也不变，仍然指向 a。

③ 第三种结点是已经在图中出现而且已经被扩展过、这次又由结点 n 扩展出来的结点，即 CLOSED 表中已有的结点，亦即图 3-14 中的 m_l 结点。同 m_k 结点的处理原则一样，由于现在从初始结点经过 m_l 到目标结点的路径现在有两条，选择一条更短的路径，保证 m_l 的父结点指针指向耗散值更小的那条路径上的父结点，m_l 的评价函数值也为更短的那条路径的耗散值。同时应该注意的是，一旦将 m_l 的父结点指针从原先的父结点 b 修改为现在的父结点 n，就要把 m_l 结点从 CLOSED 表移到 OPEN 表中，这意味着以后可能会重新对它扩展。经过这样的处理，也就不必再考虑是否修改第三类结点的后继结点到其父结点的指针了。

在有些文献中，A 算法也被称为最佳优先（best-first）搜索策略或全局择优搜索算法。与全局择优搜索算法对应的启发式搜索算法是局部择优搜索算法，它们的区别仅在算法的第⑦步：全局择优搜索算法是对 OPEN 表中的全部结点按评价函数值从小到大排序，而局部择优搜索算法具有局部特性，即将 n 的子结点按照评价函数值从小到大依次放在 OPEN 表的首部。

在 A 算法中，如果令启发式函数 $h(n)=0$、$g(n)=d(n)$，即 $f(n)=d(n)$，此时 A 算法变成宽度优先搜索算法，所以宽度优先搜索算法实际上是 A 算法的一个特例。

A 算法是一种启发式地搜索任何状态空间的通用算法（和深度/宽度优先搜索策略一样，具有通用性）。它既适用于数据驱动的搜索，也适用于目标驱动的搜索，还支持不同的启发式函数，而且是分析启发式搜索特性的基础，甚至由于具有很好的通用性，它还可以和其他不同的启发式方法一起使用。

例 3-13 图 3-28 给出了一个状态空间图，图中各结点旁边标注的数字是其评价函数值。采用 A 算法求解从初始结点 A 到目标结点 P 的解路径，画出搜索图，并写出 OPEN 表和 CLOSED 表的变化情况。

解：搜索图如图 3-29 所示，OPEN 表和 CLOSED 表的变化情况如表 3-8 所示。OPEN 表和 CLOSED 表中的 $x(y)$ 组合表示结点及其评价函数值，如 $A(5)$ 表示结点 A 的评价函数 f 的值为 5。

从图 3-29 所示的搜索图中可以看出，图 3-28 中实线弧箭头所指示的结点实际上是被扩展的结点，而图 3-28 中有些结点没有标注评价函数值，这是因为搜索过程中没有遇到计算其评价函数值的情况。

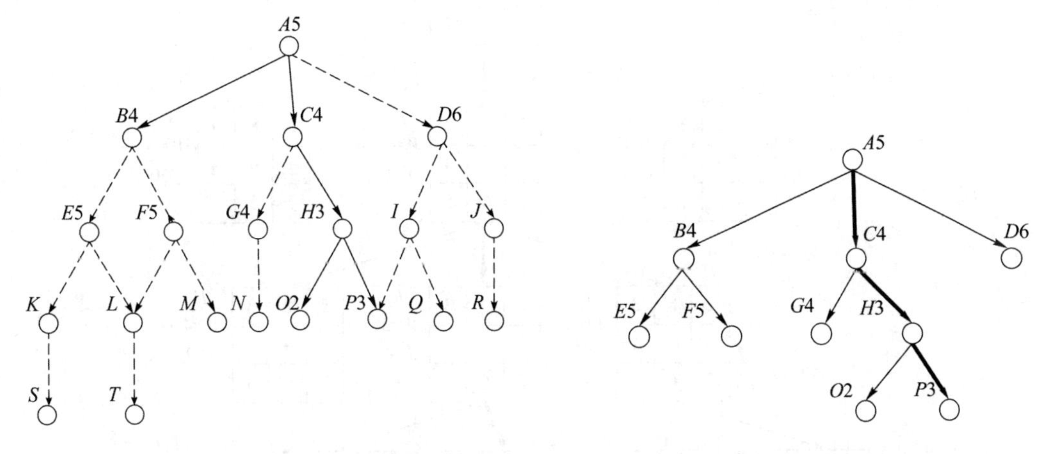

图 3-28　某问题的状态空间图　　　　图 3-29　例 3-13 的搜索图

表 3-8　例 3-13 问题的 OPEN 表和 CLOSED 表的变化情况

循环次数	OPEN 表	CLOSED 表
0	(A(5))	( )
1	(B(4) C(4) D(6))	(A(5))
2	(C(4) E(5) F(5) D(6))	(A(5) B(4))
3	(H(3) G(4) E(5) F(5) D(6))	(A(5) B(4) C(4))
4	(O(2) P(3) G(4) E(5) F(5) D(6))	(A(5) B(4) C(4) H(3))
5	(P(3) G(4) E(5) F(5) D(6))	(A(5) B(4) C(4) H(3) O(2))
6	(G(4) E(5) F(5) D(6)) 成功退出	(A(5) B(4) C(4) H(3) O(2)P(3))

解路径为 $A \rightarrow C \rightarrow H \rightarrow P$，如图 3-29 中的加粗路径所示。

例 3-14　对于图 3-30 所示的八数码问题的初始状态和目标状态，采用 A 算法求其解路径，画出搜索图，并写出 OPEN 表和 CLOSED 表的变化情况。

2	8	3
1	6	4
7		5

→

1	2	3
8		4
7	6	5

图 3-30　八数码问题的初始状态和目标状态

解：评价函数定义为式(3-5)所示的形式，即 $f(n)=d(n)+W(n)$，其中 $d(n)$ 表示结点 n 的深度，$W(n)$ 表示结点 n 所示的状态中不在位的将牌数。

搜索图如图 3-31 所示，OPEN 表和 CLOSED 表的变化情况如表 3-9 所示。其中，空格移动的顺序为左、上、右、下，OPEN 表和 CLOSED 表中的 $x(y)$ 组合表示结点及其评价函数值，如 A(6)表示结点 A 评价函数 f 的值为 6。

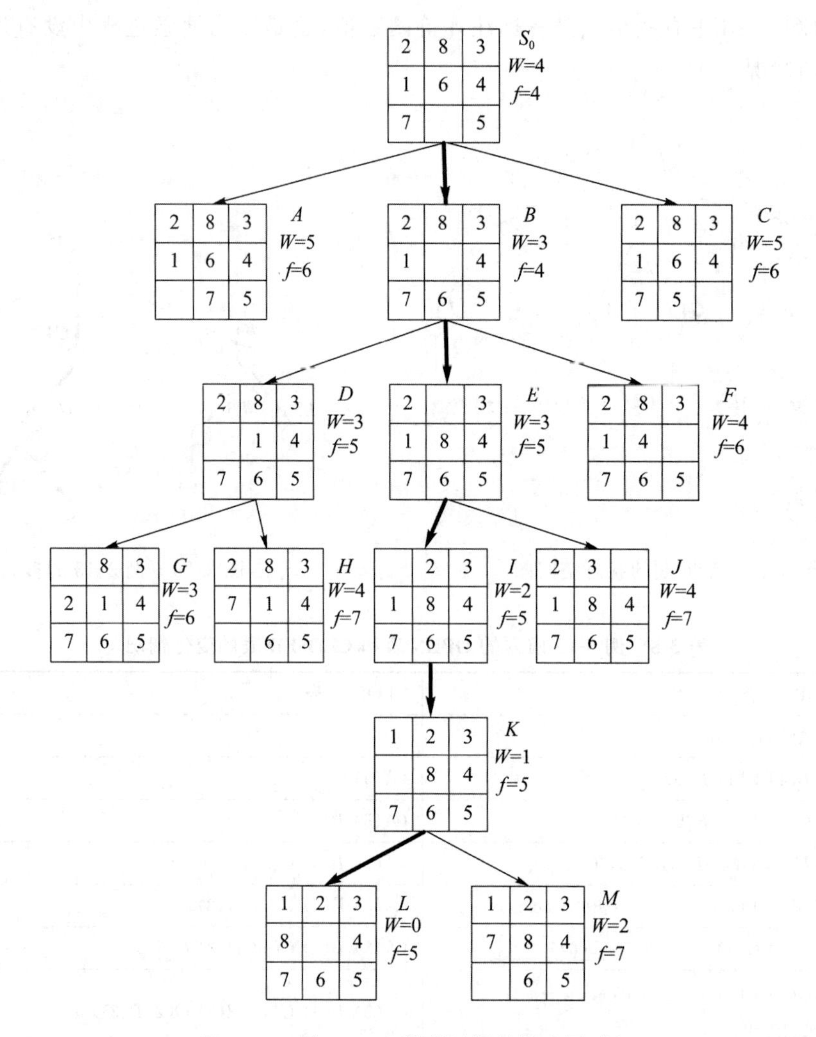

图 3-31　例 3-14 八数码问题的搜索图(树)

表 3-9　例 3-14 八数码问题的 OPEN 表和 CLOSED 表的变化情况

循环次数	OPEN 表	CLOSED 表
0	$(S_0(4))$	( )
1	$(B(4)\ A(6)\ C(6))$	$(S_0(4))$
2	$(D(5)\ E(5)\ A(6)\ C(6)\ F(6))$	$(S_0(4)\ B(4))$
3	$(E(5)\ A(6)\ C(6)\ F(6)\ G(6)\ H(7))$	$(S_0(4)\ B(4)\ D(5))$
4	$(I(5)\ A(6)\ C(6)\ F(6)\ G(6)\ H(7)\ J(7))$	$(S_0(4)\ B(4)\ D(5)E(5))$
5	$(K(5)\ A(6)\ C(6)\ F(6)\ G(6)\ H(7)\ J(7))$	$(S_0(4)\ B(4)\ D(5)E(5)\ I(5))$
6	$(L(5)\ A(6)\ C(6)\ F(6)\ G(6)\ H(7)\ J(7)\ M(7))$	$(S_0(4)\ B(4)\ D(5)E(5)\ I(5)K(5))$
7	$(A(6)\ C(6)\ F(6)\ G(6)\ H(7)\ J(7)\ M(7))$ 成功退出	$(S_0(4)\ B(4)\ D(5)E(5)\ I(5)K(5)\ L(5))$

根据目标结点指向父结点的指针，逆向地追溯至初始结点，得到解路径为 $S_0 \to B \to E \to I \to K \to L$，如图 3-31 中的加粗路径所示。

3.4.3　分支界限法

在前面的讨论中,我们都没有考虑搜索中不同操作的代价问题,即都假设状态空间中各有向弧的耗散是相同的,都是单位耗散。但实际问题往往不是这样的,和例 3-3 的 TSP 问题一样,状态空间图中各有向弧的耗散不可能完全相同。我们称各边标有代价的树为代价树。下面讨论 3 种代价树的搜索算法,由于利用了与问题相关的信息,所以有些文献也将其归入启发式搜索算法。

分支界限法(branch and bound)也称有序法,它是代价树的宽度优先搜索算法,其基本思想是:在 OPEN 表中保留所有已生成而未考察的结点,并用 $g(n)$对它们一一进行评价,按照 g 值从小到大进行排列,即每次都选择 g 值最小的结点进行考察,而不管这个结点出现在搜索树的什么地方。这就像一队资源有限但又相互协作的探索山区最高峰的登山者,他们彼此保持着无线电联系,时刻将海拔最高的队伍向上推移,并在岔路口把子队分成相应的子子队。

分支界限法的算法描述如下。

① $G:=G_0(G_0=S)$,OPEN:=(S),CLOSED:=( ),$g(S)=0$。

② Loop:If　OPEN=( )　Then　Exit(Fail)。

③ n:=First(OPEN),Remove(n,OPEN),Add(n,CLOSED)。

④ If　Goal(n)　Then　Exit(Success)。

⑤ Expand(n),生成一组子结点 $M=\{m_1,m_2,m_3,\cdots\}$,将这些子结点放入 OPEN 表中,并为它们配上指向父结点 n 的指针,按式(3-8)计算出各子结点的代价:

$$g(m_i)=g(n)+c(n,m_i) \tag{3-8}$$

⑥ 根据 g 值的大小,将 OPEN 中的结点从小到大重新排序。

⑦ Go Loop。

在分支界限法中,如果问题有解,目标结点 t 一定会在 OPEN 表中出现,而且在找到解 t 时,所有代价小于 $g(t)$的结点都已经被考察过,因此不会漏掉比 t 更好的解,所以分支界限法是一个可采纳的算法。也就是说,如果问题有解,它一定能找到解,而且找到的是最佳解。

例 3-15　在图 3-32 所示的交通图中,假设有 5 个城市,它们之间的交通路线以及该路线的交通费用都已标注在图中,用分支界限法求解从 A 城市出发到 E 城市的费用最小的交通路线。

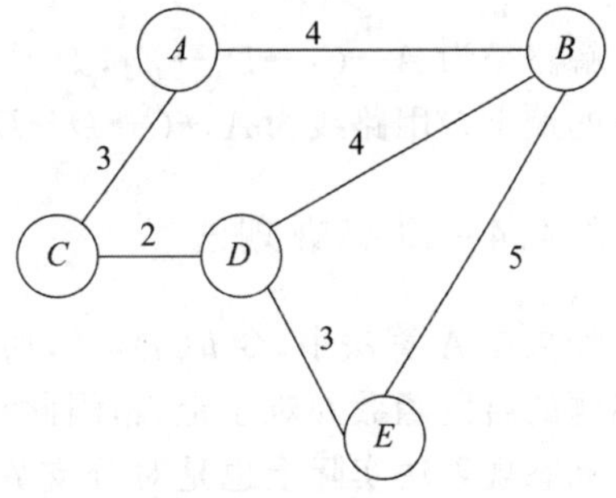

图 3-32　城市交通图

解:由于分支界限法是用于代价树搜索的,所以首先需要将交通图转化为如图 3-33 所示的代价树。转换的方法为:从初始结点 A 开始,把与它直接相邻的结点作为它的子结点,对其他结点也做同样的处理。注意:当一个结点已经作为某个结点的直系先辈结点出现过时,该结点就不能再作为这个结点的子结点了。例如,图 3-33 中的结点 B_1,观察交通图中的 B 城市,与其直接相邻的结点有 A、D 和 E,但图 3-33 中由于 A 是 B_1 的直系先辈结点,所以 A 不能再作为 B_1 的子结点出现。这里,结点之所以加下标,是由于初始结点 A 之外的所有结点都可能在代价树中出现多次,为了进行区分,分别用下标标出,但它们实际上是同一个结点,表示同一个城市。

图 3-34 为搜索图，表 3-10 为 OPEN 表和 CLOSED 表的变化情况，表中的 $x(y)$ 组合表示结点及其 g 值，如 $C_1(3)$ 表示结点 C_1 的 g 值为 3。

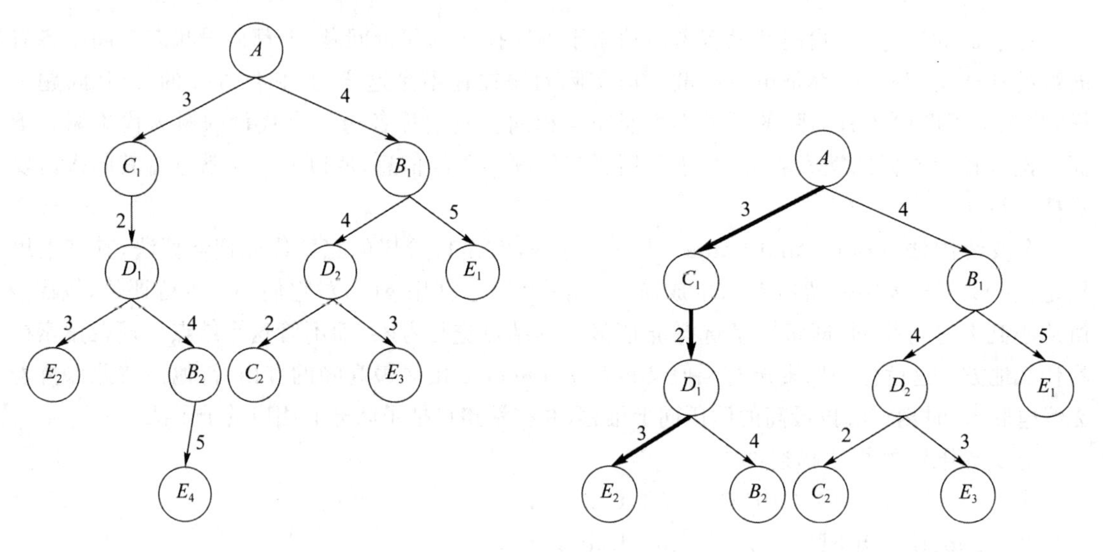

图 3-33　城市交通图的代价树　　　　图 3-34　分支界限法的搜索图

表 3-10　分支界限法的 OPEN 表和 CLOSED 表的变化情况

循环次数	OPEN 表	CLOSED 表
0	$(A(0))$	( )
1	$(C_1(3)\ B_1(4))$	$(A(0))$
2	$(B_1(4)\ D_1(5))$	$(A(0)\ C_1(3))$
3	$(D_1(5)\ D_2(8)\ E_1(9))$	$(A(0)\ C_1(3)\ B_1(4))$
4	$(D_2(8)\ E_2(8)\ E_1(9)\ B_2(9))$	$(A(0)\ C_1(3)\ B_1(4)\ D_1(5))$
5	$(E_2(8)\ E_1(9)\ B_2(9)\ C_2(10)\ E_3(11))$	$(A(0)\ C_1(3)\ B_1(4)\ D_1(5)\ D_2(8))$
6	$(E_1(9)\ B_2(9)\ C_2(10)\ E_3(11))$ 成功退出	$(A(0)\ C_1(3)\ B_1(4)\ D_1(5)\ D_2(8)\ E_2(8))$

解路径为 $A \to C_1 \to D_1 \to E_2$，如图 3-34 中的加粗路径所示，其代价为 8，即从 A 城市到 E 城市的最小费用路线为 $A \to C \to D \to E$。

3.4.4　动态规划法

如果在 A 算法中，令 $h(n) \equiv 0$，那么 A 算法就演变为动态规划算法。由于在 A 算法中，很多问题的启发函数 h 难于定义，因此动态规划算法是一种经常被使用的算法。

动态规划法实际上也是对分支界限法的改进。在例 3-14 的 OPEN 表和 CLOSED 表中可以看到，第 4 轮循环搜索对结点 $D_1(5)$ 进行了扩展，生成了结点 $E_2(8)$ 和 $B_2(9)$，第 5 轮循环搜索对结点 $D_2(8)$ 进行了扩展，生成了结点 $C_2(10)$ 和 $E_3(11)$，它们都是对 D 结点进行的扩展，但一个是对耗散为 5 的路径的端结点 D 进行扩展，另一个是对耗散为 8 的路径的端结点 D 进行扩展，显然从 A 到 D 耗散小的路径比较好，因此可以删掉耗散大的路径。

动态规划法的基本思想为：求 $S \to t$ 的最佳路径时，对某一个中间结点 I，只要考虑 S 到 I 耗散值最小的这一条局部路径，其余 S 到 I 的路径都是多余的，不必加以考虑。下面给出具有动态规划原理的分支界限算法。

在 OPEN 表中保留所有已生成而未考察的结点，并用 $g(n)$ 对它们一一进行评价，按照 g 的值从小到大进行排列，即每次选择 g 值最小的结点进行考察，而不管这个结点出现在搜索树的什么地方。同时，对于某个中间结点 I，只要考虑从 S 到 I 中最小耗散值的这一条局部路径就可以，其余的以 I 为端结点、耗散较大的路径都是多余的，应从 OPEN 表中删除相应的 I 结点。

动态规划法的算法描述如下。

① $G:=G_0(G_0=S)$，OPEN:=(S)，CLOSED:=( )，$g(S)=0$。

② Loop:If　OPEN=( )　Then　Exit(Fail)。

③ n:=First(OPEN)，Rcmove(n,OPEN)，Add(n,CLOSED)。

④ If　Goal(n)　Then　Exit(Success)。

⑤ Expand(n)，生成一组子结点 $M=\{m_1,m_2,m_3,\cdots\}$，将这些子结点放入 OPEN 表，并为它们配上指向父结点 n 的指针，按 $g(m_i)=g(n)+c(n,m_i)$ 计算出各子结点的代价。若新生成的子结点是多条路径都能到达的结点，则只选其中耗散最小的路径，其余路径对应的结点从 OPEN 表中删除。

⑥ 根据 g 值的大小，将 OPEN 中的结点从小到大重新排序。

⑦ Go Loop。

很显然，动态规划法的搜索效率比分支界限法要高。

例 3-16　用动态规划法解决图 3-32 描述的交通图问题，并找到从 A 到 E 的解路径。

解：动态规划法只保留从初始结点到某个中间结点的较短的路径。搜索图如图 3-35 所示，OPEN 表和 CLOSED 表的变化情况如表 3-11 所示，表中的 $x(y)$ 组合表示结点及其 g 值，如 $C_1(3)$ 表示结点 C_1 的 g 值为 3。

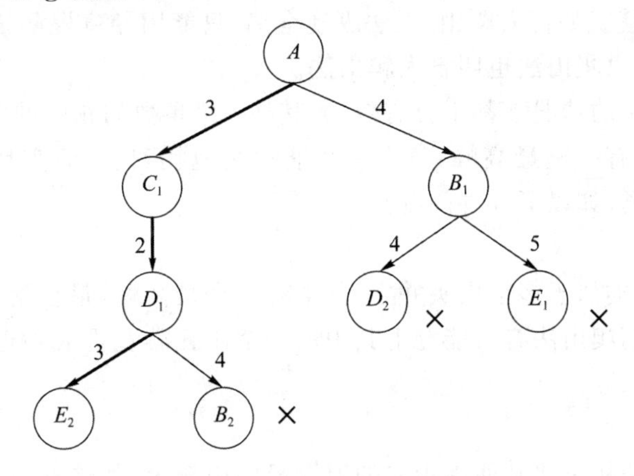

图 3-35　动态规划法的搜索图

表 3-11　动态规划法的 OPEN 表和 CLOSED 表的变化情况

循环次数	OPEN 表	CLOSED 表
0	$(A(0))$	( )
1	$(C_1(3)\ B_1(4))$	$(A(0))$
2	$(B_1(4)\ D_1(5))$	$(A(0)\ C_1(3))$
3	$(D_1(5)\ E_1(9))$	$(A(0)\ C_1(3)\ B_1(4))$
4	$(E_2(8))$	$(A(0)\ C_1(3)\ B_1(4)\ D_1(5))$
5	( ) 成功退出	$(A(0)\ C_1(3)\ B_1(4)\ D_1(5)\ E_2(8))$

解路径为 $A \to C_1 \to D_1 \to E_2$，如图 3-35 中的加粗路径所示，其代价为 8，即从 A 城市到 E 城市的最小费用路线为 $A \to C \to D \to E$。

3.4.5 爬山法

爬山法(hill-climbing method)也称为代价树的深度优先搜索策略，它与分支界限法的区别在于每次从 OPEN 表中选择待考察结点的范围不同。分支界限法每次从 OPEN 表的全体结点中选择一个 g 值最小的结点，而爬山法每次从刚扩展出的子结点中选择一个 g 值最小的结点。虽然爬山法选择的范围小，显得狭隘，但较节省时间上的开销。

爬山法的算法描述如下。

① $G:=G_0(G_0=S)$，OPEN:=(S)，CLOSED:=( )，$g(S)=0$ 。

② Loop:If OPEN=( ) Then Exit(Fail)。

③ n:=First(OPEN)，Remove(n，OPEN)，Add(n，CLOSED)。

④ If Goal(n) Then Exit(Success)。

⑤ Expand(n)，生成一组子结点 $M=\{m_1,m_2,m_3,\cdots\}$，将这些子结点放入 OPEN 表，并为它们配上指向父结点 n 的指针，按 $g(m_i)=g(n)+c(n,m_i)$ 计算出各子结点的代价。

⑥ 根据 g 值的大小，将刚刚生成的子结点按从小到大的顺序移动至 OPEN 表的前面。

⑦ Go Loop。

值得注意的是，由于结点 n 的子结点 m_i 的代价为 $g(m_i)=g(n)+c(n,m_i)$，因此将 m_i 按照 g 值从小到大的排序实际上是按照 $c(n,m_i)$ 值从小到大的排序。因此，爬山法从结点 n 选择下一个结点 nextn 继续向前搜索的准则是：选择结点 n 最小耗散边对应的子结点，即 nextn= $m(\min c(n,m_i))$。这就犹如盲人爬山，无法纵观全局，只能用导盲棍测量一下四周，从而选择最高的位置向上走，所以爬山法也叫盲人爬山法。

爬山法在许多简单的情况下都十分有效，尤其是一维参数问题中的单极值情况(只有一个解存在)。这类似于只有一座最高峰，盲人一般能很快地找到它，但实际情况往往十分复杂。爬山法会遇到很多问题，如以下 3 种问题。

(1) 小丘问题

问题存在多个解，类似于多个山头并立，其中有一个最高峰(最佳解)和多个次高峰，甚至小丘(非最佳解)。使用爬山法有可能登上其中的一个小丘就宣告成功退出了，尽管最终的目标是最高峰。

(2) 山脊问题

如果盲人站在一条从东北到西南走向的刀锋般的山脊上，他选择下一个方向的方法是用导盲棍在东、西、南和北方向各测试一点，结果发现“各个方向都是下坡路”，因此得到结论“我已到达最高峰”，而其实该点连一个小丘都不是。改进的方法是增加测试点，即让每个结点有更多的分支。

(3) 平地问题

众多孤立的山峰中间有一块平地，盲人正站在平地中央，无论他如何测试，都无法找到登高的线索。要解决此问题最简单的方法是随机选择一个方向继续搜索，但这会增大搜索的风险(不完备性)。

例 3-17 用爬山法解决图 3-32 描述的交通图问题，找到从 A 到 E 的解路径。

解：图 3-36 示出了搜索图，表 3-12 描述了 OPEN 表和 CLOSED 表的变化情况，表中的

$x(y)$组合表示结点及其g值，如$C_1(3)$表示结点C_1的g值为3。

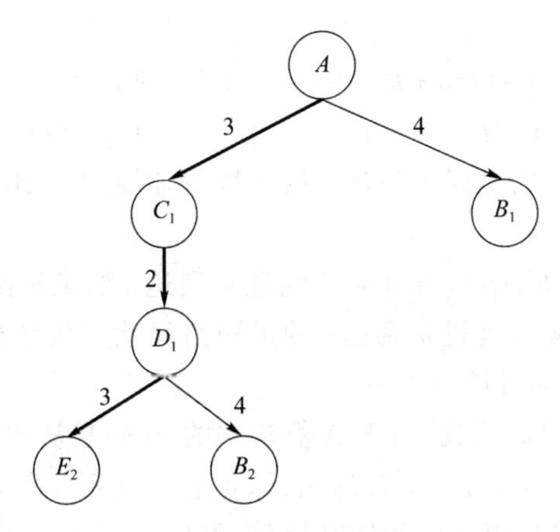

图3-36　爬山法的搜索图

表3-12　爬山法的OPEN表和CLOSED表的变化情况

循环次数	OPEN表	CLOSED表
0	$(A(0))$	( )
1	$(C_1(3)\ B_1(4))$	$(A(0))$
2	$(D_1(5)\ B_1(4))$	$(A(0)\ C_1(3))$
3	$(E_2(8)\ B_2(9)\ B_1(4))$	$(A(0)\ C_1(3)D_1(5))$
4	$(B_2(9)\ B_1(4))$ 成功退出	$(A(0)\ C_1(3)D_1(5)\ E_2(8))$

解路径为$A \to C_1 \to D_1 \to E_2$，如图3-36中的加粗路径所示，其代价为8，即从$A$城市到$E$城市的最小费用路线为$A \to C \to D \to E$。

爬山法与分支界限法找到的路径是相同的，但这只是一种巧合，由前面的分析可知，爬山法找到的解不一定是最佳解，爬山法也不是完备的策略，甚至当搜索进入无穷分支(无限深渊)时，该算法将找不到解。

3.4.6　A*算法

在前面讨论的A算法中，并没有对评价函数$f(n)$作任何限制，而实际上评价函数对搜索过程是十分重要的，如果选择不当，就有可能导致找不到问题的解，或找不到问题的最佳解。本节讨论的A^*算法是一种对评价函数进行了一定限制后的A算法，因此，A^*算法实际是A算法的一个特例。

现定义式3-9所示的函数$f^*(n)$：

$$f^*(n)=g^*(n)+h^*(n) \tag{3-9}$$

其中，$g^*(n)$表示从初始结点S到结点n的最短路径的耗散值，$h^*(n)$表示从结点n到目标结点t的最短路径的耗散值，$f^*(n)$表示从初始结点S经过结点n到目标结点t的最短路径的耗散值。

如果S是初始结点，t是目标结点，n是从初始结点到目标结点的最短路径上的结点，有式(3-10)成立。

$$f^*(S)=f^*(t)=h^*(S)=g^*(t)=f^*(n) \tag{3-10}$$

证明如下。

若 $f^*(S)=g^*(S)+h^*(S)=0+h^*(S)=h^*(S)$，则 $h^*(S)$表示从 S 到 t 的最短路径的耗散值；若 $f^*(t)=g^*(t)+h^*(t)=g^*(t)+0=g^*(t)$，则 $g^*(t)$表示从 S 到 t 的最短路径的耗散值；$h^*(S)$和 $g^*(t)$表示的是同一条路径的耗散值，因此 $h^*(S)=g^*(t)$，即式(3-10)的前4项相等。

又有 $f^*(n)=g^*(n)+h^*(n)$，表示从 S 经过 n 到达 t 的最短路径的耗散值，由于 n 在从 S 到 t 的最短路径上，所以从 S 经过 n 到达 t 的最短路径就是从 S 到 t 的最短路径，因此可知式(3-10)中最后一项与前4项相等。

把评价函数 $f(n)$与 $f^*(n)$相比，由于A算法中的 $g(n)$是从初始结点 S 到结点 n 的实际路径的耗散值，因此它是 $g^*(n)$的一个合理估计，但它们并不相等，有 $g(n)\geqslant g^*(n)$，只有当搜索发现了从初始结点 S 到结点 n 的最佳路径时，才有 $g(n)=g^*(n)$。而 $h(n)$是对 $h^*(n)$的估计，$f(n)$是对 $f^*(n)$的估计。

如果在A算法中，对任意结点都有 $h(n)\leqslant h^*(n)$成立，即 $h(n)$是 $h^*(n)$的下界，那么得到的算法为 A^* 算法。A^* 算法具有一些很好的性质，如可采纳性等。

1. 可采纳性

一般地说，对任意一个图，当初始结点 S 到目标结点 t 有一条路径存在时，如果搜索算法总是在找到一条从 S 到 t 的最佳路径时结束，则称该搜索算法是可采纳的。A^* 算法就具有可采纳性(admissibility)。

在如下的定理及其证明中，隐含了两个假设：

① 任何两个结点之间的耗散值都大于某个给定的大于零的常量；

② $h(n)$对于任何 n 来说，都有 $h(n)\geqslant 0$。

定理3-1 对有限图，如果从初始结点 S 到目标结点 t 有路径存在，则 A^* 算法一定成功结束。

证明：首先证明算法一定会结束。由于搜索图为有限图，如果算法能找到解，则成功结束；如果算法找不到解，必然会由于OPEN表变空而失败结束，因此对有限图，A^* 算法一定会结束。

然后证明算法必然成功结束。由于从初始结点 S 到目标结点 t 有路径存在，假设该路径为

$$n_0=S,n_1,n_2,\cdots,n_k=t$$

算法开始时，由于 $n_0=S$ 为初始结点，结点 n_0 在OPEN表中，而且在路径中任何一个结点 n_i 离开OPEN表后，其后继结点 n_{i+1}必然会进入OPEN表，如此一来，在OPEN表变空之前，目标结点 $n_0=t$ 必然会出现在OPEN表中。因此，算法一定会成功结束。

证毕。

引理3-1 对无限图，若有从初始结点 S 到目标结点 t 的一条路径，则 A^* 算法不结束时，在OPEN表中即使最小的一个 f 值也将增大到任意大，或有 $f(n)>f^*(S)$。

证明：设 $d^*(n)$是 A^* 算法生成的搜索树中从初始结点 S 到任一结点 n 最短路径的长度(假设每个弧的长度均为1，得到路径长度)，搜索图上每个弧的耗散值都为正数，设 e 是这些正数中最小的一个，则式(3-11)成立。

$$g^*(n)\geqslant d^*(n)\times e \tag{3-11}$$

由于 $g^*(n)$是 S 到 n 的最佳路径的耗散值，因此式(3-12)成立。

$$g(n) \geqslant g^*(n) \geqslant d^*(n) \times e \tag{3-12}$$

又由于 $h(n) \geqslant 0$，因此式(3-13)成立。

$$f(n)=g(n)+h(n) \geqslant g(n) \geqslant d^*(n) \times e \tag{3-13}$$

若 A^* 算法不结束，则 $d^*(n)$将趋向于$+\infty$，此时 f 值将增大到任意大。

设 $M=f^*(S)/e$，由于 $f^*(S)$和 e 都是定数，且为正，因此 M 也是一个正的定数，所以在 A^* 算法结束前，即搜索进行到一定程度时，会有 $d^*(n)>M$ 或 $d^*(n)/M>1$，则式(3-14)成立。

$$f(n) \geqslant d^*(n) \times e=d^*(n) \times (f^*(S)/M)=f^*(S) \times (d^*(n)/M)>f^*(S) \tag{3-14}$$

证毕。

引理 3-2 在 A^* 算法终止之前的任何时刻，OPEN 表总存在结点 n'，它是从初始结点到目标结点的最佳路径上的结点，满足 $f(n') \leqslant f^*(S)$。

证明：设从初始结点到目标结点的一条最佳路径序列为

$$n_0=S, n_1, n_2, \cdots, n_k=t$$

算法开始时，S 在 OPEN 中；当结点 S 离开 OPEN 表进入 CLOSED 表时，结点 n_1 进入 OPEN 表。因此，在 A^* 算法终止之前，OPEN 表中必然存在最佳路径上的结点。

设 OPEN 表中的某结点 n'处在最佳路径序列上，显然 n'的先辈结点 n'_p已经在 CLOSED 表中，因此能找到 S 到 n'_p的最佳路径，而 n'也在最佳路径上，因而 S 到 n'的最佳路径也能找到，即 $g(n')=g^*(n')$，故式(3-15)成立。

$$f(n')=g(n')+h(n')=g^*(n')+h(n') \tag{3-15}$$

又由于 A^* 算法满足条件 $h(n) \leqslant h^*(n)$，且由式(3-10)知，当 n'处在从 S 到 t 的最佳路径上时 $f^*(n')=f^*(S)$，因此式(3-16)成立。

$$f(n')=g^*(n')+h(n') \leqslant g^*(n')+h^*(n')=f^*(n')=f^*(S) \tag{3-16}$$

即 $f(n') \leqslant f^*(S)$。

证毕。

定理 3-2 对无限图，若从初始结点 S 到目标结点 t 有路径存在，则 A^* 算法必然成功结束。

证明：(反证法)假设 A^* 算法不结束，由引理 3-1 有 $f(n)>f^*(S)$，或 OPEN 表中最小的一个 f 值也将增大到无穷大，这与引理 3-2 的结论(对 OPEN 表中处在最佳路径上的结点 n，有 $f(n') \leqslant f^*(S)$)矛盾，所以 A^* 算法只能成功结束。

证毕。

推论 3-1 OPEN 表上任一满足 $f(n)<f^*(S)$的结点 n，最终都将被 A^* 算法选作为扩展的结点。

证明：由于 A^* 算法每次选择 f 值最小的结点优先扩展，由定理 3-1 和 3-2 可知，只要问题有解，则 A^* 算法总能找到一个解，且这个解的耗散值要大于或等于最佳解的耗散值 $f^*(S)$，所以 OPEN 表中满足条件 $f(n)<f^*(S)$的任何结点 n，肯定会在 A^* 算法结束前被扩展。

证毕。

定理 3-3 A^* 算法是可采纳的，即如果存在从初始结点 S 到目标结点 t 的路径，则 A^* 算法必能找到最佳解而结束，或者说 A^* 算法必能结束在最佳路径上。

证明：先证明 A^* 算法一定能找到解。

由定理 3-1 和定理 3-2 可知，无论是有限图还是无限图，A^* 算法都能找到目标结点成功结束。

再证明 A^* 算法找到的是最佳解(反证法)。

假设 A^* 算法找到一个目标结点 t 结束，此时从 S 到 t 的解并不是一条最佳路径，即式(3-17)成立。

$$f(t)=g(t)+h(t)=g(t)>f^*(S) \tag{3-17}$$

根据引理 3-2 知，A^* 算法结束前，对于 OPEN 表中处在最佳路径上的结点 n'，满足 $f(n')\leqslant f^*(S)$，代入式(3-17)，有式(3-18)成立。

$$f(t)>f^*(S)\geqslant f(n') \tag{3-18}$$

这时 A^* 算法应选 n' 作为当前结点进行扩展，而不可能选 t，从而也不会去测试 t 是否为目标结点而成功结束。这与假定 A^* 算法选 t 成功结束矛盾，所以 A^* 算法只能结束在最佳路径上，即一定能找到最佳解结束。

证毕。

推论 3-2 对于 A^* 算法选作扩展的任一结点 n，有 $f(n)\leqslant f^*(S)$。

证明：令 n 是由 A^* 算法选作扩展的任一结点，因此 n 不会是目标结点，且搜索没有结束，由引理 3-2 知，算法结束前在 OPEN 表中有满足 $f(n')\leqslant f^*(S)$ 的结点。若 $n=n'$，则显然 $f(n)\leqslant f^*(S)$ 成立；若 $n\neq n'$，而 A^* 算法选择 n 进行扩展，必有 $f(n)\leqslant f(n')\leqslant f^*(S)$ 成立。

证毕。

例 3-18 设计八数码问题的启发式函数，使其满足 A^* 算法的要求。

解：对八数码问题，在前面的讨论中我们已经掌握了一种启发式函数的设计方法，即 $h(n)=W(n)$，其中 $W(n)$ 表示“不在位的将牌数”。还有一种也是从当前状态与目标状态差异的角度设计启发式函数的方法，即 $h(n)=P(n)$，$P(n)$ 表示“将牌不在位的距离和”，即每一张将牌与其目标位置之间距离的总和(不考虑夹在其间的将牌)。图 3-37 示出了这两个启发式函数的计算方法。

这两种启发式函数的设计都满足 A^* 算法的要求，分析如下。

取 $h(n)=W(n)$ 时，尽管我们很难确切知道 $h^*(n)$ 是多少，但当采用单位耗散时，通过对“不在位的将牌数”的计算，就能得出至少要移动 $W(n)$ 步才能达到目标，显然有 $W(n)\leqslant h^*(n)$，因为只有一个空格，所以将牌不是想往哪个位置移动就能直接移动的。

取 $h(n)=P(n)$ 时，尽管我们对 $h^*(n)$ 是多少很难确切知道，但当采用单位耗散时，通过对“不在位的将牌的距离和”的计算，就能得出至少要移动 $P(n)$ 步才能达到目标，显然有 $P(n)\leqslant h^*(n)$，因为只有一个空格，所以将牌不是想往哪个位置移动就能直接移动的。

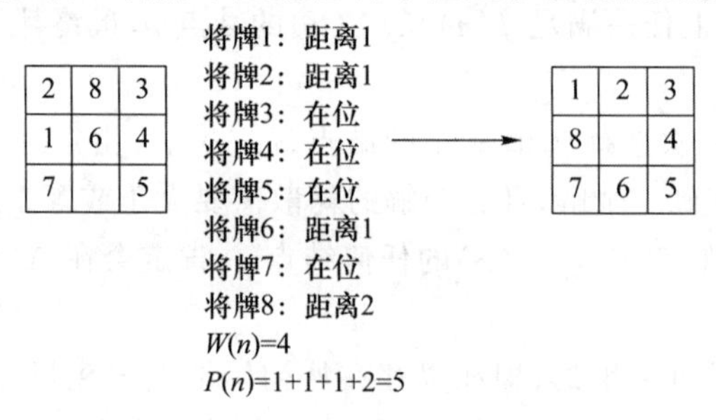

图 3-37 八数码问题的启发式函数设计

例 3-19　传教士和野人问题(Missionaries and Cannibals,M-C 问题)。有 N 个传教士和 N 个野人来到河边准备渡河,河岸边有一条船,每次至多可供 K 人乘渡,传教士和野人都会划船。问传教士为了安全起见,应如何规划摆渡方案,使得任何时刻在河的两岸和船上的野人数目都不超过传教士的数目(但允许在河的某岸只有野人而没有传教士)。设计传教士和野人问题的启发式函数,使其满足 A^* 算法的要求。

解:假设传教士和野人要从左岸到右岸(从右岸到左岸的解决方案是一样的),某时刻,河左岸的传教士数目为 M,野人数目为 C,$B=1$ 表示船在左岸,$B=0$ 表示船在右岸。通过对 M、C 和 B 的组合,可以得到几种启发式函数的设计方法。

(1) $h(n)=0$

此时,相当于没有启发性信息,搜索效率低,但也能满足 A^* 算法条件 $h(n)\leqslant h^*(n)$。

(2) $h(n)=M+C$

如果算法采用 $h(n)=M+C$ 作为启发式函数,引入了一些启发性信息,但不满足 A^* 算法的 $h(n)\leqslant h^*(n)$条件。对此结论的证明只需给出一个反例。例如,对于状态$(M,C,B)=(1,1,1)$而言,此时 $h(n)=M+C=1+1=2$,而实际上只要一次摆渡就可以达到目标状态,即$h^*(n)=1$,有 $h(n)>h^*(n)$。所以,这种设计不满足 A^* 算法的条件。

(3) $h(n)=M+C-2B$

满足 A^* 算法的条件,分析过程如下。

分两种情况考虑,即船在左岸和船在右岸。

先考虑船在左岸的情况,$B=1$。如果不考虑安全限制条件,船一次可以将 3 人(可以是传教士或野人,也可以是传教士和野人)从左岸运到右岸,然后再由 1 个人将船送回来。这样,船一个来回可以运过河 2 人,而船仍然在左岸。而最后剩下的 3 个人,可以一次将他们全部从左岸运到右岸。所以,在不考虑限制条件的情况下,至少需要的摆渡次数为$\lceil(M+C-3)/2\rceil\times2+1$。其中的“$-3$”表示最后一次运过去的 3 人,“/2”是由于一个来回可以运过去 2 人,而需要的来回数不能是小数,需要向上取整,“$\times2$”是因为一个来回包含两次摆渡,最后的“$+1$”则表示将剩下的 3 个人运过去,需要 1 次摆渡。化简得

$$\lceil(M+C-3)/2\rceil\times2+1\geqslant((M+C-3)/2)\times2+1=M+C-2=M+C-2B$$

再考虑船在右岸的情况,$B=0$。同样不考虑安全限制条件,由于船在右岸,需要一个人将船先运到左岸。因此对于状态$(M,C,0)$,其所需要的最少摆渡数相当于船在左岸时状态$(M+1,C,1)$〔或$(M,C+1,1)$〕所需要的最少摆渡数,再加上第一次将船从右岸送到左岸的 1 次摆渡数。这时,所需要的最少摆渡数为$(M+C+1)-2+1$。其中,$(M+C+1)$ 中的“$+1$”表示送船回到左岸的那个人,而最后的“$+1$”表示送船到左岸时的 1 次摆渡。化简得

$$(M+C+1)-2+1=M+C=M+C-2B$$

综合船在左岸和船在右岸的两种情况,所需要的最少摆渡次数可以用一个式子表示为 $M+C-2B$,其中 $B=1$ 表示船在左岸,$B=0$ 表示船在右岸。

由于 $M+C-2B$ 是在不考虑安全限制条件下的最少摆渡次数,因此一旦考虑安全限制条件,所需要的最少摆渡次数只能大于或等于 $M+C-2B$。即设计的启发式函数 $h(n)=M+C-2B$满足 A^* 算法的条件 $h(n)\leqslant h^*(n)$。

2. 信息性

A^* 算法的搜索效率在很大程度上由启发式函数 $h(n)$决定。一般来说,在满足 A^* 算法条件 $h(n)\leqslant h^*(n)$的前提下,$h(n)$的值越大越好。$h(n)$的值越大,A^* 算法携带的启发性信息越

多，A^*算法搜索时扩展的结点数越少，搜索效率就越高。这描述的是A^*算法的信息性。

定理 3-4 假设有两个A^*算法A_1^*和A_2^*，若A_2^*比A_1^*有较多的启发信息，即对所有非目标结点均有$h_2(n)>h_1(n)$，则在搜索过程中，被A_2^*扩展的结点也必然被A_1^*扩展，即A_1^*扩展的结点数不会比A_2^*扩展的结点数少，亦即A_2^*扩展的结点集是A_1^*扩展的结点集的子集。

证明：(数学归纳法)

① 对深度$d(n)=0$的结点，即n为初始结点S。如果n为目标结点，则A_1^*和A_2^*都不扩展n，否则A_1^*和A^*都会扩展n，定理结论成立。(归纳法前提)

② 假设深度$d(n)=k$时，定理结论都成立，即被A_2^*扩展的结点也必然被A_1^*扩展。(归纳法假设)

③ 要证明$d(n)=k+1$时，结论成立，即被A_2^*扩展的结点也必然被A_1^*扩展，用反证法证明。

设A_2^*搜索树上有一个满足$d(n)=k+1$的结点n，A_2^*扩展了该结点，但A_1^*没有扩展它。根据第②条的假设，知道A_1^*扩展了结点n的父结点。因此，n必然在A_1^*的OPEN表中。既然结点n没有被A_1^*扩展，那么式(3-19)成立。

$$f_1(n)\geqslant f^*(S) \tag{3-19}$$

即式(3-20)和式(3-21)成立。

$$g_1(n)+h_1(n)\geqslant f^*(S) \tag{3-20}$$

$$h_1(n)\geqslant f^*(S)-g_1(n) \tag{3-21}$$

另一方面A_2^*扩展了n，有式(3-22)成立。

$$f_2(n)\leqslant f^*(S) \tag{3-22}$$

即式(3-23)和式(3-24)成立。

$$g_2(n)+h_2(n)\leqslant f^*(S) \tag{3-23}$$

$$h_2(n)\leqslant f^*(S)-g_2(n) \tag{3-24}$$

但由于$d=k$时，A_2^*扩展的结点也必然被A_1^*扩展，因此有式(3-25)成立。

$$g_1(n)\leqslant g_2(n) \tag{3-25}$$

根据式(3-21)、式(3-24)和式(3-25)可得式(3-26)。

$$h_2(n)\leqslant h_1(n) \tag{3-26}$$

这与假设$h_2(n)>h_1(n)$矛盾，因此假设不成立。

证毕。

关于定理3-4，即有关A^*算法信息性的描述，有以下几点需要注意：

① 定理3-4中两个A^*算法A_1^*和A_2^*是针对同一个问题的，它们的启发式函数$h_1(n)$和$h_2(n)$都满足A^*算法的条件；

② 只有当对于任何一个非目标结点n，都满足$h_2(n)>h_1(n)$，而不是$h_2(n)\geqslant h_1(n)$时，定理3-4才成立，才能保证被A_2^*扩展的结点也必然被A_1^*扩展；

③ 这里所说的“扩展的结点数”，是这样来计算的，同一个结点不管它被扩展多少次(在A算法的第⑥步，CLOSED表中的结点可能被扩展多次)，在计算“扩展的结点数”时，都只算作一次；

④ 根据该定理，当使用A^*算法求解问题时，定义的启发函数$h(n)$应在满足A^*算法的条件下尽可能地大一些，以提高搜索效率。

例 3-20 用特殊的A^*算法，即宽度优先搜索策略和$h(n)=W(n)$的A^*算法分别解决图

3-2 所示的八数码问题，并比较它们扩展的结点情况。

解：前面已经分析过，宽度优先搜索策略等价于启发式函数 $h_1(n)\equiv 0$ 时的 A^* 算法。而八数码问题中，如果 $h_2(n)=W(n)$，则它是满足 A^* 条件的，而且对于非目标结点都有 $h_1(n)<h_2(n)$，即定理 3-4 中描述的，$A_2^*(h_2(n)=W(n))$ 比 $A_1^*(h_1(n)\equiv 0)$ 有较多的启发性信息。

图 3-38 比较了这两个 A^* 算法的搜索空间。A_1^* 的评价函数为 $f_1(n)=d(n)$，$h_1(n)\equiv 0$，实际体现了宽度优先搜索；A_2^* 的评价函数为 $f_2(n)=d(n)+w(n)$ 和 $h_2(n)=W(n)$；对于非目标结点都有 $h_1(n)<h_2(n)$。这两个 A^* 算法都找到了问题的最佳解，如图 3-38 中的加粗路径所示，但是 A_2^* 搜索的空间更小，扩展的结点数更少，其搜索空间为图 3-38 中的阴影部分，而整个图均为 A_1^* 的搜索空间。

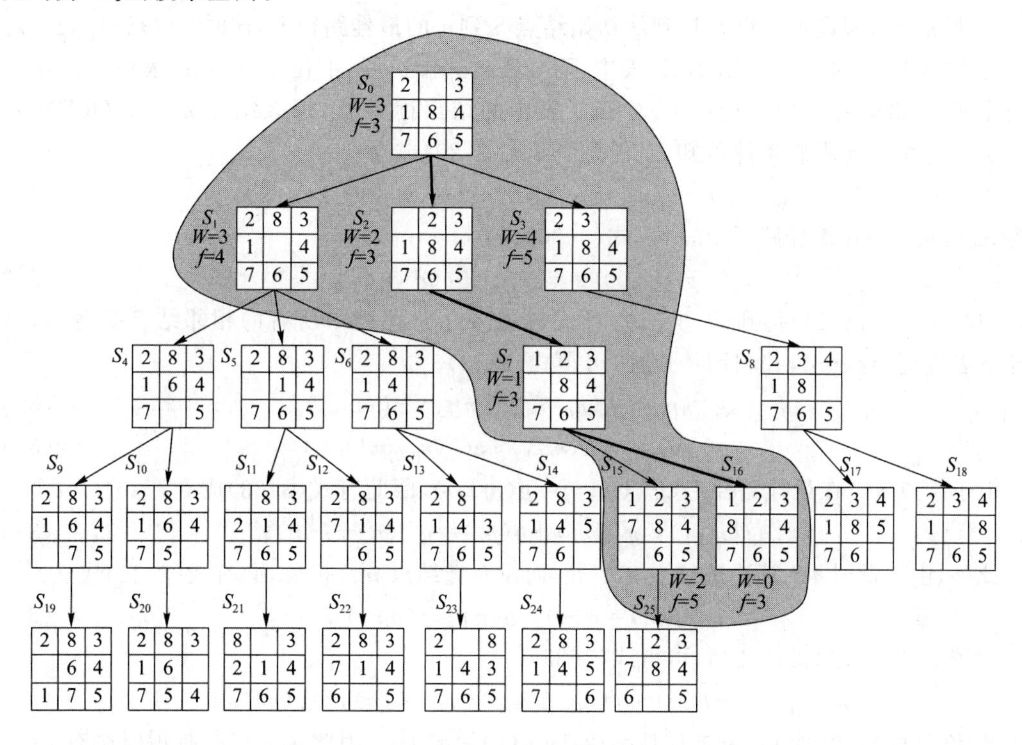

图 3-38 八数码问题的启发式函数设计

3. 单调性

上述 A^* 算法的信息性中讨论了启发式函数对扩展结点数所起的作用，但本书也指出，同一个结点不管被扩展了多少次，在计算“扩展的结点数”时，都只算作一次。可以想象，如果出现了同一结点被多次扩展的问题，即使扩展的结点数少，也会导致搜索效率的下降。而之所以多次扩展同一个结点，是因为在扩展该结点时还没有找到到达这个结点的最佳路径。如果算法能够保证每扩展一个结点就找到了到达这个结点的最佳路径，就不会出现重复扩展结点的问题了。为满足这一要求，可以对启发式函数 $h(n)$ 增加单调性限制。

定义 3-1 如果启发式函数 $h(n)$ 满足下面两个条件，则称启发式函数 $h(n)$ 满足单调限制。

(1) 对目标结点 t 有 $h(t)=0$；

(2) 对任意结点 n_i 及其子结点 n_{i+1}，都有式(3-27)或式(3-28)成立。

$$0\leqslant h(n_i)-h(n_{i+1})\leqslant c(n_i,n_{i+1}) \tag{3-27}$$

$$h(n_i) \leqslant c(n_i, n_{i+1}) + h(n_{i+1}) \tag{3-28}$$

其中，$c(n_i, n_{i+1})$表示有向弧(n_i, n_{i+1})的耗散值(代价)。式(3-27)或式(3-28)说明从结点n_i到目标结点t的最短路径耗散值的估计不会超过其子结点n_{i+1}到目标结点t的最短路径耗散值的估计与它们之间的耗散值的和。

定理 3-5 若$h(n)$满足单调限制条件，则在A^*算法扩展了结点n之后，就找到了到达结点n的最佳路径。即在单调限制条件下，若A^*算法选n进行扩展，则有$g(n)=g^*(n)$。

证明：设n是A^*算法选作扩展的任一结点，而结点序列$P=(n_0=S, n_1, n_2, \cdots, n_k=n)$是从初始结点$S$到结点$n$的最佳路径。

① 若$n-S$，显然有$g(S)=g^*(S)-0$，定理 3-5 的结论成立。

② 若$n \neq S$，假设现在没有找到从初始结点S到n的最佳路径P，这时 CLOSED 表一定会有P上的结点(至少S在 CLOSED 表中，而n刚被选作扩展，不在 CLOSED 表中)，从左到右检查序列P，将最后一个出现在 CLOSED 表中的结点称为n_i，那么结点n_{i+1}在 OPEN 表中$(n_{i+1} \neq n)$。由单调限制条件可知，对任意i有式(3-29)成立。

$$g^*(n_i) + h(n_i) \leqslant g^*(n_i) + c(n_i, n_{i+1}) + h(n_{i+1}) \tag{3-29}$$

因为n_i和n_{i+1}都在最佳路径上，所以式(3-30)成立。

$$g^*(n_{i+1}) = g^*(n_i) + c(n_i, n_{i+1}) \tag{3-30}$$

式(3-30)代入式(3-29)得到式(3-31)，且式(3-31)对P序列中所有的相邻结点都适用，一直推导下去直到$i=k-1$，并利用传递性，可得式(3-32)。

$$g^*(n_i) + h(n_i) \leqslant g^*(n_{i+1}) + h(n_{i+1}) \tag{3-31}$$

$$g^*(n_{i+1}) + h(n_{i+1}) \leqslant g^*(n_k) + h(n_k) \tag{3-32}$$

由于结点n_{i+1}在最佳路径上$(g^*(n_{i+1})=g(n_{i+1}))$，因此有式(3-33)成立。

$$f(n_{i+1}) \leqslant g^*(n_k) + h(n_k) = g^*(n) + h(n) \tag{3-33}$$

此外，由于此时A^*算法选结点n扩展，而没有选结点n_{i+1}扩展，必有式(3-34)成立。

$$f(n) = g(n) + h(n) \leqslant f(n_{i+1}) \tag{3-34}$$

比较式(3-33)和式(3-34)，可得式(3-35)。

$$f(n) = g(n) + h(n) \leqslant f(n_{i+1}) \leqslant g^*(n) + h(n), \quad g(n) \leqslant g^*(n) \tag{3-35}$$

由于开始假设没有找到到达n的最佳路径，即$g(n) \geqslant g^*(n)$，因此选n进行扩展时必有$g(n)=g^*(n)$，即找到了到达n的最佳路径。

证毕。

定理 3-6 若$h(n)$满足单调限制，则由A^*算法扩展的结点序列，其f值是非递减的，即$f(n_i) \leqslant f(n_{i+1})$。

证明：由单调限制条件$h(n_i)-h(n_{i+1}) \leqslant c(n_i, n_{i+1})$可得

$$f(n_i) - g(n_i) - f(n_{i+1}) + g(n_{i+1}) \leqslant c(n_i, n_{i+1})$$

即

$$f(n_i) - g(n_i) - f(n_{i+1}) + g(n_i) + c(n_i, n_{i+1}) \leqslant c(n_i, n_{i+1})$$

亦即

$$f(n_i) - f(n_{i+1}) \leqslant 0$$

因此

$$f(n_i) \leqslant f(n_{i+1})$$

证毕。

3.5 与/或图搜索

与/或图搜索问题与状态空间图搜索问题类似，也是用各种搜索策略进行问题求解的。本节首先介绍与/或图表示法，然后介绍几种与/或图搜索策略。

3.5.1 与/或图表示法

在现实世界中，我们经常会遇到这样的问题：一个问题可以有多种求解方法，只要使用其中一种方法，该问题就能被成功求解。也就是说，对该问题的求解来说，各方法之间是"或"的关系。而在用每一种方法求解时，又可能需要求解几个子问题，只有这些子问题全部求解成功，这种方法才能成功进行原始问题的求解。也就是说，这些子问题之间是"与"的关系。现在来看一个具体的例子。

例 3-21 有如图 3-39 所示的两个多边形，证明它们全等。

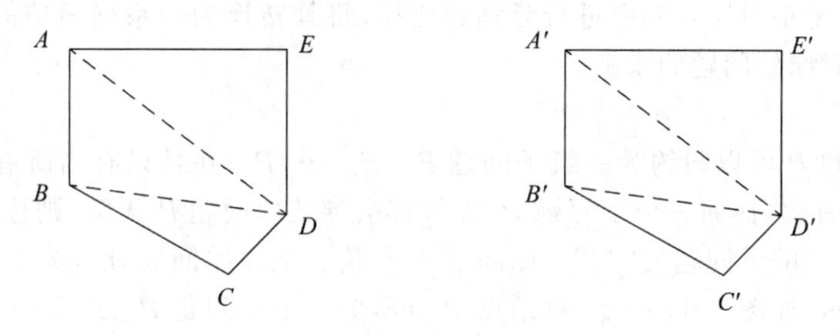

图 3-39 多边形 $ABCDE$ 和多边形 $A'B'C'D'E'$

解：连接 AD、BD 和 $A'D'$、$B'D'$，原问题 Q(证明两个多边形全等)被转化为 3 个子问题。

Q_1：证明 $\Delta AED \cong \Delta A'E'D'$

Q_2：证明 $\Delta ABD \cong \Delta A'B'D'$

Q_3：证明 $\Delta CBD \cong \Delta C'B'D'$

只有这 3 个子问题都被解决了，原始问题才能被解决，因此它们之间是"与"的关系。

进一步，对 Q_1 而言，证明两个三角形全等有很多方法，如中学学习的证明三角形全等的定理有"边边边"(Q_{11})、"边角边"(Q_{12})、"角边角"(Q_{13})、"角角边"(Q_{14})，用其中的一种解决 Q_1 即可，因此 Q_{11}、Q_{12}、Q_{13} 和 Q_{14} 之间是"或"的关系。对 Q_2 和 Q_3 而言，也有类似的"或"的子结点，它们分别是 Q_{21}、Q_{22}、Q_{23} 和 Q_{24}，以及 Q_{31}、Q_{32}、Q_{33} 和 Q_{34}。

更进一步，如果 Q_1 采用"边边边"(Q_{11})方法解决，根据图 3-39，就是要解决下面 3 个子问题。

Q_{111}：证明 $AE = A'E'$

Q_{112}：证明 $DE = D'E'$

Q_{113}：证明 $AD = A'D'$

只有这 3 个子问题都解决了，采用 Q_{11} 方法才能成功解决 Q_1，因此它们之间是"与"的关系。

相应地，Q_{12}，Q_{13}，…，Q_{33} 和 Q_{34} 也有对应的"与"的子结点，将它们画在同一个图里，得到图 3-40 所示的与/或图。其中，某些边上的小圆弧表示它们所指向的结点之间是"与"的关系

（如 Q_1、Q_2 和 Q_3），否则结点之间是“或”的关系（如 Q_{11}、Q_{12}、Q_{13} 和 Q_{14}）。

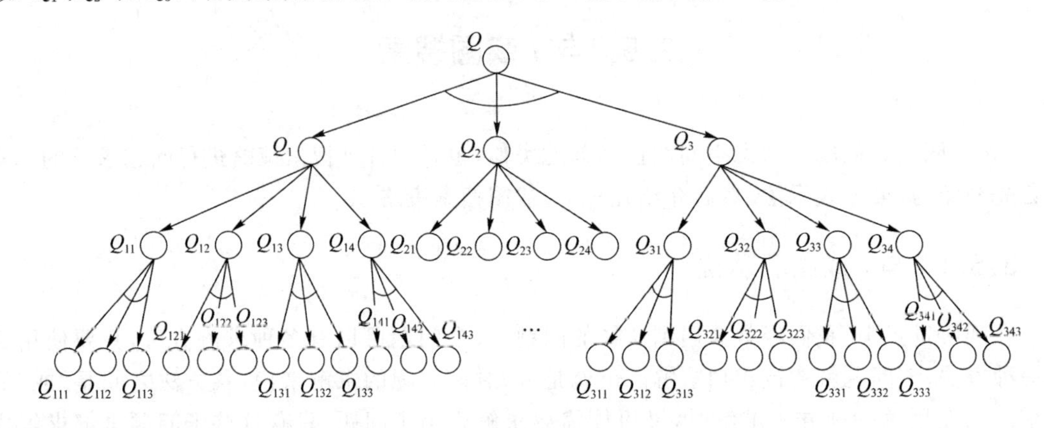

图 3-40　证明两个多边形全等的方法

1. 问题归约法

在分析例 3-21 时，其实运用了一种不同于状态空间法的形式化方法，该方法被称为问题归约法，其基本思想是对原始问题进行分解和变换，将其转换为一系列简单问题，通过对简单问题的求解实现对原始问题的求解。

（1）分解

如果一个问题 P 可以归约为一组子问题 $P_1, P_2, \cdots, P_n$，并且只有当所有子问题 P_i 都有解时原问题 P 才有解，任何一个子问题 P_i 无解都会导致原问题 P 无解，则称这种归约为问题的分解，分解所得到的子问题的“与”与原问题 P 等价。把原始问题分解为若干子问题的过程可以用“与树”表示，如图 3-41 所示，将结点 P 分解为 3 个子问题 P_1、P_2 和 P_3，注意其中连接 3 条有向边的“小圆弧”，表明了 P_1、P_2 和 P_3 之间是“与”的关系。

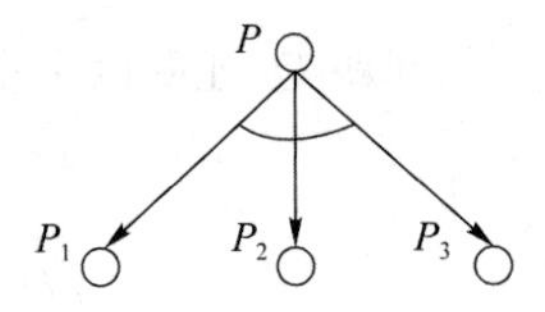

图 3-41　问题的分解和“与树”

图 3-40 中的结点 Q_1、Q_2 和 Q_3 就是用问题的分解形成的，类似的还有结点 Q_{111}、Q_{112} 和 Q_{113} 等。

（2）等价变换

如果一个问题 P 可以归约为一组子问题 $P_1, P_2, \cdots, P_n$，并且子问题 P_i 中只要有一个有解原问题 P 就有解，只有当所有子问题 P_i 都无解时原问题 P 才无解，则称这种归约为问题的等价变换，简称变换，变换得到的子问题的“或”与原问题 P 等价。原始问题变换为若干子问题的过程可以用“或树”来表示，如图 3-42 所示，将结点 P 变换为 3 个子问题 P_1、P_2 和 P_3，注意其中 3 条有向边不需要小圆弧连接，表明 P_1、P_2 和 P_3 之间是或的关系。

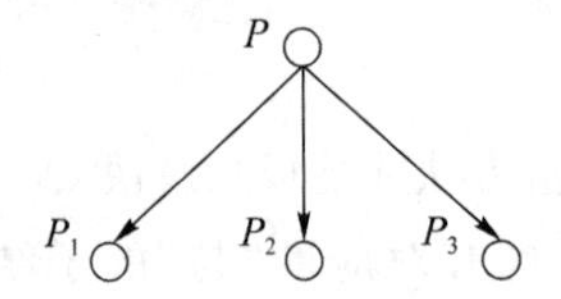

图 3-42　问题的变换和“或树”

图 3-40 中的结点 Q_{11}、Q_{12}、Q_{13} 和 Q_{14} 就是用变换的方法形成的，类似的还有结点 Q_{21}、Q_{22}、Q_{23} 和 Q_{24} 等。

把原始问题归约为一系列本原问题的过程可以很方便地用与/或树来表示，如图 3-40 所示的就是这样一个过程。

2. 与/或图的基本概念

事实上，图 3-40 所示的与/或图是一种特殊的与/或图，它是树形的，被称为与/或树。图 3-43 所示的才是一个典型的与/或图。

图 3-43 所示的与/或图也称为超图，其中一个父结点指向一组 k 个后继结点的结点集称为 k-连接符。其中，结点 n_0 有 2 个连接符，一个 1-连接符指向结点 n_1，一个 2-连接符指向结点集 $\{n_4, n_5\}$。当 $k>1$ 时，k-连接符应有小圆弧标记，表明结点间"与"的关系，如 n_0 的 2-连接符上的小圆弧。

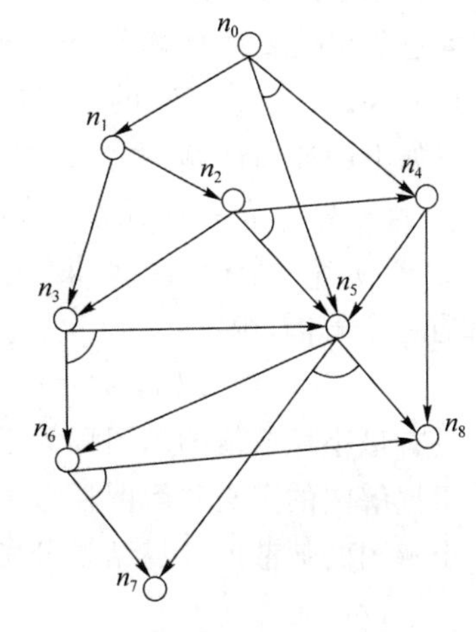

图 3-43 一个典型的与/或图

显然，当与/或图中所有结点间全部通过 1-连接符相连时，就构成了状态空间图。这就是说，与/或图是状态空间图的推广，状态空间图是与/或图的特例。

此外，把与/或图中没有任何父结点的结点称为根结点，把没有任何后继结点的结点称为端结点、叶结点或叶子结点。

3. 可解性判别

在与/或图中执行搜索过程，其目标在于标明初始结点是可解的。结点可解与不可解通过下述规则判断。

若一个结点被称为可解结点(solved)，其递归定义如下：

① 终结点是可解结点；

② 若非终结点有"或"的子结点时，当且仅当其子结点至少有一可解，该非终结点才可解；

③ 若非终结点有"与"的子结点时，当且仅当其子结点均可解，该非终结点才可解。

类似地，若一个结点被称为不可解结点(unsolved)，其递归定义如下：

① 没有后裔的非终结点是不可解结点；

② 若非终结点有"或"的子结点，当且仅当所有子结点均不可解时，该非终结点才不可解；

③ 若非终结点有"与"的子结点，当至少有一子结点不可解时，该非终结点才不可解。

4. 解图及其耗散值

在与/或图中，由于某些结点之间是"与"的关系，使得与/或图中的"路径"不是状态空间图中的线性路径，而是图或树形的"路径"。因此，基于与/或图进行问题求解时，得到的解是从初始结点 n 到目标结点集 N 的一个解图，它是包含了初始结点到目标结点集的连通的可解结点的子图，类似于普通图中的一条解路径。解图的递归定义如下。

定义 3-2 一个与/或图 G 中，从结点 n 到结点集 N 的解图记为 G'，G' 是 G 的子图：

① 若 n 是 N 的一个元素，则 G' 由单一结点 n 组成；

② 若 n 有一个指向结点集 $\{n_1, n_2, \cdots, n_k\}$ 的 k-连接符，使得从每一个 $n_i(i=1,2,\cdots,k)$ 到 N 都有一个解图，则 G' 由结点 n、k-连接符以及 $\{n_1, n_2, \cdots, n_k\}$ 中的每一个结点到 N 的解图组成；

③ 否则，n 到 N 的解图 G' 不存在。

解图的一般求法是：从初始结点 n 开始，正确选择一个外向连接符，再从该连接符所指的每一个后继结点出发，继续选一个外向连接符，如此进行下去，直到由此产生的每一个后继结点成为目标结点集 N 中的一个元素。至于如何正确地选择一个外向连接符，不同的搜索策略的解决方法不同。

图 3-44 给出了图 3-43 中 $n_0 \to \{n_7, n_8\}$ 的 3 个解图 G_1'、G_2' 和 G_3'。

对状态空间图来说，搜索中还需要计算或估算其解路径的耗散值(代价)，同样地，与/或图的搜索过程也需要计算解图的耗散值(代价)。

定义 3-3 若 n 到 N 的解图的耗散值记为 $k(n,N)$，k-连接符的耗散值为 C_k，则 $k(n,N)$ 可进行如下的递归计算：

① 若 n 是 N 的一个元素，则 $k(n,N)=0$；

② 若 n 有一个指向结点集 $\{n_1, n_2, \cdots, n_k\}$ 的 k-连接符，使得从每一个 $n_i(i=1,2,\cdots,k)$ 到 N 都有一个解图，则

$$k(n,N)=C_k+k(n_1,N)+k(n_2,N)+\cdots+k(n_k,N)$$

具有最小耗散值的解图称为最佳解图，其值用 $h^*(n)$ 标记。

根据解图的定义和解图耗散值的定义，在假定 k-连接符的耗散值为 k 的情况下，图 3-44 中 3 个解图的耗散值计算结果分别为 8、7 和 5，因此 $h^*(n_0)=5$。

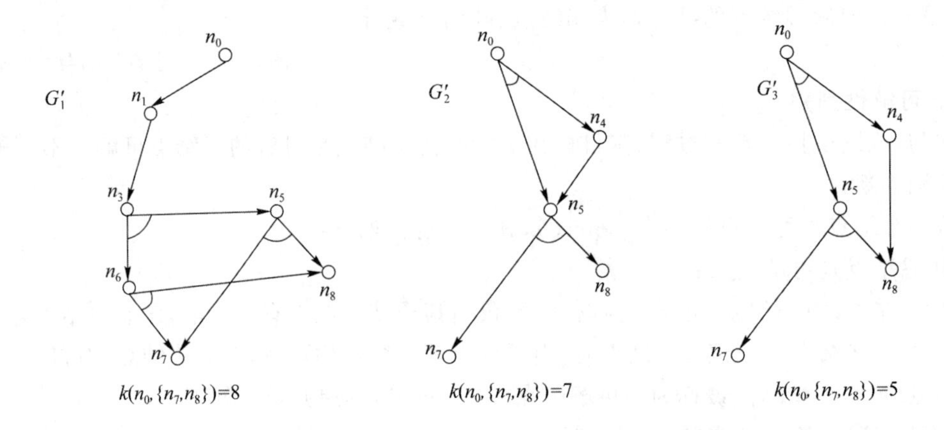

图 3-44　图 3-43 中 $n_0 \to \{n_7, n_8\}$ 的 3 个解图

与/或图的搜索也分为盲目搜索和启发式搜索。下面将着重讨论与/或图的搜索策略及特殊的与/或图——与/或树的搜索策略。

3.5.2 与/或图的搜索策略

在状态空间图中，问题求解的目标是寻找一条从初始结点 S 到目标结点 t 的解路径，而在与/或图中，由于"与"结点的存在，问题求解的目标变为寻找一个从初始结点 n 到目标结点集 N 的解图。

寻找解图时，必须对当前已生成的与/或图中的所有结点实施可解性的标注过程。如果初始结点被标注为可解，则搜索过程成功结束；如果初始结点被标注为不可解，则搜索过程失败结束；如果初始结点还不能被标注为可解或不可解，则应继续扩展结点，并且尽可能地记录所有生成的结点中哪些可解或不可解，以便减少下一次标注过程的工作量。

由于结点具有可解性或不可解性，因此可以从搜索图中删去可解结点的任何不可解的子结点，或删去不可解结点的任何子结点，因为搜索这些结点没有任何意义，对初始结点的可解性判断没有帮助，只会降低搜索效率。

与状态空间图的搜索类似，与/或图也有各种搜索策略，这里主要讨论与/或图的启发式搜索策略——AO* 算法。此处，在 AO* 算法中也使用了一个启发式函数 $h(n)$，它是 $h^*(n)$ 的一个估计，而 $h^*(n)$ 是从初始结点到目标结点集的最佳解图的耗散值。

AO* 算法可以划分为两个主要阶段。

① 第一阶段是图生成的过程，即自上而下扩展结点的过程。对于每一个已经扩展了的结点，AO* 算法都为其配置了一个指针，这个指针指向该结点的后继结点中耗散值小的连接符。图生成的过程就是从初始结点出发沿着指针的方向向下寻找，直到找到一个未被扩展的结点，然后扩展该结点，对其后继结点赋到目标结点集的估计耗散值，并加可解标记或不可解标记。

② 第二阶段是修正和标记的过程，即自下而上地完成耗散值的修正、连接符的标记等。假设 n 为第一阶段被扩展的结点，该结点有 m 个外向连接符连接 n 的所有后继结点，基于每个子结点到目标结点集的估计耗散值可以计算出结点 n 相对于每一个外向连接符到目标结点集的耗散值。从中选择最小的一个作为结点 n 的耗散值，并标记一个指针指向产生最小耗散值的外向连接符（这就是第一阶段描述的"对于每一个已经扩展了的结点，AO* 算法都为其配置了一个指针，这个指针指向该结点的后继结点中耗散值小的连接符"）。对 n 的父辈结点进行同样的计算，重复这一过程，直到到达初始结点 S。这时，从初始结点 S 出发，选择那些指针指向的连接符构成的局部图作为当前耗散值最小的局部图。

AO* 算法的描述如下。

① 建立仅仅包含初始结点 S 的图 G。

② 建立图 G' $(=G)$，计算 $q(S)=h(S)$；$q(n)$ 描述了结点 n 到目标结点集 N 的最佳解图的估计耗散值。

③ If Goal(S)　Then 标记结点 S 为 Solved；如果结点 S 是终结点，则标记其为可解。

④ Until　S 已标为 Solved　do：

　　begin

　　a. G':=Find(G)；根据连接符标记找出一个待扩展的局部解图 G'

　　b. n:=G' 中任一非终结点；选一个非终结点作为当前结点 n

　　c. EXPAND(n)，生成子结点集 $\{n_j\}$，计算 $q(n_j)=h(n_j)$，其中 $n_j \notin G$，G:=ADD($\{n_j\}$,G)；扩展结点 n，对 G 中未出现的子结点计算估计耗散值，并将它们添加到图 G 中

　　d. If　Goal(n_j)　Then　标记 n_j 为 Solved；若子结点可解，则加可解标记

　　e. M:=$\{n\}$；建立含 n 的单一结点集合 M

　　f. Until　M 为空　do

　　　begin

　　　• Remove(m,M)，$m_c \notin M$；从集合 M 中移出一个结点 m，要求 m 的子结点 m_c 不在 M 中

　　　• 修正 m 的耗散值 $q(m)$：对 m 指向结点集 $\{n_{1i},n_{2i},\cdots,n_{ki}\}$ 的第 i 个连接符，计算耗散值 $q_i(m)=C_i+q(n_{1i})+\cdots+q(n_{ki})$；$q(m)$:= min $q_i(m)$；对 m 的连接符，令计算结果最小的那个耗散值为 $q(m)$

• 对结点 m，加指针到 $\min q_i(m)$ 的连接符上，或把指针修改到 $\min q_i(m)$ 的连接符上

• If 该连接符的所有子结点都已标注为 Solved Then 标记结点 m 为 Solved

• If 结点 m 已标注为 Solved Or 结点 m 的耗散值发生了修正 Then 把 m 的所有父结点(这些父结点通过某个指针指向的连接符连接的后继结点之一就是结点 m)添加到 M 中

end

end

例 3-22 对于图 3-43 所示的与/或图，用 AO^* 求解 n_0 到 $\{n_7,n_8\}$ 的解图，其中 k-连接符的耗散值为 k，各结点对应的启发式函数 $h(n)$ 分别为

$$h(n_0)=3,h(n_1)=2,h(n_2)=4,h(n_3)=4,h(n_4)=1$$

$$h(n_5)=1,h(n_6)=2,h(n_7)=0,h(n_8)=0$$

解：问题的搜索过程如图 3-45 所示，其中结点旁边标记的不带括号的数字是启发式函数 $h(n)$ 的值，估计了从结点 n 到目标结点集 N 的最佳解图的耗散值，带括号的数字是它到目标结点集的修正耗散值 $q(n)$，箭头指向了该结点后继结点中耗散值小的连接符，实心的结点表示被标注为可解的结点。

开始时，只有一个初始结点 n_0，$h(n_0)=3$，n_0 不是终结点，扩展 n_0，生成结点 n_1、n_4 和 n_5，且通过一个 1-连接符指向 n_1，一个 2-连接符指向 n_4 和 n_5，这两个连接符之间是“或”的关系。由已知条件 $h(n_1)=2$、$h(n_4)=1$、$h(n_5)=1$ 可得，k-连接符的耗散值为 k，所以对于 n_0，从1-连接符计算出 n_0 的耗散值 $q_1(n_0)=1+2=3$($q_1(n_0)$等于 1-连接符的耗散值加上结点 n_1 的耗散值 $q_1(n_1)$，由于 n_1 是叶子结点，因此其耗散值用估计耗散值 $h(n_1)=2$ 代替)，用 2-连接符计算出 n_0 的耗散值 $q_2(n_0)=2+1+1=4$。从两个不同的连接符计算得到的耗散值中取较小值作为 n_0 的耗散值，即 $q(n_0)$来自 1-连接符，将 $q(n_0)=3$ 标记在图中，并标记指向 1-连接符的指针。至此，算法的第 1 次循环结束，其搜索图如图 3-45(a)所示。

在第 2 次循环中，首先从 n_0 开始，沿指针所指向的连接符寻找一个未被扩展的非终结点，这时找到的是 n_1。扩展 n_1，生成结点 n_2 和 n_3，它们都通过 1-连接符与 n_1 连接。由于 $h(n_2)=4$、$h(n_3)=4$，所以通过这两个连接符计算出的耗散值也是一样的，即 $q_1(n_1)=q_2(n_1)=1+4=5$。取其中的较小者更新 n_1 的耗散值 $q(n_1)=5$，指向连接符的指针可以指向两个连接符中的任何一个，这里选择指向 n_3 这一边。由于 n_1 的耗散值由 2 更新为 5，所以需要重新计算 n_0 的耗散值。对 n_0 来说，此时从 1-连接符算得的耗散值为 $q_1(n_0)=1+5=6$，大于从 2-连接符得到的耗散值 $q_2(n_0)=2+1+1=4$，所以 n_0 的耗散值更新为 $q(n_0)=4$，并将指向连接符的指针由指向 1-连接符改为指向 2-连接符。注意，这时由 n_1 出发的指向连接符的指针并没有被改变或删除。至此，第 2 次循环结束，其搜索图如图 3-45(b)所示。

第 3 次循环同样从 n_0 开始，沿指针所指向的连接符寻找未被扩展的非终结点。这时从 n_4 和 n_5 中任选择一个进行扩展，假定选择的是 n_5。由 n_5 生成 n_6、n_7 和 n_8，而且是一个 1-连接符指向 n_6，一个 2-连接符指向 n_7 和 n_8。用相同的方法计算 n_5 的耗散值，得到 n_5 的耗散值为 $q(n_5)=2$，指针指向 2-连接符。由于 n_5 的耗散值改变了，需要重新计算 n_0 的耗散值 $q_2(n_0)=2+1+2=5$，仍然比 n_0 通过 1-连接符计算得到的耗散值小，因此只需更新 n_0 的耗散值为

$q(n_0)=5$，不需要改变 n_0 指向连接符的指针。在本次循环中，由于 n_7 和 n_8 都是目标结点集中的结点，是可解结点，而 n_5 通过一个 2-连接符连接 n_7 和 n_8，所以 n_5 也被标记为可解，但由于 n_0 是通过一个 2-连接符连接 n_4 和 n_5 的，而此时 n_4 还不是可解的，所以 n_0 还不是可解的，搜索需要继续进行。至此，第 3 次循环结束，其搜索图如图 3-45(c)所示。

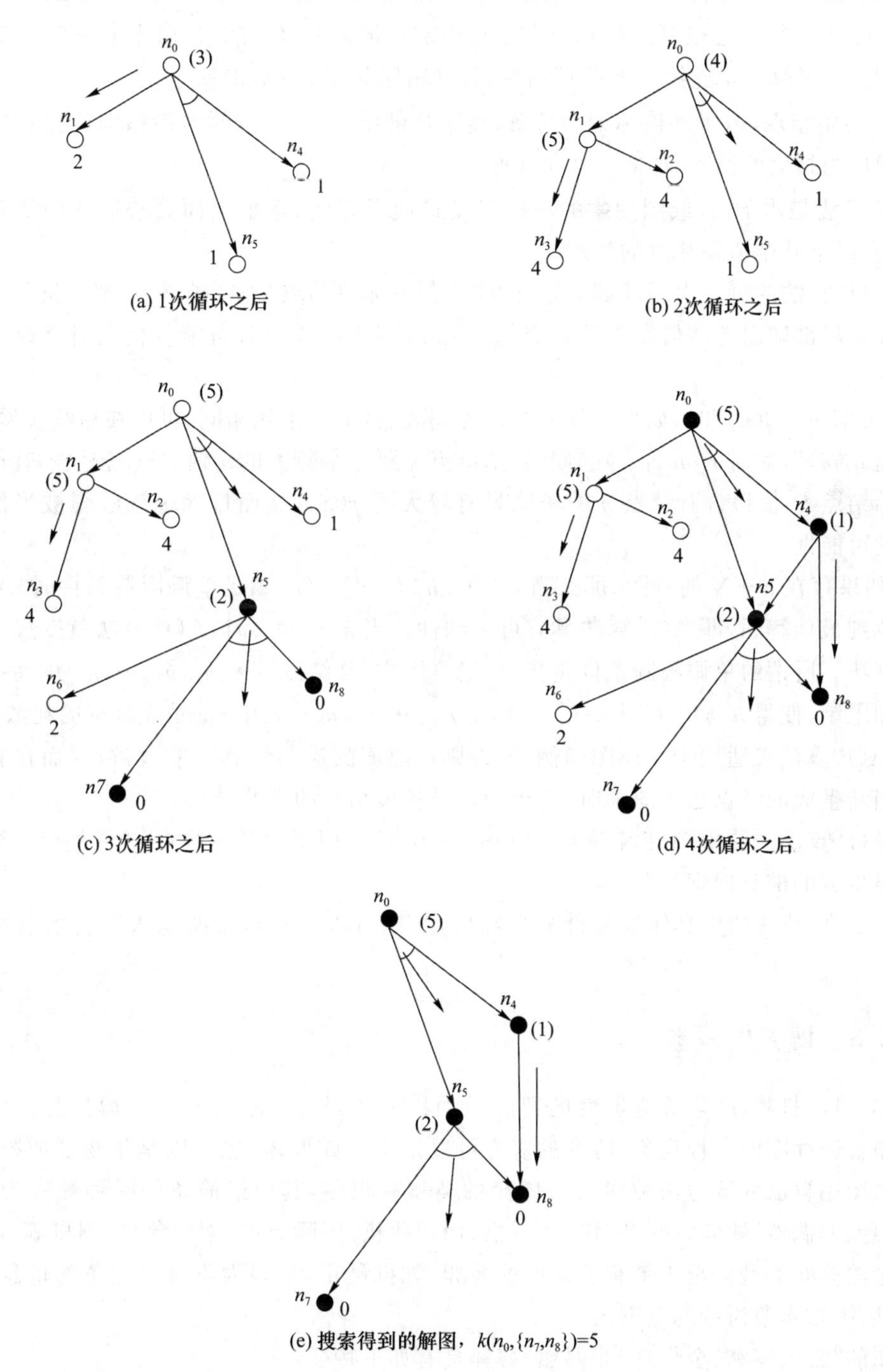

(a) 1次循环之后　(b) 2次循环之后

(c) 3次循环之后　(d) 4次循环之后

(e) 搜索得到的解图，$k(n_0,\{n_7,n_8\})=5$

图 3-45　AO* 算法的搜索过程

第 4 次循环从 n_0 开始，沿指针所指向的连接符寻找未被扩展的非终结点，这次找的是 n_4。

扩展 n_4 生成 n_5 和 n_8，并分别以 1-连接符连接。对 n_4 来说，从 n_5 计算得耗散值为 $q_1(n_4)=1+2=3$（n_5 已经被扩展过，其耗散值已经被更新为 2），从 n_8 计算得耗散值为 $q_2(n_4)=1+0=1$。取小者，得 $q(n_4)=1$，并且将指向连接符的指针指向 n_8 的 1-连接符。因为扩展 n_4 并没有改变它的耗散值（$h(n_4)=q(n_4)=1$），因此 n_0 的耗散值也无需修正了。由于 n_8 是目标结点，可解，而 n_4 通过一个 1-连接符连接 n_8，因此 n_4 也被标记为可解。此时，由于上一轮 n_5 被标记为可解，因此 n_0 可解。至此第 4 次循环结束，其搜索图如图 3-45(d)所示。

n_0 是初始结点，由于其被标记为可解，搜索全部结束，从 n_0 开始，沿指向连接符的指针找到的解图即为搜索的结果，如图 3-45(e)所示。

AO^* 算法是用于与/或图搜索的一种启发式搜索算法，除了上面算法描述中提到的问题以外，还有以下几个值得注意的问题。

① AO^* 算法的每一次循环都会选择“G' 中任一非终结点”进行扩展，一般会选择一个最有可能导致该局部解图耗散值发生较大变化的结点，因为这样更有可能促使及时修改局部解图的指针标记。

② “EXPAND(n)”时，如果 n 无后继结点，算法就陷入了死胡同，可以在后续步骤“修正 m 的耗散值 $q(m)$”（此时的 m 即 n）的同时，给结点 n 赋一个较大的 q 值，这个较大的耗散值会传递到初始结点 S，使得含有结点 n 的子图具有较大的 $q(S)$，从而排除了该解图被当作候选局部解图的可能性。

③ 如果存在 $S\rightarrow N$ 的解图，那么当 $h(n)\leqslant h^*(n)$ 且 $h(n)$ 满足单调限制条件时，AO^* 算法一定能找到最佳解图，即 AO^* 算法具有可采纳性。当 $h(n)\equiv 0$ 时，AO^* 算法就变成了宽度优先搜索算法。所谓的单调限制条件是指，在隐含图中，从结点 $n\rightarrow\{n_1,n_2,\cdots,n_k\}$ 的每一个连接符都施加限制，使得 $h(n)\leqslant C_k+h(n_1)+h(n_2)+\cdots+h(n_k)$，其中 C_k 是连接符的耗散值。

④ AO^* 算法仅适用于无环图的例子，否则耗散值的递归计算不能收敛，因而在算法中必须检查当新生成的结点已在图中时，是否为正被扩展结点的先辈结点。

⑤ AO^* 算法未使用 OPEN 表和 CLOSED 表，而只用了一个结构 G，该结构代表到目前为止已明显生成的部分搜索图。

有关 AO^* 算法的更具体的特性分析和应用等，可以进一步参阅与人工智能有关的文献资料。

3.5.3 博弈树搜索

诸如下棋、打牌、战争等竞争性的智能活动称为博弈（game playing），博弈是人类社会和自然界中普遍存在的一种现象，博弈的双方可以是个人或群体，也可以是生物群或智能机器，各方都力图用自己的智力击败对方。博弈的类型有很多，其中最简单的一种被称为“二人零和、全信息、非偶然”博弈，如一字棋、余一棋、西洋跳棋、国际象棋、中国象棋、围棋等，这是本节重点讨论的博弈类型。至于带有机遇性的博弈，如掷硬币等，因为不具有完备的信息、存在不可预测性，不在本节讨论的范围内。

所谓的“二人零和、全信息、非偶然”博弈具有如下特征：

① 双人对弈，对弈的双方轮流走步；

② 博弈的结果只有 3 种，即 A 方胜 B 方败、B 方胜 A 方败、双方战成平局；

③ 信息完备，对弈的双方得到的信息是一样的，都了解当前的格局及过去的历史，不存在

一方能看到而另一方看不到的情况；

④ 博弈的双方在采取行动前都要根据当时的情况进行得失分析，经过深思熟虑之后选择对自己最有利且对对方最不利的对策，不存在"碰运气"的偶然因素。

在博弈过程中，双方都希望自己能获得胜利。假设站在 A 方的立场分析问题，在 A 方的多种行动方案中，他总是挑选对自己最有利但对对方最不利的那个行动方案，即可供选择的行动方案之间是"或"的关系，他只要选择其中的一个即可。之后，如果 B 方也有若干个可供选择的行动方案，B 方也肯定选择对 A 方最不利但对自己最有利的方案，而对 A 方来说，这些行动方案之间是"与"的关系，因为主动权在 B 方手中，B 方可能选择其中任何一个行动方案，因此 A 方必须考虑每种方案的对策，必须考虑最糟糕的情况。站在 B 方的立场上分析问题，结果也是类似的。

把博弈过程用图表示出来，就得到一棵与/或树，这种与/或树被称为博弈树。博弈树具有以下特征：

① 博弈树的初始状态是初始结点；

② 博弈树是始终站在某一方（如 A 方）的立场上得出的，不可能一会儿站在 A 方的立场，一会儿站在 B 方的立场；

③ 博弈树中己方扩展的结点之间是"或"的关系，对方扩展的结点之间是"与"的关系，双方轮流扩展，所以"或"结点和"与"结点是逐层交替出现的；

④ 所有能使己方获胜的终局都是本原问题，相应的结点是可解的，所有使对方获胜的终局都对应不可解的结点。

1. Grundy 博弈

Grundy 博弈是一个分钱币的游戏。假设有一堆数目为 N 的钱币，由两位选手轮流进行分堆，要求每个选手每次只能把其中某一堆分成数目不等的两小堆。例如，其中一堆有 6 枚硬币，可以将其分成 5 和 1 两堆、4 和 2 两堆，但绝不能分成各有 3 枚硬币的两堆。游戏双方轮流分钱币，如此进行下去直到有一位选手无法把钱币再分成不相等的两堆，此时这位选手就得认输。

对于适当的硬币数量，Grundy 博弈的状态空间可以选进穷举搜索。例如，图 3-46 展示了有 7 枚硬币的状态空间。其中，博弈的双方分别被称为 MIN 和 MAX，MAX 代表试图获胜或试图使得使优势最大化的一方，MIN 是试图使 MAX 的成绩最小化的对手，由于状态空间图是站在博弈某一方的立场上描述问题的，因此可以把 MAX 看成我方，把 MIN 看成对方。

由于初始的钱币数只有 7 枚，因此图 3-46 能给出本问题的全部解状态，其中初始结点是 MIN 结点，代表对方先走，接着是 MAX（我方）走，然后一人一步往下进行。从图 3-46 可以看出，在第一轮对方一共有 3 种可能的走法，而不管对方如何走，我方都可以走到（4-2-1）这个状态，此时对方只能走到（3-2-1-1），接着我方走到（2-2-1-1-1），面对这样的状态，对方只能把 2 枚钱币分成 1 和 1 两堆，失败。所以，对于这样一个 7 枚硬币的分钱币问题，可以找到一个我方必胜的走法，如图 3-46 中的加粗路径所示。

对于简单博弈或者复杂博弈的残局，可以用类似于上面 7 枚硬币的 Grundy 博弈的方法找到较好的弈法，但对复杂问题来说，这种方法在时间和空间上就受到了限制，变得不可能了。以中国象棋为例，每个势态都有 40 种不同的走法，如果一盘棋双方平均走 50 步，总结点数约为 10^{161} 个，考虑完整的搜索策略，需要花以天文数字计的时间，即使用了强有力的启发式搜索技术，也不可能使分枝压到很少。西洋跳棋、国际象棋也是如此，围棋则更为复杂。下面所要讨论的，就是根据有限的状态，得到较好走步的搜索方法。也就是说，像人类进行的博弈一样，通过有限步的棋局情况，选择比较好的走步方式。

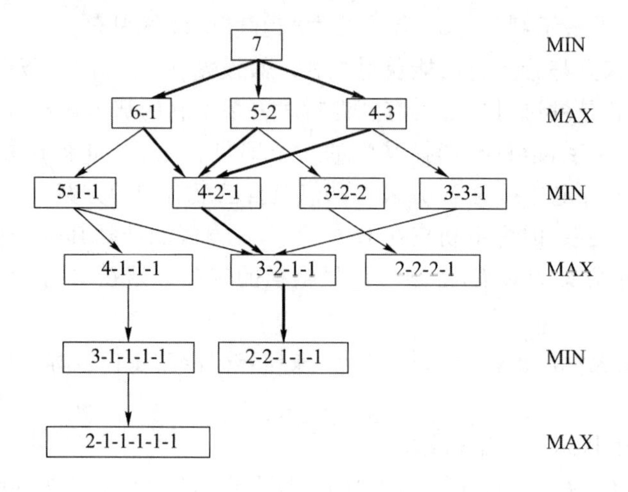

图 3-46　7 枚硬币的 Grundy 博弈

2. 极大极小搜索法

基于极大极小搜索法的博弈问题求解，就是使当前正在考察的结点生成一棵博弈树，通过对这棵博弈树的分析，找到最佳的走步方式。根据前面的分析，对这棵博弈树而言，考虑到时间和空间的限制，不可能生成直到终局的所有结点，因此博弈树的端结点一般不是哪方获胜的结点，需要用一个评价函数对端结点进行静态评价。评价函数有如下特征：

① 当评价函数值大于 0 时，棋局对 MAX(我方)有利，对 MIN(对方)不利；

② 当评价函数小于 0 时，棋局对 MAX 不利，对 MIN 利；

③ 评价函数值越大，对 MAX 越有利，当评价函数值等于正无穷大时，MAX 必胜；

④ 评价函数值越小，对 MAX 越不利，当评价函数值等于负无穷大时，MIN 必胜。

当轮到我方(MAX)走棋时，按照极大极小搜索法确定的恰当走步方式的主要步骤如下。

① 首先生成给定深度 d 以内的所有结点，并计算出端结点的评价函数值。深度 d 要根据问题所允许的时间空间代价进行适当选择。

② 从博弈树的 d-1 层开始，利用后辈结点的评价函数值(或倒推值)逆向计算父辈结点的倒推值。对于我方要走的结点(子结点是“或”的关系，从子结点说明的走步方式中选择一个即可)，用 MAX 标记，称为极大结点，因为我方总是选择对我方有利的走步方式，因此取其子结点中的最大值为该结点的倒推值，这也就是用 MAX 标记我方结点的原因；对于对方要走的结点(子结点是“与”的关系，我方必须考虑对手每种走步方式的对策)，用 MIN 标记，称为极小结点，因为对方总是选择对我方最不利的走步方式，因此取其子结点中的最小值为该结点的倒推值，这也就是用 MIN 标记对方结点的原因。d-2 层、d-3 层也是如此……直到计算出根结点的倒推值。根结点的倒推值来自哪个分支，哪个分支就对应最佳走步方式。

在逆向计算倒推值的过程中，一层求极大值，一层求极小值，极大极小交替进行，所以这种方法被称为极大极小搜索法。

例 3-23　一字棋游戏。假设有一个三行三列的棋盘，如图 3-47 所示，两个棋手轮流走步，每个棋手走步时往空格中摆放一个棋子，谁先使自己的棋子成三子一线谁就赢。用极大极小搜索法搜索最佳走步方式。

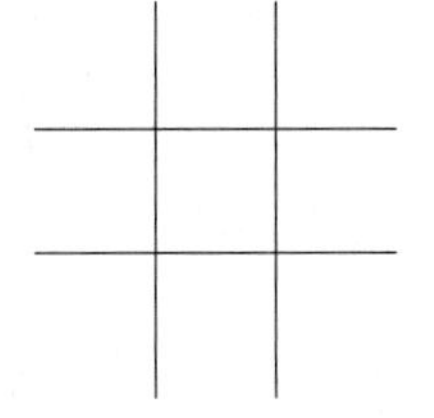

图 3-47 一字棋棋盘

解:假设 MAX 用“×”来表示,MIN 用“○”表示,MAX 先走。首先定义评价函数 $f(P)$,P 为博弈树中某端结点表示的棋盘的格局,$f(P)$用来计算端结点的静态估值。$f(P)$满足以下条件:

① 若 P 是 MAX 获胜的格局,则 $f(P)=+\infty$;

② 若 P 是 MIN 获胜的格局,则 $f(P)=-\infty$;

③ 若 P 对任何一方来说都不是获胜的格局,则 $f(P)=f(+P)-f(-P)$,其中 $f(+P)$表示在所有空格都放上 MAX 的棋子之后 MAX 的三子成线的总数,$f(-P)$表示所有空格都放上 MIN 的棋子之后 MIN 的三子成线的总数。

例如,对图 3-48 所示的棋盘格局 P 而言,$f(P)=f(+P)-f(-P)=6-4=2$。$f(+P)$和 $f(-P)$的计算如图 3-49 所示。

在一字棋中,具有对称性的格局可以被看作同一格局,这样可以大大缩小搜索空间。如图 3-50 所示的格局可以被看作同一格局。

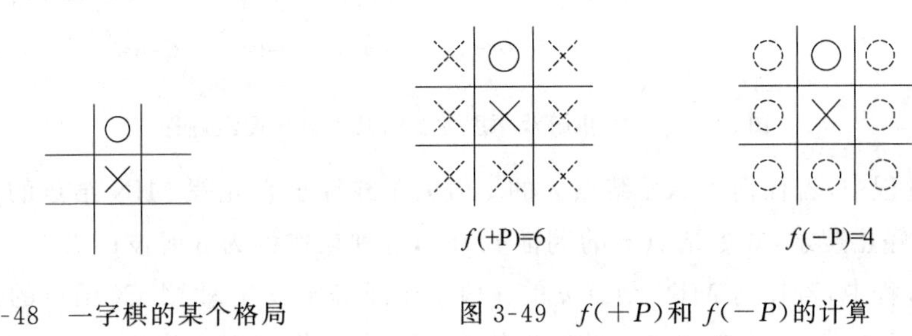

图 3-48 一字棋的某个格局 图 3-49 $f(+P)$和 $f(-P)$的计算

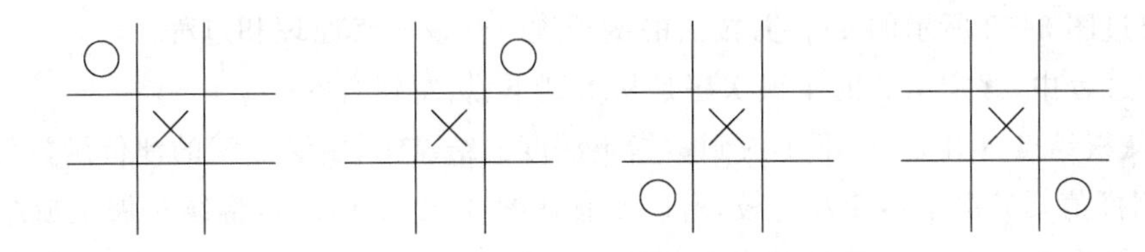

图 3-50 具有对称性的格局可以被看作同一格局

按照极大极小搜索法,一字棋游戏的开局,先生成深度 2 以内的所有格局,给出端结点的评价函数值,再逆向计算父辈结点的倒推值,整个过程如图 3-51 所示。其中,结点旁边的数字为评价函数值或倒推值,箭头指出了开局状态的最佳走步方式。

3. α-β 剪枝法

极大极小搜索过程的第一阶段是生成博弈树,第二阶段是计算各结点的倒推值,结点生成和倒推值计算是两个分离的过程,只有生成了给定深度 d 以内的所有结点,才能完成倒推值的计算和确定最佳走步方式,这种分离使得极大极小搜索法的效率比较低。如果能够边生成博弈树,边利用一些与问题有关的信息剪去一些没有用的分枝,完成对结点倒推值的计算,就可以提高搜索的效率。α-β 剪枝法就是这样的一种技术。

α-β 剪枝法的主要原理如下:

① 令 MAX 结点的 α 值等于它当前子结点中的最大倒推值(评价函数值);

② 令 MIN 结点的 β 值等于它当前子结点中的最小倒推值(评价函数值);

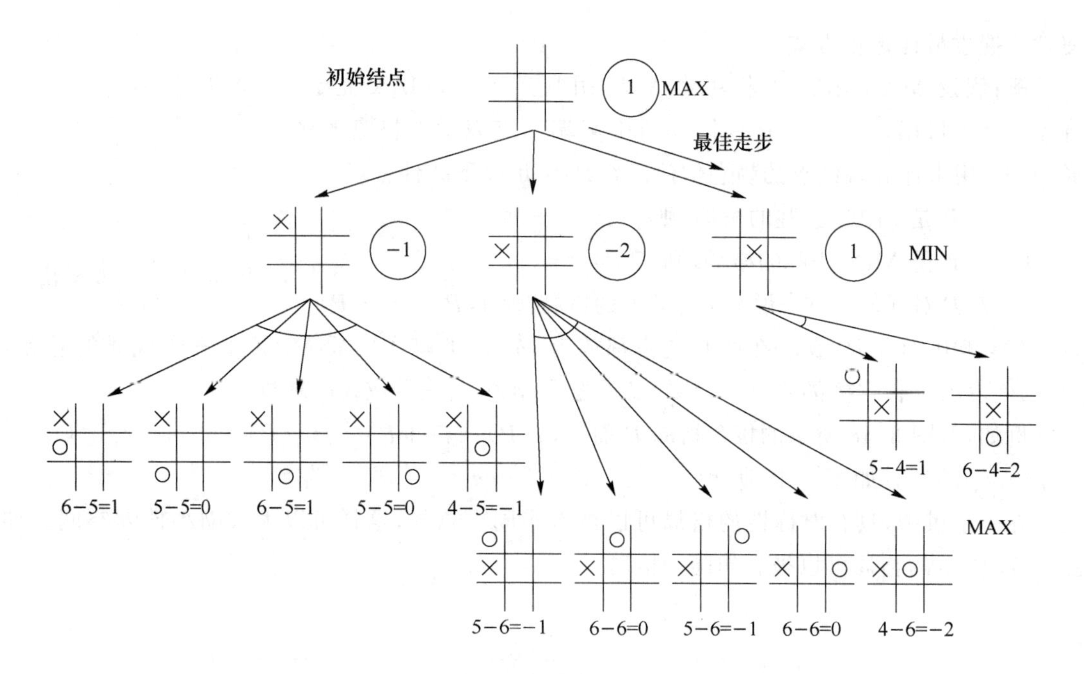

图 3-51　一字棋游戏深度为 2 的极大极小搜索过程

③ 搜索过程中，若任何 MAX 结点 n 的 α 值大于或等于它先辈 MIN 结点的 β 值，则 n 以下的分枝可以停止搜索，并令结点 n 的倒推值为 α，这种操作称为 β 剪枝；

④ 搜索过程中，若任何 MIN 结点 n 的 β 值小于或等于它先辈 MAX 结点的 α 值，则 n 以下的分枝可以停止搜索，并令结点 n 的倒推值为 β，这种操作称为 α 剪枝；

以下通过图 3-52 所示的 α-β 剪枝法的例子进一步说明其原理和过程。

在搜索过程中，假定结点的生成次序是从上到下、从左到右的。

首先，从根结点 S 开始，向下生成到达指定深度的结点①，由结点①的评价函数值 0 可知，结点 G 的倒推值≤0(由于不涉及剪枝，所以没有在图 3-52 中标出)，继续扩展生成结点②，由于结点②的评价函数值为 7，并且结点 G 没有其他的子结点了，所以结点 G 的倒推值为 0。由结点 G 的倒推值 0 可以确定结点 C 的倒推值≥0。接着，向下扩展结点 C，得到结点 H、结点③，由结点③的评价函数值−3 得到结点 H 的倒推值≤−3。结点 H 是 MIN 结点，其 β 值小于它的先辈结点 C 的 α 值，满足 α 剪枝的条件，故 H 以下的分枝被剪掉，其他子结点不再生成，结点 H 的倒推值为−3，结点 C 的倒推值为 0，并因此有结点 A 的倒推值≤0。继续扩展结点 A，顺序生成结点 D、结点 I、结点④，由结点④的评价函数值 3 可知结点 I 的倒推值≤3，继续生成结点⑤，由于结点⑤的评价函数值为 7，并且结点 I 没有其他子结点了，所以结点 I 的倒推值为 3，进一步得到结点 D 的倒推值≥3。结点 D 是 MAX 结点，其 α 值大于它的先辈结点 A 的 β 值，满足 β 剪枝的条件，故 D 以下的分枝被剪掉，其他子结点不再生成，结点 D 的倒推值为 3，结点 A 的倒推值为 0，并因此有结点 S 的倒推值≥0。

扩展结点 S 的另一个子结点，直到指定深度。由结点⑥的评价函数值 6 得到结点 K 的倒推值≤6，接着生成结点⑦，由结点⑦的评价函数值 3 以及结点 K 没有其他子结点，得到结点 K 的倒推值为 3，向上推算得到结点 E 的倒推值≥3。继续扩展结点 E，得到结点 E 的另一个子结点 L，顺序生成结点⑧，由结点⑧的评价函数值−3，得到结点 L 的倒推值≤−3。结点 L

是 MIN 结点，其 β 值小于它的先辈结点 E 的 α 值（或者，其 β 值小于它的先辈结点 S 的 α 值），满足 α 剪枝条件，故 L 以下的分枝被剪掉，其他子结点不再生成。由结点 L 的倒推值为 -3，结点 E 的倒推值为 3，向上得到结点 B 的倒推值 $\leqslant 3$。扩展结点 B 右边的子结点 F 及其后继结点，得到结点⑨及其评价函数值 6，结点 M 的倒推值 $\leqslant 6$，接着生成结点⑩，由结点⑩的评价函数值 7 以及结点 M 没有其他子结点了，得到结点 M 的倒推值为 6，因此结点 F 的倒推值 $\geqslant 6$。结点 F 是 MAX 结点，其 α 值大于它的先辈结点 B 的 β 值，满足 β 剪枝条件，故 F 以下的分枝被剪掉，其他子结点不再生成。由于结点 F 的倒推值为 6，结点 B 的倒推值为 3，因此有结点 S 的倒推值为 3。故最佳走步应该是根结点 S 右边的子结点 B。

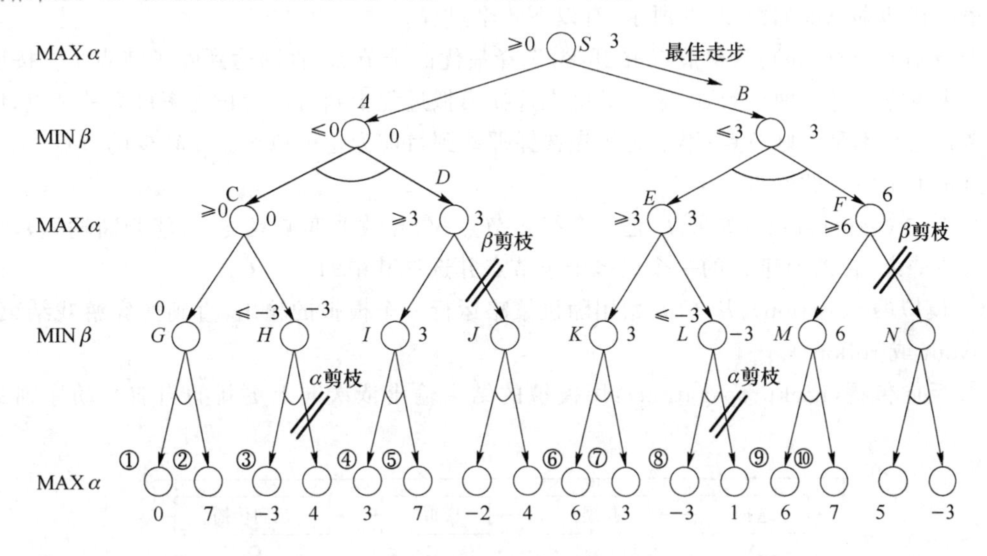

图 3-52 α-β 剪枝的例子

值得注意的是，博弈树搜索的目标是找到当前格局的一步走法，所以 α-β 剪枝法和极大极小搜索法一样，得到的是一步最佳走步，而不是像一般的图搜索或者与/或图搜索那样，得到的是从初始结点到目标结点（集）的一条解路径或者一个解图。

关于 α-β 剪枝法还有以下一些应该注意的问题：

① 比较都是在极小结点和极大结点间进行的，同类结点间的比较没有意义；

② 比较是后辈结点与先辈结点的比较，不只是子结点和父结点的比较；

③ 只有在一个结点的值"固定"以后，其值才能够向其父结点传递；

④ α-β 剪枝法搜索得到的最佳走步与极大极小搜索法得到的结果是一致的，并没有为了提高效率而降低得到最佳走步的可能性。

4. 蒙特卡洛树搜索

在采用了 α-β 剪枝法的深蓝之后，中国象棋、日本将棋等采用类似的方法先后达到了人类顶级水平，但 α-β 剪枝法却遇到了围棋这一瓶颈。这主要是由于 α-β 剪枝法的实现依赖于对棋局的打分，国际象棋、中国象棋等局面越下越简单，而且以将军为获胜标志，打分容易，而围棋局面的判断非常复杂，棋子之间互相联系，不可能单独计算，没有将军这种获胜标志，而且状态数更多，对棋局打分困难。

2006 年，来自法国的一个计算机围棋研究团队将统计决策模型中的信心上限决策方法引入计算机围棋，结合蒙特卡洛树搜索方法，使围棋程序的性能有了质的提高，在 9 路围棋

(9×9 大小的棋盘)上战胜了人类职业棋手。

蒙特卡洛树搜索方法是 20 世纪 40 年代中期由 S. M. 乌拉姆和 J. 冯·诺伊曼提出的一类随机模拟方法的总称,其名称来源于摩纳哥的著名赌城。可以用随机模拟的方法求解很多问题的数值解。

因为围棋的棋局好坏难以估计,有人就想到用随机模拟的方法对棋局进行估值。其思想很简单,对于当前棋局,随机地模拟双方走步直到分出胜负。通过多次模拟,计算出每个可下棋点的获胜概率,选取获胜概率最大的点走棋。在围棋程序中实际使用的是一种被称为蒙特卡洛树搜索的方法,边模拟边建立一个搜索树,父节点可以共享子节点的模拟结果,以提高搜索效率。其基本原理如图 3 53 所示,有以下 4 个过程。

① 选择(selection):从根节点 R 开始,选择最优的子节点,直到达到叶子节点 L。按照信心上限决策方法考虑两个因素:第一是优先选择模拟过程中到目前为止胜率最大的节点,以进一步考查它是不是个好节点;第二是优先选择那些到目前为止模拟次数比较少的节点,以考察这些点是不是潜在的好点。

② 扩展(expansion):如果 L 是一个终止节点(会导致博弈游戏终止,能判断输赢),那么该轮游戏结束,否则创建 L 的一个或多个子节点并选择其中的一个 C。

③ 模拟(simulation):从 C 开始用随机策略运行一个模拟的输出,直到博弈游戏结束(又称 playout 或 rollout)。

④ 反向传播(backpropagation):用模拟的结果输出依次向上更新的当前行动序列的估计值。

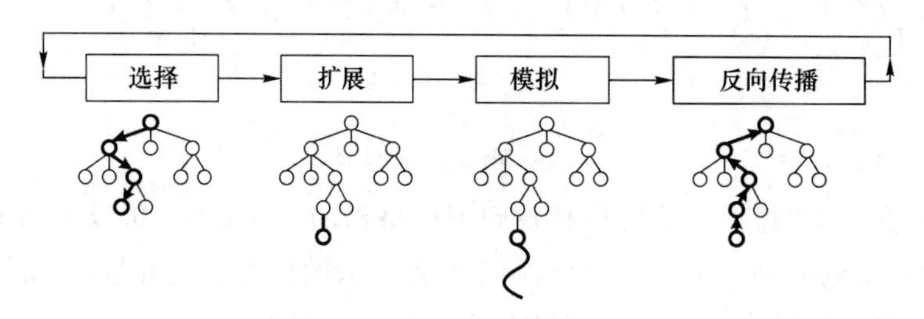

图 3-53　蒙特卡洛树搜索

2016 年,DeepMind 公司在蒙特卡洛树搜索框架下引入了两个卷积神经网络 policy network 和 value network,并加入增强学习机制,设计出了具备高水平棋手能力的 AlphaGo,并用其战胜了人类围棋大师。

3.6 本章小结

搜索策略是推理中控制策略的一部分,它用于构造一条代价较小的推理路线,搜索策略的优劣直接影响问题求解系统的性能及效率。本章主要讨论了状态空间的搜索策略、与/或图的搜索策略以及博弈树的搜索策略,并对它们的特点和性能进行了分析。

搜索策略可分为盲目搜索策略和启发式搜索策略。盲目搜索策略没有利用与问题相关的知识,而是按照预定的控制策略进行搜索,效率较低,是一种与问题无关的通用的方法。而启发式搜索策略在搜索过程中利用了与问题相关的知识,缩小了问题的搜索范围,提高了搜索效率，但启发式信息的获取和利用是个难点。

在介绍了状态空间表示法之后，本章给出了状态空间的盲目搜索策略和启发式搜索策略。在盲目搜索策略中，重点讨论了回溯策略、深度优先搜索策略和宽度优先搜索策略；在启发式搜索策略中，重点讨论了 A 算法、分支界限法、动态规划法、爬山法和 A^* 算法。

除了回溯策略，其他的搜索策略都是在一般的图搜索策略基础上进行相应变换得到的。深度优先搜索策略将刚刚生成的结点放在 OPEN 表的首部，即后生成的结点先被扩展，搜索优先朝着纵深的方向进行。宽度优先搜索策略则将刚刚生成的结点放在 OPEN 表的尾部，即先生成的结点先被扩展，搜索优先朝着宽度的方向进行。启发式搜索策略为了评价 OPEN 表中的结点通向目标结点的希望程度，定义了一个评价函数 $f(n)=g(n)+h(n)$，其中 $g(n)$是从初始结点到结点 n 的实际路径的耗散值，$h(n)$是从结点 n 到目标结点的最佳路径的耗散值的估计。A 算法按照评价函数 $f(n)$的大小对 OPEN 表中的结点进行排序，优先扩展最有希望通向目标结点的结点。分支界限法在 OPEN 表中保留了所有已生成而未被考察的结点，并用 $g(n)$对它们一一进行评价，按照 g 值从小到大进行排列，即每次都选择 g 值最小的结点进行考察。动态规划法是对分支界限法的改进，其 OPEN 表中的结点也是按照 $g(n)$的值从小到大排列，但对于某个中间结点 I，只考虑 S 到 I 中最小耗散值这一条局部路径，其余的全部删除，因此该方法与分支界限法相比提高了搜索效率。与分支界限法从 OPEN 表的全体结点中选择一个 g 值最小的结点不同，爬山法每次从刚扩展出的子结点中选择一个 g 值最小的结点进行扩展，虽然选择范围小，显得狭隘，但较节省时间。A^* 算法是特殊的 A 算法，它要求启发式函数满足 $h(n)\leqslant h^*(n)$，其中的 $h^*(n)$是从结点 n 到目标结点 t 的最短路径的耗散值。A^* 算法具有可采纳性。

在介绍了与/或图的知识表示方法之后，本章给出了与/或图的 AO^* 搜索策略，在与/或图中，由于出现了“与”结点，因此问题的解由状态空间图中的“解路径”变为“解图”。考虑到博弈问题是人工智能的重要研究课题，本章最后给出了专门针对博弈问题的极大极小搜索法和 α-β 剪枝法。

3.7　习　　题

1. 说说你对搜索的理解？搜索要解决的问题有哪些？
2. 盲目搜索和启发式搜索各指什么？它们各自有什么特征？
3. 搜索的方向有哪些？在解决实际问题时如何设计搜索的方向？
4. 什么是状态空间？用状态空间表示问题时，什么是问题的解？什么是最佳解？
5. 用状态空间表示传教士和野人问题。假设在河左岸有 3 个野人、3 个传教士和 1 条船，现在想用这条船把所有的传教士和野人送到河右岸，但要受到以下条件的限制：①传教士和野人都会划船，但船上至多能承载两人；②在河的任何一岸，如果野人的人数超过传教士的人数，野人就会吃掉传教士；③野人服从传教士的过河安排。试规划一个安全的过河方案，让传教士和野人都安全到达河的右岸。
6. 试用回溯策略解决二阶汉诺塔问题。
7. 在状态空间搜索中，OPEN 表和 CLOSED 表都有什么用途，它们有什么区别？
8. 深度优先搜索策略和宽度优先搜索策略各有什么特征？它们的主要区别是什么？

9. 用深度限制为4的有界深度优先搜索策略解决图3-19所示的卒子穿阵问题，画出搜索图，并写出OPEN表和CLOSED表的变化情况。

10. 用宽度优先搜索策略解决图3-19所示的卒子穿阵问题，画出搜索图，并写出OPEN表和CLOSED表的变化情况。

11. 在启发式搜索中，什么是评价函数？有哪些设计评价函数的方法？

12. 基于A算法，解决图3-54所示的移动将牌游戏，其中B代表黑色将牌，W代表白色将牌，E代表该位置为空。游戏的玩法是：①当一个将牌移入相邻的位置时，费用为1个单位；②一个将牌至多可以跳过两个将牌进入空位，其费用等于跳过的将牌数加1。要求把所有的黑色将牌B都移至所有的白色将牌W的右边。

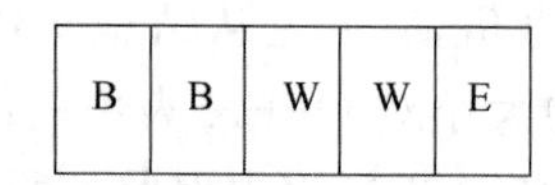

图3-54 移动将牌游戏的初始状态

13. 分支界限法、动态规划法和爬山法有什么区别和联系？

14. 分析爬山法存在哪些问题。

15. 比较用分支界限法和动态规划法解决图3-55所示的八城市交通问题时搜索图和OPEN表、CLOSED表的差异，要求找到S到t费用最小的路径。

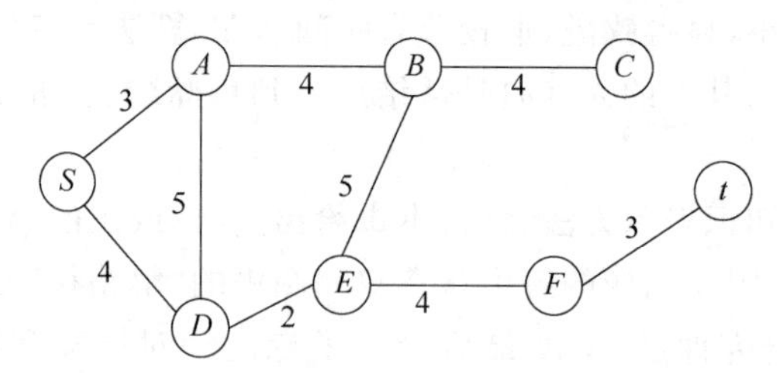

图3-55 八城市交通问题

16. 采用爬山法找到图3-55所示的八城市交通问题中，从S到t费用最小的路线，画出搜索图，并写出OPEN表和CLOSED表的变化情况。

17. A算法和A^*算法有什么联系？

18. 什么叫A^*算法的可采纳性、信息性和单调性？

19. 用A^*算法解决3个传教士、3个野人用1条船（船上至多载2人）从左岸到右岸的传教士和野人问题，画出搜索图，并写出OPEN表和CLOSED表的变化情况。

20. 基于图3-30所示的八数码问题，验证A^*算法的信息性，画出搜索图，并写出不同A^*算法的OPEN表和CLOSED表的变化情况。

21. 用与/或树表示三阶汉诺塔问题。问题的初始状态和目标状态如图3-56所示。

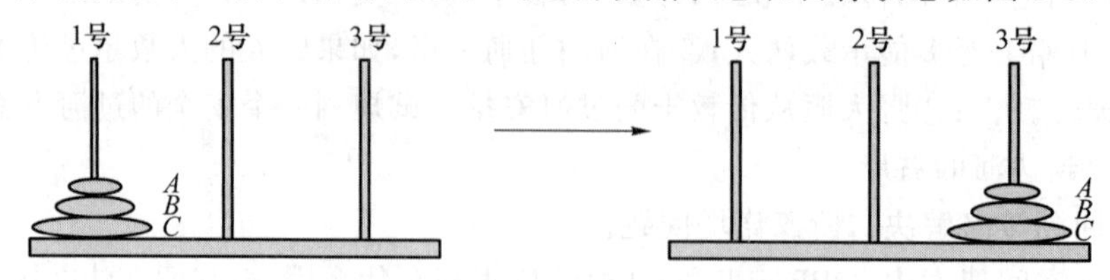

图3-56 三阶汉诺塔问题的初始状态和目标状态

22. 什么是与/或图的解图？解图的耗散值如何计算？

23. 用 AO* 算法求解图 3-57 所示与/或图的解图，其中结点旁边的数字是该结点的估计耗散值，实心的结点表示可解结点。

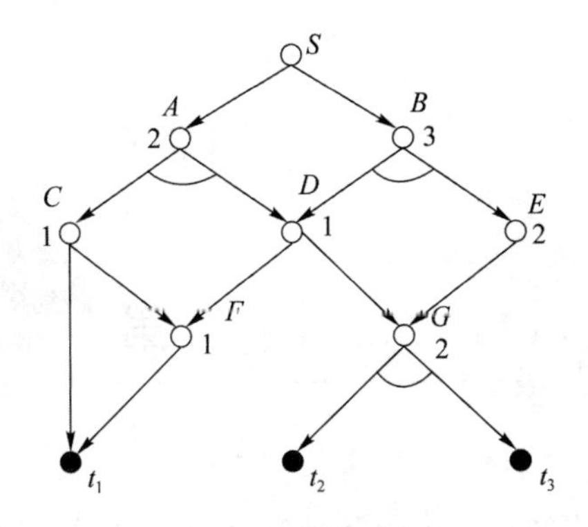

图 3-57 一个与/或图

24. 与/或图、状态空间图有什么区别和联系？

25. 说明 AO* 算法的主要流程。

26. 什么是博弈？什么是“二人零和、全信息、非偶然”博弈？

27. 对图 3-58 所示的博弈树分别采用极大极小搜索法和 α - β 剪枝法计算出各结点的倒推值并找到最佳走步。对于 α - β 剪枝法，请说明剪枝在哪里，是何种类型的剪枝。

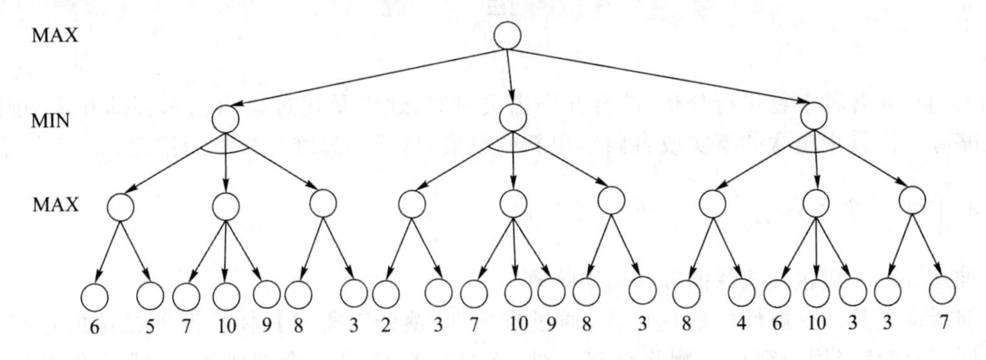

图 3-58 博弈树

28. 极大极小搜索法和 α - β 剪枝法有什么区别和联系？

第4章 逻辑推理

利用知识表示方法可以将知识表示为某种符号形式，以便于对计算机进行操纵。但是，为了使计算机具有智能，仅仅使其拥有知识并不够，还必须使其具有思维能力，也就是让计算机能够运用知识进行推理，从而进行问题求解。研究学者对推理进行了较多的研究，提出了很多可以在计算机上实现的推理方法，经典逻辑推理是最先被提出的一种。本章将从逻辑推理的含义入手，进而介绍归结演绎推理，并讨论逻辑推理在人工智能系统中的应用。

4.1 推　　理

人们在对各种事物进行分析、综合并做出决策时，通常是通过运用已掌握的知识，按照某种策略寻找出其中蕴含的事实或者归纳出新的事实，这样的思维过程称为推理。

4.1.1 推理方法

推理方法一般包括演绎推理和归纳推理。

演绎推理是从一般性的前提出发，通过推导即“演绎”，得出具体情况的结论的过程。例如，已知任何超级用户都可以删除任何文件，而且 robot5 是一个超级用户，那么可以得到结论：robot5 可以删除任何文件。这就是常用的三段论推理规则，其中“任何超级用户都可以删除任何文件”是已知的一般性前提，“robot5 是一个超级用户”是关于个别事实的判断，经演绎推出的结论“robot5 可以删除任何文件”是由大前提推出的适用于小前提的新判断。演绎推理是从一般到特殊的推理，由演绎推理导出的结论都蕴含于大前提的一般性知识之中。

归纳推理是从足够多的事例中归纳出一般性结论的推理过程，是一种由个别到一般的推理。例如，银行对其客户进行信贷风险评估，如果通过对每一位客户的评估发现债务低的客户信贷信用都是良好的，则可以推导出结论“债务低的客户信贷风险低”。考察了相应问题的全部对象的归纳推理称为完全归纳推理，完全归纳推理根据全部对象是否都具有某种属性而推出问题的结论。不完全归纳推理则通过考察问题的部分对象而得出结论，例如，信贷风险评估时，只是随机地抽取了部分债务低的客户，发现其信贷信用都是良好的，就得出了“债务低的客户信贷风险低”的结论，这就是一个不完全归纳推理。不完全归纳推理推出的结论不具有必然性，而完全归纳推理是必然性推理。由于考察事物的所有对象通常比较困难，因而大多数归纳推理是不完全归纳推理。

4.1.2 控制策略

推理过程不仅依赖于所用的推理方法,也依赖于推理的控制策略。推理的控制策略是指如何使用领域知识使推理过程尽快达到目标的策略。推理策略主要解决推理方向、冲突消解等问题,此外,由于智能系统的推理过程一般为一种搜索过程,因此推理控制策略也包括搜索策略。

1. 推理方向

推理方向是推理过程的方向,可以从初始证据到目标,也可以从目标到初始证据。推理方向一般包括正向推理、逆向推理和双向推理等。

正向推理是将已知事实作为出发点的一种推理,又称为数据驱动推理。正向推理的基本思想是:从初始已知事实出发,在知识库中找出当前适用的知识,构成适用知识集,然后依据某种冲突消解策略从适用知识集中选出一条知识进行推理,并将推出的新事实加入数据库作为下一步推理的证据,如此重复地进行这一过程,直到完成求解或者知识库中再无适用的知识。正向推理具有盲目、效率低等缺点,推理过程中可能会推出许多与问题求解无关的子目标。

逆向推理是将某个假设目标作为出发点的一种推理,又称为目标驱动推理。逆向推理的基本思想是:首先选定一个假设目标,然后寻找支持该假设的证据,如果所需的证据都能找到,则说明原假设是成立的;如果无法找到所需要的证据,则说明原假设不成立,此时需要另做新的假设。在逆向推理中,如果提出的假设目标不符合实际,则会降低系统的效率。

为了解决正向推理和逆向推理中存在的问题,在自动定理证明等问题中经常采用将正向推理与逆向推理同时进行的双向推理。双向推理的基本思想是:一边根据已知事实进行正向推理但并不推到最终目标,另一边从某假设目标出发进行逆向推理但并不推至原始事实,让二者在中途相遇,即由正向推理所得的中间结论恰好是逆向推理此时需要的证据,这时推理就可以结束了。逆向推理所做的假设就是推理的最终结论。双向推理的困难在于权衡正向推理与逆向推理的比重,即确定“碰头”的时机。

2. 模式匹配与冲突消解

推理过程需要从知识库中选出适用的知识,这就要用已知事实与知识库中的知识进行匹配。通常,匹配都难以做到完全一致,为此需要确定适当的匹配方法。匹配过程中需要查找知识库,这就涉及知识库的搜索策略,这是推理中需要解决的一个重要问题。另一个重要问题是当适用的知识有多条的时候应该选用哪一条,即冲突消解策略。

3. 搜索策略

搜索策略主要解决推理线路、推理效果、推理效率等问题。搜索策略包括只求单一解、求出全部解、只求最优解。为了防止无穷的推理过程或者由于推理过程太长而增加时间及空间的复杂性,一般会在控制策略中指定推理的限制条件,以对推理的深度、宽度、时间、空间等进行限制。

4.2 逻辑推理

逻辑学是研究推理和证明的科学。逻辑推理侧重于推理的过程是否正确,以及各个命题之间具有的形式关系。例如,有如下命题:

“所有的金属都是导电的”

"铁是金属"

"铁是导电的"

依据逻辑推理规则,当前两个命题为真时,可以推理判断出第三个命题是真的。这就是著名的亚里士多德三段论。由于命题的取值只有"真"与"假",因而经典逻辑推理中的已知事实以及推出的结论都是精确的,所以又称为精确推理或确定性推理。

用数学的方法研究关于推理、证明等逻辑问题的学科称为符号逻辑或数理逻辑。符号逻辑满足形式逻辑的基本要求,包括表示命题以及命题间的关系,研究命题之间存在着的真假推导关系的规律,形成推理规则的数学化的逻辑系统。简而言之,符号逻辑就是精确化、数学化的形式逻辑。

符号逻辑最基本也最重要的组成部分是"命题逻辑"和"谓词逻辑"。命题逻辑能够利用符号描述命题,却无法描述命题中涉及的讨论对象。谓词逻辑是一种表达能力更强的形式语言,可以用来描述对象的属性或者对象之间的关系。例如,利用命题逻辑表达"星期一是阴雨天气"和"星期二是阴雨天气"两个命题时需要使用两个命题符号,而利用谓词逻辑表达类似的命题时只使用一个谓词 weather(X,rainy)就可以表明不同日期的天气情况。由于谓词逻辑的语句中包含变量,所以在说明个体变量的讨论范围时还需要利用量词进行限制,如$\forall X$ weather(X,rainy)可以表明讨论范围内任意一天的天气状况。注意,本章将命题逻辑或谓词逻辑表示的命题统称为命题公式。

4.2.1 命题语义

命题只是对事物情况的陈述,一旦一个命题被判定为"真"或者被判定为"假",命题就成了断言,这称为命题的真值。利用命题公式描述的自然语言语句原本蕴含的语义将被忽略,其逻辑语义就是其真值。命题获取真值的方式是解释。

定义 4-1 设 P 为一个命题公式,对 P 中各个命题的一次真值指派称为对 P 的一个解释。

解释是对命题公式中的各原子命题的含义赋值。在相应解释下,依据各连接词的意义可以求出命题公式的真值。例如,命题符号 A 和 B 有 4 种不同的真值指派方式,由 A、B 以及不同的连接词组成的公式的含义通常由真值表的形式给出,如表 4-1 所示。

表 4-1 由命题符号 A、B 以及不同连接词组成的公式的真值表

A	$\neg A$	B	$\neg A \vee B$	$A \wedge B$	$A \vee B$	$A \rightarrow B$	$A \leftrightarrow B$
T	F	T	T	T	T	T	T
T	F	F	F	F	T	F	F
F	T	T	T	F	T	T	F
F	T	F	T	F	F	T	T

定义 4-2 设 P 为一个命题公式,如果:

① 在任何解释之下,P 的真值都为真,那么 P 称为重言式或者永真式;

② 在任何解释之下,P 的真值都为假,那么 P 称为矛盾式或者永假式;

③ 至少存在一个解释使得 P 的真值为真,那么 P 称为可满足式。

由于谓词逻辑描述的命题公式中存在变量,因此可能存在无限数量的解释。例如,命题公式$\forall X$robot(X)$\rightarrow$smart(X)的真值，必须针对个体域上的每个解释逐一地判定语句的可满足性。如果个体域是无限的，那么穷举式的测试在计算上是不可行的，此时命题公式的真值称为不可判定的。

4.2.2 范式和等值演算

逻辑推理的一个特点是有太多不同的方式来描述意义相同的命题。命题通常可以有多种表达形式，如命题公式 $P\rightarrow Q$、$\neg P\vee Q$ 和$\neg(P\wedge\neg Q)$的真值在任何解释下都一致，即逻辑等价。这对逻辑学家来说不是问题，但对自动化的推理系统来说就是个严重的问题。

对命题公式的表达形式进行约定能够便于编写运算这些公式的计算机程序，这个约定称为“范式”。范式能够将知识表达的形式标准化，对自动推理过程起简化作用。

1. 合取范式

定义 4-3 设 P 为如下形式的命题公式：

$$P_1\wedge P_2\wedge\cdots\wedge P_n$$

其中，$P_i(i=1,2,\cdots,n)$形如 $L_1\vee L_2\vee\cdots\vee L_m$。若 $L_j(j=1,2,\cdots,m)$为原子公式或原子公式否定式，则称 P 为合取范式。

例如，$(P\vee Q)\wedge(\neg P\vee Q\vee R)\wedge(\neg Q\vee\neg R)$就是一个合取范式。

2. 析取范式

定义 4-4 设 P 为如下形式的命题公式：

$$P_1\vee P_2\vee\cdots\vee P_n$$

其中，$P_i(i=1,2,\cdots,n)$形如 $L_1\wedge L_2\wedge\cdots\wedge L_m$。若 $L_j(j=1,2,\cdots,m)$为原子公式或原子公式否定式，则 P 称为析取范式。

例如，$(P\wedge Q)\vee(\neg P\wedge Q\wedge R)\vee(\neg Q\wedge\neg R)$就是一个析取范式。

3. 等值演算

如果命题公式 P 和 Q 对于任何解释都具有相同的真值，那么 P 和 Q 称为等价式。等值演算利用等价式，通过不断进行代入或替换，将命题公式由一种形式转换为另一种形式，而不改变其语义。任何命题公式都可以利用等值演算转化为与之等价的合取范式或析取范式。

常用的基本等价式如表 4-2 所示，其中 P、Q 和 R 表示命题公式。需要注意的是，符号“$\Leftrightarrow$”并不是连接词，而是公式之间的关系符号，表示命题公式 P 和 Q 之间具有逻辑等价关系。

表 4-2 常用的基本等价式

交换律	$P\wedge Q\Leftrightarrow Q\wedge P$ $P\vee Q\Leftrightarrow Q\vee P$
结合律	$(P\vee Q)\vee R\Leftrightarrow P\vee(Q\vee R)$ $(P\wedge Q)\wedge R\Leftrightarrow P\wedge(Q\wedge R)$
分配律	$P\vee(Q\wedge R)\Leftrightarrow(P\vee Q)\wedge(P\vee R)$ $P\wedge(Q\vee R)\Leftrightarrow(P\wedge Q)\vee(P\wedge R)$
摩根律	$\neg(P\vee Q)\Leftrightarrow\neg P\wedge\neg Q$ $\neg(P\wedge Q)\Leftrightarrow\neg P\vee\neg Q$
双重否定律	$\neg(\neg P)\Leftrightarrow P$

续表

吸收律	$P \vee (P \wedge Q) \Leftrightarrow P$ $P \wedge (P \vee Q) \Leftrightarrow P$
等幂律	$P \vee P \Leftrightarrow P$ $P \wedge P \Leftrightarrow P$
互补律	$P \vee \neg P \Leftrightarrow T$
矛盾律	$P \wedge \neg P \Leftrightarrow F$
蕴含等值式	$P \rightarrow Q \Leftrightarrow \neg P \vee Q$
等价等值式	$P \leftrightarrow Q \Leftrightarrow (P \rightarrow Q) \wedge (Q \rightarrow P)$
归谬律	$(P \rightarrow Q) \wedge (P \rightarrow \neg Q) \Leftrightarrow \neg P$
逆反律	$P \rightarrow Q \Leftrightarrow \neg Q \rightarrow \neg P$

命题逻辑中的等价公式也适用于谓词逻辑。此外，谓词公式中存在变量，与形如$\forall X p(X)$或$\exists X p(X)$的谓词公式相关的基本等价式如表 4-3 所示。

表 4-3　量词相关的基本等价式

约束变量换名规则	$\forall X p(X,Z) \Leftrightarrow \forall Y\, p(y,Z)$ $\exists X p(X,Z) \Leftrightarrow \exists Y\, p(y,Z)$
量词转换律	$\neg \forall X p(X) \Leftrightarrow \exists X \neg p(X)$ $\neg \exists X p(X) \Leftrightarrow \forall X \neg p(X)$
量词分配律	$\forall X(p(X) \wedge q(X)) \Leftrightarrow \forall X p(X) \wedge \forall X Q(X)$ $\exists X(p(X) \vee q(X)) \Leftrightarrow \exists X p(X) \vee \exists X Q(X)$
量词辖域扩张及收缩律	$\forall X p(X) \wedge Q \Leftrightarrow \forall X(p(X) \wedge Q)$ $\exists X p(X) \wedge Q \Leftrightarrow \exists X(p(X) \wedge Q)$ $\forall X p(X) \vee Q \Leftrightarrow \forall X(p(X) \vee Q)$ $\exists X p(X) \vee Q \Leftrightarrow \exists X(p(X) \vee Q)$ $\forall X p(X) \rightarrow Q \Leftrightarrow \exists X(p(X) \rightarrow Q)$ $\exists X p(X) \rightarrow Q \Leftrightarrow \forall X(p(X) \rightarrow Q)$ $Q \rightarrow \forall X p(X) \Leftrightarrow \forall X(Q \rightarrow p(X))$ $Q \rightarrow \exists X p(X) \Leftrightarrow \exists X(Q \rightarrow p(X))$ （Q 为不含约束变元 X 的谓词公式）

4.2.3　推理规则

数理逻辑中推理的含义是在前提真值为真的情况下，可以得出结论的真值也为真。结论与前提的这种真值一致性的关系称为逻辑派生，可以用逻辑连接词“蕴含”进行描述。

定理 4-1　命题公式 $A_1, A_2, \cdots, A_n$ 对于 B 的推理是正确的，也称为是有效的，当且仅当

$$A_1 \wedge A_2 \wedge \cdots \wedge A_n \rightarrow B$$

为重言式。

证明：

（充分性）如果蕴含式 $A_1 \wedge A_2 \wedge \cdots \wedge A_n \rightarrow B$ 为重言式，则对于任何赋值蕴含式均为真，因而不会出现前件为真、后件为假的情况，即在任何赋值下，或者 $A_1 \wedge A_2 \wedge \cdots \wedge A_n$ 为假，或者

$A_1,A_2,\cdots,A_n$ 和 B 同时为真。因此,命题公式 $A_1,A_2,\cdots,A_n$ 对于 B 的推理是正确的。

(必要性)如果命题公式 $A_1,A_2,\cdots,A_n \to B$ 的推理正确,则对于 $A_1,A_2,\cdots,A_n$ 和 B 中所含命题变量的任意赋值,不会出现 $A_1 \wedge A_2 \wedge \cdots \wedge A_n$ 为真而 B 为假的情况,因而在任何赋值下,蕴含式 $A_1 \wedge A_2 \wedge \cdots \wedge A_n \to B$ 为重言式。

根据定理 4-1,将推理前提的合取式作为蕴含式的前件,结论作为蕴含式的后件,推理正确可记作

$$A_1 \wedge A_2 \wedge \cdots \wedge A_n \Rightarrow B$$

其中,符号"⇒"表示蕴含式为重言式。推理所得的结论称为前提的逻辑结论,或者有效的结论。

需要注意的是,推理正确并不能保证结论 B 一定成立。因为根据蕴含式的逻辑含义,如果前提不正确,不论结论是否正确,推理都是正确的。因而,只有在推理正确并且前提成立的条件下,结论才一定成立。此外,这里的推理是形式推理,正确的推理仅仅说明结论与前提真值的一致性,并不意味着结论确实是由前提演绎而来的。

由于命题公式可能具有复杂的形式,或者包含无限个体域中的变量,因此真值表无法用于判定命题公式之间的真值是否一致。逻辑学家总结了推理规则,并用已证的命题演绎出新的命题。常用的逻辑推理规则如表 4-4 所示,其中 P、Q 和 R 是命题公式。

表 4-4 常用的逻辑推理规则

规则	形式
化简式(与消除)	$P \wedge Q \Rightarrow P$ $P \wedge Q \Rightarrow Q$
与引入	$P,Q \Rightarrow P \wedge Q$
附加式	$P \Rightarrow P \vee Q$
假言推理	$P,P \to Q \Rightarrow Q$
拒取式	$\neg Q,P \to Q \Rightarrow \neg P$
析取三段论	$\neg P,P \vee Q \Rightarrow Q$
假言三段论	$P \to Q,Q \to R \Rightarrow P \to R$
二难推理	$P \vee Q,P \to R,Q \to R \Rightarrow R$

由于谓词逻辑中存在变量及其量词,因此谓词逻辑的推理规则还包括量词相关的常用推理规则,如表 4-5 所示。

表 4-5 量词相关的常用推理规则

规则	形式
全称指定	$\forall X p(X) \Rightarrow p(a)$,$a$ 是个体域中任一确定个体
存在指定	$\exists X p(X) \Rightarrow p(a)$,$a$ 是个体域中某一确定个体
全称推广	$p(a) \Rightarrow \forall X p(X)$,$a$ 是个体域中任一确定个体
存在推广	$p(a) \Rightarrow \exists X p(X)$,$a$ 是个体域中某一确定个体

如果推理规则能够产生给定前提的所有逻辑结论,则推理规则是完备的。

证明是一个描述推理过程的命题公式序列,其中每个公式或者是已知前提,或者是由前面的公式应用推理规则得到的结论。证明中常用的推理规则如下。

① 前提引入:证明的任何步骤都可以引入前提。

② 结论引入:证明的任何步骤得到的结论都可以作为后继证明的前提。

③ 置换规则:在证明的任何步骤中,命题公式中的子公式都可以用等价的公式置换,得到公式序列中的又一个公式。

例 4-1 操作系统的文件都存放于C盘,具有sys前缀名的文件是操作系统文件;超级用户可以清除C盘中的任何文件。robot5是超级用户。文件file_1的前缀名是sys。证明robot5可以删除文件file_1。

解:首先利用谓词公式表达上述语句所描述的事实和问题。

前提为

```
∀X os_file(X)→c_disk(X)
∀X predix_sys(X)→os_file(X)
∀X ∀Y(supervisor(Y)∧c_disk(Y))→delete(X,Y)
predix_sys(file_1)
supervisor(robot5)
```

结论为

```
delete(robot5,file_1)
```

应用推理规则进行如下推理。

```
∀X predix_sys(X)→os_file(X)
predix_sys(file_1)→os_file(file_1)                      全称固化
predix_sys(file_1)
os_file(file_1)                                         假言推理
∀X os_file(X)→c_disk(X)
os_file(file_1)→c_disk(file_1)                          全称固化
c_disk(file_1)                                          假言推理
∀X ∀Y(supervisor(X)∧c_disk(Y))→delete(X,Y)
∀Y(supervisor(robot5)∧c_disk(Y))→delete(robot5,Y)       全称固化
supervisor(robot5)∧c_disk(file_1))→delete(robot5,file_1) 全称固化
supervisor(robot5)
delete(robot5,file_1)                                   假言推理
```

上述的推理过程完全是一个符号变换过程。虽然每个语句都具有特定的含义,但是逻辑推理并不需要这些句子的具体含义,只需要根据其中的逻辑连接词的含义对推理的结构进行检查,就可以保证推理的合法性。这种推理十分类似于人们用自然语言进行的推理,因而也称为自然演绎推理。

自然演绎推理是传统谓词逻辑中的基本推理方法,其优点是表达定理证明过程自然,容易理解,而且拥有丰富的推理规则,推理过程灵活。但是,将自然演绎推理方法引入机器的自动推理却存在许多困难。例如,推理规则太多,应用规则需要很强的模式识别能力,中间结论的指数递增等。这对于规模较大的推理问题来说是十分不利的,甚至是难以实现的。所以,在机器推理中直接应用自然演绎推理方法存在很多困难。

4.3 归结原理

计算机科学在早期时代就对自动的定理证明过程有很大兴趣。自动定理证明方面最重要的突破是锡拉库扎大学的阿兰鲁滨孙(A. Robinson)在1965年的一篇重要论文中提出的归结原理。

4.3.1 子句

为了简化问题,归结过程需要一种标准的命题形式——子句。应用归结原理之前,需要先将命题公式形式的前提和结论转换为子句的集合。子句是一种相对简单的命题形式。

定义 4-5 文字的析取式称为子句。其中,文字是原子命题或者原子命题的否定式。

例如,$\neg p \vee \neg q \vee r$ 和 $\neg r \vee s$ 和 $\neg s$ 都是子句。命题公式的子句集是其合取范式形式下的所有合取项的集合。Nilsson 于1971年证明了所有的命题都可以通过算法转化为子句形式,同时给出了一个简单的转化算法,其步骤如下。

(1) 消去蕴含词和等价词

可以利用如下等价式消去蕴含词和等价词:

$$P \rightarrow Q \Leftrightarrow \neg P \vee Q$$

$$P \leftrightarrow Q \Leftrightarrow (P \rightarrow Q) \wedge (Q \rightarrow P)$$

(2) 缩小否定词的作用范围

缩小否定词的作用范围,使其仅作用于原子公式,可以利用如下等价式:

$$\neg(\neg P) \Leftrightarrow P$$

$$\neg(P \vee Q) \Leftrightarrow \neg P \wedge \neg Q$$

$$\neg(P \wedge Q) \Leftrightarrow \neg P \vee \neg Q$$

$$\neg \forall X p(X) \Leftrightarrow \exists X \neg p(X)$$

$$\neg \exists X p(X) \Leftrightarrow \forall X \neg p(X)$$

(3) 变量重命名

进行变量重命名,使不同量词限定的变量具有不同的名字。

(4) 得到前束范式

将所有量词移至辖域范围的最左端,注意不要更改量词的顺序,此时所得公式为前束范式。

(5) 将公式转化为合取范式

利用如下结合律和分配律将公式转化为合取范式:

$$P \vee (Q \wedge R) \Leftrightarrow (P \vee Q) \wedge (P \vee R)$$

(6) 消去存在量词

所有的存在量词都可以利用 Skolem 标准化过程进行消除。斯柯伦(L. Skolem)对其进行了改进,使范式中不再出现存在量词。从范式中消去全部存在量词所得到的公式即为 Skolem 范式(斯柯伦范式),或称 Skolem 标准型。

删除存在量词的方法是将存在量词的约束变元进行实例化。一般,存在语句用于说明存在满足条件的对象,实例化的过程仅仅是给这个对象进行命名。例如,根据语句

$$\exists X\ \mathrm{color}(X,\mathrm{red})$$

可以推断出：至少有一个赋值可以使其为真，可将其转化为 color(a，red)，其中 a 是个体论域中的使语句为真的一个对象的名称。需要注意的是，这个名称应该是新定义的，不能属于其他对象。新定义的名称为 Skolem 常数。Skolem 标准化不必指出如何得出该值，它只是一种为必然存在的赋值给出名称的方法。如果将上述的实例化方法用于

$$\forall X\ \exists Y\ (\mathrm{ontable}(X,Y) \wedge \mathrm{color}(Y,\mathrm{red}))$$

将得到

$$\forall X\ (\mathrm{ontable}(X,\mathrm{a}) \wedge \mathrm{color}(\mathrm{a},\mathrm{red}))$$

此时，语句的含义是"每张桌子上都有红色的物体 a"，而原语句的含义却是"每张桌子上都有红色的物体"。因此，Skolem 实例应该依赖于 X。修改后，这种依赖关系可以利用函数进行描述：

$$\forall X\ (\mathrm{ontable}(X,f(X)) \wedge \mathrm{color}(f(X),\mathrm{red}))$$

其中，f 称为 Skolem 函数。一般，如果全称量词的辖域内有存在量词，那么存在量词的约束变元的取值依赖全称量词的取值，可将存在量词的约束变元实例化为 Skolem 函数。以上将存在量词的约束变元实例化的方法称为 Skolem 标准化。

(7) 去掉全称量词

所有的变量为隐式的全称量化。由此可知，子句形式的命题不含有存在量词，原子命题的变量都是隐式的全称限定的，并且命题中不含有合取和析取以外的连接词。

例 4-2 将公式 $\forall X((\forall Y p(X,Y) \to \neg \forall Y(q(X,Y) \to r(X,Y)))$ 化为子句形式。

解：对原始语句消去蕴含词：

$$\forall X(\neg \forall Y\ p(X,Y) \vee \neg \forall Y(\neg q(X,Y) \vee r(X,Y)))$$

缩小否定词的作用范围：

$$\forall X(\exists Y \neg p(X,Y) \vee \exists Y(q(X,Y) \wedge \neg r(X,Y)))$$

存在同名变量 Y，将第二个 Y 改名为 Z，可得

$$\forall X(\exists Y \neg p(X,Y) \vee \exists Z(q(X,Z) \wedge \neg r(X,Z)))$$

将量词移至最左端：

$$\forall X\ \exists Y\ \exists Z(\neg p(X,Y) \vee (q(X,Z) \wedge \neg r(X,Z)))$$

两个存在量词限定的变量都位于全称量词限定变量 X 的作用范围内，需要将其替换为 X 的两个不同函数：

$$\forall X(\neg p(X,f(X)) \vee (q(X,g(X)) \wedge \neg r(X,g(X))))$$

直接删除全称变量，可得

$$\neg p(X,f(X)) \vee (q(X,g(X)) \wedge \neg r(X,g(X)))$$

转化为合取范式：

$$(\neg p(X,f(X)) \vee (q(X,g(X))) \wedge (\neg p(X,f(X)) \vee \neg r(X,g(X))))$$

消去合取词，将合取项分成单独子句：

$$\neg p(X,f(X)) \vee q(X,g(X))$$

$$\neg p(X,f(X)) \vee \neg r(X,g(X))$$

重命名变量，使得不同子句之间无同名变量，得到子句集：

$$\{\neg p(X,f(X)) \vee q(X,g(X)),\quad \neg p(X,f(X)) \vee \neg r(Y,g(X))\}$$

4.3.2　二元归结

假设

$$C_1: A_1 \vee A_2 \vee \cdots \vee A_i \vee A_{i+1} \vee \cdots \vee A_m$$
$$C_2: B_1 \vee B_2 \vee \cdots \vee B_j \vee B_{j+1} \vee \cdots \vee B_n$$

其中，A_i 和 B_j 是一对互否的文字，即 $A_i \Leftrightarrow \neg B_j$。将 C_1 和 C_2 进行归结将得到

$$C_{12}: A_1 \vee A_2 \vee \cdots \vee A_{i+1} \vee \cdots \vee A_m \vee B_1 \vee B_2 \vee \cdots \vee B_{j+1} \vee \cdots \vee B_n$$

其中，C_{12} 称为父子句 C_1 和 C_2 的归结式。归结式是将父子句去掉一对互否文字后对所有文字的析取。

定理 4-2　归结式是其父子句的逻辑结论。

定理 4-2 可以通过一个简单的例子进行证明。假设已知如下两个子句：

$$a \vee \neg b, \quad b \vee c$$

其中，b 和 $\neg b$ 中总有一个为真，一个为假。如果 b 为假，那么 c 肯定为真；如果 $\neg b$ 为假，那么 a 肯定为真。因此，a 和 c 中至少有一个为真，即两个父子句的归结式 $a \vee c$ 为真。下面，将给出定理 4-2 的证明过程。

证明： 设 C_1 和 C_2 是如下形式的两个子句：

$$C_1 = L \vee C'_1, \quad C_2 = \neg L \vee C'_2$$

其中，L 和 $\neg L$ 是一对互否的文字，由于

$$C_1 = C'_1 \vee L = \neg C'_1 \to L, \quad C_2 = \neg L \vee C'_2 = L \to C'_2$$

由假言三段论可以得到

$$\neg C'_1 \to L, \quad L \to C'_2 \Rightarrow \neg C'_1 \to C'_2 = C'_1 \vee C'_2$$

$C'_1 \vee C'_2$ 是 C_1 和 C_2 的归结式。由上可以证明，归结式是其父子句的逻辑结论。这个推理规则称为归结原理。

例 4-3　利用归结原理证明拒取式 $\neg Q, P \to Q \Rightarrow \neg P$。

证明：

$$\neg Q, P \to Q \Leftrightarrow \neg Q, \neg P \vee Q \Rightarrow \neg P$$

类似地，其他推理规则也可以通过归结原理进行证明。归结原理可以代替其他的推理规则，而且归结过程比较机械，为机器推理提供了便利。

4.3.3　合一

为了应用推理规则，推理系统必须能够判断两个公式是否相同，即是否匹配。由于谓词中存在变量与函数，因此判断文字是否互补的时候需要进行变量替换，以使文字匹配。

定义 4-6　替换是如下所示的有限集合：

$$\{t_1/X_1, t_2/X_2, \cdots, t_n/X_n\}$$

其中，$X_1, X_2, \cdots, X_n$ 是互不相同的变量，$t_1, t_2, \cdots, t_n$ 是不同于 X_i 的项（常量、变量、函数）；t_i/X_i 表示用 t_i 替换 X_i，并且要求 t_i 与 X_i 不能相同，而且 X_i 不能循环地出现在另一个 t_i 中。

例如，为了实现文字 online(X,Y)和 online(Z,josiah)的匹配，可以将替换

$$\{X/Z, \text{josiah}/Y\}$$

应用于两个子句，那么两个子句都将变为 online(X,josiah)。

替换的目的是将某些变量用另外的变量、常量或函数取代，使其不在公式中出现。例如，$\{a/X, f(X)/Y, Y/Z\}$是一个替换，而$\{g(Y)/X, f(X)/Y\}$不是一个替换，因为后者在X和Y之间出现了循环替换现象，既没有消去X，也没有消去Y。若将后者改为$\{g(a)/X, f(X)/Y\}$就可以了，这样就可以将公式中的X用$g(a)$代换，而Y用$f(g(a))$代换，从而消去了变量X和Y。

合一是寻找变量的替换使两个谓词公式一致的过程。谓词公式集的合一不是唯一的，合一会由于一个变量可以替换为任何项而变得复杂。此外，如果在推理过程中失去了一般性，就将缩小最终解的适用范围，或者排除了解的可能性。例如，合一$p(X)$和$p(Y)$时，任何常量$\{a/X, a/Y\}$都可以实现两个表达式的匹配，虽然实现了匹配，但却降低了结果的一般性。可以使用变量产生更为一般的公式，如使用替换$\{X/Y\}$。因此，对合一算法的要求是：合一要尽可能地通用，也就是找到两个公式的最一般合一(Most General Unifier, MGU)。

定义 4-7　设σ是公式集S的一个合一，如果对S的任意一个合一θ都存在一个替换λ，使得$\theta=\sigma \cdot \lambda$，则称$\sigma$是一个最一般合一。

谓词公式集的最一般合一是唯一的。最一般合一求取算法的思想是：对于给定的谓词公式，首先，比较谓词公式的第一个参数，如果参数匹配，则比较第二个参数，否则实施替换使其匹配，并将替换应用于公式后续的参数；然后，比较谓词公式的第二个参数，如果参数匹配，则比较第三个参数，否则实施替换使其匹配，并将替换与之前的替换进行合成，并将合成结果应用于公式后续的参数；重复上述过程，最后，如果公式的参数都得到匹配，则所求替换为最一般合一，否则给定公式不存在最一般合一。

```
function unify(E1,E2);
  begin
    case
      both E1,E2 are constants or the empty list:
        if E1 = E2 then return {}
           else return FAIL;
      E1 is a variable:
        if E1 occurs in E2 then return FAIL
           else return {E2/ E1};
      E2 is a variable:
        if E2 occurs in E1 then return FAIL
           else return {E1/ E2};
      either E1 or E2 are empty then return FAIL;
      otherwise:
         begin
            HE1: = first element of E1;
            HE2: = first element of E2;
            SUBS1: = unify(HE1,HE2) ;
            if SUBS1: = FAIL then return FAIL ;
```

```
            TE1: = apply(SUBS1,rest of E1);
            TE2: = apply(SUBS1,rest of E2);
            SUBS2: = unify(TE1,TE2) ;
            if SUBS2: = FAIL then return FAIL ;
            else return composition(SUBS1,SUBS2);
        end
end
```

以上算法涉及了一个重要概念,即替换的合成。

定义 4-8 如果$\theta=\{t_1/X_1,t_2/X_2,\cdots,t_n/X_n\}$和$\lambda=\{u_1/Y_1,u_2/Y_2,\cdots,u_m/Y_m\}$是两个替换集合,那么$\theta$与$\lambda$的合成也是一个替换,记作$\theta\cdot\lambda$。$\theta$与$\lambda$的合成是从集合

$$\{t_1\cdot\lambda/X_1,t_2\cdot\lambda/X_2,\cdots,t_n\cdot\lambda/X_n,u_1/Y_1,u_2/Y_2,\cdots,u_m/Y_m\}$$

中删去以下两种元素:

$$t_i\lambda/X_i(i=1,2,\cdots,n),\quad 当\ t_i\lambda=X_i\ 时$$

$$u_j/Y_j(j=1,2,\cdots,m),\quad 当\ Y_i\in\{X_1,X_2,\cdots,X_n\}时$$

后得到的集合。

简单来说,替换的合成是对t_i先做λ替换再做θ替换。

例 4-4 设有如下替换:

$$\theta=\{f(Y)/X,Z/Y\}和\ \lambda=\{a/X,b/Y,Y/Z\}$$

则

$$\theta\cdot\lambda=\{f(b)/X,\cancel{Y/Y},\cancel{a/X},\cancel{b/Y},Y/Z\}=\{f(b)/X,Y/Z\}$$

例 4-5 求公式集$S=\{p(X,Y,f(Y)),p(a,g(X),Z)\}$的最一般合一。

解:逐一比对谓词的各个项,将不匹配的项通过项替换变量的过程进行替换。首先,比较两个谓词公式的名称;若谓词名称相同,则进而比较谓词公式的第一个参数,由于X和a不匹配,因此需要利用替换$\{a/X\}$进行合一,并将这个替换应用于后续参数,可得

$$p(a,Y,f(Y)),\quad p(a,g(a),Z)$$

然后,比较第二个参数,由于Y和$g(a)$不匹配,因此需要利用替换$\{g(a)/Y\}$进行合一,并将这个替换应用于后续参数,可得

$$p(a,g(a),f(g(a))),\quad p(a,g(a),Z)$$

最后,比较第三个参数,由于$f(g(a))$和Z不匹配,因此需要利用替换$\{f(g(a))/Z\}$进行合一,可得

$$p(a,g(a),f(g(a))),\quad p(a,g(a),f(g(a)))$$

此时,两个谓词公式是完全一致的。将上述使用的3个替换按照算法递归退出的顺序依次进行合成,将得到$\lambda=\{a/X,g(a)/Y,f(g(a))/Z\}$。$\lambda$就是为了实现谓词公式匹配的最一般合一。

定义 4-9 设C_1和C_2是两个没有相同变元的子句,L_1和L_2分别是C_1和C_2中的文字,若σ是L_1和L_2的最一般合一,则

$$C_{12}=(C_1\sigma-\{L_1\sigma\})\cup(C_2\sigma-\{L_2\sigma\})$$

为C_1和C_2的二元归结式。

例 4-6 设$C_1=p(X)\vee q(X)$,$C_2=\neg p(a)\vee r(Y)$,求C_1和C_2的归结式。

解：取 $L_1=p(X)$，$L_1=\neg p(a)$，则 L_1 和 $\neg L_2$ 的最一般合一 $\sigma=\{a/X\}$，于是

$$\begin{aligned}C_{12}&=(C_1\sigma-\{L_1\sigma\})\cup(C_2\sigma-\{L_2\sigma\})\\&=(\{p(a),q(a)\}-\{p(a)\})\cup(\{\neg p(a),r(Y)\}-\{\neg p(a)\})\\&=\{q(a),r(Y)\}\\&=q(a)\vee r(Y)\end{aligned}$$

谓词演算中，参加归结的子句中如果存在两个或两个以上可合一的文字，那么在归结前需要对这些文字进行合一。例如，以下包含两个子句的子句集：

$$\{p(X)\vee p(f(Y)),\neg p(W)\vee\neg p(f(Z))\}$$

即使包含该子句的子句集是矛盾的，该子句集也无法归结得到空子句。因为在归结过程中，这些子句将化简为重言式。此时，需要将子句中可合一的文字利用其最一般合一进行合一。谓词演算中的归结将利用原子句的因式进行归结，因式是原子句应用 MGU 并去掉冗余子句的结果。例如，$C_1=p(X)\vee p(f(Y))$ 在其最一般合一 $\sigma=\{f(Y)/X\}$ 下将得到子句 $C_1\sigma=p(f(Y))\vee p(f(Y))$，然后用因式 $p(f(Y))$ 代替此子句。

4.3.4 归结反演

归结原理一般不用于直接从前提推导结论，而是用于将命题集合相容性问题的证明转化成不可满足性问题的证明，该过程称为归结反演。

鲁滨孙归结原理是在海伯伦（Herbrand）理论的基础上提出的一种基于逻辑“反证法”的机械化定理证明方法，其基本思想与推理方法中的归谬法有相似之处。

大多数情况下，永真性的证明都是十分困难的，有时甚至是不可能的。研究发现，可以将永真性的证明转化为不可满足性的证明，即证明 $P\rightarrow Q$ 永真只需要证明其否定式 $P\wedge\neg Q$ 是不可满足的。

在构造形式结构为

$$A_1\wedge A_2\wedge\cdots\wedge A_n\Rightarrow B$$

的推理中，若将 $\neg B$ 作为前提能推出矛盾式来，比如得出 $A\wedge\neg A$，则说明推理正确，其原因如下：

$$A_1\wedge A_2\wedge\cdots\wedge A_n\rightarrow B\Leftrightarrow\neg(A_1\wedge A_2\wedge\cdots\wedge A_n)\vee B$$

$$\Leftrightarrow\neg\neg(\neg(A_1\wedge A_2\wedge\cdots\wedge A_n)\vee B)\Leftrightarrow\neg(A_1\wedge A_2\wedge\cdots\wedge A_n\wedge\neg B)$$

如果 $A_1\wedge A_2\wedge\cdots\wedge A_n\wedge\neg B$ 为矛盾式，则说明 $A_1\wedge A_2\wedge\cdots\wedge A_n\rightarrow B$ 为重言式，即

$$A_1\wedge A_2\wedge\cdots\wedge A_n\Rightarrow B$$

这种将结论的否定式作为附加前提引入并推出矛盾式的证明方法称为归谬法。数学中经常使用的反证法就是归谬法。

例 4-7 利用归谬法证明公式 $\neg q$ 是公式集 $\{(p\wedge q)\rightarrow r,\neg r\vee s,\neg s,p\}$ 的逻辑结论。

证明：

① q（结论的否定引入）；

② $\neg r\vee s$（前提引入）；

③ $\neg s$（前提引入）；

④ $\neg r$（②③析取三段论）；

⑤ $(p\wedge q)\rightarrow r$（前提引入）；

⑥ $\neg(p \wedge q)$（④⑤拒取）；

⑦ $\neg p \vee \neg q$（⑥置换）；

⑧ p（前提引入）；

⑨ $\neg q$（⑦⑧析取三段论）；

⑩ $q \wedge \neg q$（①⑨合取）。

由于最后一步 $q \wedge \neg q \Leftrightarrow F$，即

$$(((p \wedge q) \rightarrow r) \wedge (\neg r \vee s) \wedge \neg s \wedge p) \wedge q \Rightarrow F$$

所以$\neg q$ 是前提公式集的逻辑结论。

基于归谬法，对于由前提推导结论的问题，只需要将待证明结论的否定式加入前提公式集合，然后利用归结原理证明这个命题集合是不可满足的，从而间接证明结论是前提的逻辑结论。

由子句集的求法可以看出，子句集中的各个子句间为合取关系，有了子句集，就可以通过一个命题公式的子句集的不可满足性来判断该公式的不可满足性。

用归结式取代它在子句集 S 中的父子句，所得到的新子句集仍然保持着原子句集 S 的不可满足性。归结原理是完备的，即若子句集是不可满足的，则必存在一个从该子句集到空子句的归结演绎；若存在一个从子句集到空子句的演绎，则该子句集是不可满足的。

定理 4-3 设有命题公式 P，其标准形的子句集为 S，则 P 不可满足的充要条件是 S 不可满足。

由此定理可知，为证明一个谓词公式是不可满足的，只要证明相应的子句集是不可满足的就可以了。由于归结式是其父子句的逻辑结论，因此将归结式加入原子句集所得的新子句集保持原子句集的不可满足性。为证明子句集 S 的不可满足性，只要对其中可进行归结的子句进行归结，并把归结式加入子句集 S，然后证明新子句集的不可满足性就可以了。

定义 4-10 不包含任何文字的子句称为空子句。

由归结原理可知，如果两个互否的单元子句 L 和$\neg L$ 进行归结，则归结式为空子句，记作□或者 nil。由于子句集中的子句都是合取关系，因此在归结过程中如果出现一对互否的命题，则说明子句空间出现了冲突（$L \wedge \neg L \Leftrightarrow$F，用空子句表示），子句集是不可满足的。

如果经过归结能得到空子句，根据空子句的不可满足性，则立即可得到原子句集 S 是不可满足的。

对不可满足的子句集 S，归结原理是完备的。即，若子句集不可满足，则必然存在一个从 S 到空子句的归结演绎；若存在一个从 S 到空子句的归结演绎，则 S 一定是不可满足的。

归结反演通过将要证明的命题的否定形式加入已知为真的公理集合来证明定理，然后使用归结过程证明这将导致矛盾。如果定理证明过程说明目标的否定形式与给定的公理集合不一致，那么就证明了原来的目标是一致的。

用归结反演进行定理证明的步骤如下：

① 将前提（公理）转化为子句形式；

② 将待证明命题（定理）的否定式转化为子句形式，加入公理集合；

③ 对上述子句集应用归结原理，并将归结得到的归结式加入原子句集合；

④ 重复步骤③，通过得到空子句证明定理的否定形式与公理是矛盾的。

此外，通过保留归结反演中合一替换的信息就可以给出答案。首先保留要证明的结论，然后将归结过程所做的每个合一都引入该结论。

例 4-8 利用归结原理证明例 4-1 中的负责清理操作系统文件的机器人问题，并求解 robot5 可以删除什么文件。

解：首先，将问题表示为谓词演算的语句，即证明：$\exists F$ delete(robot5, F)。公理和定理否定式的子句形式以及归结的过程如图 4-1 所示。

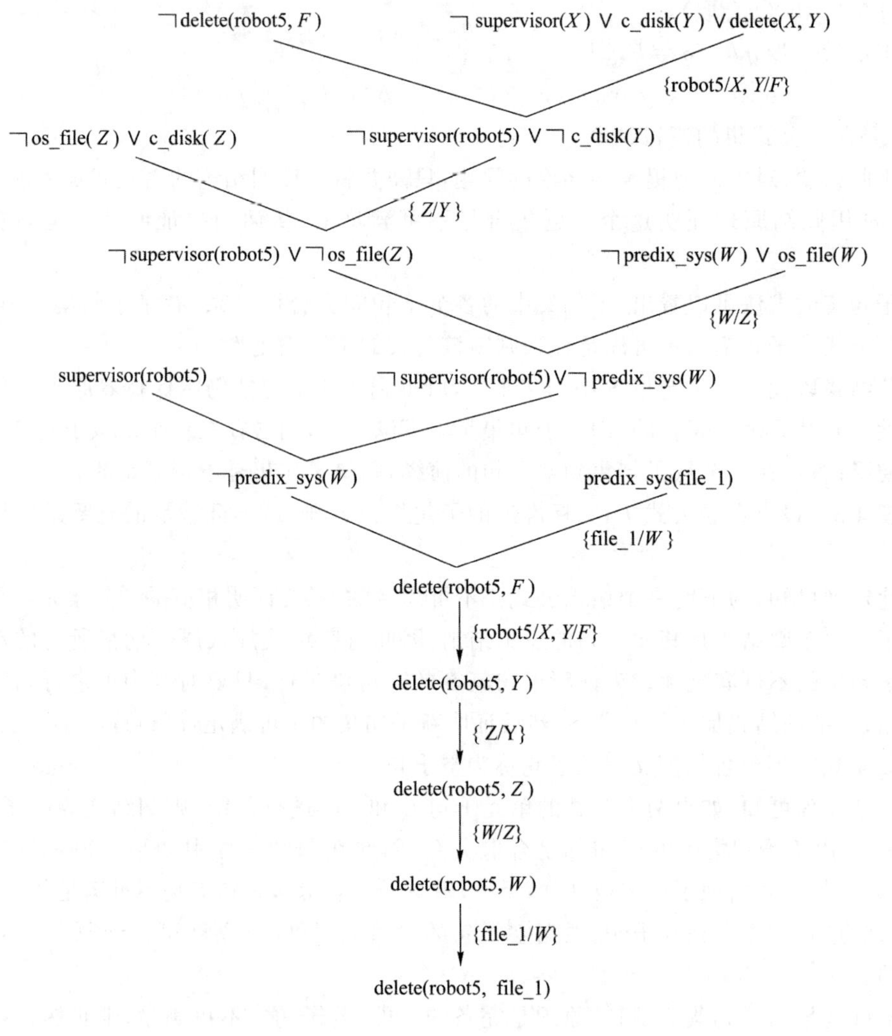

图 4-1 例 4-8 中子句的归结过程

将归结过程所用到的合一替换依次应用到目标子句上，可以求得问题的解答：robot5 可以删除文件 file_1。

4.3.5 归结策略

对子句集进行归结时，关键的一步是从子句集中找出可进行归结的一对子句。由于无法确定哪两个子句可以进行归结，更无法确定通过对哪些子句的归结可以尽快地得到空子句，一种简单而直接的想法就是逐个考察子句集中的子句，利用穷举式进行归结。其步骤如下：

① 将原始子句空间中的逐对子句进行比较，凡是可以归结的都进行归结，经过这一轮的比较及归结得到的归结式称为第一级归结式；

② 将原始子句空间中的子句分别与第一级归结式中的子句逐个地进行比较、归结，这样

又会得到一组归结式，称为第二级归结式；

③ 将原始子句空间中的子句以及第一级归结式中的子句逐个地与第二级归结式中的子句进行比较，得到第三级归结式；

④ 如此继续，直到出现了空子句或者不能再继续归结。

以上的归结过程实际上是基于宽度优先搜索策略的。宽度优先的搜索策略是完备的，只要子句集是不可满足的，一定会归结出空子句而终止。但是其在处理大问题时很快就难以控制。因为在归结过程中必须对子句集中的所有子句逐对地进行比较，即对任何一对可归结的子句都进行归结，这样不仅会耗费许多时间，而且会因为归结出许多无用的归结式而占用大量的存储空间，造成了时空浪费，降低了效率。因此，启发式搜索对归结证明过程非常重要。为解决这些问题，人们研究出了多种归结策略，通过对参加归结的子句进行种种限制，尽可能地减小归结的盲目性，使其尽快地归结出空子句。

1. 支持集策略

支持集策略（Wos & Robinson，1968）是一种针对大的子句空间的极好策略。对于输入的子句集 S 可以定义一个 S 的子集 T，称为支持集。策略要求每次归结的亲本子句之一在支持集中。

Wos 等人在 1984 年证明，如果 S 是不可满足的并且 $S\text{-}T$ 是可满足的，那么支持集策略是完备的。也就是说，如果子句集是不可满足的，则由支持集策略一定可以归结出空子句。

如果原子句集是一致的，那么包含原查询的否定的任何支持集都满足这些要求。这一策略基于对如下事实的洞察：要证明目标的否定是导致子句空间中矛盾形成的原因。支持集强制归结的子句中至少有一个是目标的否定或者由其归结生成的子句。

2. 线性输入形式策略

线性输入形式策略是对目标的否定式和原始公理的直接使用：对于目标的否定式，先用公理之一进行归结，得到新的子句，再将结果和公理之一进行归结得到另一个新子句，最后和一个公理进行归结……过程一直进行，直到产生空子句。线性输入形式策略的每一步都对最近生成的子句和来源于问题原始描述的一条公理进行归结，不使用前面导出的子句，也不归结两个公理。

线性输入形式策略可限制生成归结式的数量，具有简单、高效的优点。但是线性输入形式策略是不完备的，也就是说，即使子句集是不可满足的，用线性输入形式策略进行归结时也不一定能归结出空子句。

3. 单文字子句优先策略

归结中矛盾的导出是得到没有文字的子句。于是，每归结生成一个比原子句包含更少文字的结果子句，就离生成没有文字的子句更近一步。特别是，归结只包含一个文字的子句（称为单文字子句）时能保证归结式比最大的父子句小。单文字子句优先策略是指只要存在个体子句就使用个体子句归结。用单文字子句优先策略进行归结时，归结式将比亲本子句含有更少的文字，这有利于朝着空子句的方向前进，因此这种策略有较高的归结效率。

个体归结策略是与单文字子句优先策略相关的一个策略，其需要的归结式之一总是个体子句。个体归结策略比单文字子句优先策略有更强的要求，但是这种归结策略是不完备的。当初始子句集中不包含单文字子句时，归结无法进行。

4. 简化技术

归结过程是一个不断寻找可归结子句的过程，子句越多，付出的代价就越大。如果归结时能将子句集中的无用子句删除掉，就能缩小寻找范围，减少比较次数，从而提高归结的效率。删除策略正是基于这一考虑提出来的，一般有以下几种删除方法。

(1) 纯文字删除法

如果文字 L 在子句集中不存在可与之互补的文字 $\neg L$，则称该文字为纯文字。显然，归结时纯文字不可能被消去，因而对包含它的子句进行归结不可能得到空子句，即这样的子句对归结是无意义的，所以可以将其所在的子句从子句集中删去，这样不会影响子句集的不可满足性。设有子句集：

$$S=\{P\vee Q\vee R, \neg Q\vee R, Q, \neg R\}$$

其中 P 是纯文字。因此，可将子句 $P\vee Q\vee R$ 从 S 中删去。

(2) 重言式删除法

如果一个子句中同时包含互补文字对，则称该子句为重言式。例如，$p(X)\vee\neg p(X)\vee q(X)$ 是重言式，不管 $p(X)$ 为真还是为假，$p(X)\vee\neg p(X)\vee q(X)$ 均为真。对于一个子句集来说，增加或者删去一个真值为真的子句不会影响它的不可满足性，因而可从子句集中删去重言式。

(3) 包孕删除法

设有子句 C_1 和 C_2，如果存在一个替换 σ，使得 $C_1\sigma\subseteq C_2\sigma$，则称 C_1 包孕于 C_2。例如：

$p(X)$ 包孕于 $p(X)\vee q(Z)$

$p(X)$ 包孕于 $p(a)$

$p(X)\vee q(Y)$ 包孕于 $p(a)\vee q(W)\vee r(Z)$

将子句集中包孕的子句删去不会影响子句集的不可满足性，因而可从子句集中删去其包孕的子句。

4.4 逻辑程序设计语言 PROLOG

用于逻辑程序设计的语言被称为声明性语言，因为用逻辑程序设计语言写的程序由声明构成，而不是由赋值和控制流语句构成。这些声明实际上是用符号逻辑表示的命题语句。用逻辑程序设计语言进行的程序设计是非过程式的，程序并不能完全描述如何得到计算结果，而是描述结果的形式。逻辑程序设计语言所需支持的功能，就是以一种精确的方式给计算机提供相关信息以及计算所需结果的推理方法。

PROLOG 是应用最广泛的逻辑程序设计语言。本节用一种特定的可广泛获取的由爱丁堡开发的语言来介绍 PROLOG 的语法、语义和运行机制。因此，这种语言形式也被称为爱丁堡语法。

4.4.1 Horn 子句

PROLOG 的语句基础是格式更为受限的一类子句形式——Horn 子句，它是以 A. Horn 的名字命名的。Horn 子句可以进一步简化归结过程。大部分命题可以用 Horn 子句来声明。

Horn 子句至多包含一个正文字，也就是说它是具有如下特殊形式的子句：

$$a\vee\neg b_1\vee\neg b_2\vee\cdots\vee\neg b_n$$

其中，a 和所有的 b 均为正文字。

为了强调正文字在归结中的关键作用，一般将 Horn 子句写为以正文字为结论的蕴含式：

$$a \leftarrow b_1 \wedge b_2 \wedge \cdots \wedge b_n$$

Horn 子句的左边称为子句的首，右边称为子句的体。根据定义，Horn 子句具有如下 3 种形式。

① $a \leftarrow b_1 \wedge b_2 \wedge \cdots \wedge b_n$：对应于规则。

② $a \leftarrow$：无条件为真的命题，对应于事实。

③ $\leftarrow b_1 \wedge b_2 \wedge \cdots \wedge b_n$：称为无首子句，对应于归结中的目标，即否定命题。

4.4.2　程序语句

PROLOG 的程序由合法的 Horn 子句集合组成。除了蕴含、合取等符号外，PROLOG 使用着与早期的 Horn 子句几乎同样的记法。例如：

```
floor(mike,1).
floor(tom,2).
floor(jack,2).
floor(peter,3).
neighbor(X,Y):-floor(X,Z),floor(Y,Z).
```

由于使用 Horn 子句的记法，PROLOG 语句的结论是单个正文字，而前提可以是单个项或者多个文字的合取，合取关系的原子命题由逗号分隔。

常量是以小写字母开头的以字母、数字和下划线组成的串，或者是由单引号为界的任意可打印 ASCII 字符的串。

变量是以大写字母开头的以字母、数字和下划线组成的串。

函数和**命题**用结构表示。结构的一般形式为

结构名(参数表)

结构名是常量，参数可以是任意项(常量、变量、函数或 PROLOG 的数据结构——表)。

4.4.3　推理机制

PROLOG 系统有编译器，但大多数的系统采用解释器。

1. 基于目标驱动的求解策略

当 PROLOG 系统运行时，需要将存储在文件中的子句导入子句数据库，系统将提供给用户询问提示符从而要求用户提供询问，PROLOG 中的程序执行是基于目标驱动的。

目标语句对应于无首的 Horn 子句。例如，可以询问：

```
?- floor(mike,1).
```

此时，系统将搜索子句数据库，试图用已知子句的头部匹配目标，通过与 floor(mike,1)归结得到空子句，从而证明目标的正确性。有变量的命题也是合法的目标。当有变量时，系统不仅要求目标的正确性，而且要求通过合一来确定使目标为真的变量的实例。例如，当询问为

```
?- floor(mike,X).
```

时，系统为实现归结而进行的合一过程会将 X 的绑定为 1，从而得到问题的解答。

2. 合一

在 PROLOG 中，合一是对变量初始化或者分配存储空间和值的过程，合一在某种意义上

是判断两个项是否等价的过程。除了系统归结时自动进行的合一，还可以用等号表示合一运算，例如：

```
?- me = X.
X = me
?- X = Y.
X = _
Y = _
?- f(a,X) = f(Y,b).
X = b
Y = a
```

通过以上询问语句的执行结果，可以得到 PROLOG 的合一算法。

① 常量只能与其本身合一。例如，me = me 成功而 me = you 失败。

② 未实例化的变量可与任意项合一，且被实例化为该项。例如，数字对不同的系统是不同的，其含义是给变量保留的内存地址。这样，未实例化的变量通过共享存储空间而实现合一。

③ 一个结构与一个项可合一，要求二者具有相同的函数名和相同数目的参数，且参数能够递归地合一。

3. 自上而下、深度优先搜索

在 PROLOG 中，数据库的搜索总是以从第一个命题到最后一个命题的顺序进行。当目标是复合命题时，使用从左至右的深度优先搜索实现各个子目标的证明。使用深度优先搜索策略的方式在处理其他子目标前，先为第一个子目标找到完整的证明序列。如果系统最终通过归结成功消除了所有的目标，即推导出空子句，则初始命题得到证明。例如：当询问为

```
?- neighbor(tom,W).
```

时，系统首先将查询 neighbor(mike,W)和规则 neighbor(X,Y):- floor(X,Z),floor(Y,Z)的结论部分相匹配，过程中需要将 mike 与 X、W 与 Y 进行合一；然后将 neighbor 谓词通过归结进行消解，规则的体 floor(tom,Z)和 floor(Y,Z)成为解释器需要继续查询的两个子目标。解释器将先查询 floor(tom,Z)，在第一个子目标被成功归结后，再查询下一个子目标 floor(Y,Z)。

PROLOG 的设计者选择了深度优先搜索策略，主要是因为其使用较少的计算机资源就可以实现，而宽度优先搜索方法需要大量内存。因此，PROLOG 所使用的归结策略是线性输入策略和单元子句策略。

4. 回溯

回溯是 PROLOG 的重要控制机制。当目标命题具有多个子目标而系统无法证明其中一个子目标为真时，系统将试图寻找其他方法重新满足这个子目标。为了能够证明当前子目标，可能需要重新证明之前已经满足的子目标。这种在求解中回退或重新匹配已经证明了的子目标的机制称为回溯。例如：当询问为

```
?- neighbor(X,Y).
```

时，通过对规则的首进行归结，系统将依次查询子目标 floor(X,Z)和 floor(Y,Z)。通过将 X

与 mike、Z 与 1 合一，第一个子目标与 floor(mike,1)成功匹配，第二个子目标在将 Y 与 mike 合一的情况下也与 floor(mike,1)成功匹配，而第三个子目标无法得到满足。

PROLOG 有一个名为 trace 的内置语言结构，它能够显示在尝试满足给定目标的每一步中实例化变量的值，是 PROLOG 程序执行的跟踪模式。跟踪模式用 4 个事件描述程序的执行。

① 调用(call)：该事件在开始尝试满足一个目标时发生。

② 退出(exit)：该事件在目标已被满足时发生。

③ 重做(redo)：该事件在回溯导致尝试重新满足一个目标时发生。

④ 失败(fail)：该事件在目标不能满足时发生。

最后，当询问有多个答案时，多数情况下 PROLOG 系统会先找出一个答案，在搜索更多答案之前将等待用户的请求。如果用户在询问提示符下输入分号，则解释器继续运行并试图寻找下一个答案。分号表示了逻辑运算中的“或”关系，分号形成了强制回溯，可以帮助用户获取问题的全部解答，当没有解时返回 no。

5. 回溯控制

回溯需要大量时间和空间，因为可能需要找到每一个子目标的所有可能的证明。这些子目标的证明没法组织起来，从而无法用最短的时间找到能够导致最终完整证明的那一个子目标，这使得问题更加严重。

PROLOG 系统迁就效率的让步及时允许通过截断谓词 cut 显式地控制回溯。截断谓词写作“!”。截断谓词可以视为一个目标，当回溯从左至右遇到截断谓词时总是立刻被满足，但是当回溯至截断谓词时，cut 将产生失败从而阻止对其左侧所有子目标的回溯。例如：

```
a,b,!,c,d.
```

如果 a 和 b 都被满足，解释器将通过 cut 试图满足 c；如果 c 不满足，那么解释器试图回溯至 b 以及 a，而回溯过程将被 cut 阻止，从而导致整个目标不能被满足。cut 允许用户控制搜索树的形成。当不需要盲目搜索时，搜索树可以在某点上进行删除。

4.4.4 表结构

PROLOG 支持的基本数据结构除了以上介绍的原子命题还包括表结构。表是任意数目的元素序列，其中元素可以是原子、原子命题或其他项(包括其他的表)。表用方括号括起来，元素由逗号分隔，如[apple,prune,grape]。记号“[ ]”用于表示“空表”。

PROLOG 中没有显式的函数来构造和拆分表，而是简单地使用运算符“|”表示拆分表。可以利用[X|Y]表示头为 X 尾为 Y 的表，通过合一可以使得 X 和 Y 分别返回一个表的头部和尾部。例如：

```
?- [X|Y] = [1,2,3].
X = 1
Y = [2,3]
```

通过合一可以由实例化的表头和表尾来创建表，例如：

```
?- [X] = [0|1,2,3].
X = [0,1,2,3]
```

对于表来说,通常需要某些基本的操作。利用 PROLOG 编写程序不必指明 PROLOG 是如何从给定表来构建一个新表的,而只需要指明所需要的表的特性。例如,编写一个 append 过程使其能够将两个表拼接为一个表,而不改变表中元素的顺序。

```
append(X,Y,Z):-X = [ ],Y = Z.
append(X,Y,Z):-X = [H|Tail],Z = [H|NewTail],append(Tail,Y,NewTail).
```

第一个子句表示当在空表后追加任意表时,得到的表就是后面追加的表;第二个子句表示在一个头部为 H、尾部为 Tail 的表后追加表 Y 时,得到的表 Z 是头部为 H、尾部为在 Tail 后追加表 Y 的子表。基于 PROLOG 的推理机制,可以利用归结过程自动产生上述合一过程,从而简化程序的形式。

```
append([ ],Y,Y).
append([H|Tail],Y,[H|NewTail]):-append(Tail,Y,NewTail).
```

结果表直到递归产生终止条件才构建成功。这时第一个表必然为空,然后利用 append 函数本身构建结果表,结果表的构建过程是将从第一个表中取出的元素按逆序添加在第二个表的前面。

为了说明 append 过程如何工作,考虑以下跟踪示例:

```
trace.
append([1,2],[3,4,5],L).
(1) 1 Call: append([1,2],[3,4,5],_10)?
(2) 2 Call: append([2],[3,4,5],_18)?
(3) 3 Call: append([ ],[3,4,5],_25)?
(3) 3 Exit: append([ ],[3,4,5],[3,4,5])
(2) 2 Exit: append([2],[3,4,5],[2,3,4,5])
(1) 1 Exit: append([1,2],[3,4,5],[1,2,3,4,5])
L = [1,2,3,4,5]
yes
```

在调用中,由于[1,2]非空,因此根据第二条语句的右边创建递归调用。第二条语句的左边有效地指明了递归调用(目标)的参数,因此每一步都从第一个表中拆分出一个元素。当第一个表变成空表时,第二条语句右边的当前实例因为与第一条语句匹配而得到满足,结果作为第三个参数返回,其值就是在空表后追加第二个初始参数表。在每次递归成功匹配并退出时,从第一个表中移除的元素 H 被添加在结果表 NewTail 的前面。当最后一次递归退出时,合并过程就完成了,第三个参数合一为结果表。

根据 PROLOG 内部搜索的顺序,递归结束条件需要放置在递归调用之前。例如,判断一个对象是否为表中的元素。member 谓词首先将对象与表中第一个元素比较,如果不相同,则递归检查对象是否为表尾的元素。

```
member(H,[H|Tail]).
member(Elem,[H|Tail]) :- member(Elem,Tail).
```

如果希望按逆序输出表中的元素,可以通过在输出的表尾元素后面输出表头元素实现。

逆序是通过递归的拆分实现的。

```
reverse_list([ ]).
reverse_list([H|Tail]):- reverse_list(Tail),nl,write(H).
```

4.4.5 应用实例

1. 汉诺塔问题

汉诺塔问题需要采用递归方法进行求解。将 N 个盘子的问题转换为两个 $N-1$ 个盘子的问题，如此下去，就将原问题拆分为了 2^{N-1} 个盘子的问题了，也就是说问题被解决了。

主程序 hanoi 的参数为盘子的数目，它通过调用递归谓词 move 来完成任务。3 个柱子的名字分别为 left、middle、right。

```
hanoi(N):-move(N,left,middle,right).
```

下面所定义的 move 子句是临界情况，即只有一个盘子时，直接调用 inform 函数以显示移动盘子的方法。语句的最后使用 cut 是因为如果只有一个盘子，则无需再对第二条 move 子句进行匹配了。

```
move(1,A,_,C):-inform(A,C),!.
```

第二个 move 子句为递归调用。首先将盘子数目减少一个，然后递归调用 move 将其余 $N-1$ 个盘子从 A 柱通过 C 柱移到 B 柱，再把 A 柱上的最后一个盘子直接从 A 柱移到 C 柱上，最后再递归调用 move，将 B 柱上的 $N-1$ 个盘子通过 A 柱移到 C 柱上。这里的柱子都是用变量来表示的，A、B、C 柱可以是 left、middle、right 中的任何一个，这是在移动的过程中决定的。

```
move(N,A,B,C):-N1 is N-1,move(N1,A,C,B),inform(A,C),
            move(N1,B,A,C).
```

最后，需要定义子句 inform，将移动过程通过 write 谓词写出，由于 write 只能有一个参数，所以需要使用“-”操作符相连。

```
inform(Loc1,Loc2):-nl,write('Move a disk from 'Loc1' to 'Loc2).
```

2. 皇后问题

利用 PROLOG 语言针对皇后问题设计一个产生式系统。在介绍 LISP 版本时曾经提到，八皇后问题可以表示为图搜索问题。在这一节，将搜索与 LISP 版本同样的空间并且利用相似结构的解决方案。为方便介绍，以下求解四皇后问题，稍加修改即可扩充至任意数目的皇后问题。

为了提高求解效率，可以将皇后在棋盘上的位置进行规范化，要求每次只能在“下一行”摆放下一个皇后。可以利用如下所示的 template 谓词进行描述：

```
template([1/Column_1,2/Column_2,3/Column_3,4/Column_4]).
```

其中，棋盘上皇后的位置以表的形式存储，表中的每一项是一个特殊的形式 i/Columni，代表了将第 i 个皇后放置在第 i 行的 Column_i 列上。搜索过程中经历的不同状态就是不断在下一行的 Column_i 列上放置皇后之后所形成的表。

接下来，定义触发状态之间转换的规则，也就是确定在下一行的哪个位置放置皇后。设计一个 move 谓词，以下一个待放置的皇后和已经放置好的皇后为参数，当新的皇后放置在棋盘上，并且没有引起与已有皇后之间的相互攻击时，那么问题由一个状态转化为另一个状态。

```
move(Row/Column,Others):-member(Column,[1,2,3,4]),
                         not_attack(Row/Column,Others).
```

于是，现在的问题是如何测试新放入的皇后是否会与已放置好的皇后相互攻击。由于已经利用 template 谓词规定了每一个皇后的行数，因此判断是否会发生相互攻击时只需要考虑新放入的皇后是否与之前的皇后同一列或者同对角线。皇后的列数均有变量 Column_i 与其对应，因此通过判断两个皇后的相应变量是否可合一，即可判断皇后是否处于同一列。

根据上述分析，可以设计谓词 not_attack 以判断新放入的皇后是否会与已有皇后相互攻击：

```
not_attack(_,[ ]).
not_attack(Row/Column,[Row_1/Column_1|Rest]):-
                    not(Column = Column_1),
                    Column_dist is Column_1-Column,
                    Row_dist1 is Row_1-Row,
                    not(Column_dist = Row_dist1),
                    Row_dist2 is Row-Row_1,
                    not(Column_dist = Row_dist2),
                    not_attack(Row/Column,Rest).
```

not_attack 首先判断新放入的皇后与第一个皇后的列数是否一样，在不一样的情况下，求出两个皇后的列的距离，并要求列的距离不能与行的距离一致。然后，采用递归的方式，判断新放入的皇后是否与其他已放置的皇后相互攻击。

还需要一系列的放置动作才能实现整个问题的求解，可以利用如下的 path 谓词定义产生式以控制循环系统：

```
path([ ]).
path([Row/Column|Others]):-
                 path(Others),move(Row/Column,Others).
```

path 谓词利用递归的方式实现了对状态空间的回溯搜索。最后，启动搜索过程时需要首先将皇后的位置规范化，可以利用如下的 go 谓词实现：

```
go(Queens):-template(Queens),path(Queens).
```

3. 搜索问题

利用 PROLOG 实现宽度度优先搜索。首先，定义 move 谓词表示图 4-2 所示的地图。move 谓词以两个结点为参数，用结点表示 state 形式的结构，其中每一条 move 子句都代表图 4-2 中的一个分支。

```
move(state(s),state(a)).
move(state(s),state(b)).
move(state(a),state(s)).
move(state(a),state(b)).
move(state(a),state(f)).
move(state(b),state(s)).
move(state(b),state(c)).
move(state(c),state(b)).
move(state(c),state(f)).
```

为了实现宽度优先搜索，需要将待检测的结点组织为队列数据结构。算法需要的队列操作包括判断或清空队列、向队列中加入新扩展的子结点构成的列表、移除下一个队列元素以及为了避免循环而进行的重复元素的检查。

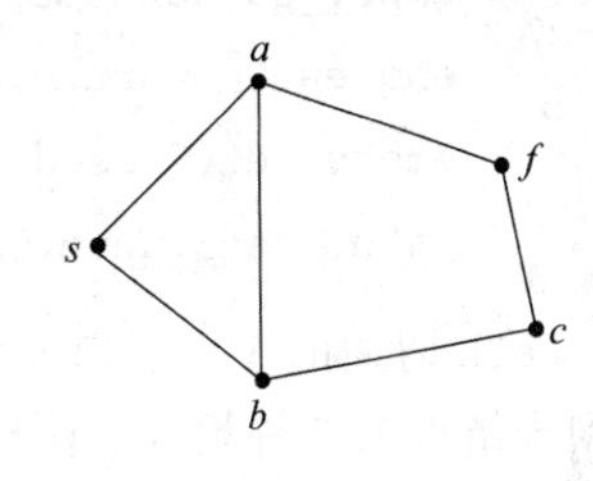

图 4-2 包含 5 个结点的地图

当 empty_queue([ ])谓词中的参数与一个自由变量进行合一时，可以实现将自由变量代表的队列清空，即完成队列初始化的工作；当与绑定了值的变量进行合一时，可以判断该变量是否代表空队列。

dequeue([State,Parent],[[State,Parent]|T],T)谓词中的 3 个参数分别代表队列的第一个元素、初始队列以及移除第一个元素而得到的新队列。由 dequeue 谓词的参数可以看出，为了能够在所有搜索的结点中找到结果路径，结点存储形式被设定为[State,Parent]，同时包含了当前结点 State 和其父结点 Parent 的信息。

```
member_queue(Element,Queue):-member(Element,Queue).
```

该语句通过调用 member 谓词来测试一个元素 Element 是否为队列 Queue 中的成员。

```
add_list_to_queue(List,Queue,New_queue):-append(Queue,List,New_queue).
```

该语句通过调用 append 谓词将新扩展的子结点构成的列表 List 拼接到队列 Queue 的尾部得到新的队列 New_queue，以实现先进后出的数据结构。有时，也需要将一个元素加入队列，可以使用如下定义的 enqueue 谓词。

```
enqueue(E,[ ],[E]).
enqueue(E,[H|T],[H|Tnew]):-enqueue(E,T,Tnew).
```

除此以外，可以利用集合数据结构存储搜索路径上所经历的各个结点的数据结构，因此需要定义若干对于集合的操作。首先，需要定义谓词 union 以实现将完成检测或扩展的当前结点放入集合的操作，其定义如下：

```
union([ ],Set,Set).
union([H|T],S,Snew):-union(T,S,S2),
                     add_if_not_in_set(H,S2,Snew).
```

由于集合不存储重复元素，因此谓词 union 需要进行重复元素检测：

```
add_if_not_in_set(X,S,S):-member(X,S),!.
add_if_not_in_set(X,S,[X|S]).
```

集合中不存在的元素才能并入集合。

谓词 member_set 被用于判断某元素是否为集合中的成员，其定义如下：

```
member_set([State,Parent],[[State,Parent]|_]).
member_set(X,[_|T]):-member_set(X,T).
```

搜索过程由 go 谓词开始，go 谓词完成初始化工作后调用 path 谓词完成实质性的搜索工作。

```
go(Start,Goal):-
    empty_queue(Empty_open),
    enqueue([Start,nil],Empty_open,Open_queue),
    empty_set(Closed_set),
    path(Open_queue,Closed_set,Goal).
```

path 谓词的 3 个子句分别对应于 open 表为空、当前结点是目标结点以及扩展当前结点得到子结点的 3 种情况。path 谓词的 3 个参数分别代表 open 表、closed 表和目标结点。

```
path(Open_queue,_,_):-
  empty_queue(Open_queue),
  write("No solution").

path(Open_queue,Closed_set,Goal):-
  dequeue([State,Parent],Open_queue,Rest_open_queue),
  State = Goal,
  write("A solution is found:"),nl,
  printsolution([State,Parent],Closed_set).

path(Open_queue,Closed_set,Goal):-
  dequeue([State,Parent],Open_queue,Rest_open_queue),
  get_children(State,Rest_open_queue,Closed_set,Children),
  add_list_to_queue(Children,Rest_open_queue,New_open_queue),
  union([[State,Parent]],Closed_set,New_closed_set),
  path(New_open_queue,New_closed_set,Goal).
```

path 谓词中通过调用 get_children 谓词扩展结点 State。bagof 谓词是一个 PROLOG 程序内置谓词，可以将符合其第二个参数的模式聚合为一个列表，模式由第一个参数指定，聚合结果为第三个参数。

```
get_children(State,Rest_open_queue,Closed_set,Children):-
  bagof(Child,moves(State,Rest_open_queue,Closed_set,Child),Children).
```

具体的扩展动作由 moves 谓词实现。首先调用 move 谓词扩展得到结点 State 的下一级结点，然后判断其是否曾出现于 open 表或者 closed 表中，若出现过则导致 moves 谓词失败，从而避免重复结点的扩展。

```
moves(State,Rest_open_queue,Closed_set,[Next,State]):-
    move(State,Next),
    not(member([Next,State],Rest_open_queue)),
    not(member([Next,State],Closed_set)).
```

最后，当目标找到时，即第二个 path 谓词调用终止搜索时，输出结果路径。printsolution 谓词将对 Closed_set 递归进行操作以构建由开始状态到目标状态的路径。

```
printsolution([State,nil],_):-write(State),nl.
printsolution([State,Parent],Closed_set):-
    member_set([Parent,Grandparent],Closed_set),
    printsolution([Parent,Grandparent],Closed_set),
    write(State),nl.

writelist([ ]).
writelist([H|T]):-write(H),nl,writelist(T).
```

4.5 本章小结

推理是人工智能中一个非常重要的问题，要想让计算机具有智能，就必须使其能够进行推理。推理是根据一定的原则，从已知的判断得出另一个新判断的思维过程，是对人类思维的模拟。人类有多种思维方式，其中演绎推理与归纳推理是用得较多的两种。

按逻辑规则进行的推理称为逻辑推理。逻辑推理分为经典逻辑推理与非经典逻辑推理两大类。经典逻辑推理主要是指命题演算与一阶谓词演算。经典逻辑推理通过对公式指派 true 或 false 的解释而提供语义，采用推理规则从已知事实中演绎出逻辑上蕴含的结论。

符号逻辑为逻辑程序设计和逻辑程序设计语言提供了基础。逻辑程序设计将事实和规则作为数据库，用自动推理过程检查新命题的正确性。逻辑程序是非过程式的，即给出答案的特点但不给出得到答案的完整过程。PROLOG 是应用最广泛的逻辑程序设计语言。归结是 PROLOG 解释器的主要工作机制，这一过程大量使用回溯实现命题间的模式匹配。

随着科学技术的发展与对事物进行的复杂而深入的研究，人们逐步认识到以二值逻辑为基础的传统数学和传统逻辑的局限性，数学家开始自觉地背离二值逻辑和一分二的传统，转而采用一分为多的分析法创立多值逻辑、模糊数学和模糊逻辑。

4.6 习　题

1. 什么是推理？简述推理的方式及其特点。
2. 推理的控制策略包括哪些方面的内容？用以解决哪些问题？
3. 什么是命题公式的可满足性？

4. 什么是命题公式的范式?

5. 什么是替换?什么是合一?

6. 判断以下公式是否可合一,如果可合一,给出其最一般合一:

(1) $p(X,Y)$,$p(a,Z)$;

(2) $p(f(X),b)$,$p(Y,Z)$;

(3) $p(X,X)$,$p(a,b)$;

(4) parents(X,father(X),mother(bill)),parents(bill,father(bill),Y)。

7. 将下列谓词公式化为子句集:

(1) $\forall X\ \forall Y(p(X,Y)\to q(X,Y))$;

(2) $\forall X\ \exists Y(p(X,Y)\vee(q(X,Y)\to r(X,Y)))$;

(3) $\forall X\ \forall Y\ \exists Z(p(X,Y)\to(q(Z,Y)\vee r(X,Z)))$。

8. 对下列各题利用归结反演证明 G 是否为 F 的逻辑结论。

(1) $F:\forall X(p(X)\wedge(q(a)\vee q(b)))$

$G:\exists X(p(X)\wedge q(X))$

(2) $F_1:\forall X(p(X)\to\forall Y(q(Y)\to\neg l(X,Y)))$

$F_2:\exists X(p(X)\wedge\forall Y(r(Y)\to l(X,Y)))$

$G:\forall X(r(X)\to\neg q(X))$

(3) $F_1:\forall X(p(X)\to(q(Y)\wedge r(X)))$

$F_2:\exists X(p(X)\wedge s(X))$

$G:\exists X(s(X)\wedge r(X))$

9. 设已知:(1)能阅读者是识字的;(2)海豚不识字;(3)有些海豚是聪明的。利用归结反演证明:有些聪明者不能阅读。

10. 设已知:(1)所有不贫穷并且聪明的人是快乐的;(2)喜欢读书的人是聪明的;(3)Bill 喜欢读书并且不贫穷;(4)快乐的人过着幸福的生活。利用归结反演证明 Bill 过着幸福的生活。

11. 某公司招聘工作人员,a、b、c 3 人应试,经面试后,公司决定:(1)3 人中至少录取一人;(2)如果录取 a 而不录取 b,则一定录取 c;(3)如果录取 b,则一定录取 c。利用归结反演证明公司一定录取 c。

12. 设已知:(1)如果 X 和 Y 是同班同学,则 X 的老师也是 Y 的老师;(2)王先生是小李的老师;(3)小李和小张是同班同学。利用归结反演求解小张的老师是谁?

13. 利用 PROLOG 编写一个求解“农夫过河”问题的程序。

14. 利用 PROLOG 编写一个验证截断谓词的程序,并通过解释若干测试的结果阐明截断谓词的机制。

15. 编写一个能够删除 PROLOG 表结构中任意指定元素的程序。

第5章 不确定性推理

在科学研究和日常生活中，人们一度追求用某一确定的数学模型来解决问题或表征现象，但逐渐发现大多数情况并不具有这种确定性和清晰性。事实上，人脑中的大多数概念和经验都没有明确的边界，不确定性是客观存在的，它在专家系统乃至人工智能的很多研究中都是不可避免的。

5.1 概　述

从上一章的学习中，我们已经知道，所谓推理就是从已知事实出发，运用相关知识推出结论或者证明某一假设成立或不成立的思维过程。其中，已知事实也称为证据，用于指出推理的出发点；知识则是使推理得以进行并最终达到目标的依据。

在确定性推理中，已知事实和规则都是确定性的，推出的结论或证明了的假设也都是确定性的，它们的真值或者为真，或者为假，是非真即假的刚性存在。例如，第4章讨论的归结原理就是建立在经典逻辑基础上的确定性推理。

在本章的不确定性推理中，对于已知事实和规则、推出的结论等，它们的真值都是柔性的，可能为真，也可能为假，这与现实世界中的事物及事物之间关系的复杂性是对应的。不确定性推理也是众多推理技术中非常重要的一种。

5.1.1 什么是不确定性推理

人工智能的本质是构建一个智能机器或智能系统来模拟、延展人的智能，而这个智能系统的核心就是知识库。在这个知识库中，包含了大量具有模糊性、随机性、不可靠性或未知性等不确定性因素的知识，采用标准逻辑意义下的推理方法很难达到模拟、延展人类智能的目的，因此不确定性推理方法应运而生。

不确定性推理一直是人工智能与专家系统的一个重要的研究课题。相关学者提出了多种表示和处理不确定性知识的方法，例如：考虑到随机性是不确定性的一个重要表现形式，而概率论作为研究随机性问题的一门学科已经有很深厚的理论积淀，因此概率论是解决不确定性推理问题的主要理论基础之一；贝叶斯网络由于其广泛的适应性和坚实的数学理论基础，成为表示不确定性专家知识和推理的流行方法；同属概率推理的主观 Bayes 方法被成功应用于著名专家系统 PROSPECTOR;结合专家系统 MYCIN 的开发而提出的确定性理论在 20 世纪 70 年代非常有名;作为经典概率论的一种扩充形式,证据理论不仅在人工智能、专家系统的不确定性推理中得到了广泛应用,还被应用于模式识别领域;扎德提出的模糊逻辑理论也被应用在不确定性推理、智能控制等方面。

不确定性推理是建立在非经典逻辑基础上的一种推理,它是对不确定性知识的运用与处理。严格地说,不确定性推理就是从不确定的初始证据出发,通过运用不确定的知识,最终推出既保持了一定程度的不确定性,又保证了合理或基本合理的结论的推理过程。

第 4 章介绍的确定性推理是一种单调性推理。所谓单调推理系统是指,在基于谓词逻辑的系统中,随着新命题的加入(包括经过系统推出的),系统中的真命题数是严格增加的,而且新加入的命题与系统已有的命题是相容的,不会因为新命题的加入而使旧命题变得无效。

在进行不确定性推理时,推出的结论并不总是随着知识的增加而单调增加的,其研究还涉及非单调性推理。所谓的非单调推理系统是指,在该系统中,一个新命题的加入,可能会导致一些老命题为假。非单调推理系统模型适合以下 3 种情况。

(1) 知识不完全的情况下要求进行缺省推理的系统

在知识不完全的情况下进行推理或判断,通常可以借助一些经验或知识。例如,假设约翰要去朋友杰克家吃饭,在经过路边的花店时,对于“杰克的太太珍妮喜欢花吗?”这个问题,约翰可能没有任何头绪,但考虑到一般的知识“大多数女人都喜欢花”,约翰就买了一束鲜花打算送给珍妮。如果珍妮喜欢花,她会非常高兴;然而,如果珍妮看到花,突然打起喷嚏来,则说明约翰以前的假设“珍妮喜欢花”是错误的,应该撤销掉,因为珍妮的行为说明她对花粉过敏。

(2) 一个不断变化的世界必须用适应不断变化的知识库来描述

在非单调推理系统中,应该对知识库的一致性进行维护。一旦新命题的加入引起了知识库的不相容,就应该取消某个或某些命题以及这些命题的一些推论命题,以保证知识库的一致性。

(3) 产生一个问题的完全解可能需要利用暂时假设的部分解的系统

例如,教学秘书要找一个适当的时间使 3 个工作繁忙的教授同时参加一个会议。一个方法是首先假设会议在某个具体的时间举行,如周二上午,并将此假设命题放入数据库中,再从 3 个教授的时间安排表中检查不相容性。如果出现冲突,则说明假设的命题必须取消,代之以一个希望不矛盾的命题,再进行不相容性检查。如此进行下去,直到一个假设加入数据库后库中的命题仍然是相容的,则这个假设就是问题的解。如果再也没有假设可以提出了,则问题无解。当然,上述过程中的一个假设命题被取消后,依赖此命题建立起来的所有命题都应被取消。

5.1.2 不确定性的表现

在不确定性推理中,已知事实(或证据)、规则以及推理过程在某种程度上都是不确定的,它们的不确定性主要表现在以下方面。

1. 事实的不确定性

事实的不确定性主要体现在事实的歧义性、不完全性、不精确性、模糊性、可信性、随机性和不一致性上。

① 歧义性是指证据中含有多种意义明显不同的解释,离开具体的上下文和环境,往往难以判断其明确含义。

② 不完全性是指对于某个事物来说,它的知识还不全面、不完整、不充分。

③ 不精确性是指证据的观测值与真实值存在一定的差别。

④ 模糊性是指命题中的词语从概念上讲不明确,或无明确的内涵和外延。

⑤ 可信性是指专家主观上对证据的可靠性不能完全确定。

⑥ 随机性是指事实的真假性不能被完全肯定,只能对其真伪给出一个估计。

⑦ 不一致性是指在推理过程中发生了前后不相容的结论,或者随着时间的推移或范围的扩大,原来成立的命题变得不成立了。

2. 规则的不确定性

规则的不确定性主要表现在规则前件、规则自身以及规则后件几个方面。

① 规则前件的不确定性主要是指规则前件一般是若干证据的组合,证据本身是不确定的,因此组合起来的证据到底有多大程度符合前提条件是包含着不确定性的。

② 规则自身的不确定性是指领域专家对规则持有某种信任程度,即专家也没有十足的把握确认在某种前提下必能得到结果为真的结论,只能给出一个可能性的度量。

③ 规则后件的不确定性是指基于不确定的前提条件,运用不确定的规则,得到的后件不可避免的含有不确定性因素。

事实上,从系统的高层看,知识库中的规则还可能有冲突,规则后件也可能不相容,知识工程的目的就是要尽可能地减少或消解这些不确定性。

3. 推理的不确定性

推理的不确定性主要是由知识不确定性的动态积累和传播造成的。为此,整个推理过程要通过某种不确定性度量,寻找尽可能符合客观世界的计算,最终得到结论的不确定性度量。

5.1.3 不确定性推理要解决的基本问题

在不确定性推理中,除了要解决在确定性推理过程中提到的推理方向、推理方法、控制策略等基本问题外,一般还需要解决不确定性的表示方式与取值范围、不确定性的匹配算法及阈值的设计、组合证据不确定性的算法、不确定性的传播算法以及结论不确定性的合成算法等问题。对这些问题进行总结归类,大致可以分为 3 个方面,即不确定性的表示问题、不确定性的计算问题和不确定性的语义问题。

1. 表示问题

表示问题是指用什么方法描述不确定性,这是解决不确定性推理问题的关键一步。表示的对象一般有两类,即知识和证据,它们都要求有相应的表示方式和取值范围。当设计不确定性的表示方法时,一般要考虑两方面的因素:一是要能根据领域问题的特征把不确定性比较准确地描述出来,以满足问题求解的需要;二是要便于在推理过程中对不确定性进行计算。事实上,由于要解决的问题不同,采用的理论基础不同,各种不确定性推理技术在表示问题的解决上也各有侧重。

在目前的专家系统中,知识的不确定性一般是由领域专家给出的,它通常是一个数值,表示相应知识的不确定性程度,也称为知识的静态强度。知识的静态强度可以是相应知识在应用中成功的概率,也可以是该条知识的可信程度等,它的取值范围根据它的意义与使用方法的不同而不同。当然,知识的不确定性也可以用非数值的方法表示。

在不确定性推理中,证据主要有 2 种来源:一种是用户在进行问题求解时提供的初始证据,如医疗诊断专家系统中用户提供的病患症状、检查结果等,由于初始证据一般来源于观察,通常是不精确、不完全和模糊的,因此诊断具有不确定性;另外一种是在推理过程中得到的中间结果,会用作后续推理的证据,如医疗诊断时根据病患的描述先将其划分至不同的科室进行就诊,由于中间结论是基于不确定性推理得到的,因此也包含不确定性。

证据的不确定性一般也是一个数值,它表示相应证据的不确定性程度,也称为动态强度。对于初始证据,其值由用户给出;对于中间结果,其值由推理中的不确定性传播算法计算得到。同样,证据的不确定性也可以用非数值的方法表示。

一般来说,为了便于在推理过程中对不确定性做统一处理,知识和证据的不确定性的表示方法应该保持一致。尽管在某些系统中,为了方便用户使用,知识和证据的不确定性可以用不同的方法表示,但这只是形式上的,系统内部会做相应的转换处理。

在不确定性的表示问题中,除了要考虑用什么样的数据表示不确定性,还要考虑这个数据应该具有的取值范围,只有这样数据才有确定的意义,不确定性的表示问题才算圆满解决。例如,在确定性理论中,用[−1,1]上的数据描述知识或证据的不确定性,其值越大则相应的知识或证据越接近于"真",其值为1表示知识或证据必为真;其值越小则相应的知识或证据越接近于"假",其值为−1表示知识或证据必为假。

在设计不确定性的表示方式和取值范围时,应注意以下几点:

① 表示方式要能充分表达相应知识及证据不确定性的程度;

② 取值范围的制定应便于领域专家级用户对不确定性的估计;

③ 表示方式要便于对不确定性的传播进行计算,计算出的结论的不确定性不能超过设计的取值范围;

④ 表示方式应该是直观的,同时有相应的理论基础。

2. 计算问题

计算问题主要是指不确定性的传播和更新,也是获得新信息的过程。在不确定性推理中可能涉及的计算问题有以下几种。

(1) 不确定性的匹配及阈值设计

在前面几章关于推理的讨论中,我们发现,推理中会不断利用知识的前件与数据库中的已知事实进行匹配,只有匹配成功的知识(规则)才有可能被激活。在确定性推理中,匹配能否成功很容易确定。但在不确定性推理中,由于知识和证据都包含了不确定性,知识所要求的不确定性程度与证据具有的不确定性程度不一定相同,因而出现了"怎样才算匹配成功?"的复杂问题。

为了解决这个问题,我们可以设计一个方法用于计算知识和证据匹配的程度,再设计一个阈值以限定匹配的"门槛"。如果匹配程度大于阈值,就认为知识和数据库中的证据匹配成功,知识可以被激活,进而冲突消解,执行;否则,就认为知识和数据库中的证据匹配失败,知识不可用。

(2) 组合证据的不确定性计算

在产生式系统的推理中,知识的前提条件可以是简单条件,也可以是用"与""或"等把简单条件连接起来构成的复合条件,进行匹配时,简单条件对应于一个单一的证据,复合条件对应于一组证据,这一组证据被称为组合证据。在不确定性推理中,为了计算结论的不确定性,往往需要知道前提条件的不确定性,如果前提条件是一组复合条件,就需要设计组合证据不确定性的求取算法。目前,已有很多学者提出了组合证据不确定性的计算方法,归纳起来,大致有以下3类,具体如式(5-1)～式(5-3)所示。其中,用$T(E)$表示证据E的不确定性度量。

① 最大最小法

$$
\begin{aligned}
T(E_1 \quad \text{AND} \quad E_2) &= \min\{T(E_1), T(E_2)\} \\
T(E_1 \quad \text{OR} \quad E_2) &= \max\{T(E_1), T(E_2)\}
\end{aligned} \tag{5-1}
$$

② 概率法

$$T(E_1 \quad \text{AND} \quad E_2)=T(E_1)\times T(E_2)$$
$$T(E_1 \quad \text{OR} \quad E_2)=T(E_1)+T(E_2)-T(E_1)\times T(E_2) \tag{5-2}$$

③ 有界法

$$T(E_1 \quad \text{AND} \quad E_2)=\max\{0,T(E_1)+T(E_2)-1\}$$
$$T(E_1 \quad \text{OR} \quad E_2)=\min\{1,T(E_1)+T(E_2)\} \tag{5-3}$$

(3) 不确定性的传播

不确定性推理的根本目的是根据用户提供的初始证据，通过运用不确定性知识，最终推出不确定性的结论，并给出结论的不确定性程度。在这个求解的过程中，必然会遇到不确定性的传递问题，即如何把证据及知识的不确定性传递给结论，把不确定性传播下去。

(4) 结论不确定性的合成

在不确定性推理中有时会遇到这样的情况：基于不同的知识和证据推出了相同的结论，如从一些证据和一个规则得到 H 的可信度度量 $T_1(H)$，又从另一些证据和另一个规则得到 H 的又一个可信度度量 $T_2(H)$。如何用两个规则合成 H 最终的可信度度量 $T(H)$？这就需要设计结论不确定性的合成算法进行解决了。

3. 语义问题

语义问题解释了上述表示问题和计算问题的含义。例如，$T(H,E)$可理解为前提"E 为真"对结论"H 为真"的一种影响程度，$T(E)$可理解为 E 为真的程度。语义问题特别关注一些特殊点，如：

① 当 E 为 T、H 为 T 时，规则 $E\rightarrow H$ 的不确定性度量 $T(H,E)$的值是多少？

② 当 E 为 T、H 为 F 时，规则 $E\rightarrow H$ 的不确定性度量 $T(H,E)$的值是多少？

③ 当 H 独立于 E 时，规则 $E\rightarrow H$ 的不确定性度量 $T(H,E)$的值是多少？

④ 当 E 为 True 时，证据 E 的不确定性度量 $T(E)$的值是多少？

⑤ 当 E 为 False 时，证据 E 的不确定性度量 $T(E)$的值是多少？

5.1.4 不确定性推理方法的分类

目前，不确定性推理技术有很多的分类方法，如果按照是否采用数值描述不确定性，可以将其分为数值方法和非数值方法两大类。数值方法用数值对不确定性进行定量表示和处理，是研究和应用比较多的一种类型，目前已经形成了多种不确定性的推理模型，本章主要介绍其中典型的几种。非数值方法是指数值方法以外的其他各种不确定性表示和处理的方法，如邦地(Bundy)于 1984 年提出的发生率计算方法等。

数值方法按其依据的理论基础可以分为两类，即基于概率论的相关理论发展起来的方法和基于模糊理论发展起来的方法，前者如确定性理论、主观贝叶斯方法、证据理论等，后者如模糊推理方法。

5.2 确定性理论

确定性理论(confirmation theory)是美国斯坦福大学的肖特里夫(E. H. Shortliffe)等人在 1975 年提出的一种不确定性推理模型，并在 1976 年成功应用于血液病诊断的专家系统 MYCIN。

MYCIN系统是20世纪70年代美国斯坦福大学研制的专家系统，用LISP语言编写而成，包含约450条规则。它从功能与控制结构上可分成两部分：第一部分以患者的病史、症状和化验结果等为原始数据，运用医疗专家的知识进行逆向推理，找出导致感染的细菌，若是多种细菌，则用从0到1的数字给出每种细菌感染的可能性；第二部分在上述推理的基础上，给出针对这些可能的细菌的治疗方案。MYCIN系统中推理所用到的知识是用相互独立的产生式方法表示的，其知识表达方式和控制结构基本上与应用领域不相关，这促进了后来的专家系统建造工具EMYCIN的产生。

在确定性理论中，不确定性主要是用可信度因子（也称确定性因子）表示的，因此人们也称该方法为可信度方法。本节主要介绍可信度的基本概念，确定性理论中不确定性的表示、计算和语义问题，以及该方法的一些改进和推广。

5.2.1 可信度的基本概念

人们在长期的实践活动中，对客观世界的认识积累了大量的经验，当面对一个新的事物或新的情况时，往往可以基于这些经验对问题的真、假或为真的程度作出判断。这种根据以往经验对某个事物或现象为真的程度的判断，或对某个事物或现象为真的相信程度就称为可信度。

例如，小王今天开会迟到了，他的理由是在路上遇到了交通事故，堵车了。就此理由而言，实际只有两种情况：一种是确实有交通事故发生，路上比较拥堵，导致开会迟到，理由为真；另一种是小王忘记开会的时间了，想以堵车为借口逃避单位制度的惩罚，理由为假。对小王的理由而言，单位既可以绝对相信，也可以完全不信，甚至可以以某种程度相信，具体是哪种结果完全取决于对小王以往表现以及单位对当天路况的认识。

显然，可信度具有较大的主观性和经验性，其准确度难以把握。但考虑到人工智能所处理的大多数是结构不良的复杂问题，难以给出精确的数学模型，用概率的方法解决也比较困难，同时，领域专家具有丰富的专业知识和实践经验，能够较好地给出领域知识的可信度。因此，可信度方法可以用来解决领域内的不确定性推理问题。

由于不确定性推理要解决的主要问题包括表示问题、计算问题和语义问题，5.2.2节和5.2.3节将分别讨论确定性理论是如何解决表示问题和计算问题的；由于语义问题是对表示问题和计算问题的语义说明，因此将分别在表示问题和计算问题中说明。

5.2.2 表示问题

CF(Certainty Factor)模型是肖特里夫等人在确定性理论基础上，结合概率论和模糊集合论提出的一种不确定性推理方法。CF模型用可信度因子表示不确定性。

1. 知识不确定性的表示

在CF模型中，知识用产生式规则表示，其一般形式为

$$\text{IF}\quad E\quad \text{THEN}\quad H\quad (\text{CF}(H,E))$$

(1) E 的意义

E 表示知识的前提条件，它可以是一个简单条件，也可以是用AND和（或）OR连接多个简单条件构成的复合条件。例如：

$$E=(E_1\ \text{OR}\ E_2)\ \text{AND}\ (E_3\ \text{OR}\ E_4)\ \text{OR}\ E_5$$

(2) H 的意义

H 是知识的结论,它可以是一个单一的结论,也可以是多个结论。

(3) $CF(H,E)$的意义、性质和典型值

$CF(H,E)$是该条知识的可信度,称为可信度因子,也称为规则强度,即前文所说的静态强度。$CF(H,E)$是闭区间$[-1,1]$上的一个数值,其值表示:当前提 E 为真时,该前提对结论 H 为真的支持程度。$CF(H,E)$越大,说明 E 对 H 为真的支持程度越大。例如,知识:

IF 头痛 AND 流鼻涕 THEN 感冒 (0.7)

表示若病患确实头痛并流鼻涕,则有七成把握认为他得了感冒。可见,$CF(H,E)$反映了前提与结论之间的联系强度,即相应知识的知识强度。

在 CF 模型中,$CF(H,E)$被定义为规则的信任增长度与不信任增长度之差,其具体如式(5-4)所示。

$$CF(H,E)=MB(H,E)-MD(H,E) \tag{5-4}$$

其中,$MB(H,E)$为规则的信任增长度(mesure belief),表示因前提条件 E 的出现使结论 H 为真的信任增长度,其定义如式(5-5)所示。

$$MB(H,E)=\begin{cases}1, & 若\ P(H)=1\\ \dfrac{\max\{P(H|E),P(H)\}-P(H)}{1-P(H)}, & 其他\end{cases} \tag{5-5}$$

其中,$P(H)$表示 H 的先验概率,$P(H|E)$表示在前提条件 E 出现的情况下结论 H 的条件概率。

当信任增长度 $MB(H,E)>0$ 时,有 $P(H|E)>P(H)$,这说明证据 E 的出现增加了对 H 的信任程度;当信任增长度 $MB(H,E)=0$ 时,表示 E 的出现对 H 的真实性没有影响,即此时或者 E 与 H 相互独立,或者 E 否认 H。

$MD(H,E)$为规则的不信任增长度(mesure disbelief),表示因前提条件 E 的出现,对结论 H 为真的不信任增长度,或对结论 H 为假的信任增长度,其定义如式(5-6)所示。

$$MD(H,E)=\begin{cases}1, & 若\ P(H)=0\\ \dfrac{\min\{P(H|E),P(H)\}-P(H)}{-P(H)}, & 其他\end{cases} \tag{5-6}$$

当不信任增长度 $MD(H,E)>0$ 时,有 $P(H|E)<P(H)$,这说明证据 E 的出现增加了对 H 的不信任程度;当不信任增长度 $MD(H,E)=0$ 时,E 的出现对 H 为假没有影响,即此时或者 E 与 H 相互独立,或者 E 支持 H。

由于一个证据 E 不可能既增加对 H 的信任程度,又增加对 H 的不信任程度,因此 $MB(H,E)$和 $MD(H,E)$是互斥的,满足式(5-7)。

$$\begin{cases}MD(H,E)=0, & 当\ MB(H,E)>0\ 时\\ MB(H,E)=0, & 当\ MD(H,E)>0\ 时\end{cases} \tag{5-7}$$

由式(5-4)～式(5-7)可以得到 $CF(H,E)$的计算公式如式(5-8)所示。

$$CF(H,E)=\begin{cases}MB(H,E)-0=\dfrac{P(H|E)-P(H)}{1-P(H)}, & 若\ P(H|E)>P(H)\\ 0, & 若\ P(H|E)=P(H)\\ 0-MD(H,E)=-\dfrac{P(H)-P(H|E)}{P(H)}, & 若\ P(H|E)<P(H)\end{cases} \tag{5-8}$$

其中,$P(H|E)=P(H)$表示 E 所对应的证据与 H 无关。

(4) $CF(H,E)$的意义、性质和典型值

① 若 $CF(H,E)>0$,则 $P(H|E)>P(H)$。说明:前提条件 E 增加了 H 为真的概率,即增加了 H 为真的可信度,$CF(H,E)$越大,H 为真的可信度就越大。

② 若 $CF(H,E)=1$,则 $P(H|E)=1$。说明:E 的出现使 H 为真,此时,$MB(H,E)=1$,$MD(H,E)=0$。

③ 若 $CF(H,E)<0$,则 $P(H|E)<P(H)$。说明:前提条件 E 减少了 H 为真的概率,即增加了 H 为假的可信度,$CF(H,E)$越小,H 为假的可信度就越大。

④ 若 $CF(H,E)=-1$,则 $P(H|E)=0$。说明:由于 E 的出现使 H 为假,此时,$MB(H,E)=0$,$MD(H,E)=1$。

⑤ 若 $CF(H,E)=0$,则 $P(H|E)=P(H)$。说明:H 与 E 独立,即 E 的出现对 H 没有影响。

⑥ $MB(H,E)$、$MD(H,E)$和 $CF(H,E)$的值域分别为:$0\leqslant MB(H,E)\leqslant 1$,$0\leqslant MD(H,E)\leqslant 1$,$-1\leqslant CF(H,E)\leqslant 1$。

⑦ $CF(H,E)+CF(\neg H,E)=MB(H,E)-MD(\neg H,E)=0$,即对 H 的可信度与对非 H 的可信度之和等于 0,对 H 的信任增长度等于对非 H 的不信任增长度。原因如式(5-9)和式(5-10)所示。

$$
\begin{aligned}
MD(\neg H,E)&=\frac{P(\neg H|E)-P(\neg H)}{-P(\neg H)}=\frac{(1-P(H|E))-(1-P(H))}{-(1-P(H))}\\
&=\frac{-P(H|E)+P(H)}{-(1-P(H))}=\frac{-(P(H|E)-P(H))}{-(1-P(H))}\\
&=\frac{P(H|E)-P(H)}{1-P(H)}=MB(H,E)
\end{aligned}
\tag{5-9}
$$

$$
\begin{aligned}
&CF(H,E)+CF(\neg H,E)\\
&=(MB(H,E)-MD(H,E))+(MB(\neg H,E)-MD(\neg H,E))\\
&=(MB(H,E)-MB(\neg H,E))+(MB(\neg H,E)-MD(\neg H,E))\\
&=MB(H,E)-MD(\neg H,E)=0
\end{aligned}
\tag{5-10}
$$

⑧ 对同一证据 E,如果支持多个不同的结论 $H_i(i=1,2,\cdots,n)$,那么有式(5-11)成立。

$$\sum_{i=1}^{n}CF(H_i,E)\leqslant 1 \tag{5-11}$$

因此,如果设计专家系统时发现专家给出的知识有式(5-12)所示的情况:

$$CF(H_1,E)=0.8,\quad CF(H_2,E)=0.4 \tag{5-12}$$

由于 $CF(H_1,E)+CF(H_2,E)>1$,因此应进行调整和规范化。

应该注意的是,由于实际应用中各个公式中的概率值很难获得,因此知识的可信度因子 $CF(H,E)$应由领域专家直接给出。其原则是:如果相应证据的出现增加了结论 H 为真的可信度,则 $CF(H,E)>0$,证据越支持 H 为真,$CF(H,E)$越大;如果相应证据的出现减少了结论 H 为真的可信度,则 $CF(H,E)<0$,证据越支持 H 为假,$CF(H,E)$越小;如果相应证据的出现与 H 无关,则 $CF(H,E)=0$。

2. 证据不确定性的表示

在 CF 模型中,证据的不确定性对应前文提到的动态强度,它也用可信度因子表示,其取

值范围仍然是[−1,1]。对于初始证据,其可信度由用户给出;对于中间结果,其可信度通过相应的不确定性传递算法计算得到。

对于证据 E 而言,其不确定性用可信度 CF(E)表示,其含义如下:

① CF(E)=1,表示证据 E 肯定为真;

② CF(E)=−1,表示证据 E 肯定为假;

③ CF(E)=0,表示对证据 E 一无所知;

④ 0<CF(E)<1,表示证据 E 为真的程度是 CF(E);

⑤ −1<CF(E)<0,表示证据 E 为假的程度是 CF(E)。

5.2.3 计算问题

在计算问题的解决过程中,不可避免地要设计组合证据可信度的计算方法、不确定性的传递算法和结论不确定性的合成算法等,以下分别说明。

1. 组合证据的不确定性

(1) 当组合证据是多个单一证据的合取时,计算方法如式(5-13)所示。

$$\mathrm{CF}(E_1\quad \mathrm{AND}\quad E_2)=\min\{\mathrm{CF}(E_1),\mathrm{CF}(E_2)\} \tag{5-13}$$

(2) 当组合证据是多个单一证据的析取时,计算方法如式(5-14)所示。

$$\mathrm{CF}(E_1\quad \mathrm{OR}\quad E_2)=\max\{\mathrm{CF}(E_1),\mathrm{CF}(E_2)\} \tag{5-14}$$

(3) 当组合证据是单一证据的非时,计算方法如式(5-15)所示。

$$\mathrm{CF}(\neg E)=-\mathrm{CF}(E) \tag{5-15}$$

2. 不确定性的传递

当从不确定的初始证据出发,运用不确定性的知识推出结论并求结论的不确定性时,会用到不确定性的传递算法。此时,根据证据 E 的可信度 CF(E)、知识 $E\rightarrow H$ 的可信度 CF(H,E),基于式(5-16)可以求得结论 H 的可信度 CF(H)。

$$\mathrm{CF}(H)=\max\{0,\mathrm{CF}(E)\}\times\mathrm{CF}(H,E) \tag{5-16}$$

由式(5-16)可知,若 CF(E)<0,则 CF(H)=0,即该模型没有考虑证据为假对结论 H 产生的影响。而且,若 CF(E)=1,则 CF(H)=CF(H,E),即该模型认为证据必然为真时结论 H 的可信度就是规则的可信度。

3. 结论不确定性的合成

如果有多条知识可以推出相同的结论,而且这些知识的前提条件相互独立,那么利用这些知识和各自的前提,可以计算得到同一结论的多个可信度。此时,可以用结论不确定性的合成算法求出该结论的综合可信度。具体的步骤为:首先将第一个可信度与第二个可信度合成,然后用合成后的可信度与第三个可信度合成,如此进行下去,直到求出最终的综合可信度。下面以两条规则的情况为例,说明结论不确定性的合成算法。

假设有如下知识:

$$\mathrm{IF}\quad E_1\quad \mathrm{THEN}\quad H\quad (\mathrm{CF}(H,E_1))$$

$$\mathrm{IF}\quad E_2\quad \mathrm{THEN}\quad H\quad (\mathrm{CF}(H,E_2))$$

首先根据不确定性的传递算法计算得到

$$
\begin{aligned}
CF_1(H)&=\max\{0,CF(E_1)\}\times CF(H,E_1)\\
CF_2(H)&=\max\{0,CF(E_2)\}\times CF(H,E_2)
\end{aligned}
\tag{5-17}
$$

然后利用式(5-18)求出合成后的结论的可信度：

$$
CF(H)=\begin{cases}
CF_1(H)+CF_2(H)-CF_1(H)\times CF_2(H), & CF_1(H)\geqslant 0,CF_2(H)\geqslant 0\\
CF_1(H)+CF_2(H)+CF_1(H)\times CF_2(H), & CF_1(H)<0,CF_2(H)<0\\
CF_1(H)+CF_2(H), & CF_1(H)\text{与 }CF_2(H)\text{异号}
\end{cases}
\tag{5-18}
$$

需要注意的是，式(5-18)不满足组合交换性，即如果有 n 个证据同时作用于一个假设对应可求得 $CF_1(H)$，$CF_2(H)$，…，$CF_n(H)$，那么使用该式进行逐一计算得到的 $CF(H)$ 的计算结果与各条规则合成的先后顺序有关。为了解决这个问题，在 MYCIN 的发展 EMYCIN 中将式(5-18)修正为式(5-19)。式(5-19)满足组合交换性。

$$
CF(H)=\begin{cases}
CF_1(H)+CF_2(H)-CF_1(H)\times CF_2(H), & CF_1(H)\geqslant 0,CF_2(H)\geqslant 0\\
CF_1(H)+CF_2(H)+CF_1(H)\times CF_2(H), & CF_1(H)<0,CF_2(H)<0\\
\dfrac{CF_1(H)+CF_2(H)}{1-\min\{|CF_1(H)|,|CF_2(H)|\}}, & CF_1(H)\text{与 }CF_2(H)\text{异号}
\end{cases}
\tag{5-19}
$$

4. 结论不确定性的更新

如果已知证据 E 的可信度 $CF(E)$、结论 H 的可信度 $CF(H)$，以及知识 $E\rightarrow H$ 的可信度 $CF(H,E)$，则可以求得结论 H 的可信度的更新值 $CF(H|E)$。更新与不确定性的传递算法描述的情况不同，更新是指结论已经有了一个先验值。此时，$CF(H|E)$ 的计算可依据以下算法求得。

① 当 E 必然发生，即 $CF(E)=1$ 时，由式(5-20)求解 $CF(H|E)$。

$$
CF(H|E)=\begin{cases}
CF(H)+CF(H,E)\times(1-CF(H)), & CF(H)\geqslant 0,CF(H,E)\geqslant 0\\
CF(H)+CF(H,E)\times(1+CF(H)), & CF(H)<0,CF(H,E)<0\\
CF(H)+CF(H,E), & \text{其他}
\end{cases}
\tag{5-20}
$$

② 当 E 可能发生，即 $0<CF(E)<1$ 时，由式(5-21)求解 $CF(H|E)$。

$$
CF(H|E)=\begin{cases}
CF(H)+CF(E)\times CF(H,E)\times(1-CF(H)), & CF(H)\geqslant 0,CF(E)\times CF(H,E)\geqslant 0\\
CF(H)+CF(E)\times CF(H,E)\times(1+CF(H)), & CF(H)<0,CF(E)\times CF(H,E)<0\\
CF(H)+CF(E)\times CF(H,E), & \text{其他}
\end{cases}
\tag{5-21}
$$

③ 当 E 不可能发生，即 $CF(E)\leqslant 0$ 时，知识不可用，由于不可能发生的事情对结果没有影响，因此 $CF(H|E)=CF(H)$。

同样地，以上算法不满足组合交换性，EMYCIN 对其进行了改进，这里不再说明。

例 5-1 假设有如下一组规则：

R_1：IF A AND (B OR C) THEN D (0.8)

R_2：IF E AND F THEN G (0.7)

R_3：IF D THEN H (0.9)

R_4：IF K THEN H (0.6)

R_5：IF G THEN H (−0.5)

已知 $CF(A)=0.5$，$CF(B)=0.6$，$CF(C)=0.7$，$CF(E)=0.6$，$CF(F)=0.9$，$CF(K)=0.8$，求 $CF(H)$ 的值。

解：根据已知规则，可以得到问题的推理网络如图 5-1 所示。

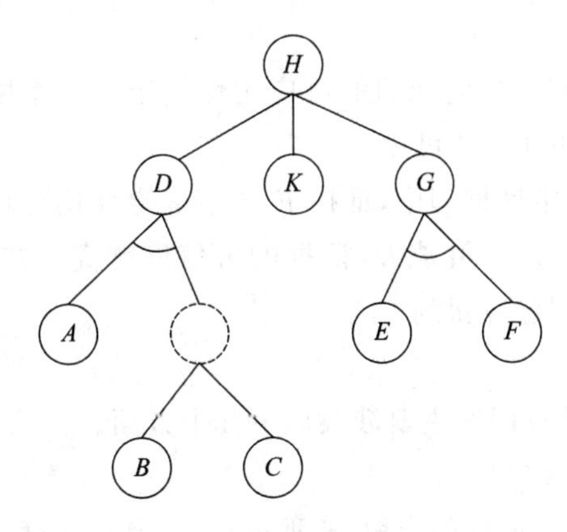

图 5-1 例 5-1 的推理网络

由 R_1 知：

$$CF(D)=\max\{0,CF(A \text{ AND } (B \text{ OR } C))\}\times CF(D,A \text{ AND } (B \text{ OR } C))$$
$$=\max\{0,\min\{0.5,\max\{0.6,0.7\}\}\}\times 0.8=0.4$$

由 R_2 知：

$$CF(G)=\max\{0,CF(E \text{ AND } F)\}\times CF(G,E \text{ AND } F)$$
$$=\max\{0,\min\{0.6,0.9\}\}\times 0.7=0.42$$

由 R_3 知：

$$CF_1(H)=\max\{0,CF(D)\}\times CF(H,D)=\max\{0,0.4\}\times 0.9=0.36$$

由 R_4 知：

$$CF_2(H)=\max\{0,CF(K)\}\times CF(H,K)=\max\{0,0.8\}\times 0.6=0.48$$

由 R_5 知：

$$CF_3(H)=\max\{0,CF(G)\}\times CF(H,G)=\max\{0,0.42\}\times(-0.5)=-0.21$$

根据结论不确定性的合成算法得

$$CF_{1,2}(H)=CF_1(H)+CF_2(H)-CF_1(H)\times CF_2(H)=0.36+0.48-0.36\times 0.48\approx 0.67$$

$$CF_{1,2,3}(H)=\frac{CF_{1,2}(H)+CF_3(H)}{1-\min\{|CF_{1,2}(H)|,|CF_3(H)|\}}=\frac{0.67-0.21}{1-\min\{|0.67|,|-0.21|\}}\approx 0.58$$

由于现实世界中的问题是复杂多样的，因此为了使可信度方法的适用范围更广泛，很多学者对 CF 模型进行了改进，使其更具一般性。5.2.4 节和 5.2.5 节将分别介绍两种比较典型的改进方法。

5.2.4 带有阈值限度的不确定性推理

1. 表示问题

在带有阈值限度的不确定性推理中，知识用下面的形式表示：

$$\text{IF } E \text{ THEN } H \quad (CF(H,E),\lambda)$$

其中：

① E 表示知识的前提条件，它可以是一个简单条件，也可以是用 AND 和(或)OR 连接多个简单条件构成的复合条件；

② H 是知识的结论；

③ $CF(H,E)$是知识的可信度，即规则强度，$0<CF(H,E)\leqslant 1$，其值越大，说明相应知识的可信度越高；

④ λ是阈值，$0<\lambda\leqslant 1$，它给相应知识的可应用性规定了一个限度，只有当前提条件E的可信度$CF(E)\geqslant\lambda$时，相应的知识才可用。

在带有阈值限度的不确定性推理中，证据E的不确定性用可信度$CF(E)$表示，其取值范围满足$0\leqslant CF(E)\leqslant 1$。$CF(E)$的值越大，证据的可信度越高。初始证据的可信度由用户给出，中间结果的可信度由推理计算得到。

2. 计算问题

同常规CF模型一样，计算问题主要涉及以下几个方面。

(1) 组合证据的不确定性

对于组合证据是多个简单证据的合取、析取的情况，其可信度分别通过求极小值和极大值得到，满足式(5-13)和(5-14)。

(2) 不确定性的传递

当$CF(E)\geqslant\lambda$时，结论H的可信度由式(5-22)得到。

$$CF(H)=CF(E)\times CF(H,E) \tag{5-22}$$

其中，"×"可以是乘法运算，也可以是求极小值或其他运算，根据实际应用确定。

(3) 结论不确定性的合成

假设有多条规则有相同的结论，即：

$$\begin{aligned}
&\text{IF}\quad E_1\quad \text{THEN}\quad H\quad (CF(H,E_1),\lambda_1)\\
&\text{IF}\quad E_2\quad \text{THEN}\quad H\quad (CF(H,E_2),\lambda_2)\\
&\qquad\qquad\qquad\vdots\\
&\text{IF}\quad E_n\quad \text{THEN}\quad H\quad (CF(H,E_n),\lambda_n)
\end{aligned}$$

如果这n条规则都满足

$$CF(E_i)\geqslant\lambda_i,\quad i=1,2,\cdots,n \tag{5-23}$$

那么它们都将被启用，可以通过计算得到

$$CF_i(H)=CF(E_i)\times CF(H,E_i) \tag{5-24}$$

结论的可信度可以用下列任何一种方法求得。

① 求极大值

选用$CF_i(H)$中的极大值作为$CF(H)$：

$$CF(H)=\max\{CF_1(H),CF_2(H),\cdots,CF_n(H)\} \tag{5-25}$$

② 加权求和

根据式(5-26)计算得到$CF(H)$：

$$CF(H)=\frac{1}{\sum_{i=1}^{n}CF(H,E_i)}\sum_{i=1}^{n}CF(H,E_i)\times CF(E_i)=\frac{1}{\sum_{i=1}^{n}CF(H,E_i)}\sum_{i=1}^{n}CF_i(H) \tag{5-26}$$

③ 有限和

根据式(5-27)计算得到$CF(H)$：

$$CF(H)=\min\left\{\sum_{i=1}^{n}CF_i(H),1\right\} \tag{5-27}$$

④ 递推计算

递推计算的基本思想是：从 $CF_1(H)$ 开始，按知识被启用的顺序逐步进行递推，每增加一条结论为 H 的知识，H 的可信度便增加一点，直到求出 H 的可信度。令 $C_1=CF(E_1)\times CF(H,E_1)$，对任意的 $k>1$，有

$$C_k=C_{k-1}+(1-C_{k-1})\times CF(E_k)\times CF(H,E_k) \tag{5-28}$$

当 $k=n$ 时，求出的 C_n 就是综合可信度 $CF(H)$。

5.2.5 带有权重的不确定性推理

当知识的前提条件是复合条件时，前面介绍的各种计算方法实际都要求了构成复合条件的各简单条件应该是彼此独立的，互不存在依赖关系，但现实情况下往往不能保证这一点，如下面的规则：

IF 天气预报说有寒流来到本地 AND 气温急剧下降 AND 感到有点儿冷
THEN 多穿衣服

同样，当构成复合条件的简单条件中各个子条件的重要程度不相同时，也会遇到类似的问题，如下面的规则：

IF 论文有创新性 AND 理论正确 AND 文字通顺 AND 书写规范
THEN 论文可以发表

其中，“论文有创新性”和“理论正确”比“文字通顺”和“书写规范”更为重要。

为了解决上述问题，可以对 CF 模型进行相应的改进，如带有权重的不确定性推理。

1. 表示问题

在带有权重的不确定性推理中，知识的表示形式是

IF $E_1(w_1)$ AND $E_2(w_3)$ AND … AND $E_n(w_n)$ THEN H $(CF(H,E),\lambda)$

其中，$w_i(i=1,2,\cdots,n)$ 是加权因子，表示相应子条件的权值。权值的设计应考虑到子条件的重要性或(和)独立性。一般，重要性越大，权值越大；独立性越大，权值越大；如果重要性与独立性同时存在，权值的设计则要综合考虑这两方面的因素。权重的取值范围一般是 $0\leqslant w_i\leqslant 1$，而且满足归一条件，即满足：

$$\begin{cases}0\leqslant w_i\leqslant 1, & i=1,2,\cdots,n\\ \sum_{i=1}^{n} w_i=1\end{cases} \tag{5-29}$$

在带有权重的不确定性推理中，证据的不确定性仍然用可信度表示。

2. 计算问题

(1) 组合证据的不确定性

对于前提条件：

$$E=E_1(w_1) \text{ AND } E_2(w_3) \text{ AND } \cdots \text{ AND } E_n(w_n)$$

组合证据的可信度依据式(5-30)计算得到。

$$CF(E)=\sum_{i-1}^{n} w_i\times CF(E_i) \tag{5-30}$$

如果 $w_i(i=1,2,\cdots,n)$ 不满足归一条件，则组合证据的可信度依据式(5-31)计算得到。

$$\mathrm{CF}(E)=\frac{1}{\sum_{i=1}^{n} w_i}\sum_{i-1}^{n}(w_i \times \mathrm{CF}(E_i)) \tag{5-31}$$

(2) 不确定性的传递

当知识的可信度满足条件 $\mathrm{CF}(E) \geqslant \lambda$ 时，该知识就可被应用，从而推出结论 H。其中，λ 是相应知识的阈值，结论 H 的可信度可以根据式(5-32)计算得到。

$$\mathrm{CF}(H)=\mathrm{CF}(E)\times \mathrm{CF}(H,E) \tag{5-32}$$

其中，“×”可以是乘法运算，也可以是求极小值或其他恰当的运算。

5.2.6 确定性理论的特点

基于 CF 模型的不确定性推理方法比较简单、直观，但其推理结果的准确性依赖于领域专家对可信度因子的指定，主观性和片面性比较强。另外，随着推理链的延伸，可信度的传递会越来越不可靠，误差会越来越大，当推理达到一定深度时，有可能出现推出的结论不再可信的情况。

5.3 主观 Bayes 方法

在其他课程的学习中，我们已经知道，概率论是研究随机性的一门学科，其具有严谨深厚的理论基础。而随机性是不确定性的一个重要表现形式，因此在解决不确定性推理问题时，人工智能的研究人员自然不会放弃概率论这个有效的手段。然而，在实际应用中发现，当直接使用概率论中的一些公式时，有些概率值很难求得。为此，杜达(R. O. Duda)和哈特(P. E. Hart)等人于 1976 年在概率论的 Bayes 公式的基础上进行改进，提出了主观 Bayes 方法，建立了相应的不确定性推理模型，并成功将其应用于地矿勘探的专家系统 PROSPECTOR 中。

PROSPECTOR 是美国斯坦福大学于 1976 年开始研制的一个地质勘探专家系统，该系统具有 12 种矿藏知识，含有 1 100 多条规则、约 400 种岩石和地质术语，能帮助地质学家解释地质矿藏数据，也能提供硬岩石矿物勘探方面的咨询，如勘探评价、区域资源估计、钻井位置选择等。

以下从表示问题、计算问题和语义问题 3 个方面介绍主观 Bayes 方法是如何解决不确定性推理问题的。其中，5.3.1 节和 5.3.2 节说明表示问题是如何解决的，5.3.3 节～5.3.5 节说明计算问题和语义问题是如何解决的，5.3.6 节则介绍主观 Bayes 方法的特点。

5.3.1 证据不确定性的表示

在主观 Bayes 方法中，无论是初始证据还是作为推理结果的中间证据，它们的不确定性都是用概率或几率表示的，即证据 E 的不确定性用 $P(E)$ 或 $O(E)$ 表示。概率与几率之间的转换公式如下：

$$O(E)=\frac{P(E)}{P(\neg E)}=\frac{P(E)}{1-P(E)}$$
$$P(E)=\frac{O(E)}{1+O(E)} \tag{5-33}$$

其中，$O(E)$表示证据E的出现概率和不出现的概率之比，显然$O(E)$是$P(E)$的增函数，且有式(5-34)所示的几个特殊点。

$$O(E)=\frac{P(E)}{1-P(E)}=\begin{cases}0, & P(E)=0, E\text{ 为假}\\ +\infty, & P(E)=1, E\text{ 为真}\\ (0,+\infty), & \text{其他}, E\text{ 非真非假}\end{cases} \tag{5-34}$$

除了式(5-33)和式(5-34)表示的证据E的先验几率和先验概率之间的关系，在主观Bayes方法中，有时还需要用到E的后验概率或后验几率。以概率为例，对初始证据E，用户可以根据当前的观察S将其先验概率$P(E)$更改为后验概率$P(E|S)$，相当于给出了证据E的动态强度。

后验几率和后验概率的转换关系与先验几率和先验概率的转换关系一样，如式(5-35)所示。

$$\begin{gathered}O(E|S)=\frac{P(E|S)}{P(\neg E|S)}=\frac{P(E|S)}{1-P(E|S)}\\ P(E|S)=\frac{O(E|S)}{1+O(E|S)}\end{gathered} \tag{5-35}$$

5.3.2 知识不确定性的表示

在主观Bayes方法中，知识用产生式规则表示，具体形式为

IF E THEN (LS,LN) H ($P(H)$)

1. 各符号的含义

① E是知识的前提条件，它既可以是一个简单条件，也可以是由多个简单条件用AND或(和)OR连接而成的复合条件。

② H是结论，$P(H)$是H的先验概率，表示在没有任何证据的情况下结论H为真的概率，$P(H)$的值由领域专家根据其实践经验给出。

③ (LS,LN)表示知识的静态强度。其中，LS为充分性因子，体现规则成立的充分性；LN为必要性因子，体现规则成立的必要性。这种表示既考虑了事件E的出现对结果H的影响，又考虑了事件E的不出现对结果H的影响。

2. LS和LN的表示形式

以下分别说明规则中LS和LN的表示形式。

(1) 充分性因子

根据概率论中的Bayes定理，E发生后H发生的概率以及E发生后H不发生的概率如式(5-36)所示，这两个概率相除可以得到式(5-37)。

$$P(H|E)=\frac{P(E|H)P(H)}{P(E)},\quad P(\neg H|E)=\frac{P(E|\neg H)P(\neg H)}{P(E)} \tag{5-36}$$

$$\begin{aligned}\frac{P(H|E)}{P(\neg H|E)}&=\frac{P(E|H)P(H)}{P(E|\neg H)P(\neg H)}=\frac{P(E|H)}{P(E|\neg H)}\times\frac{P(H)}{P(\neg H)}\\ &=\frac{P(E|H)}{P(E|\neg H)}\times\frac{P(H)}{1-P(H)}=\frac{P(E|H)}{P(E|\neg H)}\times O(H)\end{aligned} \tag{5-37}$$

式(5-37)等号的左端实际为H的一种后验几率：

$$\frac{P(H|E)}{P(\neg H|E)}=\frac{P(H|E)}{1-P(H|E)}=O(H|E) \tag{5-38}$$

以上两式联立可得

$$O(H|E)=\frac{P(E|H)}{P(E|\neg H)}\times O(H)=\text{LS}\times O(H) \tag{5-39}$$

由式(5-37)和式(5-39)可得 LS 的表示形式：

$$\text{LS}=\frac{O(H|E)}{O(H)}=\frac{\dfrac{P(H|E)}{P(\neg H|E)}}{\dfrac{P(H)}{P(\neg H)}} \tag{5-40}$$

由式(5-40)分析可得：LS 表征了 E 为真对 H 的影响。如果 $\text{LS}=\infty$，则 $P(\neg H|E)=0$，即 $P(H|E)=1$，说明 E 对于 H 是逻辑充分的，即规则成立是充分的。因此，LS 被称作充分似然性因子，也称充分性因子。其特殊点如式(5-41)所示。

$$\begin{cases} \text{当 LS}=1\text{ 时}, & O(H|E)=O(H), & E\text{ 对 }H\text{ 无影响} \\ \text{当 LS}>1\text{ 时}, & O(H|E)>O(H), & E\text{ 支持 }H \\ \text{当 LS}<1\text{ 时}, & O(H|E)<O(H), & E\text{ 不支持 }H \end{cases} \tag{5-41}$$

(2) 必要性因子

根据概率论中的 Bayes 定理，E 不发生且 H 发生的概率以及 E 不发生且 H 不发生的概率如式(5-42)所示，这两个概率相除得到式(5-43)。

$$P(H|\neg E)=\frac{P(\neg E|H)P(H)}{P(\neg E)},\quad P(\neg H|\neg E)=\frac{P(\neg E|\neg H)P(\neg H)}{P(\neg E)} \tag{5-42}$$

$$\begin{aligned}\frac{P(H|\neg E)}{P(\neg H|\neg E)}&=\frac{P(\neg E|H)P(H)}{P(\neg E|\neg H)P(\neg H)}=\frac{P(\neg E|H)}{P(\neg E|\neg H)}\times\frac{P(H)}{P(\neg H)}\\&=\frac{P(\neg E|H)}{P(\neg E|\neg H)}\times\frac{P(H)}{1-P(H)}=\frac{P(\neg E|H)}{P(\neg E|\neg H)}\times O(H)\end{aligned} \tag{5-43}$$

而式(5-43)等号的左端实际为 H 的一种后验几率：

$$\frac{P(H|\neg E)}{P(\neg H|\neg E)}=\frac{P(H|\neg E)}{1-P(H|\neg E)}=O(H|\neg E) \tag{5-44}$$

以上两式联立可得

$$O(H|\neg E)=\frac{P(\neg E|H)}{P(\neg E|\neg H)}\times O(H)=\text{LN}\times O(H) \tag{5-45}$$

由式(5-43)和式(5-45)可得 LN 的表示形式：

$$\text{LN}=\frac{O(H|\neg E)}{O(H)}=\frac{\dfrac{P(H|\neg E)}{P(\neg H|\neg E)}}{\dfrac{P(H)}{P(\neg H)}} \tag{5-46}$$

由式(5-46)分析可得：LN 表征了 E 为假对 H 的影响。如果 $\text{LN}=0$，则 $P(H|\neg E)=0$，说明 E 对于 H 是逻辑必要的，即规则成立是必要的。因此，LN 被称作必要似然性因子，也称必要性因子。其特殊点如式(5-47)所示。

$$\begin{cases} \text{当 LN}=1\text{ 时}, & O(H|\neg E)=O(H), & \neg E\text{ 对 }H\text{ 无影响} \\ \text{当 LN}>1\text{ 时}, & O(H|\neg E)>O(H), & \neg E\text{ 支持 }H \\ \text{当 LN}<1\text{ 时}, & O(H|\neg E)<O(H), & \neg E\text{ 不支持 }H \end{cases} \tag{5-47}$$

(3) LS 和 LN 的关系

$\text{LS}\geqslant 0$，$\text{LN}\geqslant 0$，而且 LS 和 LN 是不相互独立的，原因分析如下。

根据式(5-39)可以推出

$$\mathrm{LS}=\frac{P(E|H)}{P(E|\neg H)} \tag{5-48}$$

如果 LS>1，那么 $P(E|H)>P(E|\neg H)$，有

$$\mathrm{LN}=\frac{P(\neg E|H)}{P(\neg E|\neg H)}=\frac{1-P(E|H)}{1-P(E|\neg H)}<1 \tag{5-49}$$

即 LS>1 和 LN<1 同时成立，LS 和 LN 互不独立。

理论上，LS 和 LN 的取值范围满足

$$\begin{cases}\mathrm{LS}>1,\mathrm{LN}<1\\ \mathrm{LS}<1,\mathrm{LN}>1\\ \mathrm{LS}=\mathrm{LN}=1\end{cases} \tag{5-50}$$

值得注意的是，在实际应用中 LS 和 LN 的值都是由专家给定的，以便计算后验几率。LS 表明证据存在时先验几率的变化有多大，LN 表明证据不存在时先验几率的变化有多大。表 5-1 简要说明了 LS、LN 的取值与证据之间的关系。

表 5-1 LS、LN 的取值与证据之间的关系

取值		影响
LS	0	E 为真则 H 为假，即$\neg E$ 对 H 是必然的
	$0<\mathrm{LS}<<1$	E 为真对 H 不利
	1	E 为真对 H 无影响
	$\mathrm{LS}>>1$	E 为真对 H 有利
	∞	E 为真对 H 逻辑充分，即 H 必然为真
LN	0	E 为假则 H 为假，即 E 对 H 是必然的
	$0<\mathrm{LN}<<1$	E 为假对 H 不利
	1	E 为假对 H 无影响
	$\mathrm{LN}>>1$	E 为假对 H 有利
	∞	E 为假对 H 逻辑充分，即 H 必然为真

PROSPECTOR 中有以下 2 条规则。

规则 1：如果有石英矿，则必有钾矿带。LS=300，LN=0.2。

这意味着，发现石英矿对判断发现钾矿带非常有利。而没有发现石英矿，并不暗示一定没有钾矿带。

规则 2：如果有玻璃褐铁矿，则有最佳矿产结构。LS=1 000 000，LN=0.01。

这意味着，发现玻璃褐铁矿，对判断有最佳矿产结构非常有利。而没有发现玻璃褐铁矿，对发现最佳矿产结构非常不利。

5.3.3 组合证据的不确定性

当证据是多个简单证据的合取时，即

$$E=E_1\ \text{AND}\ E_2\ \text{AND}\ \cdots\ \text{AND}\ E_n$$

如果已知在当前观察的 S 下，每个单一证据 E_i 都有概率 $P(E_1|S),P(E_2|S),\cdots,P(E_n|S)$，则组合证据的不确定性如式(5-51)所示。

$$P(E|S)=\min\{P(E_1|S),P(E_2|S),\cdots,P(E_n|S)\} \tag{5-51}$$

当证据是多个简单证据的析取时，即

$$E=E_1 \quad \text{OR} \quad E_2 \quad \text{OR} \quad \cdots \quad \text{OR} \quad E_n$$

如果已知在当前观察的 S 下，每个单一证据 E_i 有概率 $P(E_1|S),P(E_2|S),\cdots,P(E_n|S)$，则组合证据的不确定性如式(5-52)所示

$$P(E|S)=\max\{P(E_1|S),P(E_2|S),\cdots,P(E_n|S)\} \tag{5-52}$$

当证据是简单证据的否定时，有 $P(\neg E|S)=1-P(E|S)$。

5.3.4 结论不确定性的更新

主观 Bayes 方法的主要推理任务就是依据证据 E 的概率 $P(E)$、结论 H 的先验概率 $P(H)$ 和知识的不确定性(LS,LN)把结论的先验概率更新为后验概率 $P(H|E)$ 或 $P(H|\neg E)$。由于一条知识所对应的证据可能是肯定为真、肯定为假或不确定的，因此要根据证据的不同情况计算结论的后验概率。

1. 证据 *E* 肯定为真

当证据 E 肯定为真，即 $P(E)=P(E|S)=1$ 时，依据式(5-39)可得后验几率与先验几率的关系：

$$O(H|E)=\text{LS}\times O(H) \tag{5-53}$$

如果要求结论的后验概率，可利用几率与概率的转换公式得到

$$P(H|E)=\frac{\text{LS}\times O(H)}{1+\text{LS}\times O(H)}=\frac{\text{LS}\times P(H)}{(\text{LS}-1)P(H)+1} \tag{5-54}$$

2. 证据 *E* 肯定为假

当证据 E 肯定为假，即 $P(E)=P(E|S)=0$，$P(\neg E)=1$ 时，依据式(5-45)可得后验几率与先验几率的关系：

$$O(H|\neg E)=\text{LN}\times O(H) \tag{5-55}$$

结论的后验概率，可利用几率与概率的转换公式得到

$$P(H|\neg E)=\frac{\text{LN}\times O(H)}{1+\text{LN}\times O(H)}=\frac{\text{LN}\times P(H)}{(\text{LN}-1)P(H)+1} \tag{5-56}$$

3. 证据 *E* 不确定，既非为真又非为假

上面讨论的 E 肯定为真和 E 肯定为假的极端情况在现实世界中是不常见的，实际上更多的是介于两者之间的情况，即证据 E 不确定的情况。因为初始证据一般是用户观察得到的，而观察结果是不精确的；如果证据是推理产生的中间结果，由于不确定性的传递，此证据也是不确定的。

对于证据 E 不确定、既非为真又非为假的情况，式(5-53)和式(5-55)将不再适用，此时要用到杜达在 1976 年提出的一个算法，其表示形式如式(5-57)所示。

$$P(H|S)=P(H|E)\times P(E|S)+P(H|\neg E)\times P(\neg E|S) \tag{5-57}$$

其中，S 代表与 E 有关的所有证据，即系统中能对 E 产生影响或者与 E 有关系的观察，也就是 E 的前项。下面分 4 种情况进行分析：

(1) $P(E|S)=1$ 时

此时，$P(\neg E|S)=1-1=0$，根据式(5-54)和式(5-57)可得式(5-58)所示的计算公式，它对应了证据肯定存在的情况。

$$P(H|S)=P(H|E)=\frac{\text{LS}\times P(H)}{(\text{LS}-1)P(H)+1} \tag{5-58}$$

(2) $P(E|S)=0$ 时

此时，$P(\neg E|S)=1-0=1$，根据式(5-56)和式(5-57)可得式(5-59)所示的计算公式，它对应了证据肯定不存在的情况。

$$P(H|S)=P(H|\neg E)=\frac{\text{LN}\times P(H)}{(\text{LN}-1)P(H)+1} \tag{5-59}$$

(3) $P(E|S)=P(E)$时

此时，E与S无关，由式(5-57)和全概率公式可得式(5-60)所示的计算公式。

$$\begin{aligned}P(H|S)&=P(H|E)\times P(E|S)+P(H|\neg E)\times P(\neg E|S)\\&=P(H|E)\times P(E)+P(H|\neg E)\times P(\neg E)\\&=P(H)\end{aligned} \tag{5-60}$$

根据以上3种情况，我们找到了$P(H|S)$与$P(E|S)$有关的3个特殊值，它们分别对应图5-2所示的平面直角坐标系中的3个特殊点，其中y轴表示$P(H|S)$，x轴表示$P(E|S)$。

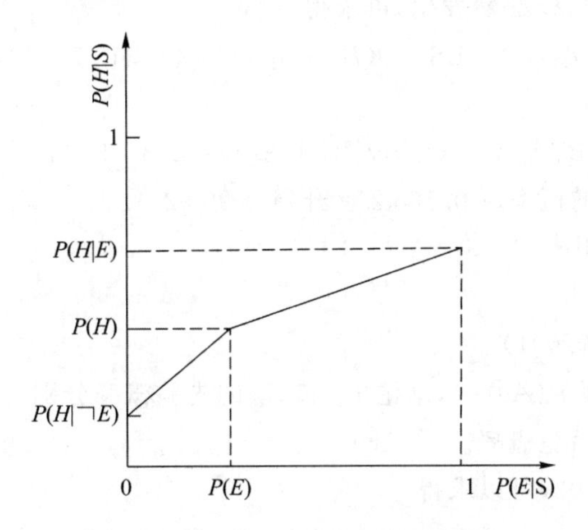

图5-2　分段线性插值函数

(4) $P(E|S)$为其他情况时

当$P(E|S)$为其他情况时，$P(H|S)$的值可以通过图5-2所示的分段线性插值函数求得，具体的计算方法如式(5-61)所示。

$$P(H|S)=\begin{cases}P(H|\neg E)+\dfrac{P(H)-P(H|\neg E)}{P(E)}\times P(E|S), & 0\leqslant P(E|S)<P(E)\\[2ex] P(H)+\dfrac{P(H|E)-P(H)}{1-P(E)}\times[P(E|S)-P(E)], & P(E)\leqslant P(E|S)\leqslant 1\end{cases} \tag{5-61}$$

即：当插值点在$[0,P(E))$区间时，采用函数的前半段；当插值点在$[P(E),1]$区间时，采用函数的后半段。

5.3.5 结论不确定性的合成

如果有n条知识都能得出相同的结论H，每条知识的前提条件$E_i(i=1,2,\cdots,n)$相互独立，且都有相关的证据$S_i(i=1,2,\cdots,n)$与之对应。在这些观察下，求H的后验概率的步骤是：首先分别对每条知识求出H的后验几率$O(H|S_i)$，然后用式(5-62)对这些后验几率进行综合。

$$O(H|S_1,S_2,\cdots,S_n)=\frac{O(H|S_1)}{O(H)}\times\frac{O(H|S_2)}{O(H)}\times\cdots\times\frac{O(H|S_n)}{O(H)}\times O(H) \tag{5-62}$$

例 5-2 已知规则如下：

$R_1: A_1 \rightarrow B$ (25,1)

$R_2: A_2 \rightarrow B$ (200,1)

又知证据 A_1 和 A_2 必然发生，结论 B 的先验概率 $P(B)=0.05$，求结论 B 的后验概率。

解：根据 $P(B)=0.05$，可以求得

$$O(B)=0.05/(1-0.05)=0.052\,63$$

根据规则 R_1 及证据 A_1 必然发生，可求得

$$O(B|A_1)=\mathrm{LS}\times O(B)=25\times 0.052\,63=1.315\,75$$

对应的 B 的后验概率为

$$P(B|A_1)=O(B|A_1)/(1+O(B|A_1))=1.315\,75/(1+1.315\,75)\approx 0.568\,2$$

即使用规则 R_1 之后，B 的概率从 0.05 上升到 0.568 2

根据规则 R_2 及证据 A_2 必然发生，可求得

$$O(B|A_1A_2)=\mathrm{LS}\times O(B|A_1)=200\times 1.315\,75=263.15$$

对应的 B 的后验概率为

$$P(B|A_1A_2)=O(B|A_1A_2)/(1+O(B|A_1A_2))=263.15/(1+263.15)\approx 0.996\,2$$

即使用规则 R_2 之后，B 的概率从 0.568 2 上升到 0.996 2。

例 5-3 已知规则如下：

$R_1: A \rightarrow B_1$ (28,1)

$R_2: B_1 \rightarrow B_2$ (300,0.001)

又知证据 A 必然发生，即 $P(A)=1$，结论 B_1 和 B_2 的先验概率分别为 $P(B_1)=0.03$、$P(B_2)=0.04$，试计算结论 B_2 的后验概率。

解：根据 $P(B_1)=0.03$，可以求得

$$O(B_1)=0.03/(1-0.03)\approx 0.03$$

根据规则 R_1 及证据 A 必然发生，可求得

$$O(B_1|A)=\mathrm{LS}\times O(B_1)=28\times 0.03=0.84$$

对应的 B_1 的后验概率为

$$P(B_1|A)=O(B_1|A)/(1+O(B_1|A))=0.84/(1+0.84)\approx 0.457$$

由于 $P(B_1|A)=0.457$，即规则 R_2 的证据不是必然的，所以要用插值法求取 $P(B_2|A)$ 的值。

根据以上计算发现 $P(B_1|A)>P(B_1)$，因此插值时要用分段线性函数的后半段。

根据 $P(B_2)=0.04$，可以求得

$$O(B_2)=0.04/(1-0.04)\approx 0.041\,7$$

假设 $P(B_1|A)=1$，根据规则 R_2，可得

$$O(B_2|B_1)=\mathrm{LS}\times O(B_2)=300\times 0.041\,7=12.51$$

对应

$$P(B_2|B_1)=O(B_2|B_1)/(1+O(B_2|B_1))=12.51/13.51\approx 0.926$$

利用插值机制可得

$$P(B_2|A)=0.04+(0.926-0.04)(0.457-0.03)/(1-0.03)\approx 0.43$$

故 B_2 的后验概率 $P(B_2|A)$ 为 0.43。

5.3.6 主观 Bayes 方法的特点

主观 Bayes 方法中的计算公式大多基于概率论,理论基础扎实,灵敏度高。知识的不确定性描述不仅考虑了规则成立的充分性,而且考虑了规则成立的必要性,较全面地反映了证据与结论间的因果关系,符合现实世界中的情况。但在主观 Bayes 方法的使用过程中,需要专家给出很多主观值,如 LS、LN 和 $P(H)$等,比较困难,而且 Bayes 定理中关于事件的独立性要求也使主观 Bayes 方法的应用受到了限制。

5.4 证据理论

证据理论也称为信度函数理论,是哈佛大学的数学家戴普斯特(A. P. Dempster)在 20 世纪 60 年代首先提出的,他试图用一个概率范围而不是一个简单的概率来模拟不确定性,后来戴普斯特的学生谢弗(G. Shafer)在其著作《证据的数学理论》中进一步拓展了该理论,因此人们也将证据理论称为 D-S 理论。1981 年,学者巴尼特(J. A. Barnett)将该理论引入专家系统;同年,嘉维(J. Garey)等人用它实现了不确定性推理。

证据理论是概率论的一种扩充形式,满足比概率论更弱的公理体系,能够区分“不确定”与“不知道”的差异,能处理“不知道”引起的不确定性,因此它比概率论更适合作为专家系统的推理方法;此外,由于证据理论具有较大的灵活性,因此它能很好地应用于模式识别领域。

本节首先对证据理论做简要介绍,然后基于一个特殊的概率分配函数建立一个具体的不确定性推理模型,最后对该模型如何解决表示问题、计算问题和语义问题做详细说明。

5.4.1 D-S 理论

证据理论是用集合表示命题的。

假设 D 是变量 x 所有可能取值的集合,且 D 中的元素是互斥的,在任一时刻 x 都取且只能取 D 中的某一个元素为值,则称 D 为 x 的样本空间或辨别框。在证据理论中,若 D 的任何一个子集 A 都对应一个关于 x 的命题,则称该命题为“x 的值在 A 中”。例如,用 x 代表打靶时击中的环数,即 $D=\{0,1,2,\cdots,10\}$,则 $A=\{8\}$表示“x 的值是 8”或“击中的环数是 8”;而 $A=\{8,9\}$表示“x 的值是 8 或 9”或“击中的环数是 8 或 9”。又如,用 x 代表外出时使用的交通工具,即 $D=\{$飞机,火车,汽车,自行车$\}$,则 $A=\{$火车,汽车$\}$表示“x 的值是火车或汽车”或“外出时使用的交通工具是火车或汽车”。

在证据理论中,为了描述和处理不确定性,需要引入概率分配函数、信任函数以及似然函数等概念。

1. 概率分配函数

设 D 为变量 x 的样本空间,领域内的命题都用 D 的子集表示,则概率分配函数的定义如下:

定义 5-1 设有函数 $m:2^D\rightarrow[0,1]$,且满足 $m(\varnothing)=0$ 和 $\sum_{A\subseteq D}m(A)=1$,则称 m 为 2^D 上的概率分配函数,称 $m(A)$为 A 的基本概率数。

关于定义 5-1 有以下 3 点需要说明。

① 如果样本空间 D 中有 n 个元素，那么 D 的所有子集构成的幂集记为 2^D，幂集的元素个数是 2^n，且其中的每一个元素都对应了一个关于 x 的取值情况的命题。

例 5-4 设 $D=\{red,yellow,white\}$，求 D 的幂集 2^D。

解：D 的幂集应该包括如下子集：

$$A_0=\varnothing,\quad A_1=\{red\},\quad A_2=\{yellow\},\quad A_3=\{white\},\quad A_4=\{red,yellow\}$$

$$A_5=\{red,white\},\quad A_6=\{yellow,white\},\quad A_7=\{red,yellow,white\}$$

即幂集的元素个数是 $2^3=8$。

② 概率分配函数把 D 的任意一个子集 A 映射为[0,1]上的一个数 $m(A)$。

a. 当 $A\subset D$ 时，$m(A)$表示对相应命题的精确信任度。概率分配函数实际上是对 D 中的各个子集进行信任分配，$m(A)$表示分配给 A 的那一部分。例如，当 $A=\{red\}$时，$m(A)=0.3$，表示对命题"x is red"的精确信任度是 0.3；当 $B=\{red,yellow\}$时，$m(B)=0.2$，表示对命题"x is red or yellow"的精确信任度是 0.2。

b. 当 A 由多个元素构成时，$m(A)$不包括对 A 的子集的精确信任度，而且也不知道该如何对它进行分配。例如，在 $m(\{red,yellow\})=0.2$ 中，不包括对 $A=\{red\}$的精确信任度 0.3，也不知道该把 0.2 分配给{red}还是分配给{yellow}。

c. 当 $A=D$ 时，$m(A)$是对 D 的各个子集进行信任分配后剩下的部分，它表示不知道该如何对这部分进行分配。例如，$m(D)=m(\{red,yellow,white\})=0.1$ 表示不知道该如何对这个 0.1 进行分配，但若它不是属于{red}的，就一定是属于{yellow}或{white}的，只是由于存在某些未知信息，不知道该如何对其进行分配。

③ 概率分配函数不是概率。例如，$D=\{red,yellow,white\}$，且有 $m(\{red\})=0.3$、$m(\{yellow\})=0$、$m(\{white\})=0.1$、$m(\{red,yellow\})=0.2$、$m(\{red,white\})=0.2$、$m(\{yellow,white\})=0.1$、$m(\{red,yellow,white\})=0.1$ 以及 $m(\varnothing)=0$。显然，m 符合概率分配函数的定义，但 $m(\{red\})+m(\{yellow\})+m(\{white\})=0.4$，按概率要求，这三者的和应该是 1，即 $P(red)+P(yellow)+P(white)=1$，因此 m 不是概率。

2. 信任函数

定义 5-2 信任函数 $Bel:2^D\to[0,1]$，且 $Bel(A)=\sum_{B\subseteq A}m(B)$ 对所有的 $A\subseteq D$，其中 2^D 表示 D 的幂集。

Bel 函数又称下限函数，$Bel(A)$表示对命题 A 为真的信任程度。根据信任函数及概率分配函数的定义可得

$$Bel(\varnothing)=m(\varnothing)=0,\quad Bel(D)=\sum_{B\subseteq D}m(B)=1 \tag{5-63}$$

基于例 5-4 及其数据，可以求出

$Bel(\{red\})=m(\{red\})=0.3$

$Bel(\{red,white\})=m(\{red\})+m(\{white\})+m(\{red,white\})=0.3+0.1+0.2=0.6$

$Bel(\{red,yellow\})=m(\{red\})+m(\{yellow\})+m(\{red,yellow\})=0.3+0+0.2=0.5$

$$\begin{aligned}Bel(\{red,yellow,white\})&=m(\{red\})+m(\{yellow\})+m(\{white\})+m(\{red,yellow\})+\\&\quad m(\{red,white\})+m(\{yellow,white\})+m(\{red,yellow,white\})\\&=0.3+0+0.1+0.2+0.2+0.1+0.1=1\end{aligned}$$

3. 似然函数

似然函数也称不可驳斥函数或上限函数，其定义如下。

定义 5-3 似然函数 $Pl:2^D\to[0,1]$，且 $Pl(A)=1-Bel(\neg A)$ 对所有的 $A\subseteq D$。

由于Bel(A)表示对 A 为真的信任程度，所以 Bel(¬A)表示对非 A 为真的信任程度，即对 A 为假的信任程度。由此可推出，Pl(A)表示对 A 为非假的信任程度。

仍然用例 5-4 及其数据进行如下说明。

$$\begin{aligned}Pl(\{red\})&=1-Bel(\neg\{red\})=1-Bel(\{yellow,white\})\\&=1-[m(\{yellow\})+m(\{white\})+m(\{yellow,white\})]\\&=1-[0+0.1+0.1]=0.8\end{aligned}$$

其中，0.8 表示对"x is red"为非假的信任程度是 0.8。由于对"x is red"为真的精确信任程度为 0.3，那么剩下的 0.5 则是知道"x is red"为非假但却不能肯定为真的精确信任程度。

$$\begin{aligned}Pl(\{yellow,white\})&=1-Bel(\neg\{yellow,white\})=1-Bel(\{red\})\\&=1-m(\{red\})=1-0.3=0.7\end{aligned}$$

其中，0.7 表示对"x is yellow or white"为非假的信任程度是 0.7。由于对"x is yellow or white"为真的精确信任程度为 0.1，那么剩下的 0.6 则是知道"x is yellow or white"为非假但却不能肯定为真的精确信任程度。

另外，由于

$$\begin{aligned}\sum_{\{red\}\cap B\neq\varnothing}m(B)&=m(\{red\})+m(\{red,yellow\})+m(\{red,white\})+m(\{red,yellow,white\})\\&=0.3+0.2+0.2+0.1=0.8\end{aligned}$$

$$\begin{aligned}\sum_{\{yellow,white\}\cap B\neq\varnothing}m(B)&=m(\{yellow\})+m(\{white\})+m(\{yellow,white\})+m(\{red,yellow\})+\\&\quad m(\{red,white\})+m(\{red,yellow,white\})\\&=0+0.1+0.1+0.2+0.2+0.1=0.7\end{aligned}$$

因此 Pl({red})和 Pl({yellow,white})也可以用下面的式子计算：

$$Pl(\{red\})=\sum_{\{red\}\cap B\neq\varnothing}m(B)\quad Pl(\{yellow,white\})=\sum_{\{yellow,white\}\cap B\neq\varnothing}m(B)$$

推广到一般情况，如式(5-64)所示。

$$Pl(A)=\sum_{A\cap B\neq\varnothing}m(B)\tag{5-64}$$

式(5-64)的证明过程如下：

因为

$$\begin{aligned}Pl(A)-\sum_{A\cap B\neq\varnothing}m(B)&=1-Bel(\neg A)-\sum_{A\cap B\neq\varnothing}m(B)=1-\Big(Bel(\neg A)+\sum_{A\cap B\neq\varnothing}m(B)\Big)\\&=1-\Big(\sum_{C\subseteq\neg A}m(C)+\sum_{A\cap B\neq\varnothing}m(B)\Big)=1-\sum_{E\subseteq D}m(E)=1-1=0\end{aligned}$$

所以

$$Pl(A)=\sum_{A\cap B\neq\varnothing}m(B)$$

证毕。

4. 信任函数与似然函数的关系

因为

$$Bel(A)+Bel(\neg A)=\sum_{B\subseteq A}m(B)+\sum_{C\subseteq\neg A}m(C)\leqslant\sum_{E\subseteq D}m(E)=1$$

所以

$$Pl(A)-Bel(A)=1-Bel(\neg A)-Bel(A)=1-(Bel(\neg A)+Bel(A))\geqslant0$$

所以

$$\mathrm{Pl}(A) \geqslant \mathrm{Bel}(A)$$

即信任函数与似然函数的关系为 $\mathrm{Pl}(A) \geqslant \mathrm{Bel}(A)$。

由于信任函数 Bel(A)表示对 A 为真的信任程度,似然函数 Pl(A)表示对 A 为非假的信任程度,因此分别称 Bel(A)和 Pl(A)为对 A 信任程度的下限与上限,记为 A(Bel(A), Pl(A))。

关于 A(Bel(A),Pl(A))的特殊点分析如下。

① $A(0,0)$:Bel(A)=0 说明对 A 为真不信任,Pl(A)=0 说明 Bel(¬A)=1−Pl(A)=1,对¬A 信任。即 $A(0,0)$表示 A 为假。

② $A(0,1)$:Bel(A)=0 说明对 A 为真不信任;Pl(A)=1 说明 Bel(¬A)=1−Pl(A)=0,对¬A 也不信任。即 $A(0,1)$表示对 A 一无所知。

③ $A(1,1)$:Bel(A)=1 说明对 A 为真信任;Pl(A)=1 说明 Bel(¬A)=1−Pl(A)=0,对¬A不信任。即 $A(1,1)$表示 A 为真。

④ $A(0.25,1)$:Bel(A)=0.25 说明对 A 为真有一定程度的信任,且信任度为 0.25;Pl(A)=1说明 Bel(¬A)=1−Pl(A)=0,对¬A 不信任。即 $A(0.25,1)$表示对 A 为真有 0.25 的信任度。

⑤ $A(0,0.85)$:Bel(A)=0 说明对 A 为真不信任;Pl(A)=0.85 说明 Bel(¬A)=1−Pl(A)=0.15,对¬A 有一定程度的信任。即 $A(0,0.85)$表示对 A 为假有一定程度的信任,信任度为 0.15。

⑥ $A(0.25,0.85)$:Bel(A)=0.25 说明对 A 为真有 0.25 的信任度;Pl(A)=0.85 说明 Bel(¬A)=1−Pl(A)=0.15,对¬A 有 0.15 的信任。即 $A(0.25,0.85)$表示对 A 为真的信任度比对 A 为假的信任度略高一些。

上面的讨论中已经指出,Bel(A)表示对 A 为真的信任程度;Bel(¬A)表示对¬A 的信任程度,即对 A 为假的信任程度;Pl(A)表示对 A 为非假的信任程度。那么,Pl(A)−Bel(A)表示对 A 不知道的程度,即对 A 既非信任又非不信任的程度。例如,$A(0.25,0.85)$表示对 A 不知道的程度是 0.85−0.25=0.6。

5. 概率分配函数的正交和

在实际问题的求解过程中,由于证据的来源不同,有时同样的证据会得到两个不同的概率分配函数,例如,x 的样本空间 D={red,yellow}从不同的知识来源出发,可以得到如下所示的不同的概率分配函数:

$$m_1(\{\text{red}\})=0.3, m_1(\{\text{yellow}\})=0.6, m_1(\{\text{red},\text{yellow}\})=0.1, m_1(\varnothing)=0$$

$$m_2(\{\text{red}\})=0.4, m_2(\{\text{yellow}\})=0.4, m_2(\{\text{red},\text{yellow}\})=0.2, m_2(\varnothing)=0$$

针对这种情况,戴普斯特提出一种利用正交和组合概率分配函数的方法。

定义 5-4 设 m_1 和 m_2 是两个概率分配函数,其正交和 $m=m_1 \oplus m_2$ 满足

$$m(\varnothing) = 0$$

$$m(A) = K^{-1} \times \sum_{x \cap y = A} m_1(x) \times m_2(y)$$

其中:

$$K = 1 - \sum_{x \cap y = \varnothing} m_1(x) \times m_2(y) = \sum_{x \cap y \neq \varnothing} m_1(x) \times m_2(y)$$

如果 $K \neq 0$,那么正交和 m 也是一个概率分配函数;如果 $K=0$,那么不存在正交和 m,称

m_1 和 m_2 矛盾。

例 5-5 已知样本空间 $D=\{\text{black},\text{white}\}$，从不同角度得到的两个概率分配函数为

$$m_1(\{\text{black}\},\{\text{white}\},\{\text{black},\text{white}\},\varnothing)=(0.3,0.5,0.2,0)$$

$$m_2(\{\text{black}\},\{\text{white}\},\{\text{black},\text{white}\},\varnothing)=(0.6,0.3,0.1,0)$$

求这两个概率分配函数的正交和 $m=m_1\oplus m_2$。

解：由正交和的计算公式可得

$$\begin{aligned}K &= 1-\sum_{x\cap y=\varnothing} m_1(x)\times m_2(y)\\ &= 1-[m_1(\{\text{black}\})\times m_2(\{\text{white}\})+m_1(\{\text{white}\})\times m_2(\{\text{black}\})]\\ &= 1-[0.3\times 0.3+0.5\times 0.6]=0.61\end{aligned}$$

$$\begin{aligned}m(\{\text{black}\}) &= K^{-1}\times\sum_{x\cap y=\{\text{black}\}} m_1(x)\times m_2(y)\\ &= \frac{1}{0.61}\times[m_1(\{\text{black}\})\times m_2(\{\text{black}\})+m_1(\{\text{black}\})\times\\ &\quad m_2(\{\text{black},\text{white}\})+m_1(\{\text{black},\text{white}\})\times m_2(\{\text{black}\})]\\ &= \frac{1}{0.61}\times[0.3\times 0.6+0.3\times 0.1+0.2\times 0.6]\approx 0.54\end{aligned}$$

$$\begin{aligned}m(\{\text{white}\}) &= K^{-1}\times\sum_{x\cap y=\{\text{white}\}} m_1(x)\times m_2(y)\\ &= \frac{1}{0.61}\times[m_1(\{\text{white}\})\times m_2(\{\text{white}\})+m_1(\{\text{white}\})\times\\ &\quad m_2(\{\text{black},\text{white}\})+m_1(\{\text{black},\text{white}\})\times m_2(\{\text{white}\})]\\ &= \frac{1}{0.61}\times[0.5\times 0.3+0.5\times 0.1+0.2\times 0.3]\approx 0.43\end{aligned}$$

$$\begin{aligned}m(\{\text{black},\text{white}\}) &= K^{-1}\times\sum_{x\cap y=\{\text{black},\text{white}\}} m_1(x)\times m_2(y)\\ &= \frac{1}{0.61}\times[m_1(\{\text{black},\text{white}\})\times m_2(\{\text{black},\text{white}\})]\\ &= \frac{1}{0.61}\times[0.2\times 0.1]\approx 0.03\end{aligned}$$

因此，正交和 $m(\{\text{black}\},\{\text{white}\},\{\text{black},\text{white}\},\varnothing)=(0.54,0.43,0.03,0)$。

对于多个概率分配函数 $m_1,m_2,\cdots,m_n$，如果它们可以组合，也可以通过正交运算组合为一个概率分配函数，具体方法如下。

定义 5-5 设 $m_1,m_2,\cdots,m_n$ 是 n 个概率分配函数，其正交和 $m=m_1\oplus m_2\oplus\cdots\oplus m_n$ 满足

$$m(\varnothing)=0$$

$$m(A)=K^{-1}\times\sum_{\cap A_i=A}\prod_{1\leqslant i\leqslant n} m_i(A_i)$$

其中，$K=\sum_{\cap A_i\neq\varnothing}\prod_{1\leqslant i\leqslant n} m_i(A_i)$。

5.4.2 一个特殊的概率分配函数

从以上分析可知，可以用信任函数 Bel(A)和似然函数 Pl(A)表示命题 A 信任度的下限和上限，同样，可以用它来表示知识静态强度的下限和上限，这样就解决了不确定性推理中的表

示问题。

然而,信任函数和似然函数都是建立在概率分配函数的基础上的,概率分配函数不同,得到的不确定性推理模型不同。本节将介绍一个特殊的概率分配函数,并在此基础上解决不确定性的表示问题、计算问题和语义问题。

1. 概率分配函数

定义 5-6 假设样本空间 $D=\{s_1,s_2,\cdots,s_n\}$上一个特殊的概率分配函数满足如下要求:

① $m(\{s_i\})\geqslant 0$,对所有的 $s_i\in D$;

② $\sum_{i=1}^{n} m(\{s_i\})\leqslant 1$;

③ $m(D)=1-\sum_{i=1}^{n} m(\{s_i\})$;

④ 当 $A\subset D$ 且$|A|>1$ 或$|A|=0$ 时,$m(A)=0$。

其中,$|A|$表示命题 A 对应集合中的元素个数。

在此概率分配函数中,只有单个元素构成的子集及样本空间 D 的概率分配函数才有可能大于 0,其他子集的概率分配函数均为 0,这是定义 5-1 中没有提到的特殊要求。

对此特殊的概率分配函数,有以下结论成立:

① $\mathrm{Bel}(A)=\sum_{s_i\in A} m(\{s_i\})$;

② $\mathrm{Bel}(D)=\sum_{i=1}^{n} m(\{s_i\})+m(D)=1$;

③ $$\begin{aligned}\mathrm{Pl}(A)&=1-\mathrm{Bel}(\neg A)=1-\sum_{s_i\in\neg A} m(\{s_i\})=1-\left[\sum_{i=1}^{n} m(\{s_i\})-\sum_{s_i\in A} m(\{s_i\})\right]\\&=1-[1-m(D)-\mathrm{Bel}(A)]=M(D)+\mathrm{Bel}(A);\end{aligned}$$

④ $\mathrm{Pl}(D)=1-\mathrm{Bel}(\neg D)=1-\mathrm{Bel}(\varnothing)=1$

⑤ 对任意 $A\subset D$ 和 $B\subset D$,满足 $\mathrm{Pl}(A)-\mathrm{Bel}(A)=\mathrm{Pl}(B)-\mathrm{Bel}(B)=m(D)$,根据前文的分析,$\mathrm{Pl}(A)-\mathrm{Bel}(A)$表示对 A 不知道的程度。

例 5-6 设样本空间 $D=\{\mathrm{left},\mathrm{middle},\mathrm{right}\}$有如下概率分配函数:

$$m(\{\mathrm{left}\},\{\mathrm{middle}\},\{\mathrm{right}\},\{\mathrm{left},\mathrm{middle}\},\{\mathrm{left},\mathrm{right}\},\{\mathrm{middle},\mathrm{right}\},\{\mathrm{left},\mathrm{middle},\mathrm{right}\},\varnothing)=\{0.3,0.5,0.1,0,0,0,0.1,0\}$$

很显然,其满足定义 5-6 的要求。

例 5-7 设样本空间 $D=\{\mathrm{red},\mathrm{yellow},\mathrm{white}\}$有如下概率分配函数:

$$m(\{\mathrm{red}\},\{\mathrm{yellow}\},\{\mathrm{white}\},\{\mathrm{red},\mathrm{yellow}\},\{\mathrm{red},\mathrm{white}\},\{\mathrm{yellow},\mathrm{white}\},\{\mathrm{red},\mathrm{yellow},\mathrm{white}\},\varnothing)=\{0.6,0.2,0.1,0,0,0,0.1,0\}$$

设 $A=\{\mathrm{red},\mathrm{yellow}\}$,求 $\mathrm{Bel}(A)$和 $\mathrm{Pl}(A)$的值。

解:由于概率分配函数满足定义 5-6,因此根据定义 5-6 及其性质,可得

$$\mathrm{Bel}(A)=\sum_{s_i\in A} m(\{s_i\})=m(\{\mathrm{red}\})+m(\{\mathrm{yellow}\})=0.6+0.2=0.8$$

$$\mathrm{Pl}(A)=M(D)+\mathrm{Bel}(A)=0.1+0.8=0.9$$

2. 概率分配函数的正交和

定义 5-7 假设有两个满足定义 5-6 的概率分配函数 m_1 和 m_2,它们的正交和为

$$m(\{s_i\})=K^{-1}\times[m_1(\{s_i\})\times m_2(\{s_i\})+m_1(\{s_i\})\times m_2(D)+m_1(D)\times m_2(\{s_i\})]$$

其中：

$$K = m_1(D) \times m_2(D) + \sum_{i=1}^{n}[m_1(\{s_i\}) \times m_2(\{s_i\}) + m_1(\{s_i\}) \times m_2(D) + m_1(D) \times m_2(\{s_i\})]$$

例 5-8 设样本空间 D={left,middle,right}有如下两个概率分配函数：

m_1({left},{middle},{right},{left,middle},{left,right},{middle,right},{left,middle,right},∅)
={0.3,0.5,0.1,0,0,0,0.1,0}

m_2({left},{middle},{right},{left,middle},{left,right},{middle,right},{left,middle,right},∅)
={0.4,0.3,0.2,0,0,0,0.1,0}

求这两个概率分配函数的正交和 $m=m_1 \oplus m_2$。

解：题目中给出的两个概率分配函数满足定义 5-6 的要求，根据定义 5-7 进行计算可得

$$K = m_1(D) \times m_2(D) + \sum_{i=1}^{n}[m_1(\{s_i\}) \times m_2(\{s_i\}) + m_1(\{s_i\}) \times m_2(D) + m_1(D) \times m_2(\{s_i\})]$$
$$= 0.1 \times 0.1 + (0.3 \times 0.4 + 0.3 \times 0.1 + 0.1 \times 0.4) + (0.5 \times 0.3 + 0.5 \times 0.1 + 0.1 \times 0.3) + (0.1 \times 0.2 + 0.1 \times 0.1 + 0.1 \times 0.2) = 0.48$$

$$m(\{\text{left}\}) = K^{-1} \times [m_1(\{\text{left}\}) \times m_2(\{\text{left}\}) + m_1(\{\text{left}\}) \times m_2(D) + m_1(D) \times m_2(\{\text{left}\})]$$
$$= \frac{1}{0.48} \times (0.3 \times 0.4 + 0.3 \times 0.1 + 0.1 \times 0.4) \approx 0.4$$

$$m(\{\text{middle}\}) = K^{-1} \times [m_1(\{\text{middle}\}) \times m_2(\{\text{middle}\}) + m_1(\{\text{middle}\}) \times m_2(D) + m_1(D) \times m_2(\{\text{middle}\})]$$
$$= \frac{1}{0.48} \times (0.5 \times 0.3 + 0.5 \times 0.1 + 0.1 \times 0.3) \approx 0.48$$

$$m(\{\text{right}\}) = K^{-1} \times [m_1(\{\text{right}\}) \times m_2(\{\text{right}\}) + m_1(\{\text{right}\}) \times m_2(D) + m_1(D) \times m_2(\{\text{right}\})]$$
$$= \frac{1}{0.48} \times (0.1 \times 0.2 + 0.1 \times 0.1 + 0.1 \times 0.2) \approx 0.1$$

$$m(D) = 1 - \sum_{i=1}^{n} m(\{s_i\}) = 1 - (0.4 + 0.48 + 0.1) = 0.02$$

即正交和：

m({left},{middle},{right},{left,middle},{left,right},{middle,right},{left,middle,right},∅)
={0.4,0.48,0.1,0,0,0,0.02,0}

3. 类概率函数

定义 5-8 基于定义 5-6 定义的特殊的概率分配函数，命题 A 的类概率函数为

$$f(A) = \text{Bel}(A) + \frac{|A|}{|D|} \times [\text{Pl}(A) - \text{Bel}(A)]$$

其中，$|A|$ 和 $|D|$ 分别是 A 和 D 中的元素个数。

$f(A)$具有如下性质。

(1) $\sum_{i=1}^{n} f(\{s_i\}) = 1$。

证明：

因为

$$f(\{s_i\}) = \text{Bel}(\{s_i\}) + \frac{|\{s_i\}|}{|D|} \times [\text{Pl}(\{s_i\}) - \text{Bel}(\{s_i\})]$$
$$= m(\{s_i\}) + \frac{1}{n} \times m(D), \quad i = 1, 2, \cdots, n$$

所以

$$\sum_{i=1}^{n} f(\{s_i\}) = \sum_{i=1}^{n}[m(\{s_i\}) + \frac{1}{n} \times m(D)] = \sum_{i=1}^{n} m(\{s_i\}) + m(D) = 1$$

(2) 对任何 $A \subseteq D$,有 $\text{Bel}(A) \leqslant f(A) \leqslant \text{Pl}(A)$。

证明:根据 $f(A)$的定义,有

$$f(A) \geqslant \text{Bel}(A)$$

又有

$$\text{Pl}(A) - \text{Bel}(A) = m(D) \geqslant 0$$

且

$$0 \leqslant \frac{|A|}{|D|} \leqslant 1$$

所以

$$f(A) \leqslant \text{Bel}(A) + \text{Pl}(A) - \text{Bel}(A) = \text{Pl}(A)$$

(3) 对任何 $A \subseteq D$,有 $f(\neg A) = 1 - f(A)$。

证明:因为

$$f(\neg A) = \text{Bel}(\neg A) + \frac{|\neg A|}{|D|} \times [\text{Pl}(\neg A) - \text{Bel}(\neg A)]$$

$$\begin{aligned}\text{Bel}(\neg A) &= \sum_{s_i \in \neg A} m(\{s_i\}) = 1 - \sum_{s_i \in A} m(\{s_i\}) - m(D) \\ &= 1 - \text{Bel}(A) - m(D)\end{aligned}$$

$$|\neg A| = |D| - |A|$$

$$\text{Pl}(\neg A) - \text{Bel}(\neg A) = m(D)$$

所以

$$\begin{aligned}f(\neg A) &= 1 - \text{Bel}(A) - m(D) + \frac{|D| - |A|}{|D|} \times m(D) \\ &= 1 - \text{Bel}(A) - m(D) + m(D) - \frac{|A|}{|D|} \times m(D) \\ &= 1 - [\text{Bel}(A) + \frac{|A|}{|D|} \times m(D)] = 1 - f(A)\end{aligned}$$

根据以上定义和性质,可得出如下推论:

① $f(\varnothing) = 0$;

② $f(D) = 1$;

③ 对任何 $A \subseteq D$,有 $0 \leqslant f(A) \leqslant 1$。

例 5-9 设样本空间 $D = \{\text{left}, \text{middle}, \text{right}\}$有如下概率分配函数:

$$m(\{\text{left}\}, \{\text{middle}\}, \{\text{right}\}, \{\text{left}, \text{middle}\}, \{\text{left}, \text{right}\}, \{\text{middle}, \text{right}\}, \{\text{left}, \text{middle}, \text{right}\}, \varnothing) = \{0.3, 0.5, 0.1, 0, 0, 0, 0.1, 0\}$$

设 $A = \{\text{left}, \text{middle}\}$,求 $f(A)$。

解:根据 $f(A)$的定义和已知条件,可得

$$\begin{aligned}f(A) &= \text{Bel}(A) + \frac{|A|}{|D|} \times [\text{Pl}(A) - \text{Bel}(A)] \\ &= m(\{\text{left}\}) + m(\{\text{middle}\}) + \frac{2}{3} \times m(\{\text{left}, \text{middle}, \text{right}\}) \\ &= 0.3 + 0.5 + \frac{2}{3} \times 0.1 \approx 0.87\end{aligned}$$

5.4.3　表示问题

1. 证据不确定性的表示

在D-S理论中，将所有输入的已知数据、规则的前提条件及结论部分的命题都称为证据。证据A的不确定性用该证据的确定性CER(A)表示。

定义5-9　假设A是规则条件部分的命题，E'是外部输入的证据和已证实的命题，在证据E'的条件下，命题A与证据E'的匹配程度为

$$\mathrm{MD}(A|E')=\begin{cases}1, & \text{如果} A \text{的所有元素都出现在} E' \text{中}\\ 0, & \text{其他}\end{cases}$$

定义5-10　条件部分命题A的确定性为

$$\mathrm{CER}(A)=\mathrm{MD}(A|E')\times f(A)$$

其中，$f(A)$为类概率函数。由于$f(A)\in[0,1]$，因此$\mathrm{CER}(A)\in[0,1]$。

值得注意的是，在实际应用中，初始证据的确定性由用户给出，推理得到的中间结果的确定性通过推理计算得到。

2. 知识不确定性的表示

在D-S理论中，知识是用产生式规则表示的，形式如下：

$$\text{IF}\quad E\quad \text{THEN}\quad H=\{h_1,h_2,\cdots,h_n\}\quad \text{CF}=\{c_1,c_2,\cdots,c_n\}$$

其中，E为前提条件，它可以是简单条件，也可以是用合取或(和)析取连接起来的复合条件；H是结论，它用样本空间中的子集表示，$h_1,h_2,\cdots,h_n$是该子集中的元素；CF是可信度因子，用集合表示，该集合中的元素$c_1,c_2,\cdots,c_n$表示$h_1,h_2,\cdots,h_n$的可信度，c_i与h_i一一对应，且满足如下条件：

$$\begin{cases}c_i\geqslant 0, \quad i=1,2,\cdots,n\\ \sum_{i=1}^{n}c_i\leqslant 1\end{cases}$$

5.4.4　计算问题

1. 组合证据的不确定性

(1) 当组合证据是多个简单证据的合取时

对于$E=E_1\quad \text{AND}\quad E_2\quad \text{AND}\quad \cdots\quad \text{AND}\quad E_n$，有

$$\mathrm{CER}(E)=\min\{\mathrm{CER}(E_1),\mathrm{CER}(E_2),\cdots,\mathrm{CER}(E_n)\}$$

(2) 当组合证据是多个简单证据的析取时

对于$E=E_1\quad \text{OR}\quad E_2\quad \text{OR}\quad \cdots\quad \text{OR}\quad E_n$，有

$$\mathrm{CER}(E)=\max\{\mathrm{CER}(E_1),\mathrm{CER}(E_2),\cdots,\mathrm{CER}(E_n)\}$$

2. 不确定性的传递

设有知识：

$$\text{IF}\quad E\quad \text{THEN}\quad H=\{h_1,h_2,\cdots,h_n\}\quad \text{CF}=\{c_1,c_2,\cdots,c_n\}$$

求结论H的确定性CER(H)的步骤如下。

(1) 求H的概率分配函数

$$m(\{h_1\},\{h_2\},\cdots,\{h_n\})=(\mathrm{CER}(E)\times c_1,\mathrm{CER}(E)\times c_2,\cdots,\mathrm{CER}(E)\times c_n)$$

$$m(D) = 1 - \sum_{i=1}^{n} \mathrm{CER}(E) \times c_i$$

如果有两条知识支持同一结论 H,即

$$\text{IF} \quad E_1 \quad \text{THEN} \quad H=\{h_1,h_2,\cdots,h_n\} \quad \mathrm{CF}_1=\{c_{11},c_{12},\cdots,c_{1n}\}$$
$$\text{IF} \quad E_2 \quad \text{THEN} \quad H=\{h_1,h_2,\cdots,h_n\} \quad \mathrm{CF}_2=\{c_{21},c_{22},\cdots,c_{2n}\}$$

则按照正交和的求取方法求 CER(H),即先求出每条知识的概率分配函数 $m_1(\{h_1\},\{h_1\},\cdots,\{h_1\})$和 $m_2(\{h_1\},\{h_1\},\cdots,\{h_1\})$,再对它们求正交和,得到 $m=m_1\oplus m_2$,从而得到 H 的概率分配函数 m。

同样地,如果有 n 条规则支持统一结论 H,则用公式 $m=m_1\oplus m_2\oplus\cdots\oplus m_n$ 求 H 的概率分配函数 m。

(2) 求 Bel(H)、Pl(H)和 $f(H)$

$$\mathrm{Bel}(H) = \sum_{i=1}^{n} m(\{h_i\})$$

$$\mathrm{Pl}(H)=1-\mathrm{Bel}(\neg H)$$

$$f(H)=\mathrm{Bel}(H)+\frac{|H|}{|D|}\times[\mathrm{Pl}(H)-\mathrm{Bel}(H)]=\mathrm{Bel}(H)+\frac{|H|}{|D|}\times m(D)$$

(3) 求 CER(H)

$$\mathrm{CER}(H)=\mathrm{MD}(H|E)\times f(H)$$

需要注意的是,当 D 中的元素个数很多时,以上计算是相当复杂的,工作量很大。而且,证据理论中对 D 中元素的互斥性要求限制了其在很多领域中的应用。为了解决这些问题,巴尼特提出了一种可以降低计算复杂性和解决互斥问题的方法,拓宽了证据理论的应用前景。

例 5-10 假设规则库中有如下知识:

R_1:IF E_1 AND E_2 THEN $G=\{g_1,g_2\}$ CF=$\{0.2,0.6\}$

R_2:IF G AND E_3 THEN $A=\{a_1,a_2\}$ CF=$\{0.3,0.5\}$

R_3:IF E_4 AND (E_5 OR E_6) THEN $B=\{b_1\}$ CF=$\{0.7\}$

R_4:IF A THEN $H=\{h_1,h_2,h_3\}$ CF=$\{0.2,0.6,0.1\}$

R_5:IF B THEN $H=\{h_1,h_2,h_3\}$ CF=$\{0.4,0.2,0.1\}$

用户给出的初始证据的确定性为 CER(E_1)=0.7、CER(E_2)=0.8、CER(E_3)=0.6、CER(E_4)=0.9、CER(E_5)=0.5 和 CER(E_6)=0.7。假设 D 中的元素个数为 10 个,求 CER(H)的值。

解:(1) 根据规则 R_1 求 CER(G)

$$\mathrm{CER}(E_1 \ \text{AND} \ E_2)=\min\{\mathrm{CER}(E_1),\mathrm{CER}(E_2)\}=\min\{0.7,0.8\}=0.7$$

$$m(\{g_1\},\{g_2\})=(0.7\times0.2,0.7\times0.6)=(0.14,0.42)$$

$$\mathrm{Bel}(G) = \sum_{i=1}^{2} m(\{g_i\}) = m(\{g_1\})+m(\{g_2\}) = 0.14+0.42 = 0.56$$

$$\mathrm{Pl}(G)=1-\mathrm{Bel}(\neg G)=1-0=1$$

$$f(G)=\mathrm{Bel}(G)+\frac{|G|}{|D|}\times[\mathrm{Pl}(G)-\mathrm{Bel}(G)]=0.56+\frac{2}{10}\times(1-0.56)\approx0.65$$

因此,CER(G)=MD($G|E$)×$f(G)$=1×0.65=0.65。

(2) 根据规则 R_2 求 CER(A)

$$\mathrm{CER}(G \ \text{AND} \ E_3)=\min\{\mathrm{CER}(G),\mathrm{CER}(E_3)\}=\min\{0.65,0.6\}=0.6$$

$$m(\{a_1\},\{a_2\})=(0.6\times0.3,0.6\times0.5)=(0.18,0.3)$$

$$\mathrm{Bel}(A)=\sum_{i=1}^{2}m(\{a_i\})=m(\{a_1\})+m(\{a_2\})=0.18+0.3=0.48$$

$$\mathrm{Pl}(A)=1-\mathrm{Bel}(\neg A)=1-0=1$$

$$f(A)=\mathrm{Bel}(A)+\frac{|A|}{|D|}\times[\mathrm{Pl}(A)-\mathrm{Bel}(A)]=0.48+\frac{2}{10}\times(1-0.48)\approx 0.58$$

因此，$\mathrm{CER}(A)=\mathrm{MD}(A|E)\times f(A)=1\times 0.58=0.58$。

(3) 根据规则 R_3 求 $\mathrm{CER}(B)$

$$\begin{aligned}\mathrm{CER}(E_4\ \ \mathrm{AND}\ \ (E_5\ \ \mathrm{OR}\ \ E_6))&=\min\{\mathrm{CER}(E_4),\max\{\mathrm{CER}(E_5),\mathrm{CER}(E_6)\}\}\\&=\min\{0.9,\max\{0.5,0.7\}\}=0.7\end{aligned}$$

$$m(\{b_1\})=0.7\times 0.7=0.49$$

$$\mathrm{Bel}(B)=\sum_{i=1}^{1}m(\{b_i\})=m(\{b_1\})=0.49$$

$$\mathrm{Pl}(B)=1-\mathrm{Bel}(\neg B)=1-0=1$$

$$f(B)=\mathrm{Bel}(B)+\frac{|B|}{|D|}\times[\mathrm{Pl}(B)-\mathrm{Bel}(B)]=0.49+\frac{1}{10}\times(1-0.49)\approx 0.54$$

因此，$\mathrm{CER}(B)=\mathrm{MD}(B|E)\times f(B)=1\times 0.54=0.54$。

(4) 根据规则 R_4，求 H 的概率分配函数

$$\begin{aligned}m_1(\{h_1\},\{h_2\},\{h_3\})&=(\mathrm{CER}(A)\times 0.2,\mathrm{CER}(A)\times 0.6,\mathrm{CER}(A)\times 0.1)\\&=(0.58\times 0.2,0.58\times 0.6,0.58\times 0.1)=(0.116,0.348,0.058)\end{aligned}$$

$$m_1(D)=1-(m_1(\{h_1\})+m_1(\{h_2\})+m_1(\{h_3\}))=1-(0.116+0.348+0.058)=0.478$$

(5) 根据规则 R_5，求 H 的概率分配函数

$$\begin{aligned}m_2(\{h_1\},\{h_2\},\{h_3\})&=(\mathrm{CER}(B)\times 0.4,\mathrm{CER}(B)\times 0.2,\mathrm{CER}(B)\times 0.1)\\&=(0.54\times 0.4,0.54\times 0.2,0.54\times 0.1)=(0.216,0.108,0.054)\end{aligned}$$

$$m_2(D)=1-(m_2(\{h_1\})+m_2(\{h_2\})+m_2(\{h_3\}))=1-(0.216+0.108+0.054)=0.622$$

(6) 求 H 的两个概率分配函数的正交和 m

$$\begin{aligned}K&=m_1(D)\times m_2(D)+\sum_{i=1}^{3}[m_1(\{h_i\})\times m_2(\{h_i\})+m_1(\{h_i\})\times m_2(D)+m_1(D)\times m_2(\{h_i\})]\\&=0.478\times 0.622+(0.116\times 0.216+0.116\times 0.622+0.478\times 0.216)+\\&\quad(0.348\times 0.108+0.348\times 0.622+0.478\times 0.108)+\\&\quad(0.058\times 0.054+0.058\times 0.622+0.478\times 0.054)\\&\approx 0.868\end{aligned}$$

$$\begin{aligned}m(\{h_1\})&=K^{-1}\times[m_1(\{h_1\})\times m_2(\{h_1\})+m_1(\{h_1\})\times m_2(D)+m_1(D)\times m_2(\{h_1\})]\\&=\frac{1}{0.868}\times(0.116\times 0.216+0.116\times 0.622+0.478\times 0.216)\approx 0.23\end{aligned}$$

$$\begin{aligned}m(\{h_2\})&=K^{-1}\times[m_1(\{h_2\})\times m_2(\{h_2\})+m_1(\{h_2\})\times m_2(D)+m_1(D)\times m_2(\{h_2\})]\\&=\frac{1}{0.868}\times(0.348\times 0.108+0.348\times 0.622+0.478\times 0.108)\approx 0.35\end{aligned}$$

$$\begin{aligned}m(\{h_3\})&=K^{-1}\times[m_1(\{h_3\})\times m_2(\{h_3\})+m_1(\{h_3\})\times m_2(D)+m_1(D)\times m_2(\{h_3\})]\\&=\frac{1}{0.868}\times(0.058\times 0.054+0.058\times 0.622+0.478\times 0.054)\approx 0.075\end{aligned}$$

因此，$m(\{h_1\},\{h_2\},\{h_3\})=(0.23,0.35,0.075)$。

(7) 求 CER(H)

$$\mathrm{Bel}(H)=\sum_{i=1}^{3}m(\{h_i\})=m(\{h_1\})+m(\{h_2\})+m(\{h_3\})=0.23+0.35+0.075=0.655$$

$$\mathrm{Pl}(H)=1-\mathrm{Bel}(\neg H)=1-0=1$$

$$f(H)=\mathrm{Bel}(H)+\frac{|H|}{|D|}\times[\mathrm{Pl}(H)-\mathrm{Bel}(H)]=0.655+\frac{3}{10}\times(1-0.655)\approx 0.759$$

因此,$\mathrm{CER}(H)=\mathrm{MD}(H|E)\times f(H)=1\times 0.759=0.759$。

所以,结论 H 的确定性为 $\mathrm{CER}(H)=0.759$。

5.4.5 证据理论的特点

证据理论只需要满足比概率论更弱的公理系统,能处理由“不知道”引起的不确定性。由于 D 的子集可以是多个元素的集合,因而知识的结论部分可以更一般化,便于领域专家从不同语义层次上表达知识。当应用证据理论求解不确定性推理问题时,要注意计算的复杂性和 D 中元素的互斥性要求等。

5.5 贝叶斯网络

概率模型是处理随机现象的有力工具,人们就如何使用概率理论处理不确定性问题进行了长期、坚持不懈地努力,提出并实现了许多基于概率理论的不确定性推理模型和方法,贝叶斯网络(Bayesian network)是其中最具代表性的一种。

贝叶斯网络的奠基性工作可以追溯至数学家贝叶斯 Bayes(T. Bayes)在 1763 年撰写的一篇文章“An Essay toward Solving a Problem in the Doctrine of Chances”。杰弗里斯(H. Jeffreys)的著作《概率论》标志着贝叶斯学派的形成,针对无信息先验分布,杰弗里斯提出了重要的杰弗里斯准则。在对图的拓扑结构与变量之间条件独立性的关系深入研究的基础上,美国加州大学的珀尔(J. Pearl)于 1988 年首次提出了贝叶斯网络模型。

贝叶斯网络不仅具有强大的建模功能,而且具有完美的推理机制,它能够通过有效融合先验知识和当前观察值来完成各种查询。在诞生之后的将近 30 年里,贝叶斯网络在很多领域证明了其价值,其中包括医疗诊断、治疗规划、故障诊断、用户建模、自然语言理解、规划、计算机视觉、机器人、数据挖掘、欺诈侦察等众多领域。

由于贝叶斯网络的不确定性表示和计算保持了概率的方法,只是在实现时各个具体系统根据应用背景的需要采取不同的近似计算方法,因此本节的安排从表示、计算、语义 3 个方面看,划分不如前几节那么明显。

5.5.1 什么是贝叶斯网络

贝叶斯网络,也称为信念网络(belief network)、因果网络(causal network)、概率网络(probability network)、知识图(knowledge map)等,是一种以随机变量为结点,以条件概率为结点间关系强度的有向无环图(Directed Acyclic Graph,DAG)。

具体来讲,贝叶斯网络一般包含以下两个部分。

第一个部分是贝叶斯网络的拓扑结构图,贝叶斯网络的拓扑结构图为一个不含回路的有向图:图中的结点表示随机变量,如事件、对象、属性或状态等;图中的有向边描述了相关结点或变量之间的某种依赖关系,如因果关系等。图 5-3 所示的图满足贝叶斯网络的拓扑结构要求,而图 5-4 所示的图则不满足贝叶斯网络的拓扑结构要求,因为其中含有回路。如果结点间有反馈回路,从各个方向出发就可能得到不同的连接权值,从而使结果难以确定。到目前为止,还没有方法可以计算有循环的因果关系。

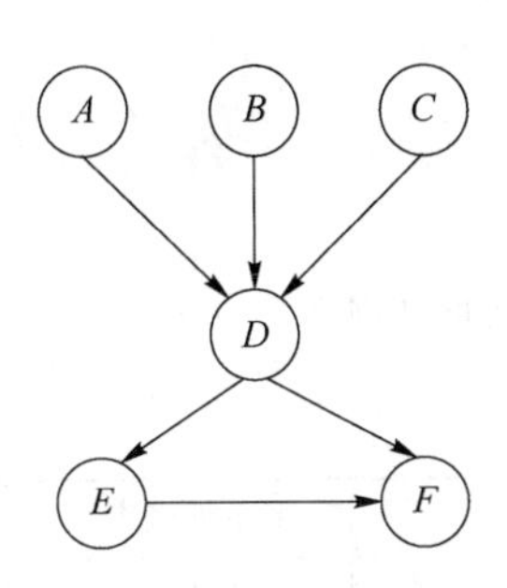

图 5-3 贝叶斯网络示例

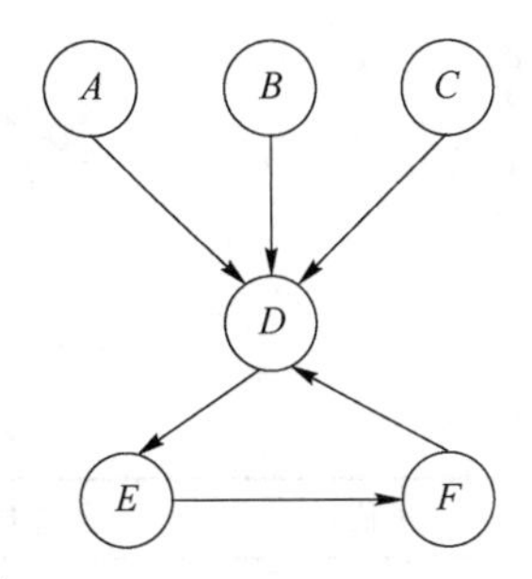

图 5-4 非贝叶斯网络示例

第二个部分是结点和结点之间的条件概率表(Condition Probability Table,CPT),也就是一系列的概率值,即局部条件概率分布,它刻画了相关结点对该结点的影响。条件概率可看作结点之间的关系强度,有向边的发出端结点称为因结点(或父结点),指向端结点称为果结点(或子结点)。

由此可见,贝叶斯网络有两个要素:一是贝叶斯网络的拓扑结构,即各节点的继承关系;二是条件概率表,即相关结点之间的关系强度。如果一个贝叶斯网络可计算,那么这两个条件缺一不可。

构造贝叶斯网络可以按如下步骤进行:

(1) 确定网络中的相关变量及解释

在这一环节中,确定模型的目标,即确定问题的相关解释,从而确定与问题有关的可能的观测值,然后确定其中值得建立模型的子集,并将这些观测值组织成互不相容且穷尽所有状态的变量。值得注意的是,尽管都采用这样的方法,但最后得到的网络模型可能是不唯一的,而且没有一个通用的解决方案,不过我们可以从决策分析和统计学中得到一些指导性的原则。

(2) 建立有向无环图

建立有向无环图即建立一个表示条件独立断言的有向无环图。从原理上说,从 n 个变量中找出适合条件独立关系的顺序是一个组合爆炸问题。但考虑到现实世界中的问题常常是具有因果关系的,而且因果关系一般都对应于条件独立的断言,因此可以从原因变量到结果变量画一个带箭头的弧来直观表示变量之间的因果关系。

(3) 设置局部概率分布

设置局部概率分布即构建条件概率表。

在实际贝叶斯网络的构建中,可能需要交叉并反复地进行以上步骤,不太可能一蹴而就,尤其是当网络中的结点数目较多时,仅仅利用领域知识构造贝叶斯网络的拓扑结构并给出 CPT 分布是比较困难的,而且是不太准确的。因此,很多学者试图使用其他技术协助完成贝叶斯网络的建立,如通过对大量数据的分析构建贝叶斯网络和确定概率分布,这就是所谓的贝叶斯网络的学习,包括参数学习和结构学习。

图 5-5 所示的是一个简单交通问题的贝叶斯网络。其中，结点 $A\sim F$ 为随机变量，有向边描述了相关结点或变量之间的关系，对应的条件概率表如表 5-2 所示。

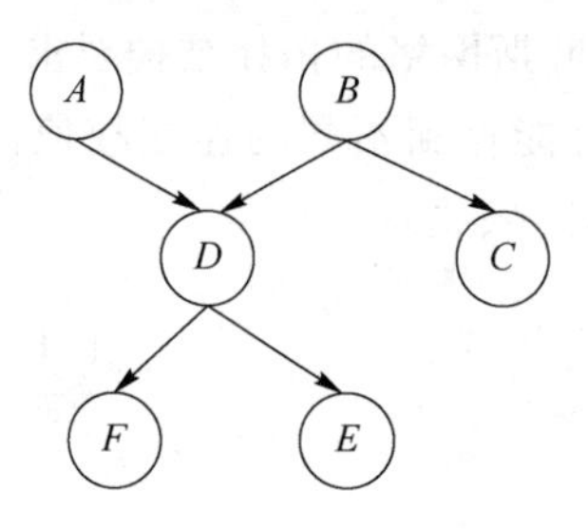

图 5-5 一个简单交通问题的贝叶斯网络

表 5-2 条件概率表

条件概率	值	条件概率	值	条件概率	值
$P(A)$	0.2	$P(D\|A,B)$	1	$P(F\|D)$	0.85
$P(B)$	0.1	$P(D\|A,\neg B)$	0.85	$P(F\|\neg D)$	0.15
$P(C\|B)$	0.98	$P(D\|\neg A,B)$	0.6	$P(E\|D)$	1
$P(C\|\neg B)$	0	$P(D\|\neg A,\neg B)$	0	$P(E\|\neg D)$	0

5.5.2 基于贝叶斯网络的不确定性知识表示

下面用一个具体的例子说明用贝叶斯网络如何表示不确定性知识。

例如，大多数人有这样的医学常识：吸烟可能会导致肺炎或气管炎；感冒也可能引起气管炎，同时伴有发烧、头痛；气管炎可能会有咳嗽、气喘的症状。通过因果关系，可以建立如图 5-6 所示的贝叶斯网络。

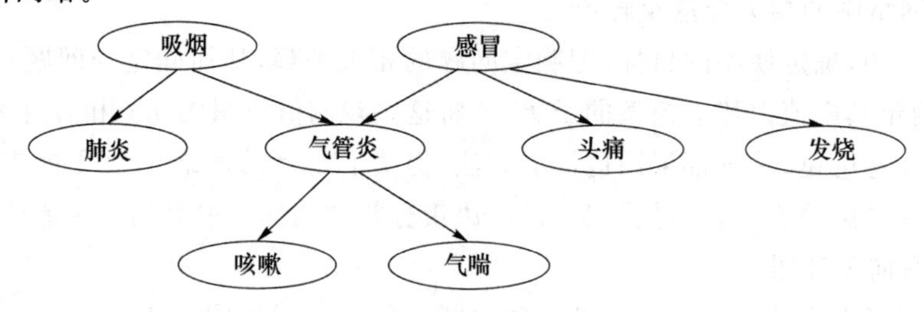

图 5-6 一个医学常识的贝叶斯网络

为了便于表示，将吸烟、感冒、气管炎、咳嗽、气喘、肺炎、头痛和发烧分别用字母 S、C、T、O、A、P、H 和 F 表示，部分条件概率如表 5-3 所示。

表 5-3 部分条件概率表

条件概率	值	条件概率	值	条件概率	值
$P(S)$	0.4	$P(T\|S,C)$	0.35	$P(O\|T)$	0.85
$P(\neg S)$	0.6	$P(T\|\neg S,C)$	0.25	$P(O\|\neg T)$	0.15
$P(C)$	0.8	$P(T\|S,\neg C)$	0.011	$P(A\|T)$	0.5
$P(\neg C)$	0.2	$P(T\|\neg S,\neg C)$	0.002	$P(A\|\neg T)$	0.1

5.5.3 基于贝叶斯网络的推理模式

假设所有变量的集合为 $X=\{X_1,X_2,\cdots,X_n\}$，贝叶斯网络推理就是要在给定证据的变量集合 $E=e$ 后，计算查询变量 Q 的概率分布：

$$P(Q \mid E=e)=\frac{P(Q,E=e)}{P(E=e)}=\alpha\sum_{x-(\mathrm{QUE})}P(X) \tag{5-65}$$

其中，α 是一个常数，可以是任意的变量集合，即不仅可以顺着弧的方向推理，还可以做因果推理、诊断推理、原因之间的推理，甚至是它们之间的混合推理。

在贝叶斯网络的实际应用中，由于条件概率和边缘概率通常很难求得，因此为了简化问题求解过程，提高问题求解效率，通常进行一些数学简化和近似。下面分别介绍基于贝叶斯网络的因果推理和诊断推理。

1. 因果推理

因果推理是由原因到结果的推理，即已知网络中的祖先节点计算后代结点的条件概率，是一种自上而下的推理。其具体步骤如下：

① 对询问结点的条件概率，用所给证据结点和询问结点的所有因结点的联合概率进行重新表达；

② 对①得到的表达式进行适当变形，直到其中所有概率值均可以从贝叶斯网络的 CPT 中获得；

③ 将相关概率值代入②得到最终表达式并进行计算。

以图 5-6 所示的贝叶斯网络为例，已知某人吸烟，求他患气管炎的概率 $P(T|S)$。由于 T 还有另外一个因结点——感冒 C，因此应该对 $P(T|S)$进行概率扩展，得

$$P(T|S)=P(T,C|S)+P(T,\neg C|S) \tag{5-66}$$

式(5-66)的意思是因吸烟而患气管炎的概率 $P(T|S)$等于因吸烟而患气管炎并且患感冒的概率 $P(T,C|S)$加上因吸烟而患气管炎并且没有患感冒的概率 $P(T,\neg C|S)$。对式(5-66)中的 $P(T,C|S)$进行如下的等价变换：

$$\begin{aligned}P(T,C|S)&=P(T,C,S)/P(S) \quad (\text{对 } P(T,C|S)\text{逆向使用概率的乘法公式})\\&=P(T|C,S)\times P(C,S)/P(S) \quad (\text{对 } P(T,C,S)\text{使用乘法公式})\\&=P(T|C,S)\times P(C|S) \quad (\text{对 } P(C,S)/P(S)\text{使用概率的乘法公式})\\&=P(T|C,S)\times P(C) \quad (C\text{ 与 }S\text{ 条件独立})\end{aligned}$$

同理可得

$$P(T,\neg C|S)=P(T|\neg C,S)\times P(\neg C)$$

因此，将式(5-66)重写为

$$P(T|S)=P(T|C,S)\times P(C)+P(T|\neg C,S)\times P(\neg C) \tag{5-67}$$

根据图 5-6 对应的表 5-3，可得

$$P(T|S)=0.35\times 0.8+0.011\times 0.2=0.2822$$

2. 诊断推理

诊断推理是从结果到原因的推理，即已知网络中的后代结点计算祖先结点的条件概率，是一种自下而上的推理。其具体步骤如下：

① 利用贝叶斯公式将诊断推理问题转化为因果推理问题；

② 进行因果推理；

③ 用②的结果，导出诊断推理的结果。

仍以图 5-6 所示的贝叶斯网络为例，假设某人患了气管炎，计算他吸烟的后验概率 $P(S|T)$。

根据贝叶斯公式，有

$$P(S|T)=\frac{P(T|S)P(S)}{P(T)} \tag{5-68}$$

其中，$P(T|S)$已经由式(5-67)计算得到，即 $P(T|S)=0.282\,2$。

而根据表 5-3 知，$P(S)=0.4$。因此，可以得到

$$P(S|T)=\frac{P(T|S)P(S)}{P(T)}=\frac{0.282\,2\times 0.4}{P(T)} \tag{5-69}$$

同理，根据贝叶斯公式有

$$P(\neg S|T)=\frac{P(T|\neg S)P(\neg S)}{P(T)} \tag{5-70}$$

其中：

$$\begin{aligned}P(T|\neg S)&=P(T,C|\neg S)+P(T,\neg C|\neg S)\\&=P(T,C,\neg S)/P(\neg S)+P(T,\neg C,\neg S)/P(\neg S)\\&=P(T|C,\neg S)\times P(C,\neg S)/P(\neg S)+P(T|\neg C,\neg S)\times P(\neg C,\neg S)/P(\neg S)\\&=P(T|C,\neg S)\times P(C)+P(T|\neg C,\neg S)\times P(\neg C)\end{aligned} \tag{5-71}$$

将表 5-3 中的数据带入式(5-71)，得到 $P(T|\neg S)=0.25\times 0.8+0.002\times 0.2=0.200\,4$，此时，将式(5-70)更新为

$$P(\neg S|T)=\frac{P(T|\neg S)P(\neg S)}{P(T)}=\frac{0.200\,4\times 0.6}{P(T)} \tag{5-72}$$

由于 $P(S|T)+P(\neg S|T)=1$，基于式(5-69)～式(5-72)得到

$$\frac{0.282\,2\times 0.4}{P(T)}+\frac{0.200\,4\times 0.6}{P(T)}=1 \tag{5-73}$$

根据式(5-73)，计算得到

$$P(T)=0.112\,88+0.120\,24=0.233\,12$$

从而得到

$$P(S|T)=\frac{P(T|S)P(S)}{P(T)}=\frac{0.282\,2\times 0.4}{P(T)}=\frac{0.282\,2\times 0.4}{0.233\,12}\approx 0.484\,2$$

即此人所患气管炎由吸烟导致的概率为 0.482 2。

5.5.4 基于贝叶斯网络的不确定性推理的特点

贝叶斯网络基于概率理论和图论建立，既有牢固的数学基础，又有形象直观的语义。基于贝叶斯网络结构和条件概率，可以由祖先结点推算出后代结点的后验概率，也可以通过后代结点推算出祖先结点的后验概率，因此它是目前不确定知识表示和推理领域中最有效的理论模型之一。

5.6 模糊推理

现实世界中有很多概念具有模糊性，即客观事物差异的中间过渡不分明，难以划定界限，

如高个子和矮个子、强和弱等。模糊概念源自实践,而且无处不在,它拥有更大的信息容量、更丰富的内涵,更符合客观世界。

模糊推理是利用具有模糊性的知识进行的一种不确定性推理。模糊推理技术最早可追溯至1965年美国加利福尼亚大学的学者扎德(L. A. Zadeh)在*Information and Control*杂志上先后发表的题为"Fuzzy Set"和"Fuzzy Sets & Systems"的论文,文中首次提出了模糊集合的概念和研究方法,为模糊理论的诞生拉开了序幕。在随后的1968年和1972年,扎德教授又先后在其论文"Fuzzy Algorithm"和"A Rationale for Fuzzy Control"中进一步引入和阐述了模糊集合、模糊逻辑与模糊控制的概念。1973年,扎德提出了语言与模糊逻辑相结合的系统建立方法。1974年,伦敦大学的麦姆德尼(E. H. Mamdani)博士利用模糊逻辑成功地开发了世界上第一台模糊控制的蒸气引擎。至此,模糊逻辑、模糊推理、模糊控制等模糊理论初具雏形。而扎德本人由于其在模糊理论方面的先驱性工作获得了电气和电子工程师协会(IEEE)的教育勋章。

在模糊理论刚刚提出的时候,由于计算机相关技术发展的限制以及科技界对"模糊"这一含义的误解,模糊理论发展受限,实际应用寥寥无几。麦姆德尼博士设计的模糊控制蒸气引擎的出现使模糊理论在控制领域崭露头角,其中,欧洲主要将模糊控制应用于工业自动化,美国主要将其应用于军事领域。到了20世纪80年代,随着计算机技术的发展,日本科学家将模糊理论成功应用于工业控制和消费品控制,在世界范围掀起了模糊控制的应用高潮。目前,各种模糊产品屡见不鲜,如智能洗衣机、微波炉、吸尘器、空调、照相机、摄录机、水净化处理机、电梯、自动扶梯、纸币识别装置和机器人等。2002年,我国学者李洪兴基于模糊控制技术在世界上首次实现了直线运动四级倒立摆实物系统的控制,其相关的研究成果也被逐步应用于其他领域。

本节主要介绍模糊理论在不确定性推理方面的应用,主要涉及模糊集合、模糊逻辑和模糊推理的一些基本原理和方法:首先给出模糊理论的基本概念,然后从不确定性(主要是模糊性)的表示问题、计算问题和语义问题3个角度介绍模糊推理,和前面几种方法一样,语义问题的解释包含在了计算问题和表示问题之中。

5.6.1 模糊理论的基本概念

1. 模糊集合

模糊集合(fuzzy set)是经典集合的扩充,用来描述模糊现象和模糊概念,通常用隶属函数来刻画。扎德给出了模糊集合和隶属函数的定义。

定义5-11 如果U是一个给定论域,μ_F是把任意$u\in U$映射到区间$[0,1]$上的一个函数,即

$$\mu_F: U\rightarrow[0,1]$$
$$u\rightarrow\mu_F(u)$$

那么μ_F为定义在U上的一个隶属函数,由$\mu_F(u)$(对所有的$u\in U$)构成的集合F称为U上的一个模糊集合,$\mu_F(u)$称为u对F的隶属度。

隶属度$\mu_F(u)$表示了u隶属于F的程度,其值越大,表示u隶属于F的程度越高。对所有的$u\in U$而言,当$\mu_F(u)$的值都为0时,F就是个空集;对所有的$u\in U$而言,当$\mu_F(u)$的值都为1时,F就是全集U;对所有的$u\in U$而言,当$\mu_F(u)$的值仅限定为0或1时,F就是全集U的普通子集。

一般来说，一个非空的论域，可以对应多个不同的模糊集合；一个空的论域，只能对应一个空的模糊集合。一个模糊集合与其隶属函数之间是一一对应的，即一个模糊集合只能由一个隶属函数定义，一个隶属函数也只能刻画一个模糊集合，模糊集合与其隶属函数是等价的。

例如，设论域 $U=\{-10,0,10,20,30,40\}$ 给出的是气温，可以用隶属函数说明模糊概念“高温”的模糊集合 H。其中，U 中各元素的隶属度如下：

$$\mu_H(-10)=0,\mu_H(0)=0,\mu_H(10)=0.1,\mu_H(20)=0.3,\mu_H(30)=0.9,\mu_H(40)=1$$

即模糊概念“高温”的模糊集合 $H=(0,0,0.1,0.3,0.9,1)$，H 中的元素是 U 中对应元素的隶属函数值，表示某气温对“高温”集合 H 的隶属程度，如 30℃对高温的隶属度就是 0.9。

2. 模糊集合的表示

模糊集合的表示要考虑论域的性质：

(1) 当论域有限且离散时

当 $U=\{u_1,u_2,\cdots,u_n\}$ 时，模糊集合可以表示成式(5-74)所示的形式，该方法称为向量表示法，注意其中隶属度为 0 的项不能省略。

$$F=\{\mu_F(u_1),\mu_F(u_2),\cdots,\mu_F(u_n)\} \tag{5-74}$$

为了能够清晰地说明论域中的元素与其隶属度的一一对应关系，通常用模糊集合的 Zadeh 表示法，其形式为

$$F=\mu_F(u_1)/u_1+\mu_F(u_2)/u_2+\cdots+\mu_F(u_n)/u_n \tag{5-75}$$

其中，$u_i(i=1,2,\cdots,n)$ 表示模糊集合对应的论域中的元素，$\mu_F(u_i)$ 表示相应元素的隶属度，“/”只是一个分隔符，“+”用于把各个 $\mu_F(u_i)/u_i$ 连接起来。

式(5-75)也可以写成

$$F=\sum_{i=1}^{n}\mu_F(u_i)/u_i \tag{5-76}$$

其中，$\sum$ 不是要求和，而是为了表示模糊集合在论域上是一个整体。

在 Zadeh 表示法中，如果 u 的隶属度为 0 时，则该项可以省略不写。在前文关于高温模糊集合的例子中，模糊集合也可以写成

$$H=0.1/10+0.3/20+0.9/30+1/40$$

模糊集合还可以等价地表示为

$$F=\{\mu_F(u_1)/u_1,\mu_F(u_2)/u_2,\cdots,\mu_F(u_n)/u_n\} \tag{5-77}$$

$$F=\{(\mu_F(u_1),u_1),(\mu_F(u_2),u_2),\cdots,(\mu_F(u_n),u_n)\} \tag{5-78}$$

其中，式(5-77)称为单点形式，式(5-78)称为序偶形式。

(2) 当论域连续时

当论域连续时，模糊集合可以用一个实函数来表示。例如，扎德以[0,100]为年龄论域，给出了“年轻”与“年老”两个模糊集合的隶属函数，如式(5-79)所示。

$$\begin{aligned}\mu_{\text{Young}}(u)&=\begin{cases}1, & 0\leqslant u\leqslant 25\\ \left[1+\left(\dfrac{u-25}{5}\right)^2\right]^{-1}, & 25<u\leqslant 100\end{cases}\\ \mu_{\text{Old}}(u)&=\begin{cases}0, & 0\leqslant u\leqslant 50\\ \left[1+\left(\dfrac{5}{u-50}\right)^2\right]^{-1}, & 50<u\leqslant 100\end{cases}\end{aligned} \tag{5-79}$$

(3) 综合表示

无论论域是有限的还是无限的,是连续的还是离散的,都可以用扎德给出的综合表示方法进行表示。将模糊集合 F 表示为

$$F = \int_{x \in U} \mu_F(u)/u \tag{5-80}$$

当然,$\int$ 不是积分符号,而是一个表示论域中元素与其隶属度对应的关系符号。

例如,上面的"年轻"与"年老"两个模糊集合,可以采用式(5-81)所示的形式来表示。

$$\begin{aligned} \text{Young} &= \int_{0 \leqslant u \leqslant 25} 1/u + \int_{25 < u \leqslant 100} \left[1 + \left(\frac{u-25}{5}\right)^2\right]^{-1} /u \\ \text{Old} &= \int_{50 < u \leqslant 100} \left[1 + \left(\frac{5}{u-50}\right)^2\right]^{-1} /u \end{aligned} \tag{5-81}$$

值得注意的是,模糊集合隶属函数至今没有一个统一的确定方法和形式。常见的隶属函数的确定方法有:①模糊统计法;②专家经验法;③二元对比排序法;④基本概念扩充法。常见的模糊隶属函数有三角形分布、梯形分布、钟形分布、正态分布、S 形分布等。

3. 模糊集合的运算

模糊集合的是经典集合的推广,所以经典集合的运算也可以推广至模糊集合。但由于模糊集合及其隶属函数的特殊性,模糊集合的运算又有其特殊性,本部分主要对模糊集合的运算进行简要说明。

假设论域 U 上有模糊集合 A、B 和 C,它们的隶属函数分别为 $\mu_A(x)$、$\mu_B(x)$ 和 $\mu_C(x)$。

(1) 模糊集合的相等关系

如果对任意 $x \in U$ 都有 $\mu_A(x) = \mu_B(x)$ 成立,则称模糊集合 A 与 B 相等,记为 $A = B$。

(2) 模糊集合的包含关系

如果对任意 $x \in U$ 都有 $\mu_A(x) \geqslant \mu_B(x)$ 成立,则称模糊集合 A 包含 B,记为 $A \supseteq B$,或称模糊集合 B 包含于 A,记为 $B \subseteq A$。

(3) 模糊集合的交运算

模糊集合 A 与 B 的交运算(intersection)记为 $A \cap B$,其隶属函数为

$$\mu_{A \cap B} = \min\{\mu_A(x), \mu_B(x)\} = \mu_A(x) \wedge \mu_B(x) \tag{5-82}$$

(4) 模糊集合的并运算

模糊集合 A 与 B 的并运算(union)为 $A \cup B$,其隶属函数为

$$\mu_{A \cup B} = \max\{\mu_A(x), \mu_B(x)\} = \mu_A(x) \vee \mu_B(x) \tag{5-83}$$

(5) 模糊集合的补运算

模糊集合 A 的补运算(complement)为 $\neg A$ 或 $\overline{A}$,其隶属函数为

$$\mu_{\overline{A}} = 1 - \mu_A(x) \tag{5-84}$$

例 5-11 设论域 $U = \{x_1, x_2, x_3, x_4\}$,$A$ 与 B 是论域 U 上的两个模糊集合,且

$$A = 0.2/x_1 + 0.4/x_2 + 0.8/x_3 + 0.5/x_4$$

$$B = 0.3/x_1 + 0.6/x_2 + 0.1/x_3 + 0.4/x_4$$

求 $A \cap B$、$A \cup B$、$\overline{A}$ 和 $\overline{B}$。

解:根据以上说明,进行如下计算:

$$A\cap B=0.2\wedge 0.3/x_1+0.4\wedge 0.6/x_2+0.8\wedge 0.1/x_3+0.5\wedge 0.4/x_4$$
$$=0.2/x_1+0.4/x_2+0.1/x_3+0.4/x_4$$
$$A\cup B=0.2\vee 0.3/x_1+0.4\vee 0.6/x_2+0.8\vee 0.1/x_3+0.5\vee 0.4/x_4$$
$$=0.3/x_1+0.6/x_2+0.8/x_3+0.5/x_4$$
$$\overline{A}=(1-0.2)/x_1+(1-0.4)/x_2+(1-0.8)/x_3+(1-0.5)/x_4$$
$$=0.8/x_1+0.6/x_2+0.2/x_3+0.5/x_4$$
$$\overline{B}=(1-0.3)/x_1+(1-0.6)/x_2+(1-0.1)/x_3+(1-0.4)/x_4$$
$$=0.7/x_1+0.4/x_2+0.9/x_3+0.6/x_4$$

(6) 模糊集合的代数和运算

模糊集合 A 与 B 的代数和记为 $A+B$,其隶属函数为

$$\mu_{A+B}(x)=\mu_A(x)+\mu_B(x)-\mu_{A\cdot B}(x)=\mu_A(x)+\mu_B(x)-\mu_A(x)\mu_B(x) \tag{5-85}$$

(7) 模糊集合的代数积运算

模糊集合 A 与 B 的代数积记为 $A\cdot B$,其隶属函数为

$$\mu_{A\cdot B}(x)=\mu_A(x)\mu_B(x) \tag{5-86}$$

(8) 模糊集合的有界和运算

模糊集合 A 与 B 的有界和记为 $A\oplus B$,其隶属函数为

$$\mu_{A\oplus B}(x)=\min\{1,\mu_A(x)+\mu_B(x)\}=1\wedge(\mu_A(x)+\mu_B(x)) \tag{5-87}$$

(9) 模糊集合的有界积运算

模糊集合 A 与 B 的有界积记为 $A\otimes B$,其隶属函数为

$$\mu_{A\otimes B}(x)=\max\{0,\mu_A(x)+\mu_B(x)-1\}=0\vee(\mu_A(x)+\mu_B(x)-1) \tag{5-88}$$

例 5-12 设论域 $U=\{x_1,x_2,x_3,x_4,x_5\}$,$A$ 与 B 是论域 U 上的两个模糊集合,且

$$A=0.2/x_1+0.4/x_2+0.8/x_3+0.5/x_4+0.6/x_5$$
$$B=0.3/x_1+0.6/x_2+0.1/x_3+0.4/x_4+0.7/x_5$$

求 $A\cdot B$、$A+B$、$A\oplus B$ 和 $A\otimes B$。

解:根据以上说明,进行如下计算:

$$A\cdot B=0.2\cdot 0.3/x_1+0.4\cdot 0.6/x_2+0.8\cdot 0.1/x_3+0.5\cdot 0.4/x_4+0.6\cdot 0.7/x_5$$
$$=0.06/x_1+0.24/x_2+0.08/x_3+0.2/x_4+0.42/x_5$$
$$A+B=(0.2+0.3-0.2\cdot 0.3)/x_1+(0.4+0.6-0.4\cdot 0.6)/x_2+(0.8+0.1-0.8\cdot 0.1)/x_3+$$
$$(0.5+0.4-0.5\cdot 0.4)/x_4+(0.6+0.7-0.6\cdot 0.7)/x_5$$
$$=0.44/x_1+0.76/x_2+0.82/x_3+0.7/x_4+0.88/x_5$$
$$A\oplus B=1\wedge(0.2+0.3)/x_1+1\wedge(0.4+0.6)/x_2+1\wedge(0.8+0.1)/x_3+$$
$$1\wedge(0.5+0.4)/x_4+1\wedge(0.6+0.7)/x_5$$
$$=0.5/x_1+1/x_2+0.9/x_3+0.9/x_4+1/x_5$$
$$A\otimes B=0\vee(0.2+0.3-1)/x_1+0\vee(0.4+0.6-1)/x_2+0\vee(0.8+0.1-1)/x_3+$$
$$0\vee(0.5+0.4-1)/x_4+0\vee(0.6+0.7-1)/x_5$$
$$=0/x_1+0/x_2+0/x_3+0/x_4+0.3/x_5=0.3/x_5$$

(10) 模糊集合运算的基本性质

① 幂等律

$$A \cup A = A$$
$$A \cap A = A \tag{5-89}$$

② 交换律

$$A \cup B = B \cup A$$
$$A \cap B = B \cap A \tag{5-90}$$

③ 结合律

$$(A \cup B) \cup C = A \cup (B \cup C)$$
$$(A \cap B) \cap C = A \cap (B \cap C) \tag{5-91}$$

④ 分配率

$$(A \cup B) \cap C = (A \cap C) \cup (B \cap C)$$
$$(A \cap B) \cup C = (A \cup C) \cap (B \cup C) \tag{5-92}$$

⑤ 吸收率

$$(A \cup B) \cap A = A$$
$$(A \cap B) \cup A = A \tag{5-93}$$

⑥ 同一律

$$A \cup U = U$$
$$A \cap U = A$$
$$A \cup \varnothing = A$$
$$A \cap \varnothing = \varnothing \tag{5-94}$$

⑦ 复原律

$$\overline{\overline{A}} = A \tag{5-95}$$

⑧ 对偶律

$$\overline{A \cup B} = \overline{A} \cap \overline{B}$$
$$\overline{A \cap B} = \overline{A} \cup \overline{B} \tag{5-96}$$

4. 模糊关系

普通关系描述两个集合的元素之间是否有联系，而模糊关系作为普通关系的推广，用来描述两个模糊集合中元素之间的关联程度。

(1) 普通关系

普通集合中的关系是用笛卡尔积定义的。假设 V 与 W 是两个普通集合，V 与 W 的笛卡尔积为

$$V \times W = \{(v, w) \mid 任意\ v \in V, 任意\ w \in W\}$$

即 V 与 W 的笛卡尔积是 V 与 W 上所有可能的序偶(v,w)构成的一个集合。

从 V 到 W 的关系 R 是 $V \times W$ 上的一个子集，即 $R \subseteq V \times W$，记为

$$V \xrightarrow{R} W$$

对于 $V \times W$ 中的元素，如果$(v,w) \in R$，则称 v 与 w 有关系 R；如果$(v,w) \notin R$，则称 v 与 w 没有关系 R。

(2) 模糊关系

普通集合中的关系都是确定性关系，v 与 w 有没有关系非常明确，但模糊集合中的这种关系则是一种“软关系”，是一种模糊的具有不确定性的关系。

定义 5-12 $U_1 \times U_2 \times \cdots \times U_n$ 上的一个 n 元模糊关系 R 是以 $U_1 \times U_2 \times \cdots \times U_n$ 为论域的模糊集合，记为

$$R = \int_{U_1 \times U_2 \times \cdots \times U_n} \mu_R(u_1, u_2, \cdots, u_n)/(u_1, u_2, \cdots, u_n)$$

其中，$\mu_R(u_1, u_2, \cdots, u_n)$是模糊关系 R 的隶属函数，它把 $U_1 \times U_2 \times \cdots \times U_n$ 上的每一个元素$(u_1, u_2, \cdots, u_n)$映射为$[0,1]$上的一个实数，该实数反映了 $u_1, u_2, \cdots, u_n$ 具有关系 R 的程度。

当 $n=2$ 时：

$$R = \int_{U \times V} \mu_R(u, v)/(u, v)$$

其中，$\mu_R(u,v)$反映了 u 和 v 具有关系 R 的程度。

例 5-13 假设某学校社团 IT 工作室有 5 个学生，即

$$U=\{u_1, u_2, u_3, u_4, u_5\}=\{\text{lichao}, \text{wangjia}, \text{songhao}, \text{lily}, \text{anran}\}$$

该社团能采用一些计算机技术进行相关的应用设计，即

$$V=\{v_1, v_2, v_3, v_4\}=\{\text{android}, \text{robot}, \text{webdesign}, \text{internet}\}$$

社团的每个学生在不同领域的擅长程度不同，分别为

$$\mu_R(\text{lichao}, \text{android})=0.7, \mu_R(\text{lichao}, \text{robot})=0.4, \mu_R(\text{lichao}, \text{webdesign})=0.9$$
$$\mu_R(\text{lichao}, \text{internet})=0.2, \mu_R(\text{wangjia}, \text{android})=0.2, \mu_R(\text{wangjia}, \text{robot})=0.9$$
$$\mu_R(\text{wangjia}, \text{webdesign})=0.5, \mu_R(\text{wangjia}, \text{internet})=0.4, \mu_R(\text{songhao}, \text{android})=0.8$$
$$\mu_R(\text{songhao}, \text{robot})=0.6, \mu_R(\text{songhao}, \text{webdesign})=0.5, \mu_R(\text{songhao}, \text{internet})=0.8$$
$$\mu_R(\text{lily}, \text{android})=0.5, \mu_R(\text{lily}, \text{robot})=0.5, \mu_R(\text{lily}, \text{webdesign})=0.9$$
$$\mu_R(\text{lily}, \text{internet})=0.6, \mu_R(\text{anran}, \text{android})=0.99, \mu_R(\text{anran}, \text{robot})=0.7$$
$$\mu_R(\text{anran}, \text{webdesign})=0.6, \mu_R(\text{anran}, \text{internet})=0.7$$

此时，$U \times V$ 上的模糊关系 $R = \int_{U \times V} \mu_R(u,v)/(u,v)$ 可以写成如下的矩阵形式：

$$R=\begin{bmatrix} 0.7 & 0.4 & 0.9 & 0.2 \\ 0.2 & 0.9 & 0.5 & 0.4 \\ 0.8 & 0.6 & 0.5 & 0.8 \\ 0.5 & 0.5 & 0.9 & 0.6 \\ 0.99 & 0.7 & 0.6 & 0.7 \end{bmatrix}$$

5. 模糊关系的合成

模糊关系的合成是普通关系的合成的推广，定义如下。

定义 5-13 设 R_1 是 $U \times V$ 上的模糊关系，R_2 是 $V \times W$ 上的模糊关系，那么 R_1 和 R_2 的合成是 $U \times W$ 上的一个模糊关系 $R_1 \circ R_2$，其隶属函数为

$$\mu_{R_1 \circ R_2}(u, w) = \vee \{\mu_{R_1}(u, v) \wedge \mu_{R_2}(v, w)\}$$

其中，“$\vee$”和“$\wedge$”分别表示取最大值和最小值。

例 5-14 假设有如下两个模糊关系：

$$R_1=\begin{bmatrix} 0.1 & 0.6 & 0.3 & 0.4 \\ 0.4 & 0.7 & 0.9 & 0.5 \end{bmatrix}$$

$$R_2=\begin{bmatrix} 0.1 & 0.4 \\ 1 & 0.9 \\ 0.7 & 0.8 \\ 0.3 & 0.6 \end{bmatrix}$$

求 $R_1 \circ R_2$。

解:根据模糊关系的合成法则,可得

$$R_1 \circ R_2 = \begin{bmatrix} 0.6 & 0.6 \\ 0.7 & 0.8 \end{bmatrix}$$

方法是把 R_1 的第 i 行元素分别与 R_2 的第 j 列元素比较,取两个数中的较小者,然后再在所得的一组数中取最大的一个作为 $R_1 \circ R_2$ 的元素 $R(i,j)$的值。

6. 模糊变换

定义 5-14 设 $F=\mu_F(u_1)/u_1+\mu_F(u_2)/u_2+\cdots+\mu_F(u_n)/u_n$ 是论域 U 上的模糊集合,R 是 $U \times V$ 上的模糊关系,则

$$F \circ R = G$$

称为模糊变换。其中,G 是 V 上的模糊集合,其一般形式为

$$G = \int_{v \in V} \bigvee_u (\mu_F(u) \wedge R)/v$$

例 5-15 设

$$F = 0.8/u_1 + 0.6/u_2 + 0.3/u_3$$

$$R = \begin{bmatrix} 0.5 & 0.4 \\ 0.7 & 0.6 \\ 0.4 & 0.9 \end{bmatrix}$$

求 $G=F \circ R$。

解:

$$\begin{aligned} G = F \circ R &= (0.8 \wedge 0.5 \vee 0.6 \wedge 0.7 \vee 0.3 \wedge 0.4)/v_1 + \\ &\quad (0.8 \wedge 0.4 \vee 0.6 \wedge 0.6 \vee 0.3 \wedge 0.9)/v_2 \\ &= 0.6/v_1 + 0.6/v_2 \end{aligned}$$

5.6.2 表示问题

1. 语言变量和语言值

模糊逻辑中使用的变量可以是语言变量,所谓语言变量是指用自然语言中的词表示的可以有语言值的变量。简单来说,语言变量就是我们常说的属性名,如“年龄”“身高”等,语言值作为语言变量的值,相当于我们常说的属性值,如“年龄”的值可以是“老”“中”“青”,“身高”的值可以是“高”和“矮”等。

通常,语言变量的值可以由一个或多个原始值、一个修饰词和连接词组成,比如语言变量“身高”的原始值为“高”“矮”,还可以加上修饰词“非常”“比较”“不很”变成“非常高”“比较矮”“不很高”,甚至可以加上连接词“且”,得到“不很高且不很矮”。

2. 证据的不确定性表示

模糊推理中的证据是用模糊命题表示的,其一般形式为

$$x \text{ is } F$$

其中,F 是论域 U 上的模糊集合。

模糊命题是指有模糊概念、模糊数据或带有确信程度的语句。例如,“Mary 是个美女”“Jake 的身高大约是 180 cm”“明天是个好天气的可能性大约为 80%”。

模糊逻辑通过模糊谓词、模糊量词、模糊概率、模糊可能性、模糊真值、模糊修饰语等对命题的模糊性进行描述。

(1) 模糊谓词

模糊命题中的 F 是 U 上的模糊集合，也是模糊谓词，可以是大、小、多、少、高、低、长、短、美和丑等。

(2) 模糊量词

模糊量词是指诸如极少、很少、几个、少数、多数、大多数、几乎所有等这样的词，可以使命题的描述更形象。例如，大多数成功人士都工作很努力。

(3) 模糊概率、模糊可能性和模糊真值

模糊概率、模糊可能性和模糊真值可以对模糊命题附加概率限定、可能性限定和真值限定。假设模糊概率为 λ，模糊可能性为 π，模糊真值为 τ，则模糊命题可以表示为

$$(x \text{ is } F) \text{ is } \lambda$$

其中，λ 可以是“或许”“必须”等。

$$(x \text{ is } F) \text{ is } \pi$$

其中，π 可以是“非常可能”“很可能”“很不可能”等。

$$(x \text{ is } F) \text{ is } \tau$$

其中，τ 可以是“有些真”“非常假”等。

例如，“常欢很可能是年轻的”可表示为

(Age(Chang huan) is young) is likely

(4) 模糊修饰语

如果 m 是模糊修饰语，x 是变量，F 是模糊谓词，则模糊命题表示为

$$x \text{ is } mF$$

模糊修饰语也称为程度词，常见的程度词有“很”“非常”“有些”“绝对”等。模糊修饰语的表达主要通过以下 4 种运算实现。

① 求补

求补表示否定，如“不”“非”等，其隶属函数为

$$\mu_{\text{非}F}(u)=1-\mu_F(u), \quad u\in[0,1] \tag{5-97}$$

② 集中

集中表示“很”“非常”等，其效果是减少隶属函数的值，其隶属函数为

$$\mu_{\text{非常}F}(u)=\mu_F^2(u), \quad u\in[0,1] \tag{5-98}$$

③ 扩张

扩张表示“有些”“稍微”等，其效果是增加隶属函数的值，其隶属函数为

$$\mu_{\text{有些}F}(u)=\mu_F^{\frac{1}{2}}(u), \quad u\in[0,1] \tag{5-99}$$

④ 加强对比

加强对比表示“明确”“确定”等，其效果是增加 0.5 以上的隶属函数的值，减少 0.5 以下的隶属函数的值，其隶属函数为

$$\mu_{\text{确实}F}(u)=\begin{cases}2\mu_F^2(u), & 0\leqslant\mu_F(u)\leqslant 0.5\\ 1-2(1-\mu_F(u))^2, & 0.5<\mu_F(u)\leqslant 1\end{cases} \tag{5-100}$$

3. 规则不确定性的表示

在扎德提出的模糊推理模型中，产生式规则的表示形式是

$$\text{IF } x \text{ is } F \text{ THEN } y \text{ is } G$$

其中，x 和 y 是变量，表示对象；F 和 G 分别是论域 U 和论域 V 上的模糊集合，表示概念。规则的前提部分可以是一个简单证据，也可以是多个简单证据“x_i is F_i”构成的复合证据，此

时可以用前文讨论过的模糊集合的运算方法求出复合证据的隶属函数。

5.6.3 计算问题

本节主要讨论进行模糊推理时可能会遇到的模糊概念的匹配问题、模糊关系的构造方法及各种不同的模糊推理算法。

1. 模糊匹配

在模糊推理中，由于知识的前提条件“x is F”可能与证据“x is F'”不完全相同，因此在决定这条知识是否可以被触发时会涉及前提条件与证据的匹配问题，只有当它们的相似程度大于某个事先设定好的阈值或它们的距离小于某个事先设定好的阈值时，该条知识才有可能被触发激活。例如，有以下知识和证据：

IF x is 高 THEN y is 大 (0.7)

x is 有点儿高

此时，需要采用某种方法计算知识的前提部分“x is 高”和证据“x is 有点儿高”的相似程度是否会落在阈值 0.7 指定的范围之内，从而决定该条规则能否被触发。

由于“高”和“较高”是两个模糊的概念，都可以用模糊集合与隶属函数进行刻画，因此对它们之间匹配程度的计算可以转化为对相应模糊集合的计算。两个模糊集合所表示的模糊概念的相似程度也叫匹配度，目前常用的匹配度计算方法有贴近度、语义距离和相似度等。

(1) 贴近度

两个模糊概念互相贴近的程度称为贴近度，可以用来衡量两个模糊概念的匹配度。当用贴近度表示匹配度时，其值越大越好：当贴近度大于某个事先给定的阈值时(如上面例子中的0.7)，认为两个模糊概念是匹配的。

设 A 与 B 分别是论域 $U=\{u_1,u_2,\cdots,u_n\}$ 上的两个表示相应模糊概念的模糊集合：

$$A=\mu_A(u_1)/u_1+\mu_A(u_2)/u_2+\cdots+\mu_A(u_n)/u_n$$

$$B=\mu_B(u_1)/u_1+\mu_B(u_2)/u_2+\cdots+\mu_B(u_n)/u_n$$

则它们的贴近度定义为

$$(A,B)=\frac{1}{2}[\bigvee_U(\mu_A(u_i)\wedge\mu_B(u_i))+(1-\bigwedge_U(\mu_A(u_i)\vee\mu_B(u_i)))] \tag{5-101}$$

其中，“$\wedge$”表示求极小值，“$\vee$”表示求极大值。

例 5-16 设论域 $U=\{a,b,c,d,e\}$，论域 U 上的两个模糊集合定义如下：

$$A=0.6/a+0.8/b+1/c+0.7/d+0.4/e$$

$$B=0.4/a+0.9/b+0.5/c+0.3/d+0.7/e$$

求 A 和 B 的贴近度 (A,B)。

解：根据贴近度的定义可得

$$\begin{aligned}(A,B)&=\frac{1}{2}[\bigvee_U(\mu_A(u_i)\wedge\mu_B(u_i))+(1-\bigwedge_U(\mu_A(u_i)\vee\mu_B(u_i)))]\\&=\frac{1}{2}[(0.6\wedge0.4\vee0.8\wedge0.9\vee1\wedge0.5\vee0.7\wedge0.3\vee0.4\wedge0.7)+\\&\quad(1-(0.6\vee0.4)\wedge(0.8\vee0.9)\wedge(1\vee0.5)\wedge(0.7\vee0.3)\wedge(0.4\vee0.7)))]\\&=\frac{1}{2}[0.8+(1-0.6)]=0.6\end{aligned}$$

(2) 语义距离

语义距离刻画了两个模糊概念之间的差异,可以用来判断两个模糊概念是否匹配。语义距离越小,说明两者越相似。当语义距离小于某个给定的阈值时,两个模糊概念匹配成功。

常用的语义距离计算方法有汉明距离、欧几里得距离、明可夫斯基距离、切比雪夫距离等,这里介绍前两种距离的计算方法。

设 A 与 B 分别是论域 $U=\{u_1,u_2,\cdots,u_n\}$ 上的两个表示模糊概念的模糊集合。

$$A=\mu_A(u_1)/u_1+\mu_A(u_2)/u_2+\cdots+\mu_A(u_n)/u_n$$
$$B=\mu_B(u_1)/u_1+\mu_B(u_2)/u_2+\cdots+\mu_B(u_n)/u_n$$

① 汉明距离

汉明距离 $d(A,B)$ 的计算式为

$$d(A,B)=\frac{1}{n}\times\sum_{i=1}^{n}|\mu_A(u_i)-\mu_B(u_i)| \tag{5-102}$$

式(5-102)适用于论域是有限集合的情形。如果论域是实数域的某个闭区间$[a,b]$,那么汉明距离的计算式为

$$d(A,B)=\frac{1}{b-a}\times\int_a^b|\mu_A(u)-\mu_B(u)|\,\mathrm{d}u \tag{5-103}$$

例 5-17 设论域 $U=\{a,b,c,d\}$,论域 U 上的两个模糊集合定义如下:

$$A=0.6/a+0.8/b+1/c+0.7/d$$
$$B=0.4/a+0.9/b+0.5/c+0.3/d$$

求它们之间的汉明距离。

解:

$$\begin{aligned}d(A,B)&=\frac{1}{n}\times\sum_{i=1}^{n}|\mu_A(u_i)-\mu_B(u_i)|\\&=\frac{1}{4}[|0.6-0.4|+|0.8-0.9|+|1-0.5|+|0.7-0.3|]\\&=(0.2+0.1+0.5+0.4)/4=0.3\end{aligned}$$

② 欧几里得距离

欧几里得距离 $d(A,B)$ 的计算式为

$$d(A,B)=\frac{1}{\sqrt{n}}\times\sqrt{\sum_{i=1}^{n}(\mu_A(u_i)-\mu_B(u_i))^2} \tag{5-104}$$

例 5-18 设论域 $U=\{a,b,c,d\}$,论域 U 上的两个模糊集合定义如下:

$$A=0.6/a+0.8/b+1/c+0.7/d$$
$$B=0.4/a+0.9/b+0.5/c+0.3/d$$

求它们之间的欧几里得距离。

解:

$$\begin{aligned}d(A,B)&=\frac{1}{\sqrt{n}}\times\sqrt{\sum_{i=1}^{n}(\mu_A(u_i)-\mu_B(u_i))^2}\\&=\frac{1}{\sqrt{4}}\sqrt{(0.6-0.4)^2+(0.8-0.9)^2+(1-0.5)^2+(0.7-0.3)^2}\\&=\sqrt{0.04+0.01+0.25+0.16}/2\approx0.678/2=0.339\end{aligned}$$

（3）相似度

相似度也可以用来判断两个模糊概念之间的匹配程度。设 A 与 B 分别是论域 $U=\{u_1,u_2,\cdots,u_n\}$ 上的两个表示模糊概念的模糊集合：

$$A=\mu_A(u_1)/u_1+\mu_A(u_2)/u_2+\cdots+\mu_A(u_n)/u_n$$

$$B=\mu_B(u_1)/u_1+\mu_B(u_2)/u_2+\cdots+\mu_B(u_n)/u_n$$

则 A 与 B 之间的相似度 $r(A,B)$ 可以用下列方法计算。

① 最大最小法

$$r(A,B)=\frac{\sum_{i=1}^{n}\min\{\mu_A(u_i),\mu_D(u_i)\}}{\sum_{i=1}^{n}\max\{\mu_A(u_i),\mu_B(u_i)\}} \tag{5-105}$$

② 算数平均法

$$r(A,B)=\frac{\sum_{i=1}^{n}\min\{\mu_A(u_i),\mu_B(u_i)\}}{\frac{1}{2}\sum_{i=1}^{n}(\mu_A(u_i)+\mu_B(u_i))} \tag{5-106}$$

③ 几何平均最小法

$$r(A,B)=\frac{\sum_{i=1}^{n}\min\{\mu_A(u_i),\mu_B(u_i)\}}{\sum_{i=1}^{n}\sqrt{\mu_A(u_i)\times\mu_B(u_i)}} \tag{5-107}$$

④ 相关系数法

$$r(A,B)=\frac{\sum_{i=1}^{n}(\mu_A(u_i)-\overline{\mu}_A)\times(\mu_B(u_i)-\overline{\mu}_B)}{\sqrt{\left[\sum_{i=1}^{n}(\mu_A(u_i)-\overline{\mu}_A)^2\right]\times\left[\sum_{i=1}^{n}(\mu_B(u_i)-\overline{\mu}_B)^2\right]}} \tag{5-108}$$

其中：

$$\overline{\mu}_A=\frac{1}{n}\sum_{i=1}^{n}\mu_A(u_i),\quad \overline{\mu}_B=\frac{1}{n}\sum_{i=1}^{n}\mu_B(u_i)$$

2. 模糊关系的构造

模糊推理是按照给定的推理模式通过模糊集合的合成来实现的，而模糊集合的合成实际上是通过模糊集合与模糊关系的合成来实现的。由此可见，模糊关系对模糊推理至关重要。

以下给出几种构造模糊关系的常见方法。

（1）模糊关系 $R_{\rm m}$

模糊关系 $R_{\rm m}$ 是扎德提出的一种构造模糊关系的方法。设 F 是论域 U 上的模糊集合，G 是论域 V 上的模糊集合，则 $R_{\rm m}$ 由公式(5-109)求得。

$$R_{\rm m}=\int_{U\times V}(\mu_F(u)\wedge\mu_G(v))\vee(1-\mu_F(u))/(u,v) \tag{5-109}$$

例 5-19 设论域 $U=V=\{a,b,c\}$，F 是论域 U 上的模糊集合，G 是论域 V 上的模糊集合，并且有隶属函数：

$$F=1/a+0.6/b+0.3/c$$
$$G=0.2/a+0.6/b+0.8/c$$

求 $U\times V$ 上的模糊关系 R_m。

解： $R_m(a,a)=(\mu_F(a)\wedge\mu_G(a))\vee(1-\mu_F(a))=(1\wedge 0.2)\vee(1-1)=0.2$

$R_m(a,b)=(\mu_F(a)\wedge\mu_G(b))\vee(1-\mu_F(a))=(1\wedge 0.6)\vee(1-1)=0.6$

$R_m(a,c)=(\mu_F(a)\wedge\mu_G(c))\vee(1-\mu_F(a))=(1\wedge 0.8)\vee(1-1)=0.8$

$R_m(b,a)=(\mu_F(b)\wedge\mu_G(a))\vee(1-\mu_F(b))=(0.6\wedge 0.2)\vee(1-0.6)=0.4$

⋮

有

$$R_m=\begin{bmatrix}0.2 & 0.6 & 0.8\\ 0.4 & 0.6 & 0.6\\ 0.7 & 0.7 & 0.7\end{bmatrix}$$

(2) 模糊关系 R_c

模糊关系 R_c 是麦姆德尼提出的，是一个用条件命题的最小运算规则构造而成的模糊关系。设 F 是论域 U 上的模糊集合，G 是论域 V 上的模糊集合，则 R_c 由公式(5-110)求得。

$$R_c=\int_{U\times V}(\mu_F(u)\wedge\mu_G(v))/(u,v) \tag{5-110}$$

例 5-20 设论域 $U=V=\{a,b,c\}$，F 是论域 U 上的模糊集合，G 是论域 V 上的模糊集合，并且有隶属函数：

$$F=1/a+0.6/b+0.3/c$$
$$G=0.2/a+0.6/b+0.8/c$$

求 $U\times V$ 上的模糊关系 R_c。

解：

$$R_c(a,a)=\mu_F(a)\wedge\mu_G(a)=1\wedge 0.2=0.2$$
$$R_c(a,b)=\mu_F(a)\wedge\mu_G(b)=1\wedge 0.6=0.6$$
$$R_c(a,c)=\mu_F(a)\wedge\mu_G(c)=1\wedge 0.8=0.8$$
$$R_c(b,a)=\mu_F(b)\wedge\mu_G(a)=0.6\wedge 0.2=0.2$$

⋮

有

$$R_c=\begin{bmatrix}0.2 & 0.6 & 0.8\\ 0.2 & 0.6 & 0.6\\ 0.2 & 0.3 & 0.3\end{bmatrix}$$

(3) 模糊关系 R_g

模糊关系 R_g 是米祖莫托(Mizumoto)根据多值逻辑中计算 $T(A\rightarrow B)$ 的方法构造的一种模糊关系。设 F 是论域 U 上的模糊集合，G 是论域 V 上的模糊集合，则 R_g 由公式(5-111)求得。

$$R_g=\int_{U\times V}(\mu_F(u)\rightarrow\mu_G(v))/(u,v) \tag{5-111}$$

其中：

$$\mu_F(u)\rightarrow\mu_G(v)=\begin{cases}1, & \text{当 } \mu_F(u)\leqslant\mu_G(v)\text{ 时}\\ \mu_G(v), & \text{当 } \mu_F(u)>\mu_G(v)\text{ 时}\end{cases}$$

例 5-21 设论域$U=V=\{a,b,c\}$，F是论域U上的模糊集合，G是论域V上的模糊集合，并且有隶属函数：

$$F=1/a+0.6/b+0.3/c$$
$$G=0.2/a+0.6/b+0.8/c$$

求$U\times V$上的模糊关系R_g。

解：

$$R_g(a,a)=\mu_F(a)\rightarrow\mu_G(a)=1\rightarrow0.2=0.2$$
$$R_g(a,b)=\mu_F(a)\rightarrow\mu_G(b)=1\rightarrow0.6=0.6$$
$$R_g(a,c)=\mu_F(a)\rightarrow\mu_G(c)=1\rightarrow0.8=0.8$$
$$R_g(b,a)=\mu_F(b)\rightarrow\mu_G(a)=0.6\rightarrow0.2=0.2$$
$$\vdots$$

有

$$R_g=\begin{bmatrix}0.2 & 0.6 & 0.8\\0.2 & 1 & 1\\0.2 & 1 & 1\end{bmatrix}$$

3. 模糊推理

同自然演绎推理对应，模糊推理也有3种基本形式，以下分别说明。

(1) 模糊假言推理

设F是论域U上的模糊集合，G是论域V上的模糊集合，且有知识

IF x is F THEN y is G

若U上有一个模糊集合F'且F'与F匹配，则可以推出"y is G'"且G'是论域V上的一个模糊集合。这种推理模式称为模糊假言推理，即

知识：IF x is F THEN y is G

证据：x is F'

结论：y is G

在这种推理模式下，模糊知识：

IF x is F THEN y is G

表示在F和G之间存在确定的模糊关系R。当已知证据F'与F匹配时，可以通过F'与R的合成得到G'，即

$$G'=F'\circ R$$

其中，模糊关系R可以是R_m、R_c或R_g。

例 5-22 设论域$U=V=\{a,b,c\}$，F是论域U上的模糊集合，G是论域V上的模糊集合，且有知识"IF x is F THEN y is G"。F与G之间的模糊关系R_m为

$$R_m=\begin{bmatrix}0.2 & 0.6 & 0.8\\0.4 & 0.6 & 0.6\\0.7 & 0.7 & 0.7\end{bmatrix}$$

已知事实"x is 较矮"，$F'=$较矮$=1/a+0.7/b+0.5/c$，且F'与F匹配。求基于该已知事实和知识的模糊结论G'。

解：

$$G'=F'\circ R_m=[1\quad 0.7\quad 0.5]\circ\begin{bmatrix}0.2 & 0.6 & 0.8\\0.4 & 0.6 & 0.6\\0.7 & 0.7 & 0.7\end{bmatrix}=[0.5\quad 0.6\quad 0.8]$$

即结论为

$$G'=0.5/a+0.6/b+0.8/c$$

(2) 模糊拒取式推理

设 F 是论域 U 上的模糊集合,G 是论域 V 上的模糊集合,且有知识:

IF x is F THEN y is G

若 V 上有一个模糊集合 G',且 G' 与 G 的补集 $\neg G$ 匹配,则可以推出"x is F'"且 F' 是论域 U 上的一个模糊集合。这种推理模式称为模糊拒取式推理,即

知识:IF x is F THEN y is G

证据: y is G'

结论: x is F'

在这种推理模式下,模糊知识:

IF x is F THEN y is G

表示 F 和 G 之间存在确定的模糊关系 R。当已知证据 G' 与 $\neg G$ 匹配时,可以通过 R 与 G' 的合成得到 F',即

$$F'=R\circ G'$$

其中,模糊关系 R 可以是 R_m、R_c 或 R_g。

例 5-23 设论域 $U=V=\{a,b,c\}$,F 是论域 U 上的模糊集合,G 是论域 V 上的模糊集合,且有知识"IF x is F THEN y is G"。F 与 G 之间的模糊关系 R_c 为

$$R_c=\begin{bmatrix}0.2 & 0.6 & 0.8\\0.2 & 0.6 & 0.6\\0.2 & 0.3 & 0.3\end{bmatrix}$$

已知事实"y is 较高",G'=较高$=0.2/a+0.7/b+0.9/c$,且 G' 与 $\neg G$ 匹配。基于该已知事实和知识,求 F'。

解:根据已知条件,可得

$$F'=R\circ G'=\begin{bmatrix}0.2 & 0.6 & 0.8\\0.2 & 0.6 & 0.6\\0.2 & 0.3 & 0.3\end{bmatrix}\circ\begin{bmatrix}0.2\\0.7\\0.9\end{bmatrix}=\begin{bmatrix}0.8\\0.6\\0.3\end{bmatrix}$$

即

$$F'=0.8/a+0.6/b+0.3/c$$

(3) 模糊假言三段论推理

设 F、G 和 H 分别是论域 U、V 和 W 上的 3 个模糊集合,且有知识:

IF x is F THEN y is G

IF y is G THEN z is H

则可以推出

IF x is F THEN z is H

这种推理模式称为模糊假言三段论推理,即

知识:IF x is F THEN y is G

证据:IF y is G THEN z is H

结论:IF x is F THEN z is H

在这种推理模式下，模糊知识：

$$\text{IF} \quad x \quad \text{is} \quad F \quad \text{THEN} \quad y \quad \text{is} \quad G$$

表示在 F 与 G 之间存在着确定的模糊关系，设此模糊关系为 R_1。

模糊知识：

$$\text{IF} \quad y \quad \text{is} \quad G \quad \text{THEN} \quad z \quad \text{is} \quad H$$

表示在 G 与 H 之间存在着确定的模糊关系，设此模糊关系为 R_2。

若模糊假言三段论成立，则结论表示的模糊关系 R_3 可以由 R_1 和 R_2 合成得到，即 $R_3 = R_1 \circ R_2$。

这里的关系 R_1、R_2 和 R_3 可以分别是 R_m、R_c 或 R_g 中的任何一种。

例 5-24 设论域 $U=V=W=\{a,b,c\}$，论域上的 3 个模糊集合为

$$E=1/a+0.6/b+0.2/c$$

$$F=0.8/a+0.5/b+0.1/c$$

$$G=0.2/a+0.6/b+1/c$$

按照 R_c 求 $E\times F\times G$ 上的关系 R。

解：$E\times F$ 上的关系 R_{c1} 为

$$R_{c1}=\begin{bmatrix} 0.8 & 0.5 & 0.1 \\ 0.6 & 0.5 & 0.1 \\ 0.2 & 0.2 & 0.1 \end{bmatrix}$$

$F\times G$ 上的关系 R_{c2} 为

$$R_{c2}=\begin{bmatrix} 0.2 & 0.6 & 0.8 \\ 0.2 & 0.5 & 0.5 \\ 0.1 & 0.1 & 0.1 \end{bmatrix}$$

则 $E\times F\times G$ 上的关系 R 为

$$R=R_{c1}\circ R_{c2}=\begin{bmatrix} 0.8 & 0.5 & 0.1 \\ 0.6 & 0.5 & 0.1 \\ 0.2 & 0.2 & 0.1 \end{bmatrix} \circ \begin{bmatrix} 0.2 & 0.6 & 0.8 \\ 0.2 & 0.5 & 0.5 \\ 0.1 & 0.1 & 0.1 \end{bmatrix} = \begin{bmatrix} 0.2 & 0.6 & 0.8 \\ 0.2 & 0.6 & 0.6 \\ 0.2 & 0.2 & 0.2 \end{bmatrix}$$

5.6.4 模糊推理的特点

模糊推理实际是将推理转化成了计算，为不确定性推理开辟了一条新的途径。这种方法很适合控制领域。用模糊推理原理构造的模糊控制器结构简单，可用硬件芯片实现，且造价低、体积小，现已广泛应用于控制领域。然而，模糊推理的理论基础不够坚实，很多计算公式完全是人为构造的，为此，很多学者目前仍然致力于模糊推理的理论和方法研究。模糊推理理论与技术仍然是人工智能的一个重要研究课题。

5.7 本章小结

本章重点讨论了不确定性推理。

不确定性推理就是从不确定的初始证据出发，通过运用不确定的知识，最终推出既保持了一定程度的不确定性，又保证了合理或基本合理的结论的推理过程。不确定性推理主要解决了3个方面的问题，即不确定性的表示问题、不确定性的计算问题和不确定性的语义问题。

确定性理论用CF(E)表示证据的不确定性，用CF(H,E)表示规则 $E \to H$ 的不确定性，通过一系列计算公式完成不确定性的传播问题。

主观Bayes方法用概率 $P(E)$ 或几率 $O(E)$ 表示证据的不确定性，用二元组(LS,LN)说明规则成立的充分性和必要性，根据证据发生的不同情形确定结论的不确定性程度。

证据理论通过引入概率分配函数、信任函数和似然函数等解决不确定性的表示、计算和语义问题。

贝叶斯网络是一种以随机变量为结点，以条件概率为结点间关系强度的有向无环图，包括网络拓扑结构和CPT两个要素，既有牢固的数学基础，又有形象直观的语义，可以由祖先结点推算出后代结点的后验概率，也可以通过后代结点推算出祖先结点的后验概率。

模糊推理是利用具有模糊性的知识进行的一种不确定性推理，其理论基础来源于扎德提出的模糊逻辑。模糊推理中的证据是用模糊命题表示的，规则是用模糊关系表示的，本章主要讨论了模糊推理中的模糊假言推理、模糊拒取式推理和模糊假言三段论推理。

5.8 习　　题

1. 什么是不确定性推理？不确定性推理要解决的基本问题有哪些？

2. 不确定性推理的方法有哪些类型？请简要说明。

3. CF模型是如何描述证据和知识的不确定性的？请简要说明。

4. 假设有如下一组推理规则：

R_1:IF　E_1　OR　E_3　THEN　E_2(0.7)

R_2:IF　E_2　AND　E_3　THEN　E_4(0.6)

R_3:IF　E_4　THEN　H (0.9)

R_4:IF　E_5　THEN　H (−0.3)

已知CF(E_1)=0.5，CF(E_3)=0.6，CF(E_5)=0.7。试画出推理网络，并求出CF(H)的值。

5. 主观Bayes方法中是如何描述证据和知识的不确定性的？请简要说明。

6. 已知某气候预测专家系统有如下规则：

R_1:如果吹偏北到偏东风3～4级(A_1)，则下雨(15,1)

R_2:如果空气湿度为60%～90%(A_2)，则下雨(25,1)

R_3:如果前一天下雨(A_3)，则下雨(72,1)

已知下雨事件(设为B)的先验概率 $P(B)=0.04$，如果证据 A_1、A_2、A_3 必然发生，求下雨事件发生的概率。

7. 已知有如下规则：

R_1:IF　E_1　THEN　(2,0.001)　H_1

R_2:IF　E_1　AND　E_2　THEN　(100,0.001)　H_1

R_3:IF　H_1　THEN　(200,0.01)　H_2

又知 $P(E_1)=P(E_2)=0.6$，$P(H_1)=0.09$，$P(H_2)=0.01$。若用户输入 $P(E_1|S_1)=$

0.75，$P(E_2|S_2)=0.68$，求 $P(H_2|S_2,S_2)$ 的值。

8. 解释证据理论中的概率分配函数、信任函数、似然函数以及类概率函数的含义。

9. 基于证据理论进行的不确定性的推理，是如何解决表示问题、计算问题和语义问题的？

10. 已知 D-S 理论中样本空间 $D=\{a,b\}$ 上的两个概率分配函数 m_1 和 m_2，求它们的正交和 $m_1 \oplus m_2$。

$m_1=(\{\varnothing\},\{a\},\{b\},\{a,b\})=(0,0.3,0.5,0.2)$

$m_2=(\{\varnothing\},\{a\},\{b\},\{a,b\})=(0,0.6,0.2,0.2)$

11. 已知知识库中有如下规则：

R_1: IF E_1 AND E_2 THEN $A=\{a_1,a_2\}$ CF=$\{0.3,0.4\}$

R_2: IF E_3 AND (E_4 OR E_5) THEN $B=\{b_1\}$ CF=$\{0.6\}$

R_3: IF A THEN $H=\{h_1,h_2,h_3\}$ CF=$\{0.1,0.6,0.2\}$

R_4: IF B THEN $H=\{h_1,h_2,h_3\}$ CF=$\{0.3,0.4,0.1\}$

用户给出的初始证据的确定性为 CER(E_1)=0.7，CER(E_2)=0.6，CER(E_3)=0.8，CER(E_4)=0.5，CER(E_5)=0.7。假设 D 中的元素个数为 10 个，试用证据理论求解 CER(H) 的值。

12. 已知吸烟容易导致气管炎、肺癌等疾病；建筑工人由于长期工作在建筑工地，容易引起气管炎。该知识的贝叶斯网络如图 5-7 所示，相应的 CPT 表如表 5-4 所示。

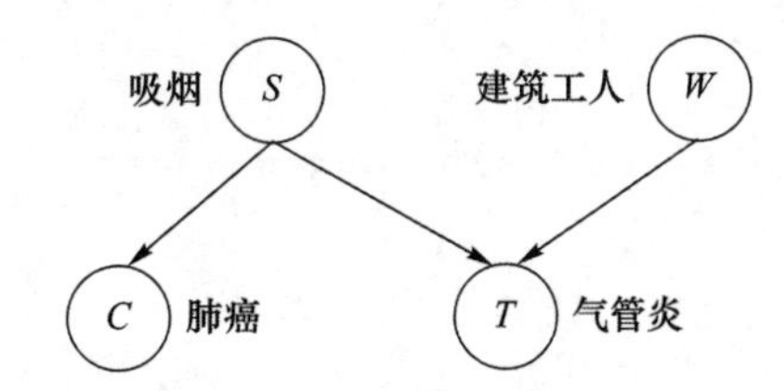

图 5-7 吸烟与建筑工人的贝叶斯网络

表 5-4 CPT 表

条件概率	值	条件概率	值
$P(S)$	0.4	$P(T\|S,W)$	0.9
$P(\neg S)$	0.6	$P(T\|\neg S,W)$	0.5
$P(W)$	0.3	$P(T\|S,\neg W)$	0.3
$P(\neg W)$	0.7	$P(T\|\neg S,\neg W)$	0.1

(1) 假设某人吸烟(S)，计算他患气管炎(T)的概率 $P(T|S)$。

(2) 计算“不得气管炎不是建筑工人的”概率 $P(\neg W|\neg T)$。

13. 在模糊推理中，证据和规则的不确定性是如何表示的？

14. 设论域 $U=V=\{a,b,c\}$，F 是论域 U 上的模糊集合，G 是论域 V 上的模糊集合，并且有隶属函数：

$$F=0.7/a+0.6/b+0.4/c$$

$$G=0.5/a+0.6/b+0.2/c$$

求 $U\times V$ 上的模糊关系 R_m、R_c 和 R_g。

15. 设论域 $U=V=\{a,b,c\}$，F 是论域 U 上的模糊集合，G 是论域 V 上的模糊集合，且有知识“IF x is F THEN y is G”。已知事实“y is G'”，$G'=0.4/a+0.6/b+0.9/c$，G'与$\neg G$匹配。基于该已知事实和知识，利用14题求得的R_m求F'。

16. 设论域$U=V=\{a,b,c\}$，F是论域U上的模糊集合，G是论域V上的模糊集合，且有知识“IF x is F THEN y is G”。已知事实“x is F'”，$F'=0.9/a+0.8/b+0.2/c$，F'与F匹配。基于该已知事实和知识，利用14题求得的R_c求模糊结论G'。

第6章 机器学习

学习是人类获取知识的基本手段,是人类智能的主要标志。机器学习(machine learning)是研究如何使用机器模拟人类学习活动的一门学科,是使计算机具有智能的根本途径。此外,机器学习还有助于发现人类学习的机理和揭示人脑的奥秘。

机器学习作为人工智能的一个重要研究领域,其理论和技术经常被应用于人工智能的各个应用型研究领域进行问题求解,如模式识别、自然语言处理等。本章将讨论有关机器学习的基本概念,以及一些经典的机器学习算法。

6.1 概　　述

6.1.1 机器学习的定义

机器学习的核心是“学习”,但究竟什么是学习,很难给出一个统一的定义。神经学、心理学、计算机科学等不同学科的研究人员从不同的角度给出了学习的不同解释。学习是一种多侧面、综合性的心理活动,它与记忆、思维、知觉、感觉、意识等多种心理行为都有着密切的联系,这使得人们难以掌握学习的机理与实质,无法给出它的精确定义。在人工智能领域,许多具有不同学科背景的学者也给出了学习的不同解释。

学习是系统改进其性能的过程。1980年,人工智能学家西蒙在卡内基-梅隆大学召开的机器学习研讨会上做了“为什么机器应该学习”的发言,将学习定义为:学习就是系统在不断重复的工作中改进其性能的过程,这种改进使得系统在执行同样的或类似的工作时,能完成得更好。这一观点在机器学习研究领域中有较大的影响,因此学习的基本模型就是基于这一观点建立起来的。根据西蒙的学习理论,智能体应该能够在与外界交互以及对决的过程中进行观察,模拟人的学习行为,自动地通过获取知识和技能改进智能体未来的行动能力。

学习是获取知识的过程。这是从事专家系统研究的人员提出的观点。由于知识获取一直是专家系统建造中的困难问题,因此他们将机器学习与知识获取联系起来,希望通过对机器学习的研究,实现知识的自动获取。知识获取是大多数机器学习系统的中心任务,但是所获得的知识有时并不能使系统得到改善。

学习是构造知识表示的过程。这种观点以米查斯基(Michalski)为代表,认为学习是构造或修改所经历事物的表示。这种观点认为系统为了获取知识,必须采用某种形式对知识进行表示和存储,因此学习的核心问题是构造客观现实的表示,而不是对系统性能的改善,系统性能的改善仅仅是构造表示的效应。

这些观点虽然不尽相同,但都包含了知识获取和能力改善这两个主要方面。知识获取是指获得知识、积累经验、发现规律等,而能力改善是指改进性能、适应环境、实现自我完善等。在学习过程中,知识获取与能力改善是密切相关的,知识获取是学习的核心,能力改善是学习的结果。通过以上分析,我们可以对学习做出较为一般的解释:学习是一个有特定目的的知识获取和能力增长过程,其内部表现为获得知识、积累经验、发现规律等,其外部表现是改进性能、适应环境、实现自我完善等。

同样地,机器学习迄今为止也没有一个被广泛认可的准确定义。从直观上理解,机器学习就是让机器(计算机)模拟人类的学习功能,这是一门研究怎样用机器模拟或实现人类学习活动的学科。机器学习是人工智能中最具智能特征的前沿研究领域之一。

6.1.2 机器学习的发展

机器学习的发展可以分为 4 个阶段。

1. 神经元模型研究阶段——20 世纪 50 年代中叶到 60 年代中叶

这个时期的主要技术是神经元模型以及基于该模型的决策论和控制论。机器学习方法通过有导师指导的监督学习实现神经元间连接权的自适应调整,从而产生线性的模式分类和联想记忆能力。

这一阶段研究的理论基础是 20 世纪 40 年代兴起的神经网络模型。有的学者将机器学习的起点定为 1943 年麦卡洛和匹茨对神经元模型(简称 MP 模型)的研究。这项研究在科学史上的意义是非同寻常的,它第一次揭示了人类神经系统的工作方式;这项研究对近代信息技术发展的影响也是巨大的,计算机科学与控制理论均从这项研究中受到了启发。皮茨的努力使得这项研究的结论没有停留在生物学的领域内,他为神经元的工作方式建立了数学模型,这个数学模型深刻地影响了机器学习的研究。电子计算机的产生和发展使得机器学习的实现成为可能。这一阶段,人们研制了各种模拟神经的计算机,其中罗森布拉特(F. Rosenblatt)的感知器最为著名。感知器由阈值性神经元组成,试图模拟人脑的感知及学习能力。遗憾的是,大多数企图产生某些复杂智能系统的研究都失败了。不过,这一阶段的研究促进了模式识别这门新学科的诞生,同时,形成了机器学习的两种重要方法,即判别函数法和进化学习法。著名的塞缪尔(Samuel)下棋程序就是判别函数法的典型代表。该程序具有一定的自学习、自组织、自适应能力,能够根据下棋时的实际情况决定走步策略,并且能从经验中学习,不断地调整棋盘局势评估函数,在不断的对弈中提高自己的棋艺。4 年后,这个程序战胜了设计者本人。又过了 3 年,这个程序战胜了美国的一个卫冕 8 年之久的大师。不过,这种脱离知识的感知型学习系统具有很大的局限性。无论是神经模型、进化学习还是判别函数法,所取得的学习结果都是很有限的,远远不能达到人类对机器学习系统的期望。这一阶段,我国研制了数字识别学习机。

2. 符号概念获取研究阶段——20 世纪 60 年代中叶至 20 世纪 70 年代中叶

20 世纪 60 年代初期,对机器学习的研究开始进入第二阶段。在这一阶段,心理学和人类学习的模式占据主导地位，主要的研究目标是利用机器模拟人类的概念学习过程。由于机器用符号表示概念，因此这一阶段的学习特点是使用符号表示而不是使用数值表示研究学习问题，其目标是用学习表达高级知识的符号描述。因此，学习过程可视为符号概念的获取过程。在这一观点的影响下，这个时期的主要技术转变成概念的获取和各种模式识别系统的应用。在此阶段，研究者意识到学习是复杂而困难的过程，因此人们不能期望学习系统可以从没有任何知识的环境开始，以学习到高深而有价值的概念结束。这种观点使得研究人员一方面深入探讨简单的学习问题，另一方面把大量的领域专家知识加入学习系统。

这一阶段具有代表性的工作是温斯顿(P. H. Winston)的结构学习系统和罗恩(H. Roth)等人的基于逻辑的归纳学习系统。1970 年，温斯顿建立了一个从例子中进行概念学习的系统，它可以学会积木世界中一系列概念的结构描述。尽管这类学习系统取得了较大的成功，但是其学到的概念都是单一概念，并且大都处于理论研究和建立实验模型阶段。除此之外，神经网络学习机因理论缺陷未能达到预期效果而转入低潮。因此，那些曾经对机器学习的发展抱有极大希望的人们对此感到很失望。人们又称这个时期为机器学习的“黑暗时期”。

3. 基于知识的各种学习系统研究阶段——20 世纪 70 年代中叶至 20 世纪 80 年代中叶

在这个时期，人们将机器学习从学习单个概念扩展到学习多个概念，探索不同的学习策略和各种学习方法。相应的学习方法相继推出，如示例学习、示教学习、观察和发现学习、类比学习、基于解释的学习等。这些方法的研究工作强调应用面向任务的知识和指导学习过程的约束，应用启发式知识以帮助学习任务的生成和选择，包括提出收集数据的方式、选择要获取的概念、控制系统的注意力等。

本阶段的机器学习过程一般都建立在大规模的知识库上，实现知识强化学习。尤其令人鼓舞的是，学习系统已经开始与各种应用结合起来，并取得了很大的成功，促进了机器学习的发展。在第一个专家学习系统出现之后，归纳学习系统成为研究主流，自动知识获取成为机器学习的应用研究目标。1980 年，美国卡内基-梅隆大学召开的第一届机器学习国际研讨会标志着机器学习研究已在全世界兴起。此后，机器归纳学习进入应用阶段。1986 年，国际期刊《机器学习》(*Machine Learning*)创刊，机器学习迎来了蓬勃发展的新时期。20 世纪 70 年代末，中国科学院自动化研究所进行的质谱分析和模式文法推断研究标志着我国的机器学习研究得到恢复。在西蒙 1980 年来华传播机器学习的火种后，我国的机器学习研究出现了新局面。

4. 连结学习和符号学习共同发展阶段——20 世纪 80 年代后期至今

20 世纪 80 年代后期，机器学习进入了连结学习和符号学习共同发展阶段。一方面，神经网络研究的重新兴起，以及对连结机制(connectionism)学习方法的研究方兴未艾，使得机器学习的相关研究在全世界范围内出现新的高潮，对机器学习的基本理论和综合系统的研究得到加强和发展。另一方面，实验研究和应用研究得到了前所未有的重视。人工智能技术和计算机技术的快速发展，为机器学习提供了新的更强有力的研究手段和环境。

在这个时期，人们提出了用隐单元计算和学习非线性函数的方法，神经网络由于隐结点和反向传播算法的进展克服了早期神经元模型的局限性，使连结机制学习东山再起，向传统的符号学习发起挑战。同时，由于计算机硬件的迅速发展，神经网络的物理实现变成可能。在声音识别、图像处理等领域，神经网络取得了很大的成功。符号学习伴随着人工智能的发展也日益成熟，在这一时期符号学习由“无知”学习转向有专门领域知识的增长型学习，从而出现了有一定知识背景的分析学习。符号学习的应用领域不断扩大，最杰出的工作成果有分析学习（特别是解释学习）、遗传算法、决策树归纳等。基于生物发育进化论的进化学习系统和遗传算法因吸取了归纳学习与连接机制学习的长处而受到重视。基于行为主义（actionism）的强化（reinforcement）学习系统因发展新算法和应用连接机制学习遗传算法取得的新成就而显示出了新的生命力。1989 年，瓦特金（Watkins）提出的 Q-学习促进了强化学习的深入研究。基于计算机网络的各种自适应、具有学习功能的软件系统的研制和开发，将机器学习的研究推向了新的高度。

知识发现最早于 1989 年 8 月提出。1997 年，国际专业杂志《知识发现与数据挖掘》（*Knowledge Discovery and Data Mining*）问世。知识发现和数据挖掘研究的蓬勃发展为从计算机数据库和计算机网络提取有用信息和知识提供了新的方法。知识发现和数据挖掘已成为 21 世纪机器学习的一个重要研究课题，取得了许多有价值的研究和应用成果。近 20 年来，我国的机器学习研究开始进入稳步发展和逐渐繁荣的新时期。每两年一次的中国机器学习及其应用研讨会已举办 19 次，学术讨论和科技开发蔚然成风，研究队伍不断壮大，科研成果也更加丰硕。

6.1.3 归纳学习

人类的学习方法形式多样，因此在机器学习发展过程中学者们也提出了多种学习策略。其中，归纳学习是人类在学习过程中采用较多的方法。归纳学习旨在从大量的经验数据中归纳抽取出一般的判定规则和模式。随着互联网的发展，归纳学习被大量应用于经验数据的获取。因此，归纳学习成为应用最广的一种机器学习方法。

归纳学习是从特殊情况推导出一般性结论的学习方法。用于学习的经验数据称为训练实例，所有的训练实例构成了训练集。训练实例通常是学习对象的 n 个有意义的特征的数量值，一般表示为向量的形式：

$$x=[x_1,x_2,\cdots,x_n]$$

其中，x 称为 n 维特征向量，每一维数据都表示学习对象在相应特征上的特征值。

在进行归纳时，多数情况下不可能考察全部的有关事例，因而归纳出的结论不能保证绝对正确，只能在某种程度上为真，这是归纳推理的一个重要特征。归纳学习一般可以分为有监督学习、无监督学习和强化学习。

（1）有监督学习

如果向学习算法同时提供输入和正确的输出，那么这种学习就是有监督学习。如果学习的结果是离散值，那么学习任务称为分类。分类基于类别已知的训练样本集，根据识别对象的特征将其分到某个类别中去。例如，自动驾驶智能体应该能够将道路上的车辆分类为轿车、货车或者公交车等。如果学习的结果是连续值，那么学习任务称为回归。

（2）无监督学习

无监督学习是在未提供明确的输出值类别的情况下进行学习输入的模式。聚类算法是一种无监督学习。分类和聚类是两个不同的过程，如图 6-1 所示。聚类算法基于“物以类聚”的观点，在某种距离度量上将相近的输入模式归为同一类别，将训练集划分为多个类别。例如，自动驾驶智能体可以在没有经过标注的实例中，逐步形成关于“交通顺畅日”和“交通拥堵日”

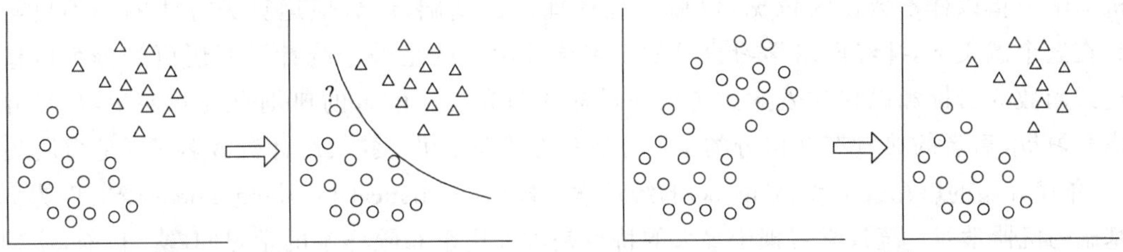

(a) 分类

(b) 聚类

图 6-1 分类和聚类

的概念。

（3）强化学习

强化学习利用以奖励信号形式出现的反馈值指明一个假设是否正确。强化学习通过主体与环境的交互进行学习。主体与环境的交互接口包括行动、奖励和状态。主体根据策略选择一个行动执行，然后感知下一步的状态和即时奖励，通过经验修改策略。强化学习是从强化物（起加强作用的事物）中进行学习的，如与前车发生追尾事故表明智能体的行动是不令人满意的。

6.1.4 机器学习分类

机器学习可从不同的角度进行分类。如果按照实现途径进行分类，可以将其分为模拟人脑的机器学习和直接采用数学方法的机器学习两大类。

1. 模拟人脑的机器学习

（1）符号学习

传统的机器学习算法一般是建立在符号表示的知识的基础上实现模拟人类学习的模型，将学习视为通过周密设计的搜索算法获取明确表示的知识的过程。因此，这些算法也称为基于符号的机器学习方法。符号学习模拟人脑的宏观心理级学习过程，以认知心理学原理为基础，以符号数据为输入，以符号运算为方法，用推理过程在图或状态空间中搜索，学习的目标为概念或规则等。符号学习是基于符号学派的机器学习观点。

（2）神经网络学习

符号学习方法与人类智能活动有许多根本性的差别，难以快速处理非数值计算的形象思维等问题，也无法求解那些信息不完整、不确定性和模糊性的问题，因此其在视觉理解、直觉思维、常识与顿悟等问题上显得力不从心。人们一直在寻找新的信息处理机制，神经网络计算就是其中之一。神经网络学习模拟人脑的微观生理级学习过程，以脑和神经科学原理为基础，以人工神经网络为函数结构模型，以数值数据为输入，以数值运算为方法，用迭代过程在系数的向量空间中搜索，学习的目标为函数。典型的神经网络学习的典型连结学习方法有权值修正学习、拓扑结构学习等。研究结果已经证明，用神经网络处理直觉和形象思维信息具有比传统处理方式好得多的效果。神经网络的发展有着非常广阔的科学背景，是众多学科研究的综合成果。

2. 直接采用数学方法的机器学习

对于数量型的输入信息，绕过人脑的心理和生理学习机理，而采用纯数学的方法（如概率统计）也可以推导计算出相应的知识。这就是说，采用纯数学的方法也可以实现机器学习。现在的模式识别领域基本上采用的就是这种学习方法。

这种机器学习方法主要有统计机器学习，而统计机器学习又有广义和狭义之分。广义统计机器学习指以样本数据为依据，以概率统计理论为基础，以数值运算为方法的一类机器学习。在这个意义下，神经网络学习也可划归到统计学习的范畴。统计学习还可划分为以概率表达式函数为目标和以代数表达式函数为目标的两大类。前者的典例有贝叶斯学习、贝叶斯网络学习等，后者的典例有几何分类学习方法和支持向量机。狭义统计机器学习则是指从20世纪90年代开始的以瓦普尼克(Vapnik)的统计学习理论(Statistical Learning Theory，SLT)为标志和基础的机器学习。统计学习理论最大的特点是可以用于有限样本的学习问题。目前，这种机器学习的典型方法就是支持向量机(Support Vector Machine，SVM)或者更一般的核心机。

6.2 决策树学习

决策树学习(Decision Tree Learning，DTL)是一种基于实例的归纳学习算法。利用决策树表达的知识形式简单，分类速度快，而且算法易于实现，特别适合于大规模的数据处理。因此，决策树学习在相当长时间内是一种非常流行的人工智能技术。随着数据挖掘的广泛应用，决策树作为一种构建决策系统的强有力的技术，在众多领域发挥着越来越大的作用。

6.2.1 决策树

决策是根据信息和评价准则，用科学方法寻找或选取最优处理方案的过程或技术。将决策过程用树形图表示，便构成了决策树。决策树的每个内部结点表示决策或学习过程中考虑的属性特征。属性的不同取值形成相应的分支，每个分支表示进行下一个属性的测试。通过一系列属性测试就会到达决策树的叶结点，叶结点包含决策或学习结果。

例如，一个在大学教学楼中进行可回收垃圾收集的机器人，需要事先判断哪间办公室可能有可回收废品箱。机器人收集到的关于8间办公室的若干属性信息如表6-1所示，包括：办公室的楼层(floor)；办公室的所属系(department)是电子系(ee)还是计算机系(cs)；办公室的属性(status)是系(faculty)办公室、职员(staff)办公室，还是学生(student)办公室；办公室的尺寸(size)是大(large)、中(medium)，还是小(small)；办公室中是否有可回收废品箱(recycling bin?)。通过学习表6-1中所有实例的各个属性，得到图6-2所示的决策树。决策树中的每个内部结点对应一个属性的测试，相应属性的每个可能的取值对应树中的分支。叶子结点表示类别，即有或者没有可回收废品箱。

表6-1 垃圾回收机器人问题的训练样本集

No.	floor	department	status	size	recycling bin?
307	3	ee	faculty	large	no
309	3	ee	staff	small	no
408	4	cs	faculty	medium	yes
415	4	ee	student	large	yes
509	5	cs	staff	medium	no
517	5	cs	faculty	large	yes
316	3	ee	student	small	yes
420	4	cs	staff	medium	no

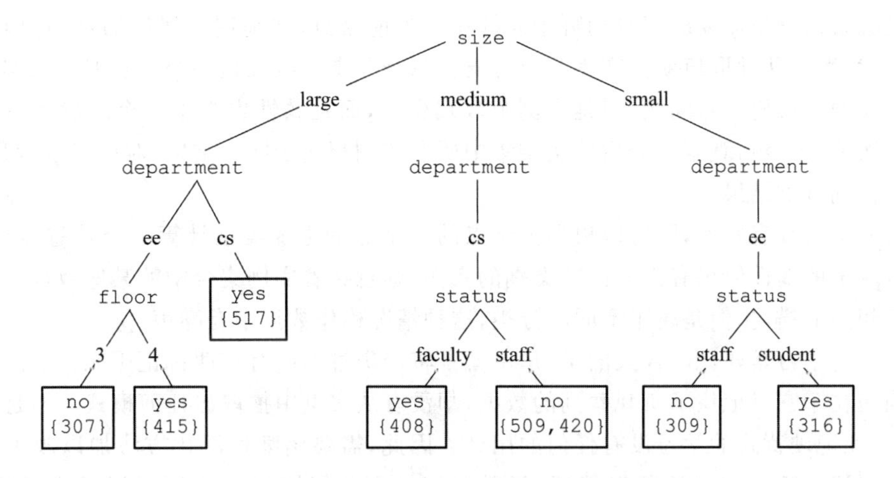

图 6-2　表 6-1 所示垃圾回收机器人问题的决策树

未知类别的新实例是通过从决策树的根结点出发，依据新实例的一系列不同属性的取值深入树的不同分支，直至到达叶子结点来决定其分类的。一棵决策树最终可以被转化为一系列的 if-then 的关联规则，每一条从根结点到达叶子结点的路径都代表一条规则，路径上所有的决策结点构成了规则的合取形式的条件，叶子结点代表规则的结论。

6.2.2　决策树构造算法

亨特(Hunt)提出的概念学习系统(Concept Learning System，CLS)是一种早期的基于决策树的归纳学习系统。虽然 CLS 算法中并未给出选择测试属性的具体标准，但是亨特曾经提出了几种选择测试属性的方法。昆兰(Quinlan)发展了亨特的思想，提出了著名的决策树算法—ID3(Iterative Dichotomister 3)算法。ID3 算法采用自顶向下的递归方式，通过将训练样本划分为子集来构造决策树。基本的 ID3 决策树学习算法(decision-tree-learning)如下所示：

```
decision-tree-learning(examples,properties)
{
  if (same_class(examples)) return class_rule;
  else if (properties! = null)
      {
          p = select_root(properties);
          properties = delete(p,properties);
          while(vi = next_value(p))
          {
            partial_examples = partition(vi,examples);
            decision-tree-learning(partial_examples,properties);
          }
      }
  else return majority_class(examples);
}
```

构建决策树首先需要决定采用哪个属性作为当前结点，并利用该属性的不同值对实例集进行划分，属性有几种取值就会产生几个分支。每个分支可能又是一个类别混合的实例集，这又是一个新的决策树学习问题，只是实例个数减少了，而且属性也少了一个。然后，在每一分支下递归地建立子树，直至划分后的实例集中所有实例都属于同一类别(对应集合就是叶子结点)，算法得到分类结果。

如果分支下没有实例，则可以根据该结点的父结点的主要类别计算一个缺省值。如果没有任何可测试的属性但仍有未能区分类别的实例，则意味着实例集合中的某些数据不正确，即虽然具有相同的描述，但是属于不同的分类，这种情况称作数据中有噪声。

最简单的学习是死记硬背式的学习，也就是将经历过的所有东西都记下来，图 6-2 所示的决策树问题在于它只记住了所观察到的数据，却没有从实例中抽取出任何模式。但是，对于新实例来说，死记硬背式的学习没有任何的用处。因此，需要用某种泛化方法加以改善，泛化后将不需要再记忆所有实例的所有特征，只需要记忆那些能够将正例和反例区分开的特征。图 6-3 所示的决策树不仅实现了对所有实例的正确分类，而且比图 6-2 所示的决策树简单得多。

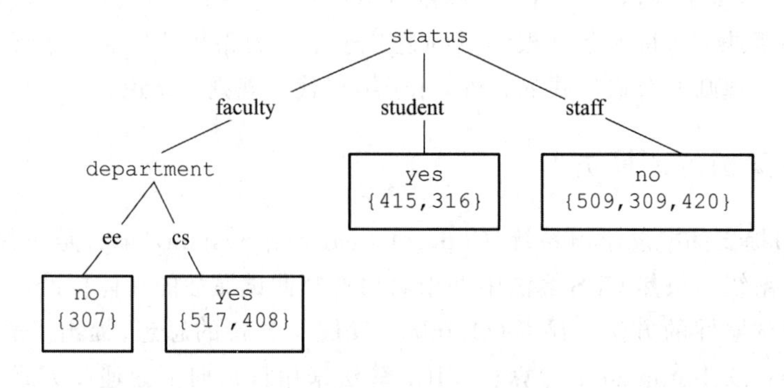

图 6-3　表 6-1 所示垃圾回收机器人问题的简化决策树

两棵决策树都表示了关于目标的分类函数的假设，根据奥卡姆剃刀原理，应该选择较小的那棵决策树。当对给定实例进行分类时，图 6-3 所示的决策树并没有用到表 6-1 中给出的所有属性。例如，如果是学生办公室，根据这棵树可以忽略掉其他信息而判断其有可回收废品箱。尽管省略了某些测试，但是这棵树对所有的实例进行了正确的分类。此外，利用这棵决策树还能够检测到一个有趣的以前没有发现过的模式：电子系学生的中等办公室里面也有可回收废品箱。由给定的实例可以认为这是一个合理的假设。

ID3 算法引起人们兴趣的原因之一是其数学基础。由于属性的排序问题影响决策树的工作效率，甚至影响其精确性，因此该算法引起了一系列对属性排序的数学研究。

6.2.3　信息论

决策树的构造过程是从“哪一个属性将在树的根结点被测试”这个问题开始的。如果随机地选择任意属性进行扩展，则最后生成的决策树很可能非常庞大。给定的训练实例集对应了一组能够对其进行正确分类的决策树，根据奥卡姆剃刀原理，能够对未知分类的实例进行正确分类的可能性最大的是最简单的那棵决策树。选择与训练实例一致的最小的决策树存在计算上的难度，但是可以通过寻找启发式算法得到近似解。因此，算法的核心是如何选择“最理想的属性”作为当前子树的根结点，以最小化最终树的深度。

“最理想的属性”的含义是对实例的分类有最大区分度的属性。因此，需要一个对“最理想的属性”的形式化的度量。当属性是理想属性时，该度量具有最大值；当属性毫无用处时，该度量具有最小值。“最理想的属性”是将实例分为只包含正例或只包含反例的集合，此时划分后的实例集的无序度最小。可以使用统计测试的方法确定每一个实例属性单独分类训练样例的能力。

无序是指混乱无规则的状态。信息论与无序和信息的概念相关。信息量是解除随机性或不确定性所需的信息的度量。例如，在有限的没有重复元素的数字集合 S 中取出一个数，并要求别人猜测这个数字，最好的猜测方法就是首先将集合均分为两个子集，然后询问元素在哪半个集合，重复这样的询问，直至确定元素。上述例子中，猜测需要询问的问题的个数为 $\log_2|S|$。数字集合越无序，猜测集合中数字所需的信息量就越多。信息的度量与事件发生的概率有关：

$$I(x_i)=-\log_2 p(x_i)=\log_2 \frac{1}{p(x_i)}=\log_2|S|$$

因此，事件发生的概率越大，不确定性程度越小，包含的信息量就越少。信息量的单位为比特(bit)。如果数字集合中有 1 个数字 1、2 个数字 2、3 个数字 3……n 个数字 n，共 $n(n-1)/2$ 个数字，那么取出某个数字 i 的概率为 $2i/n(n-1)$，因此猜测数字的信息量为 $I(x_i)=\log_2 n(n-1)/2$，各不相同。于是，引入平均信息量，即所有事件信息量的期望：

$$H(x)=E[I(x_i)]=E[-\log_2(p(x_i))]=\sum_{i=1}^{n}-p(x_i)\log_2 p(x_i)$$

下面，将上述信息理论应用到决策树中。假设某属性 P 有 i 种取值方式，将其作为当前子树的根结点则该树有 i 个分支，也就是将实例集合划分为 i 个子集 S_i。在这样的划分方式下，完成树所需的信息量 $E(P)$ 定义为各个分支的信息量 $I(S_i)$ 的期望：

$$E(P)=\sum_{i=1}^{n}\frac{|S_i|}{|S|}I(S_i)$$

其中，$I(S_i)$ 是划分的子集的信息量，定义为

$$I(S_i)=\sum_{i=1}^{n}-p(C_i)\log_2 p(C_i)$$

其中，C_i 为训练实例最终的 n 个分类。将属性 P 作为子树根结点而得到的信息增益通过从原始分类信息量中减去完成树所需的信息量计算得到

$$\text{gain}(P)=I(C)-E(P)$$

算法 decision-tree-learning 中所用的启发性信息就是选择信息增益最大的属性。

在表 6-1 所示的垃圾回收机器人问题中，原表中的分类信息量为

$$I(\text{origin})=-\frac{4}{8}\log_2\frac{4}{8}-\frac{4}{8}\log_2\frac{4}{8}=1$$

如果将 status 作为当前子树的根结点，则实例将被划分为

$$S_1=\{1,3,6\},\quad S_2=\{2,5,8\},\quad S_3=\{4,7\}$$

完成树所需的信息量的期望为

$$E(\text{status})=\frac{3}{8}I(S_1)+\frac{3}{8}I(S_2)+\frac{2}{8}I(S_3)=0.34\text{ bit}$$

于是，信息增益为

$$\text{gain}(\text{status})=I(\text{origin})-E(\text{status})=1-0.34=0.66\text{ bit}$$

类似地，可以得到

$$\text{gain(floor)} = 0.06\ \text{bit}$$

$$\text{gain(department)} = 0.00\ \text{bit}$$

$$\text{gain(size)} = 0.06\ \text{bit}$$

由于属性 status 提供了最大的信息增益，因此算法选择 status 作为根结点，并继续对每个子树用同样的方法进行分析，直至决策树构造完成。

ID3 算法采用了基于信息增益的属性排序策略。简单地说，就是计算每个属性的平均熵，选择平均熵最小的属性作为子树根结点。虽然 ID3 算法不能保证能找到最小决策树，但是实践证明这种方法是很有效的。

随着人工智能技术的发展，不断有学者提出适合更多应用场景的决策树算法，目前比较流行的有 C4.5、CART 和 CHAID 等算法。C4.5 算法是 ID3 算法的改进版，采用信息增益比选择特征，能够将决策树转换为相应的规则，并能够解决连续值属性的学习问题。CART 算法采用二元切分法构建二叉树，使用基尼系数代替信息增益比。基尼系数反映了在数据集中随机抽取的两个样本类别不一致的概率，代表了模型的不纯度，基尼系数越小则不纯度越低，特征越好。

6.3 朴素贝叶斯算法

分类的任务是将未知类型的样本划分到"最可能"的类别中。贝叶斯决策理论方法基于概率统计模型定义"最可能"，利用类别已知的训练集样本得到各类特征向量的分布，以实现分类任务。贝叶斯定理在信息领域有着举足轻重的地位，贝叶斯算法是基于贝叶斯定理的一类算法，主要用于解决分类和回归问题。

6.3.1 贝叶斯定理

给定用特征向量 x 表示的未知类型的样本 $\boldsymbol{x}=[x_1, x_2, \cdots, x_n]$ 和 m 个类 $C_1, C_2, \cdots, C_m$ 的分类任务。设 m 个类分别具有类先验概率 $p(C_1), p(C_2), \cdots, p(C_m)$ 。如果：

$$p(C_i|\boldsymbol{x})>p(C_j|\boldsymbol{x})$$

则将 $\boldsymbol{x}$ 归入 C_i 类。也就是说，如果向量 $\boldsymbol{x}$ 关于 C_i 类的概率 $p(C_i)$ 比其他所有类的概率都大，那么基于概率的决策规则，应该将 $\boldsymbol{x}$ 归入 C_i 类。

利用贝叶斯定理，可以获得用先验概率 $p(C_i)$ 和类条件概率密度函数 $p(\boldsymbol{x}|C_i)$ 表示的后验概率 $p(C_i|\boldsymbol{x})$：

$$p(C_i|\boldsymbol{x})=\frac{p(x|C_i)p(C_i)}{p(\boldsymbol{x})}$$

由于 $p(\boldsymbol{x})$ 是一个常数，因此决策规则又可以写为：

$$p(\boldsymbol{x}|C_i)p(C_i)>p(\boldsymbol{x}|C_j)p(C_j), \quad i \neq j$$

则将 $\boldsymbol{x}$ 归入 C_i 类。这就是最小错误贝叶斯决策规则。

依据大数定律，当训练集包含充足的独立同分布样本时，$p(C_i)$ 可通过样本在各类中出现的频率进行估计，但是获得概率密度 $p(\boldsymbol{x}|C_i)$ 就略显困难。因为特征向量 $\boldsymbol{x}$ 往往包含多个相关的特征，而每个特征可能有多个需要考虑的特征值。因此计算 $p(\boldsymbol{x}|C_i)$ 实际上就是要计算多个特征取值的联合概率密度 $p(x_1, x_2, x_3, \cdots, x_n|C_i)$。

$$p(x_1,x_2,x_3,\cdots,x_n|C_i)$$
$$=p(x_1|C_i)\times p(x_2|x_1,C_i)\times p(x_3|x_1,x_2,C_i)\times\cdots\times p(x_n|x_1,x_2,x_3,\cdots,x_{n-1},C_i)$$

这在大量样本的数据集情况下是不可计算的。

6.3.2 条件独立假设

朴素贝叶斯采用了简单的“属性条件独立性”假设。将条件联合概率表达为

$$p(x_1,x_2,x_3,\cdots,x_n|C_i)=p(x_1|C_i)\times p(x_2|C_i)\times\cdots\times p(x_n|C_i)$$

即,多个条件概率相乘的形式。条件独立假设忽略了某些属性之间可能存在的关联,认为每个特征的取值的可能性是独立的,与其他特征的取值不相关。

离散型数据的 $p(x_k|C_i)$值可以利用样本集在相应类别中直接进行统计。连续型数据需要基于相应类别中的数据分布进行计算,根据统计学中最著名的定理之一——中心极限定理,大量独立同分布的随机变量的和收敛为一个正态分布。并且,随着变量的增加,正态分布的收敛效果逐渐变好。一维正态分布函数定义为

$$p(x)=\frac{1}{\sqrt{2\pi}\sigma}\exp\left(-\frac{(x-\mu)^2}{2\sigma^2}\right)$$

其中,μ 是特定类别中特征值的期望,即均值;σ 是方差。正态分布的样本主要集中在均值附近,其分散程度可以用标准差表征,σ 越大,分散程度也就越大,从正态分布的总体中抽取样本,越可能有 95%的样本都落在区间$(\mu-2\sigma,\mu+2\sigma)$中。

在实际应用中,运用正态分布规则通常可以得到非常好的近似结果,即使对数目相对较少的随机变量的和也是如此。然而,在许多实际问题中,总体分布形式不是典型分布,这种情况下,为了设计贝叶斯分类器,需要利用样本来估计总体的分布。

朴素贝叶斯分类器是贝叶斯分类模型中最简单、有效且在实际使用中很成功的分类器,其性能可以与神经网络决策树媲美。

6.3.3 朴素贝叶斯算法用于文本分类

文本分类是分类常见的形式之一。例如,将新闻放到正确的分组,将邮件识别为普通邮件和垃圾邮件等。利用贝叶斯分类器进行文本分类的目标是计算出由特定特征向量表示的文本属于每个文本类别的概率,即

$$p(\text{文本类别}|\text{文本特征})$$

1. 文本特征

文本分类需要寻找文本的特征,通常采用文档中出现的单词表示文本。对于中文文档来说,拆分单词是一项重要的处理技术。学习算法需要数值数据,以便对这些数据进行分析。因此,处理文本文档首先需要将其转化成某种数值表示形式。自然语言处理中,最直观也是目前为止最常用的词表示方式是表示一个单词在给定文档中出现的频次。词袋模型是一种广泛应用于文本分类的模型,它采用每个单词在文档中出现的频率作为文档的特征。基于统计出的语料中的所有词汇,每个文本将被表示为一个很长的向量:首先对每个单词进行编号,然后建立 n 维的向量,向量的每个维度表示一个词。

有时,文档中反复出现的一些单词非常中性,如“我们”“可以”等,这些对分类没有帮助的词语称为停用词。同时,文档中存在一些出现频率较高的词语,这些词语对于分类可能有所帮

助，但是并不强烈。通常的做法是将这些词语忽略以简化分类器。分类过程中仅仅使用“关键词”训练分类器。“停用词”和“关键词”一般可以预先由人工经验指定。

2. 文本分类

基于朴素贝叶斯分类算法，首先利用训练样本集获得文档是类别 i 的先验概率 $p(\text{类别}_i)$，然后用条件独立假设计算 $p(\text{文本特征}|\text{类别}_i)$。

$$p(\text{文本特征}|\text{类别}_i)=p(\text{单词}_1|\text{类别}_i)\times p(\text{单词}_2|\text{类别}_i)\times\cdots\times p(\text{单词}_n|\text{类别}_i)$$

其中：

$$p(\text{单词}_x|\text{类别}_i)=\frac{\text{类别 } i \text{ 中单词 } x \text{ 的词频}}{\text{类别 } i \text{ 中词库单词的词频}}$$

(1) 平滑技术

如果待识别文档中存在一个单词，而这个单词从未在训练数据的类别 i 中出现过，那么在计算 $p(\text{单词}_x|\text{类别}_i)$ 时，尽管文档中其他单词都表明这篇文档属于类别 i，但是这封邮件被归为类别 i 的概率却为 0。

利用平滑技术可以解决这类问题。例如，通过词频加 1 进行平滑：

$$p(\text{单词}_x|\text{类别}_i)=\frac{\text{类别 } i \text{ 中单词 } x \text{ 的词频}+1}{\text{类别 } i \text{ 中词库单词的词频}+|v|}$$

其中，$|v|$ 是语料库中单词的数目。

(2) 词频逆文档频率

词频(Term Frequency，TF) 是某一词语在文件中出现的次数。同一个词语在长文件里可能会比在短文件中有更高的频次，无论该词语重要与否，都会被归一化。单词 w 的归一化词频 TF_w 定义为

$$TF_w=\frac{\text{文档中词条 } w \text{ 出现的次数}}{\text{文档中所有词条出现的次数}}$$

通常，一些通用的词语对主题并没有太大的作用，反而一些出现次数较少的词才能够表达文章的主题，因此单纯使用词频是不合适的。语料库中单词的重要性会随着它在文件中出现的次数成正比地增加，但也会随着它在语料库中出现的频率成反比地下降。在所有统计的文章中，尽管一些词只是在其中很少的几篇文章中出现，但是这样的词对于文本类别具有更高的预测能力。词频逆文档频率(Term Frequency-Inverse Document Frequency，TFIDF)是一种常用于信息检索与信息挖掘的加权技术，用以评估一个单词对于一个文件集或一个语料库中某一份文件的重要程度。

词频逆文档频率的主要思想是：如果某个词或短语在一篇文章中出现的频率高，并且在其他文章中出现的频率低，则认为该词或者短语具有很好的类区别能力，适合用来分类。将逆文档频率(Inverse Document Frequency，IDF)作为权重可以突出这类单词的重要性，权重的设计满足预测主题的能力越强，权重越大，反之权重越小。逆文档频率的主要思想是：包含词条的文档越少，逆文档频率越大，说明词条具有很好的类区别能力。单词 w 的逆文档频率 IDF_w 定义为

$$IDF_w=\log\frac{\text{语料库中的文档总数}}{\text{包含词条 } w \text{ 的文档数}+1}$$

对单词 w 的词频施加权重可以得到词频逆文档频率：

$$TFIDF_w=IDF_w\times TF_w$$

通俗理解就是：一个词语在一篇文章中出现次数越多，同时其在整个文档中出现次数越少，越能够代表该文章。

6.4 人工神经网络

连结主义学者认为，人脑是人类一切智能活动的基础，因而从大脑神经元及其连结机制着手进行研究，搞清楚人脑的结构及其进行信息处理的过程与机制，有望揭示人类智能的奥秘，从而真正实现人类智能在机器上的模拟。因此，连结主义主要研究如何通过对人类大脑结构建模来实现智能。

人脑是由密集的相互连接的神经细胞（也称神经元）或基本信息处理单元组成。与人脑神经系统类似，人工神经网络是由大量互相连接的人工神经元组成的系统，通过人工神经元间的并行协作实现对人类智能的模拟。系统的知识隐含在神经元的组织和相互作用上。人工神经网络方法的主要特征包括以下几个方面。

① 人工神经网络方法通过神经元之间的并行协同作用实现信息处理，处理过程具有并行性、动态性、全局性。

② 人工神经网络方法通过神经元间分布式的物理联系存储知识及信息，因而可以实现联想功能，对于带有噪声、缺损、变形的信息能进行有效地处理，取得比较满意的结果。例如，用该方法进行图像识别时，即使图像发生了畸变，也能进行正确的识别。近期的一些研究表明，该方法在模式识别、图像信息压缩等方面都取得了一些研究成果。

③ 人工神经网络方法通过神经元间连接强度的动态调整来实现对人类学习、分类等的模拟。

④ 人工神经网络方法适合于模拟人类的形象思维过程。

⑤ 用人工神经网络方法求解问题时，可以比较快地求得一个近似解。

人工神经网络（Artificial Neural Network，ANN）是在现代神经生物学的研究基础上提出的模拟生物过程、反映人脑某些特性的一种计算结构。人工神经网络不是人脑神经系统的真实描写，而是人脑神经系统的某种抽象、简化和模拟。值得指出的是，在不致混淆的情况下，通常也将人工神经网络简称为神经网络。

人工神经网络已在模式识别、图像处理、组合优化、自动控制、信息处理、机器人学和人工智能的其他领域获得日益广泛的应用。人们期望神经计算机重建人脑的形象，极大地提高信息处理能力，从而在更多方面取代传统的计算机。因此，对神经网络模型、算法、理论分析和硬件实现的大量研究，为创造出新一代人工智能机——神经计算机提供了物质基础。

6.4.1 发展历史

人们对人工神经网络的研究始于20世纪40年代初期，经历了一条十分曲折的道路。人工神经网络的发展大概分为以下3个时期。

1. 第一阶段（1943年至20世纪60年代初）——启蒙时期

这一阶段主要是人工神经网络的提出及其广泛应用。1943年，人工神经网络研究的先锋——神经生物学家麦卡洛克和青年数学家皮茨合作，提出了一种叫作“似脑机器”（mindlike machine）的思想，这种机器可由基于生物神经元特性的互联模型进行制造，这就是神经学网络的概念。他们构造了一个表示大脑基本组成部分的神经元模型，即M-P模型，这是第一个人工神经元模型，由此开创了人工神经网络研究的先河。随着大脑和计算机研究的进展，研究目标已从“似脑机器”变为“学习机器”，为此一直关心神经系统适应律的神经生物学家赫布(Hebb)于1949年提出了学习模型。赫布提出了连接权值强化的Hebb法则，指出神经元之间突触的联系强度是可变的，这种可变性是学习和记忆的基础，此法则为构造有学习功能的神经网络模型奠定了基础。1952年，英国生物学家Hodgkin和Huxley建立了著名的长枪乌贼巨大轴索非线性动力学微分方程H-H方程，这一方程可用于描述神经膜中发生的自激震荡、混沌及多重稳定性等非线性现象，具有重大的理论与应用价值。1958年，计算机科学家罗森布拉特(F. Rosenblatt)在原有M-P模型的基础上增加了学习机制，提出了著名的感知器(perceptron)模型，感知器模型包含了现代计算机的一些原理，是第一个完整的人工神经网络，第一次将神经网络研究付诸工程。20世纪60年代初期，威德罗(Widrow)和霍夫(M. E. Hoff)提出了ADALINE(adaptive linearelement，自适应线性元)网络模型，这是一种连续取值的自适应线性神经元网络模型，ADALINE可用于自适应滤波、预测和模式识别。关于学习系统的专用设计方法还有斯坦巴克(Steinbuch)等人提出的学习矩阵。至此，人工神经网络的研究工作进入了第一个高潮。

2. 第二阶段(20世纪60年代初至20世纪70年代末)——低潮时期

由于感知器模型的概念简单，因而在开始时人们对它寄予很大希望。然而，不久之后，美国著名人工智能学者明斯基和帕伯特(Papert)对以感知器为代表的网络系统的功能及局限性从数学上做了深入研究，并于1969年发表了轰动一时的*Perceptrons*一书。他们的研究从理论上证明了单层感知器能力的有限性，指出它无法解决线性不可分的两类样本的分类问题，如简单的线性感知器不可能实现“异或”的逻辑关系等，而且推测多层网络的感知器能力也同样具有一定的局限性。至此，原先参与人工神经网络研究的学者和实验室纷纷退出。

在之后近10年的时间里，人工神经网络的研究进入了一个缓慢发展的萧条期。然而，这一时期的人工神经网络仍然有一些可取的成果。20世纪70年代，美国的格罗斯伯格(Grossberg)教授和芬兰学者科霍恩(T. Kohonen)对神经网络研究作出了重要贡献，提出了自组织神经网络(Self-Organizingfeature Map，SOM)，该神经网络反映了大脑神经细胞的自组织特性、记忆方式以及神经细胞兴奋刺激的规律。以生物学和心理学证据为基础，格罗斯伯格提出了几种具有新颖特性的非线性动态系统结构，该系统的网络动力学由一阶微分方程建模，而网络结构为模式聚集算法的自组织神经实现。格罗斯伯格还提出了著名的自适应共振理论(Adaptive Resonance Theory，ART)，其后的若干年中，他与卡朋特(Carpenter)一起研究了ART网络。基于神经元组织自调整各种模式的思想，科霍恩发展了他在自组织映射方面的研究工作。此外，沃博斯(Werbos)在20世纪70年代开发出一种反向传播算法。

3. 第三阶段(20世纪80年代初至今)——复兴时期

1982年，美国生物物理学家霍普菲尔德 (Hopfield)在神经元交互作用的基础上引入一种反馈型神经网络，这种网络就是有名的霍普菲尔德网络模型。他在这种网络模型的研究中，首次引入了网络能量函数的概念，即Laypunov函数，并给出了网络稳定性的判定依据。1984年，他又提出了利用霍普菲尔德网络模型实现的电子电路，为神经网络的工程实现指明了方向。他的研究成果开拓了神经网络用于联想记忆的优化计算的新途径，并为神经计算机的研究奠定了基础。在霍普菲尔德网络模型的影响下，大量学者又激发起研究神经网络的热情，积极投身于这一学术领域中，神经网络理论研究很快便迎来了第二次高潮。1983年，Kirkpatrick等人将Metropli等人于1953年提出的模拟退火算法应用于NP完全组合优化问题的求解。

1984 年，Hinton 等人将模拟退火算法引入神经网络，提出了 Boltzmann 机网络模型，为神经网络优化计算提供了一个有效的方法。1986 年，鲁梅尔哈特(D. E. Rumelhart)和麦克莱伦德(J. L. Mcclelland)提出了误差反向传播算法(BP 算法)，此算法可以求解感知器不能解决的问题，回答了 *Perceptrons* 一书中关于神经网络局限性的问题，从实践上证实了人工神经网络有很强的运算能力。BP 算法是目前最引人注目、应用最广泛的神经网络算法之一。1987 年，美国神经计算机专家 R. H. Nielsen 提出了对向传播神经网络，该网络具有分类灵活、算法简练的优点，可应用于模式分类、函数逼近、统计分析和数据压缩等领域。1988 年，L. Ochua 等人提出了细胞神经网络模型。这是一个细胞自动机特性的大规模非线性计算机仿真系统，其在视觉初级加工领域得到了广泛应用；Kosko 建立了双向联想存储模型(BAM)，该模型具有非监督学习能力。20 世纪 90 年代初，诺贝尔奖获得者 Edelman 提出了 Darwinism 模型，建立了神经网络系统理论。

至今，人工神经网络已在各个领域得到了广泛的发展，大量的人工神经网络模型、学习算法及相关文献大量涌现。另外，光学神经网络、混沌神经网络、模糊神经网络等也得到了长足的发展。近十多年来，神经网络已在从家用电器到工业对象的广泛领域找到了用武之地，其主要应用涉及模式识别、图像处理、自动控制、机器人、信号处理、管理、商业、医疗和军事等领域。显然，神经网络由于其学习和适应、自组织、函数逼近和大规模并行处理等能力，具有用于智能系统的潜力。神经网络在模式识别、信号处理、系统辨识和优化等方面的应用已被广泛研究。在控制领域，人们已经做出许多努力，将神经网络应用于控制系统处理控制系统的非线性、不确定性以及逼近系统的辨识函数等。

6.4.2 网络结构和学习方法

人工神经网络由神经元模型构成，这种由许多神经元组成的信息处理网络具有并行分布结构。每个神经元通过其输入连接收到若干信号，且具有单一输出，通过神经元的输出连接传送至网络中其他神经元的输入连接，每种连接方法对应一个连接权系数。输出信号与外部环境连接的神经元形成输入和输出层。

1. 人工神经网络结构

神经网络的结构是由基本处理单元及其互连方法决定的。建立人工神经网络首先必须确定要用到多少神经元，以及如何连接神经元以形成网络。换句话说，必须首先选择网络的架构。典型的人工神经网络是分层的结构。网络模型是人工神经网络研究的一个重要方面，迄今为止，人们已经开发出了多种不同的模型，由于这些模型大都是针对各种具体应用开发的，因而差别较大，至今尚无一个通用的网络模型。后续将选择其中几种具有代表性的应用较多的经典模型进行讨论。

(1) 前馈网络

前馈网络具有递阶分层结构，属于典型的层次型结构人工神经网络。前馈网络从输入层至输出层的信号通过单向连接流通；神经元从前一层连接至下一层，不存在同层神经元间的连接。图 6-4(a)所示是由输入层、隐层和输出层组成的 3 层单向网络，其中实线表示实际信号流通，虚线表示反向传播。

前馈网络只有前后相邻两层之间的神经元相互单向连接，且各神经元间没有反馈。每一个神经元可以从前一层接收多个输入，但只有一个输出被送到下一层的各神经元。前向网络是一类强有力的学习系统，其结构简单且易于编程，是一类信息“映射”处理系统，可以实现特定的刺激-反应式的感知、识别和推理等。前馈网络的例子有多层感知器(MLP)、学习矢量量化(LVQ)网络、小脑模型连接控制(CMAC)网络和数据处理方法(GMDH)网络等。

(2) 反馈网络

在反馈网络中,多个神经元互连以组织一个互连神经网络,图 6-4(b)所示为反馈网络的结构示意图。反馈网络中有些神经元的输出被反馈至同层或前一层神经元,即每一个神经元同时接收来自外部和反馈的输入,包括神经元本身的自环反馈。因此,反馈网络的信号能够进行正向和反向流通。反馈网络的每个结点都是一个计算单元,这一类网络可实现联想映射和联想存储,使得它在智能模拟系统中被广泛关注。反馈网络又称为递归网络,Hopfield 网络、Elmman 网络和 Jordan 网络都是反馈网络的代表性例子。

(3) 网状网络

图 6-4(c)所示为典型的网状网络示意图。网状网络的特点是:构成网络的各神经元都可能双向连接,所有的神经元既可以作为输入,又可以作为输出。对于这种网络,若在其外部施加一个输入,各神经元一边相互作用,一边进行信息处理,直到使所有神经元的活性度或输出值收敛于某个平均值,信息处理过程才会结束。

(4) 混合型网络

混合型网络的结构是介于前向网络和网状网络的一种连接方式,如图 6-4(d)所示。它在前向网络的基础上,将同一层的神经元进行互连。其目的是限制同层内同时兴奋或同时抑制的神经元数目,以完成特定的功能。

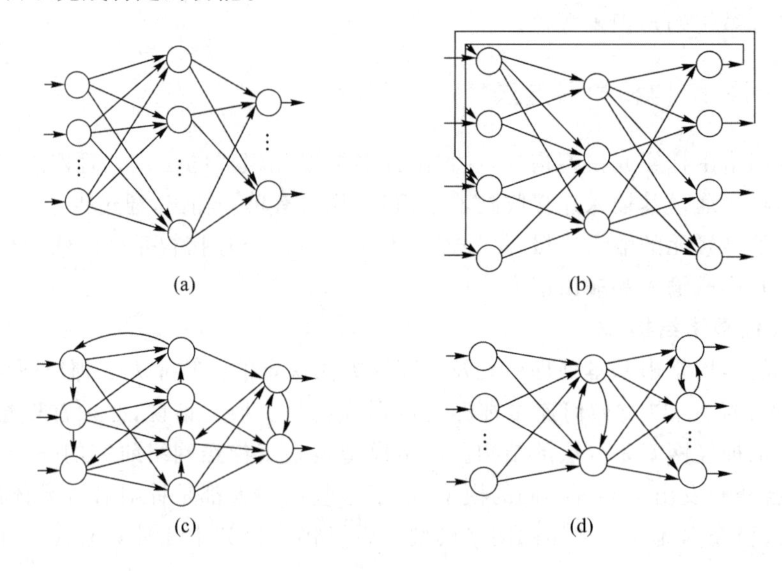

图 6-4 神经元模型

人们希望在智能系统中用神经网络实现机器学习、模式识别、自动推理和联想存储等功能。为实现这些功能所设计的人工神经网络目前主要有前馈网络和反馈网络两大类。

2. 人工神经网络学习方法

人工神经网络的学习方法涉及学习方式和学习规则的确定。对于不同的学习方法,其学习方式和学习规则是不同的。

在人工神经网络中,信息的处理是由神经元之间的相互作用实现的,建立网络结构之后,需要决定采用何种学习算法。人工神经网络通过不断调整权重进行“学习”。学习(也称训练)

是神经网络最重要的特征之一，神经网络能够通过学习改变其内部状态，使输入/输出呈现出某种规律性。因此，神经网络是由神经元的连接（网络架构）、神经元使用的激活函数和用于调整权重过程的学习算法决定的。神经网络主要通过有监督和无监督两种学习方式进行训练。

有监督学习算法将一系列的训练实例作为网络的输入，网络按照一定的训练规则（又称学习规则或学习算法）自动调节神经元之间的连接强度或拓扑结构，能够根据期望的网络输出和实际的网络输出（对应于给定输入）之差来调整神经元间连接的强度或权。当网络的实际输出满足期望的要求或者趋于稳定时，则认为学习成功。有监督学习算法的例子包括 delta 规则、广义 delta 规则、反向传播算法以及 LVQ 算法等。无监督学习算法不需要知道期望输出，在训练过程中，只需要向神经网络提供输入模式，神经网络就能够自动地适应连接权，以便按照相似特征将输入模式分组聚集。无监督学习算法的例子包括 Kohonen 算法和 Carpenter-Grossberg 自适应谐振理论（ART）等。强化学习介于上述两种情况之间，外部环境对其系统输出结果只给出评价信息（奖或惩）而不是给出正确答案。学习系统通过强化那些受奖励的动作来改善自身的性能。

神经网络主要的学习规则包括误差纠正学习、Hebb 学习和竞争学习。误差纠正学习的最终目的是使某一基于误差定义的目标函数达到最小，以使网络中的每一输出单元的实际输出在某种统计意义上逼近应有输出。一旦选定了目标函数的形式，误差纠正学习就变成了一个典型的最优化问题。最常用的目标函数是均方误差判据。Hebb 学习是由神经心理学家 Hebb 提出的，其学习规则可被归纳为“当某一突触（连接）两端的神经元同步激活（同为激活或同为抑制）时，该连接的强度应增强，反之应减弱”。在竞争学习中，网络各输出单元互相竞争，最后只有一个最强者被激活，最常见的一种情况是输出神经元之间有侧向抑制性连接，即，若原来输出单元中有某一单元较强，则它将获胜并抑制其他单元，最后只有此强者处于激活状态。

最近的生理学和解剖学研究表明，在动物的学习过程中，神经网络的结构修正（拓扑变化）起着重要的作用。这意味着，神经网络学习不仅体现在权值的变化上，而且体现在网络的结构上。人工神经网络中关于结构变化学习技术的探讨是近几年才发展起来的。这类方法与权值修正方法并不完全脱离，从一定意义上讲，二者具有补充作用。

6.4.3　M-P 模型

人脑内含有数量极其庞大的神经元细胞（有人估计约为一千几百亿个），它们互连组成神经网络，并能执行高级的问题求解智能活动。人工神经网络包含很多简单但高度互连的处理器，称作人工神经元。人工神经元是信息处理的基本单位，这与大脑中的生物神经网络很类似。

在构造人工神经网络时，首先应该考虑的问题是如何构造神经元。1943 年，麦卡洛克和皮茨在对生物神经元的结构、特性进行深入研究的基础上，提出了一种非常简单的思想，称为 M-P 模型，这种思想现在仍是大多数人工神经网络的基础。M-P 模型的神经元是一个多输入、单输出的非线性阈值器件，如图 6-5 所示。

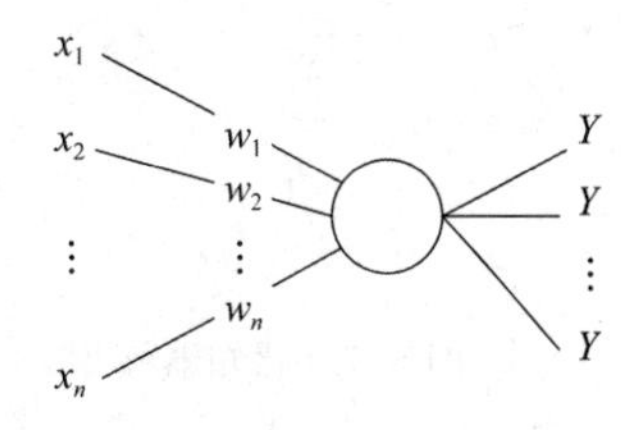

图 6-5　M-P 神经元模型

神经元接收来自输入链接的信号，计算激活水平并将其作为输出信号通过输出链接进行传送。输入信号可以是原始数据或其他神经元的输出。输出信号可以是问题的最终解决方案,也可以是其他神经元的输入信号。M-P 模型的输入端接收输入信号,根据连接权值计算所有输入信号的加权和,并将结果和阈值 θ 进行比较。如果网络输入比阈值低,神经元输出 -1;如果网络输入大于或等于阈值,则神经元激活并输出 $+1$。即,神经元使用符号函数 Y 作为激活函数:

$$Y = \text{sign}\left[\sum_{i=1}^{n} x_i w_i - \theta\right]$$

其中,$x_1, x_2, \cdots, x_n$ 表示神经元的 n 个输入;$w_1, w_2, \cdots, w_n$ 表示输入的对应权值,权值代表各信号源神经元与该神经元的连接强度,是人工神经网络中长期记忆的基本方式;Y 为神经元的输出;θ 表示神经元的阈值。

实际中常用的激活函数包括阶跃函数、符号函数、Sigmoid 型(简称 S 型)函数和线性函数,如图 6-6 所示。阶跃函数和符号函数,也称硬限幅函数,常用于进行模式识别或分类的神经元。S 形函数可以将输入(变化范围在负无穷到正无穷之间)转换为 0 和 1 之间的适当值。线性激活函数的输出和神经元的权重输入一致,一般用于线性近似。

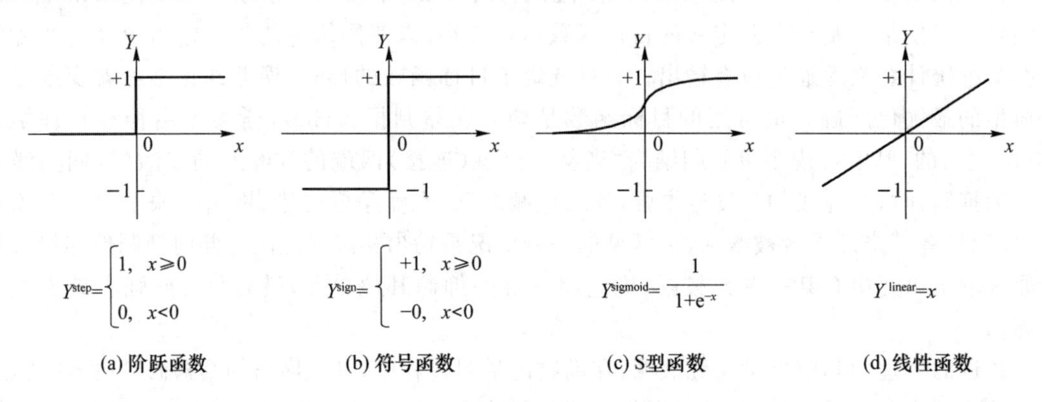

图 6-6 神经元的激活函数

6.4.4 感知器

1958 年,罗森布拉特提出了第一个训练简单的神经网络过程——感知器。最初的感知器是一个只有单层计算单元的前向神经网络,是基于 M-P 模型的形式最简单的神经网络。感知器由一个可调整权重的神经元和一个硬限幅器(激活函数)组成,输入的加权和施加于硬限幅器,如图 6-7 所示。

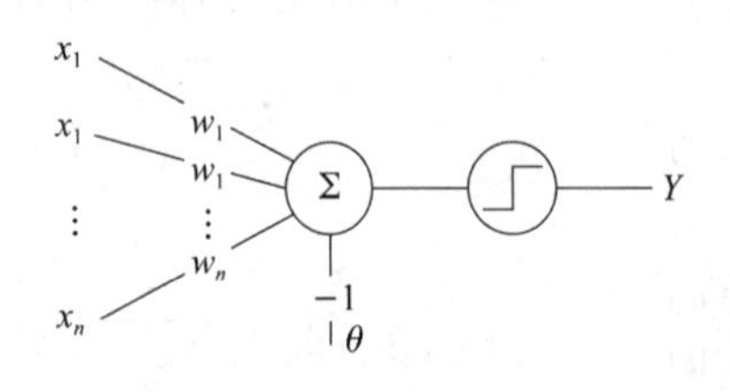

图 6-7 感知器模型

感知器通过细微地调节权重值来减少感知器的期望输出和实际输出之间的差别完成学习任务。如果在迭代 p 中,实际输出为 $Y(p)$,期望输出为 $Y_d(p)$,那么误差为

$$e(p) = Y_d(p) - Y(p), \quad p = 1, 2, 3, \cdots$$

其中,迭代 p 是输入感知器的第 p 个训练实例。如果误差 $e(p)$ 为正,就需要增加感知器输出 $Y(p)$;如果 $e(p)$ 为负,则需要减少感知器输出 $Y(p)$。因此,可以建立感知器的学习规则如下:

$$w_i(p+1) = w_i(p) + \alpha \times x_i(p) \times e(p)$$

其中，α是学习速度，是一个小于1的正常数。

例 6-1 利用感知器训练两个变量的"与"运算。设$\alpha=0.1$，$\theta=0.2$，采用阶跃函数作为激活函数。

解：利用感知器训练两个变量的"与"运算的过程如表6-2所示。

表 6-2 利用感知器训练两个变量的"与"运算的过程

周期	输入		期望输出	初始权重		实际输出	误差	最终权重	
	x_1	x_2	Y_d	w_1	w_2	Y	e	w_1	w_2
1	0	0	0	0.3	−0.1	0	0	0.3	−0.1
	0	1	0	0.3	−0.1	0	0	0.3	−0.1
	1	0	0	0.3	−0.1	1	−1	0.2	−0.1
	1	1	1	0.2	−0.1	0	1	0.3	0.0
2	0	0	0	0.3	0.0	0	0	0.3	0.0
	0	1	0	0.3	0.0	0	0	0.3	0.0
	1	0	0	0.3	0.0	1	−1	0.2	0.0
	1	1	1	0.2	0.0	1	0	0.2	0.0
3	0	0	0	0.2	0.0	0	0	0.2	0.0
	0	1	0	0.2	0.0	0	0	0.2	0.0
	1	0	0	0.2	0.0	1	−1	0.1	0.0
	1	1	1	0.1	0.0	0	1	0.2	0.1
4	0	0	0	0.2	0.1	0	0	0.2	0.1
	0	1	0	0.2	0.1	0	0	0.2	0.1
	1	0	0	0.2	0.1	1	−1	0.1	0.1
	1	1	1	0.1	0.1	1	0	0.1	0.1
5	0	0	0	0.1	0.1	0	0	0.1	0.1
	0	1	0	0.1	0.1	0	0	0.1	0.1
	1	0	0	0.1	0.1	0	0	0.1	0.1
	1	1	1	0.1	0.1	1	0	0.1	0.1

类似地，感知器可以学习"或"运算。但是，单层感知器无法通过训练来执行"异或"运算。实际上，历史已经证明罗森布拉特感知器的限制可以通过改进神经网络的形式来克服，例如，用反向传送算法训练的多层感知器。

6.4.5 BP神经网络

多层神经网络是有一个或多个隐含层的前馈神经网络。多层网络的输入层接收来自外部世界的输入信号，即训练集数据。实际上，输入层很少包含计算神经元，因此不处理输入模式；输入信号将发送给隐含层的神经元；输出层从隐含层接收信号并计算网络输出，如果实际输出和期望输出模式不一致，就调节权重来减小误差。

多层神经网络中的神经元层与层之间是相互连接的，第n层的神经元只传递其刺激到第$n+1$层的神经元。多层信号处理意味着分散在网络中的误差可通过连续的网络层，以复杂的不可预测的方式传播和变化。因此,输出层的误差源的分析变得很复杂,有上百种学习算法可供选择,其中最常用的是反向传送(back propogation)算法,简称反传算法。反传算法从网络的输出层开始,通过隐含层,反向传播误差至输入端,并且在传送误差时调整相应的权重值。

1. 梯度下降

反传算法的设计基于错误平面的思想,二维坐标中的错误平面如图 6-8 所示。所谓错误平面,就是神经网络代表的函数在数据集上的累计误差。每一个神经网络权值向量都对应误差平面中的一个点。算法的思想是:对于网络的一个权值向量,希望能够找到一个方向,通过沿着这个方向调整权值,训练集上的某种误差度量减少得最快,以使误差最小。如此,学习过程可以形式化为权值空间中的最优化搜索问题。

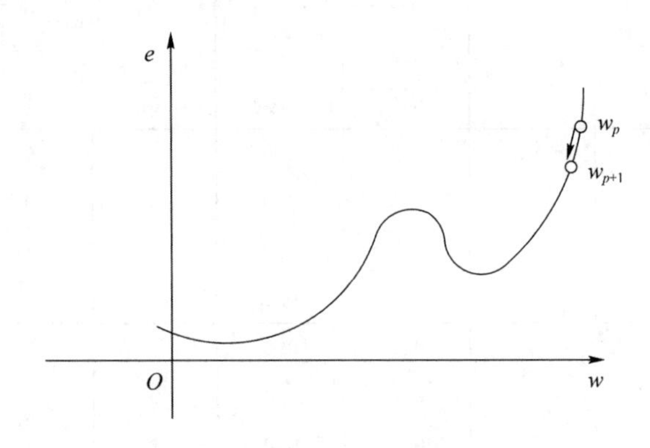

图 6-8　二维坐标中的错误平面

梯度是图形陡峭程度的度量。在多变量的函数中,通过偏导数可以得到某个特殊变量的梯度。因此,应用偏导数可以度量输出层结点的误差相对于其权值 w 的梯度:

$$\frac{\partial \text{error}}{\partial w}$$

为了减小误差,权重的调节量被定义为沿着曲线梯度负方向的 Δw:

$$\Delta w = -c\frac{\partial \text{error}}{\partial w}$$

所以这种方法称为梯度下降学习。其中,c 是控制学习率的常数。

2. 误差函数和激活函数

为了进行求导计算,需要误差函数和激活函数为连续可微函数。经典的误差度量是误差平方和,因为单个误差有可能取正值,也有可能取负值,所以为了不让误差相互抵消,对单个误差取平方。对于单个输入的训练样本,其期待输出与真实输出之间的误差平方和公式为

$$\text{error} = \frac{1}{2}\sum_k (r_k - y_k)^2$$

其中,r_k 是输出结点的期望输出,y_k 是其真实输出。

反向传送网络中的神经元使用 S 形激活函数,其数学公式如下:

$$y^{\text{sigmoid}}(u) = \frac{1}{1+\mathrm{e}^{-\lambda u}}$$

其中,λ 是一个“挤压参数”,用于调节转换区域中 S 形函数图形的坡度。S 形函数是处处都可导的连续函数,能够提供更好的错误测量粒度,实现更精确的学习算法。S 形函数变化最快的地方导数值也最大,因此很多错误的分配都可归结于那些激励最不确定的结点。当 λ 取值增

大时,S形函数在行为上接近线性阈值函数。

3. 权重调节

通常,BP网络有三到四层,层与层之间充分连接,每一层中的每个神经元和相邻的前一层中的神经元都有连接。如图6-9所示,输入信号 $x_1(p),x_2(p),\cdots,x_l(p)$ 从网络的左侧传送到右侧,而误差信号 $e_1(p),e_2(p),\cdots,e_n(p)$ 从右侧到左侧传送,从而调节神经元之间的连接权重。

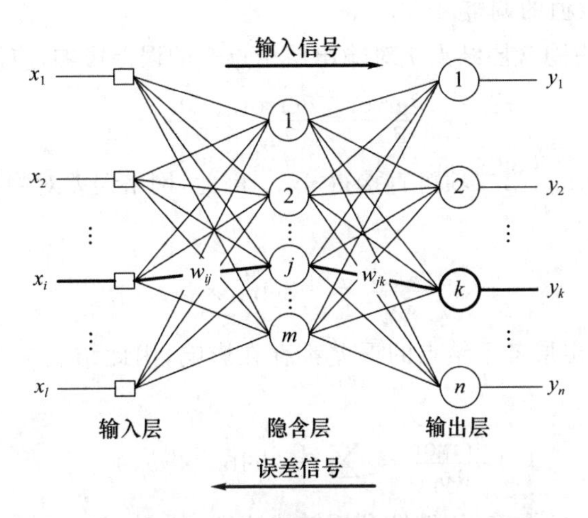

图6-9　三层反向传送神经网络

下面,统一用角标 i、j 和 k 分别表示输入层结点、中间层结点和输出层结点,介绍输入层神经元和隐含层神经元之间的连接权重 w_{ij},以及隐含层神经元和输出层神经元之间的连接权重 w_{jk} 的调节方法。

如图6-9所示,输入层结点的各个接收输入信号传递至中间层结点 j,则结点 j 的输入 u_j 为

$$u_j = \sum_i w_{ij} x_i$$

中间层结点 j 的输出 y_j 为

$$y_j = f(u_j)$$

其中,f 为S形函数。进而,中间层各个结点的输出 y_j 传递至输出层结点 k,则结点 k 的输入 u_k 为

$$u_k = \sum_j w_{jk} y_j$$

输出层结点 k 的输出 y_k 为

$$y_k = f(u_k)$$

① 输出层神经元权值的调整

输出层结点 k 的误差对相应权值 w_{jk} 的偏导数可以利用偏导数的导数链规则展开为

$$\frac{\partial \mathrm{error}}{\partial w_{jk}} = \frac{\partial \mathrm{error}}{\partial u_k} \times \frac{\partial u_k}{\partial w_{jk}}$$

其中,右侧第二项可直接得到 y_j。将右侧第一项继续展开为

$$\frac{\partial \mathrm{error}}{\partial u_k} = \frac{\partial \mathrm{error}}{\partial y_k} \times \frac{\partial y_k}{\partial u_k} = \frac{1/2 \times \partial (r_k - y_k)^2}{\partial y_k} \times f'(y_k) = -(r_k - y_k) \times [y_k \times (1 - y_k)]$$

将其记作$-\text{delta}_k$。基于上述两项计算结果，可得

$$\frac{\partial \text{error}}{\partial w_{jk}}=-(r_k-y_k)\times[y_k\times(1-y_k)]\times y_j$$

网络误差最小化需要权值变化的方向是对应的梯度分量的负方向，因此权重 w_{jk} 的调节量为

$$\Delta w_{jk}=-c\frac{\partial \text{error}}{\partial w_{jk}}=-c\times(-\text{delta}_k)\times y_j$$

② 隐含层神经元权值的调整

简单起见，首先考虑隐含层结点 j 对输出层结点 k 的误差影响，应用链式法则可得

$$\frac{\partial \text{error}}{\partial y_j}=\frac{\partial \text{error}}{\partial u_k}\times\frac{\partial u_k}{\partial y_j}$$

上式右侧第一项为$-\text{delta}_k$，第二项可直接得 w_{jk}。因此，网络误差对隐含层结点 j 的输出的偏导数为

$$\frac{\partial \text{error}}{\partial y_j}=-\text{delta}_k\times w_{jk}$$

由于隐含层结点 j 对输出层各个结点的误差都存在影响，因此结点 j 对输出层所有结点的误差影响为

$$\frac{\partial \text{error}}{\partial y_j}=\sum_k(-\text{delta}_k\times w_{jk})$$

为了计算误差对 w_{ij} 的调节量，继续利用链式法则：

$$\frac{\partial \text{error}}{\partial w_{ij}}=\frac{\partial \text{error}}{\partial u_j}\times\frac{\partial u_j}{\partial w_{ij}}$$

其中，右侧第二项可直接得到 x_i。将右侧第一项继续展开为

$$\frac{\partial \text{error}}{\partial u_j}=\frac{\partial \text{error}}{\partial y_j}\times\frac{\partial y_j}{\partial u_j}$$

上式右侧第一项为$\sum_k(-\text{delta}_k\times w_{jk})$，第二项为 $f'(y_j)$，因此

$$\frac{\partial \text{error}}{\partial u_j}=\left[\sum_k(-\text{delta}_k\times w_{jk})\right]\times[y_j\times(1-y_j)]$$

将其记作$-\text{delta}_j$。

最后，计算误差对权值 w_{ij} 的偏导数：

$$\frac{\partial \text{error}}{\partial w_{ij}}=\frac{\partial \text{error}}{\partial u_j}\times\frac{\partial u_j}{\partial w_{ij}}=\left[\sum_k(-\text{delta}_k\times w_{jk})\right]\times[y_j\times(1-y_j)]\times x_i$$

合并上述计算结果，得到输出层结点的网络误差对隐含层结点输入权值的调节量：

$$\Delta w_{ij}=-c\frac{\partial \text{error}}{\partial w_{ij}}=-c\times(-\text{delta}_j)\times x_i$$

以上推导结果表明，隐含层结点的 delta_j 值是由其前面层结点的 delta_k 值计算得到的。于是，可以先通过上述各式计算输出层上各结点的 delta 值，然后将其反传到较低层次上，也就是计算各隐含层上结点的 delta 值。对于超过一个隐含层的神经网络，同样的过程递归调用将误差从第 n 层传递到第 $n-1$ 层。

delta 学习规则类似于爬山法，在每一步中通过导数寻找误差平面中某个特定点局部区域的斜率，它总是应用这个斜率试图减小局部误差，因此 delta 学习规则不能区分误差空间中的全局最小点和局部最小点。从对图 6-12 的进一步分析可知，学习常数 c 对 delta 学习规则的

性能有很重要的影响:学习常数 c 决定了一步学习过程中权值变化的快慢,c 的取值越大,权值相对最优值移动的速度也越快。然而,如果 c 值取得太大,则算法有可能跃过最优值或者在最优值附近震荡。如果 c 取值较小,则这种可能性不大,但是它会使系统学习的速度不快。学习率的最优值有时加上一个动态因子(Zurada,1992),从而成为一个可随着应用变化而调整的参数。

虽然反向传送的学习方法得到了广泛的使用,对多层神经网络的学习问题提供了解决办法,但是并不能避免所有问题。例如,由于类似于爬山法,反向传送学习方法有可能收敛于局部最小值;另一个显而易见的问题是反传算法计算量巨大,因而导致训练速度缓慢,尤其是当网络收敛很慢时。

此外,当在误差反传的过程中计算权重的调节量时,每一层都要乘以本层激活函数的导数,这就会引发很多次的导数连乘。如果激活函数导数的绝对值小于 1,多次连乘之后很快会衰减到接近于 0,导致前面层的参数不能得到有效更新,这称为"梯度消失"问题。与之相反,如果激活函数导数的绝对值大于 1,多次连乘后权重值会变成非常大的数,这称为"梯度爆炸"。长期以来,这两个问题一直困扰着神经网络,使其层次无法变得很深。

6.4.6 卷积神经网络

深度学习是近十几年来人工智能领域取得的重要突破,在计算机视觉、语音识别、自然语言处理、图像与视频分析等诸多领域的应用取得了巨大成功。"深度"在某种意义上是指神经网络的层数,深度学习(deep learning)代表了一种训练深度神经网络(Deep Neural Network,DNN)的方法。自引入多层神经网络以来,机器学习就已经具备创建深度神经网络的能力,反向传送算法使多层神经网络的训练变得可行。1989 年,被称为卷积神经网络之父的 YannLeCun 利用反传算法训练多层神经网络,并将其应用于识别手写邮政编码,该应用被认为是卷积神经网络(Convolutional Neural Network,CNN)的开山之作。

YannLeCun 在 1998 年提出的 LeNet 模型被用于解决手写识别数字的视觉任务,标志着卷积神经网络的面世。但是,由于反传算法的梯度消失问题、计算资源限制等原因,这个模型未能流行起来。直到 2012 年 Hinton 课题组构建的 CNN 网络 AlexNet 在 ImageNet 图像识别比赛中夺得冠军,深度学习和卷积神经网络才声名鹊起。

卷积神经网络是从生物学概念中演化而来的。Hubel 和 Wiesel 从早期对猫的视觉皮层的研究工作中发现,视觉皮层中存在一种细胞的复杂分布,这些细胞的局部对于外界的输入十分敏感,就像滤波器一样能更好地挖掘出自然图像中目标的空间关系信息。Hinton 受到这些生物学发现的启发,提出了卷积神经网络。卷积神经网络的工作方式类似于生物系统,利用重叠的输入视野来模拟生物眼睛的特征,能获得更准确的结果。在卷积神经网络之前,人工智能一直无法复制生物视觉的功能。

卷积神经网络主要在网络结构与训练方法上做出了改进,通过扩展网络规模提取更加深层次的图像特征,从而更好地完成图像处理,在训练方法上主要对有监督学习算法和无监督学习算法进行了改进或相互结合,从而提升网络训练效率。卷积神经网络主要由卷积层、池化层和全连接层组成。基于这 3 种网络层的排列组合可以用于构建一个完整的卷积神经网络。

卷积层的主要目的是检测特征,如边缘线条、颜色斑点和其他视觉元素。提取图像的特征实际上就是对表示图像的数字矩阵进行运算,利用卷积核和输入图像矩阵进行卷积运算,得到图像的特征。卷积核相当于滤波器,可以检测到不同的特征,为卷积层提供的滤波器越多,可以检测到的特征也就越多。

每个卷积层后面会跟一个池化层,目的是降维。为了描述大的图像,可以采用不同位置的特征进行聚合统计,如可以计算图像上一个区域的某个特定特征的平均值或最大值,这种聚合操作叫做池化。常用的池化操作为平均池化和最大池化。平均池化通过计算图像区域的平均值得到该区域池化后的值,而最大池化选取图像区域的最大值作为该区域池化后的值。池化层也称为下采样层。

全连接层的作用是进行分类。全连接层的每一个节点都与上一层的所有节点相连,用来将前边提取到的特征综合起来,该过程用激活函数进行计算。全连接层的网络结构与 BP 神经网络结构相同。传统的多层神经网络经常使用 Sigmoid 函数和 tanh 函数作为激活函数。深度神经网络偏向于使用 ReLU 函数作为激活函数,因为 ReLU 函数在 x 轴正向的导数是 1,不容易产生梯度消失问题。

硬件加速在深度学习的应用中至关重要,能够大幅提升计算性能。随着大数据环境下的并行计算和硬件加速器的高速发展,深度学习和人工智能迈入了一个新的技术时代。

6.5 支持向量机

统计学理论的发展,形成了一套完整的统计学理论。支持向量机(Support Vector Machine,SVM)是在统计学理论基础上发展起来的一种新机器学习方法,在解决小样本、非线性和高维模式识别问题上表现出许多特有的优势。从某种意义上讲,支持向量机可以表示成类似神经网络的形式,支持向量机在起初也被称作支持向量网络。

20 世纪 90 年代,支持向量机迅速地发展和完善,已经在许多领域都取得了成功的应用。统计学习理论之所以从 20 世纪 90 年代以来受到越来越多的重视,很大程度上是因为它发展出了支持向量机这一学习方法。支持向量机出色的性能和坚实的理论基础使之成为继神经网络之后机器学习领域新的研究热点,这一学习方法推动了机器学习理论和技术的重大发展。

6.5.1 基本概念

支持向量机是建立在统计学习理论的 VC 维理论和结构风险最小化原理基础上的,根据有限的样本信息在模型的复杂性(对特定训练样本的学习精度)和学习能力(无错误地识别任意样本的能力)之间寻求最佳折中,以期获得最好的推广能力。

支持向量机的基本思想是充分利用向量空间中的边界点构造最优超平面。考虑图 6-10 所示的二维两类线性可分问题,线性分类超平面上存在多个可接受的分类线可以将两类正确地分开,在这些候选分类线中,哪条最优呢?支持向量机的“最优”的含义是分类边界的几何间隔最大。显然,采用平行地向右上方或左下方推移分类线 l 直到碰到某个训练点的方法,可以得到两条特殊的分类线 l_2 和 l_3。由于 l_2 和 l_3 之间的间隔比任何用同样方法得到的分类线之间的间隔都大,因此分类线 l 是最优的。从直观上来说,分隔的间隙越大越好,间隔越大,分类器的一般性错误就越少。

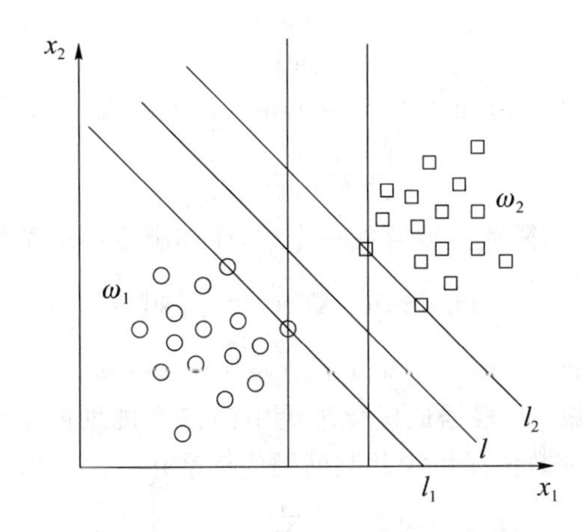

图 6-10 二维两类线性可分问题的线性分类超平面

对于上述两类问题，设线性可分样本集$\{\boldsymbol{x}_i, i=1,2,\cdots,n\}$中的每个样本$\boldsymbol{x}_i$属于两类$\omega_1$和$\omega_2$中的一类，相应地标记为$y_i=1$或$y_i=-1$。线性决策函数的形式为

$$g(\boldsymbol{x})=\boldsymbol{w}^{\mathrm{T}}\boldsymbol{x}_i+w_0$$

对于所有的i，如果有

$$(\boldsymbol{w}^{\mathrm{T}}\boldsymbol{x}_i+w_0)>0$$

则各个训练样本均被正确分类。

6.5.2 最优超平面

由分类超平面$g(x)$分别向两个类的点平移，直到遇到第一个训练点，此时的超平面称为标准超平面。如图 6-11 所示，H_1和H_2是通过平移分类超平面得到的标准超平面，落在标准超平面上的点称为支持向量(support vector)，由圆圈标识。平行超平面之间的距离称为间隔，支持向量机就是要确定最优分类超平面(简称最优超平面)，使得标准超平面的间隔最大。最优超平面不仅要求能将两类正确分开，而且要求两类的分类空隙最大。“两类正确分开”将保证经验风险最小，“分类空隙最大”将保证真实风险最小。

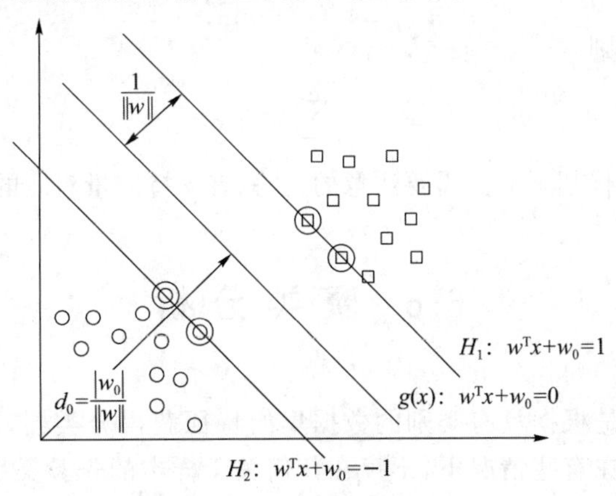

图 6-11 两个线性可分数据集的分类超平面及其支持向量

在 n 维欧式空间中，某样本点到超平面的距离定义为

$$\frac{|g(\boldsymbol{x})|}{\|\boldsymbol{w}\|}$$

将决策函数归一化，也就是使标准超平面与分类超平面的距离 $|g(\boldsymbol{x})|=1$，这样分类间隔满足

$$\frac{1}{\|\boldsymbol{w}\|}+\frac{1}{\|\boldsymbol{w}\|}=\frac{2}{\|\boldsymbol{w}\|}$$

因此，求解最大化分类间隔就是要寻找一个解，使其满足约束条件：

$$\text{minimize} \quad \Phi(\boldsymbol{w})=\frac{1}{2}\|\boldsymbol{w}\|^2$$

$$\text{subject to} \quad y_i(\boldsymbol{w}^{\mathrm{T}}\boldsymbol{x}+w_0)\geqslant 0, \quad i=1,2,\cdots,n$$

这是一个严格的凸规划问题[①]。根据最优化理论中凸二次规划的解法，需要将其转化为对偶问题进行求解。拉格朗日乘数法是解决此类问题的标准化方法。引入拉格朗日函数：

$$L(\boldsymbol{w},\boldsymbol{\alpha},w_0)=\frac{1}{2}\|\boldsymbol{w}\|^2-\sum_{i=1}^{n}[\alpha_i(y_i\boldsymbol{w}^{\mathrm{T}}\boldsymbol{x}_i+w_0)-1]$$

其中，$\{\alpha_i, i=1,2,\cdots,n\}$ 为拉格朗日乘数。

为了求拉格朗日函数的极小值，需要将其分别针对 $\boldsymbol{w}$ 和 w_0 进行偏微分，并令偏微分等于 0，即

$$\frac{\partial}{\partial \boldsymbol{w}}L(\boldsymbol{w},\boldsymbol{\alpha},w_0)=0$$

$$\frac{\partial}{\partial w_0}L(\boldsymbol{w},\boldsymbol{\alpha},w_0)=0$$

求解可得

$$\boldsymbol{w}=\sum_{i=1}^{n}\alpha_i y_i \boldsymbol{x}_i$$

$$\sum_{i=1}^{n}\alpha_i y_i=0$$

将上式带回拉格朗日函数并消去 $\boldsymbol{w}$ 和 w_0，可以将原问题转化为较简单的对偶问题：

$$\text{maxmize} \quad L(\boldsymbol{\alpha})=\sum_{i=1}^{n}\alpha_i-\frac{1}{2}\sum_{i=1}^{n}\sum_{j=1}^{n}\alpha_i\alpha_j y_i y_j \boldsymbol{x}_i^{\mathrm{T}}\boldsymbol{x}_j$$

$$\text{subject to} \quad \alpha_i\geqslant 0, \quad \sum_{i=1}^{n}\alpha_i y_i=0$$

若 α_i^* 为上式的最优解，则

$$\boldsymbol{w}^*=\sum_{i=1}^{n}\alpha_i^* y_i \boldsymbol{x}_i$$

利用求得的 $\boldsymbol{w}^*$ 可确定最优超平面。需要注意的是，只有支持向量对应的拉格朗日乘数不等于 0。

6.6 聚类分析

以上介绍的算法都是根据具有类别的数据集的特征获得分类器，从而完成对未知类别的数据分类的任务。但是在有些情况下，不存在任何关于样本的先验类别知识。因此，分类前需

① 凸规划问题指将原问题由最大化问题转化为求解二次型的最小化问题，以便于求解。

要利用有效的方法发现样本的内在相似性从而将其分组，这一过程称为数据的聚类。

聚类属于无监督学习方法，其目的是将未知类别的数据集划分为若干个子集。聚类的基本指导思想是最大限度地实现类中数据对象具有较高相似度，而类间数据对象不相似的目标。聚类方法通常包括层次聚类方法和动态聚类方法，一般要反复修改规则和反复进行聚类，才能得到较满意的结果。

6.6.1 距离度量

为了度量对象之间的相似性，需要基于属性从多个角度对其进行描述，此时聚类对象就成为了 n 维属性空间上的特征向量。在实际应用中，相似性的度量通常采用距离度量的方式，距离越近越相似。

假设 n 维特征空间上的训练集中有样本 $\boldsymbol{x}=[x_1,x_2,\cdots,x_n]$ 和 $\boldsymbol{y}=[y_1,y_2,\cdots,y_n]$，下面列举 3 种常用的距离度量方式对样本进行度量。

(1) 欧式距离

欧式距离度量各属性离差的平方和。欧几里得距离即欧式距离，是最常用的距离计算公式，用于衡量多维空间中各点之间的绝对距离。当数据很稠密且连续时，这是一种很好的计算方式。

$$d(\boldsymbol{x},\boldsymbol{y})=\sqrt{(x_1-y_1)^2+(x_2-y_2)^2+\cdots+(x_n-y_n)^2}$$

(2) 城市距离

城市距离度量各属性离差的绝对值之和：

$$d(\boldsymbol{x},\boldsymbol{y})=|x_1-y_1|+|x_2-y_2|+\cdots+|x_n-y_n|$$

(3) 余弦距离

余弦距离用向量空间中两个向量夹角的余弦值衡量两个个体间的差异大小，相比距离度量，余弦相似度更加注重两个向量在方向上的差异，而非距离或长度差异。余弦距离将特征向量看作极坐标空间中的向量，从而计算其夹角的余弦值：

$$d(\boldsymbol{x},\boldsymbol{y})=\cos(x,y)=\frac{x_1x_2\cdots x_n+y_1y_2\cdots y_n}{\sqrt{x_1{}^2+y_1{}^2}\sqrt{x_2{}^2+y_3{}^2}\cdots\sqrt{x_n{}^2+y_n{}^2}}$$

假设在一个二维数据集中，属性 1 的变化范围是[0,1]，属性 2 的变化范围是[0,1 000]，考虑数据(0.1,20)和(0.9,720)，则二者的欧式距离为$((0.9-0.1)^2+(720-20)^2)^{1/2}$，结果将完全由属性 2 主导。参数归一化是为了避免出现由某个具有很大变化范围的属性主导距离的计算结果而对数据进行标准化的方法。不同类型的数据需要不同的标准化方法。例如，范围标准化可以将属性的变化范围转换到 0 和 1 之间，其计算公式为

$$X_{\text{normal}}=\frac{X-X_{\min}}{X_{\max}-X_{\min}}$$

其中，X 是数据的原始值；$X_{\max}$ 和 $X_{\min}$ 是原取值区间的最值；X_{normal} 是利用标准化公式计算后得到的归一化结果。

6.6.2 层次聚类

层次聚类算法通过在前一步聚类的基础上生成新聚类而分级地结构化样本集之间的相似性。对于具有 n 个样本的集合，算法将产生一个聚类序列，这种划分序列具有如下的性质：如

果样本在 k 水平时被归入同一类，那么在进行更高水平的划分时，这些样本也将属于同一类。层次聚类方法可以表示成一棵树的形式，如图 6-12 所示。

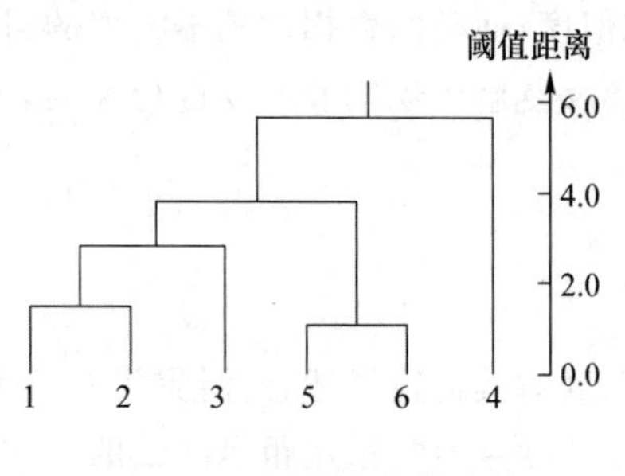

图 6-12　层次聚类的示例

层次聚类算法将划分序列分为合并算法和分裂算法。

1. 合并算法

合并算法在每一步聚类的结果都是前一步聚类的合并，在合并过程中产生聚类数量不断减少的聚类序列。

① 给定 n 个样本，将每个样本作为一类 $\omega_i=\{\boldsymbol{x}_i\}$，聚类数 c 为 n；

② 根据类间相异度度量，确定最相近的两个聚类 ω_i 和 ω_j 并将其合并为一类，从而得到类别数为 $c-1$ 的新聚类；

③ 重复合并过程，直至类间相异度达到设定的阈值。

2. 分裂算法

分裂算法的原理与合并算法的原理相反。其每一步聚类的结果都是前一步的聚类的分裂，在分裂过程中产生聚类数量不断增加的聚类序列。

① 将整个样本集作为初始聚类；

② 为了确定下一级聚类，需要考察所有可能的分裂方式，选择使得相异度最大的分裂，从而形成新的聚类；

③ 重复分裂过程，直至类间相异度达到设定的阈值。

3. 类间相异度度量

层次聚类算法需要衡量聚类之间的相异程度，通常它是利用各个聚类间的距离进行描述的。聚类之间的相异程度还有很多衡量的方法，统称为链接规则。

单链接规则，也称最近邻(Nearest Neighbor，NN)规则，使用两个聚类中相距最近的两个样本之间的相异程度衡量两个聚类之间的相异程度。

$$d(\omega_i,\omega_j)=\min_{x\in\omega_i,y\in\omega_j}\|\boldsymbol{x}-\boldsymbol{y}\|$$

其中，$\boldsymbol{x}-\boldsymbol{y}$ 可以使用任何一种距离度量尺度。测量聚类相似度时，需要将 min 运算用 max 运算代替。

完全链接规则，也称最远距离(Furthest Neighbor，FN 规则，使用两个聚类中相距最远的两个样本之间的相异程度衡量两个聚类之间的相异程度。

$$d(\omega_i,\omega_j)=\max_{x\in\omega_i,y\in\omega_j}\|\boldsymbol{x}-\boldsymbol{y}\|$$

测量聚类相似度时，需要将 max 运算用 min 运算代替。

类间平均链接规则使用两个聚类中所有样本对之间的平均相异程度衡量两个聚类之间的相异程度。

$$d(\omega_i,\omega_j)=\frac{1}{n_in_j}\sum_{x\in\omega_i}\sum_{y\in\omega_j}\|\boldsymbol{x}-\boldsymbol{y}\|$$

这种方法对于多种聚类形状都是有效的。

6.6.3　动态聚类

数学上采用“离散度”描述一组数据偏离其均值的程度，计算方法是计算组中各个数据与其均值离差的平方和。聚类包含多个类别，因此需要将聚类中每一个分组的离散度进行累加求和，得到“类内离散度”以度量最终聚类的整体效果。例如，J_e 度量了 c 个聚类中样本与质心的误差的平方和：

$$J_e = \sum_{j=1}^{c} \sum_{x_i \in \omega_j} \| \boldsymbol{x}_i - \boldsymbol{m}_j \|^2$$

其中，$\boldsymbol{m}_j$ 是第 j 个聚类中的样本均值，称为聚类的质心。直观地看，离差平方和越大，数据分散程度越高。需要注意的是，减法符号的含义是度量聚类中的数据与其均值之间的距离。

聚类的要求很明确，就是要最小化类内离散度。但是，在大量的数据空间中，寻找这个最小值在计算上是不可行的。

K 均值(*K*Means)聚类算法也称为 *C* 均值聚类算法，该算法提出后，在不同的学科领域被广泛研究和应用，并发展出大量不同的改进算法。由于其容易实施，简单高效，因此它是目前应用最广泛的聚类算法之一。如果能事先知道应划分的类别数目，*K* 均值聚类算法的准确度会更高，因此该方法通常用于类别的先验信息了解较多的情况。

*K*Means 聚类算法是如何寻找较好的聚类方式的呢？算法的基本思想是：如果在当前的聚类方式下，有些数据距离其他聚类中心更近，那么将其归到与之距离更近的聚类中心所在的类将会降低类内离散度。通过反复调整 *C* 个聚类的质心，将样本分配到与其距离最近的质心所在的类别中。*K*Means 聚类算法一次迭代中聚类的变化和质心的更新如图 6-13 所示。

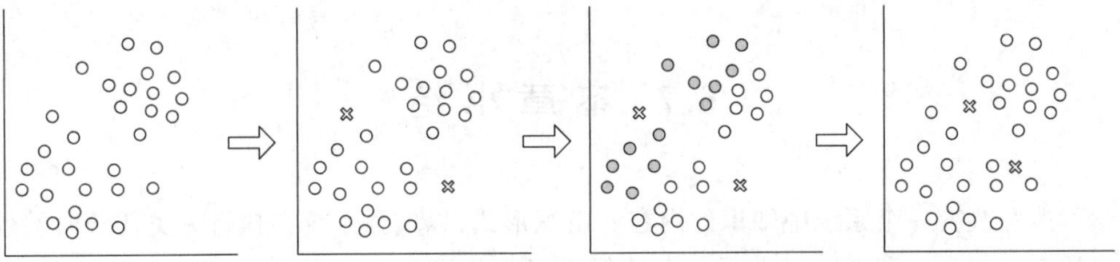

图 6-13　*K*Means 聚类算法一次迭代中聚类的变化和质心的更新

*K*Means 聚类算法将每个聚类的均值作为聚类中心，基于误差平方和准则度量类内离散度。*K*Means 聚类算法从一个初始的类别划分开始，将各类数据点指派到各个类别中，以减小总的距离平方和，其算法如下。

算法：*K*Means 聚类算法

1：　初始化 *C* 个聚类的质心；

2：　while(未达到终止条件)

3：　{　for(训练集中的每一个样本)

4：　　　for(i=1; i<=C; i++)

5：　　　　　将样本分配到与之相距最近的质心代表的聚类中；

6：　　计算新形成的聚类的质心；

7：　　计算聚类误差值；

8：　}

---

*K*Means 算法计算简单，适合处理大数据集，因此适应用于各种应用领域。但是，算法不能保证收敛于代价函数的全局最小值。不同的初始质心的选择将产生不同的聚类结果，对应代价函数的不同的局部最小值。为了克服局部最小的缺陷，提出了一系列的改进策略。

① 凭经验选择代表点。根据问题的性质，用经验确定类别数，从数据中找出从直观上看起来比较合适的代表点。

② 将全部数据随机地分成 C 类，并计算每类的重心。将这些重心作为每类的代表点。

③ "密度"法选择代表点。这里的"密度"是具有统计性质的样本密度。一种求法是，以每个样本为球心，用某个正数 d 为半径作一个球形邻域，落在该球内的样本数则称为该点的"密度"。在计算了全部样木的"密度"后，首先选择"密度"最大的样本点作为第一个代表点，它对应样本分布最高的峰值点。人为地规定一个数值($d>0$)，在距离第一个代表点 d 以外的区域内选择次大"密度"点作为第二个代表点，这样就可以避免代表点集中在一起的问题。其余代表点的选择可以类似地进行。

④ 用前 C 个样本点作为代表点。

⑤ 从($C-1$)聚类划分问题的解中产生 C 聚类划分问题的代表点。具体做法是，首先将全部样本看作一个聚类，其代表点为样本的总均值；然后确定两聚类问题的代表点是一聚类划分的总均值和离它最远的点；依此类推，则 C 聚类划分问题的代表点就是($C-1$)聚类划分最后得到的各均值再加上离最近的均值最远的点。

6.7 本章小结

学习涉及改变一个系统中知识的内容和组织形式，以增强系统在执行一类任务时的性能。学习包括有监督学习和无监督学习。有监督学习是指通过外部"示教者"进行的学习，"示教者"就是给学习系统提供的一组训练样例；无监督学习不要求提供期望的输出，而是通过在学习过程中抽取训练样本的统计特性将类似的样本进行聚类。

归纳推理是一种监督学习方法，通过考察特定的范例得出一般性的结论。归纳学习的任务是利用"输入/输出"对形式的训练样本集构造一个"假设"函数，此泛化的函数可以判断未知的输入对应的输出。

对神经网络的研究使人们对思维和智能有了更进一步的了解和认识，开辟了另一条模拟人类智能的道路。人工神经网络是一个用大量简单处理单元经广泛连接而组成的人工网络，用来模拟人脑神经系统的结构和功能。人工神经网络具有学习能力、记忆能力、计算能力以及智能处理功能。人工神经网络是由许多人工神经元进行广泛连接而构成的，不同的连接方式以及不同的学习算法构成了不同的网络模型。每一个神经元的功能与结构都是十分简单的，但连接之后所构成的网络却是十分强大的，而且使其具有许多无可比拟的优越性，如容错、学习、便于实现等。

统计学习一直是个很活跃的研究领域，在理论和实践方面都取得了许多巨大的进步。统计学习方法包括从简单的平均值计算到构造诸如贝叶斯网络以及神经元网络这样的复杂模型的方法。贝叶斯学习将学习形式化地表示为概率推理的一种形式，利用观察结果更新在假设上的先验分布。最大后验学习方法选择给定数据上的单一最可能假设，它仍然使用假设先验，而此方法往往比完全贝叶斯学习更可操作一些。朴素贝叶斯算法是一种非常有效的方法，具有很好的扩展能力。

6.8 习　　题

1. 什么是机器学习？机器学习主要包括哪些方法？
2. 什么是决策树？决策树学习的一般性过程是怎样的？
3. 编写计算机程序实现 ID3 算法。
4. 简述朴素贝叶斯方法的基本思想。
5. 什么是人工神经网络？人工神经网络有哪些特征？
6. 简述单层感知器的学习算法。
7. 什么是 B-P 模型？试述 B-P 学习算法的步骤。
8. 什么是聚类分析？聚类分析方法有哪些？
9. 简述 *K*Means 算法的基本思想和过程。

第7章 计算智能

科学家或工程师总是应用数学和科学来模仿自然、扩展自然。计算智能(computational intelligence)是一种仿生计算方法,目前已经形成的具有代表性的分支包括人工神经网络、进化计算、群体智能和免疫系统等。

7.1 遗传算法

进化是维护或增加种群在特定环境中生存能力和繁殖能力的过程,表明种群适应不断变化的环境的能力。通过模拟自然界的进化过程,有望创建出智能的行为。20世纪60年代以来,如何模仿生物进化过程来建立功能强大的算法,进而将它们运用于复杂的优化问题,越来越成为一个研究热点。以自然选择和遗传为基础在计算机上模拟进化过程的计算模型称为进化计算(evolutionary computation)。进化计算通过不断迭代改进解决方案的质量,直到找到最优化的解决方案,解决方案包括遗传算法、进化策略、进化编程等一系列优化算法。

7.1.1 基本思想

生物种群的生存过程普遍遵循达尔文的"物竞天择、适者生存"的进化准则。种群中的个体根据对环境的适应能力而被大自然选择或淘汰。但是,如何繁殖适应性不断增加的个体呢?1996年,Michalewicz基于兔子种群对该问题做了一个简单的解释。有一些兔子跑得比较快,可以说这些兔子在适应性上具有优势,因为它们在逃避狐狸的追捕中存活下来并且继续繁殖的机会更大。繁殖使兔子的基因相混合,如果双亲都有较强的适应性,那么遗传给下一代良好适应性的机会就很大。随着时间的推进,为了实现最优的生存,兔子种群遗传结构发生相应的变化,大多数兔子能跑得更快以适应有狐狸威胁的环境。

20世纪70年代,进化计算的创始人之一霍兰德(J. Holland)提出了遗传算法(Genetic Algorithm,GA)的概念。遗传算法借鉴了达尔文的进化论和孟德尔的遗传学说,是模仿生物遗传学和自然选择机制通过人工方式对生物进化过程进行的一种数学仿真。遗传算法是进化计算的一种最重要的形式,经过几十年的研究,该算法已经发展到一个比较成熟的阶段,在实际中得到了很好的应用。

7.1.2 算法模型

遗传算法利用染色体表示问题的可行解，大量的染色体形成种群。本算法是一个迭代过程，每次迭代称为一代，需要不断依据染色体的适应性在当前种群中选择一对染色体进行繁殖，直至达到规定的种群规模。问题域上单个染色体的适应性用适应性函数衡量，适应性强的染色体被选择的概率高。繁殖时的交叉操作交换了两个单染色体中的一部分，变异操作改变了染色体上某个随机位置的基因值。经过数代繁殖，适应性较弱的染色体就会灭绝，而适应最强的染色体逐渐统治种群。遗传算法的主要步骤如下所示。

算法:遗传算法

```
1:  确定染色体编码方式以表示问题的可行解;
2:  定义适应性函数;
3:  确定种群大小 N;
4:  设置交叉概率 pc、变异概率 pm;
5:  随机生成初代染色体种群;
6:  while(未达到终止条件)
7:  {  计算当前种群中每个染色体的适应性;
8:     while(新一代种群数量未达到 N)
9:     {  在当前种群中选择一对染色体;
10:          依据交叉概率 pc 产生一对后代染色体,放入新种群;
11:          依据变异概率 pm 进行染色体变异;  }
12: }
```

遗传算法是一种随机、并行的全局搜索方法，通过自适应地控制搜索过程求得最优解，能够确保种群的适应性不断得到改善，在繁殖一定代数后进化到接近最优的情况，但是该算法并不保证能获得问题的最优解。遗传算法的最大优点在于不必了解和关心如何找寻最优解，而只需要简单地否定一些表现不好的个体。因此，遗传算法最重要的问题就是必须关注解的质量，尤其是能否找到最优解。可行的解决方法有比较不同的变异率得到的结果、通过增加染色体种群的数量确保得到稳定的结果等。

7.1.3 个体和种群

1. 个体编码

遗传算法中的每一条染色体称为个体，对应着问题的一个解决方案。实际问题的解通常需要表示为位串的形式以适应算法操作，转换的过程称为编码。相反地，将位串形式的编码转换回问题解的过程称为解码。

人们提出了很多的编码技术，但是没有一种技术能够适用于所有的问题。计算机科学家

Holland 关注二进制表示法，该方法用 0 和 1 组成的数字串对染色体进行编码。二进制串是最通用的染色体表示形式。

二进制可直接用于十进制整数的编码和解码。例如，1001 对应整数 9。二进制串$(b_0, b_1, \cdots, b_n)$解码为对应的十进制整数的转换公式为

$$X_{十进制} = \sum_{i=0}^{n} b_i 2^i$$

可以利用一定长度的二进制编码序列表示具有一定精度的浮点数。表示浮点数时，首先需要确定所需的二进制串的位数，然后将二进制串合理地转换为具有精度的浮点数。将二进制串$(b_0, b_1, \cdots, b_n)$解码为特定区间$[X_{\min}, X_{\max}]$内的十进制实数的转换公式为

$$X_{十进制} = X_{\min} + \frac{X_{\max} - X_{\min}}{2^{n+1} - 1} \sum_{i=0}^{n} b_i 2^i$$

例如，利用二进制串表示区间$[-2, 2]$上的数值，精确到 3 位小数。由于区间长度为$2-(-2)=4$，为了满足精度要求，至少需要将区间$[-2, 2]$分为4×10^3等份。由于$2^{11}<4\times10^3<2^{12}$，所以二进制串需要 12 位。二进制串〈000000000000〉和〈111111111111〉分别表示区间的两个端点值-2和 2。二进制串〈100010111011〉表示的实数值为

$$-2+\frac{2-(-2)}{4\,095}\times 2\,196=0.145$$

格雷码是连续的两个整数所对应的编码值之间只有一个码位是不同的，而其余码完全相同的编码形式。采用格雷码可以克服二进制编码进位时造成的连续数值编码之间的较大差异的问题。此外，二进制编码的最大缺点是长度较大，因此很多问题用二进制编码可能较为冗长。浮点数编码是指将个体的每个染色体用一个浮点数表示的编码形式。浮点数编码方法使用的是真实值，所以其也称真值编码法。对于一些多维、高精度要求的连续函数优化问题，用浮点数编码将会带来很多益处。符号编码是指染色体编码串中的基因值取自一个无数值含义而有代码含义的符号集的编码形式，其中符号集可以是字母表也可以是数字序号。

2. 种群

一定数量的个体形成种群。在实际问题中，遗传算法的种群中一般会有数千个染色体。从上一代到下一代，染色体种群的大小保持不变。

群体中个体的数量影响遗传优化的结果和效率。种群规模大，产生有意义的解并逐步进化为最优解的机会就高。然而，种群规模太大，计算就会变得复杂，并且可能导致少量适应性很高的个体被选择而生存下来，大多数个体被淘汰，从而影响遗传操作。种群规模太小，则搜索空间有限，有可能导致搜索在未成熟阶段停止，使算法陷入局部最优解。因此，群体规模需要在保持种群多样性的同时，确保遗传算法的性能。

初始种群中的个体可以是随机产生的，也可以是根据一定策略产生的。例如，首先根据问题先验知识，设法把握最优解所占空间在整个问题空间中的分布范围，然后在此范围内设定初始种群；或者先随机产生一定数目的个体，再从中挑选出最好的个体加入初始种群，通过不断迭代直到初始种群达到预先确定的规模。

7.1.4 选择机制

1. 适应性

在自然选择中，只有适应性最佳的个体才能存活、繁殖，并将基因传递给下一代。进化的

目标是产生适应性增加的后代。遗传算法使用类似的方法,利用适应性函数(fitness function)度量染色体的适应性完成繁殖。适应性高的染色体被选中的概率高于适应性低的染色体。

适应性函数与自然进化中环境的作用相同,它被用于衡量一个解决方案的优劣,是繁殖过程中选择成对染色体的基础。在具体应用中,适应性函数的设计要结合求解问题本身的要求而定。一般而言,适应性函数是由目标函数变换得到的,最直观的方法是直接将待优化问题的目标函数作为适应性函数。

2. 选择

选择(selection)操作是从当前种群中按照一定概率选出个体,使其有机会繁殖下一代。但是,如果总挑选最好的个体,算法会过快地收敛到局部最优解;如果只是随机选择,则需要很长的时间才能收敛,甚至不收敛。因此,选择的关键是找到一个策略,既能确保较快收敛,又能维持种群多样性。

最常用的染色体选择技术是轮盘赌选择。轮盘赌选择采用适应性比例进行确保适应性强的个体被选择的概率大。个体的适应性比例值等于个体适应性值与整个种群中个体适应性值之和的比。轮盘上的每一片都代表一个染色体,每片的面积等于该染色体的适应性比例值。选择染色体的过程就像轮盘上有一个指针,轮盘旋转后,指针在某一片上停住,对应的染色体就被选中了。此外,研究学者还提出了多种个体选择策略,如随机联赛选择(每次随机选取几个个体,最终选择其中适应性最强的一个)。

7.1.5 遗传操作

遗传算法使用自然选择机制和遗传学机制,最常用的遗传操作有复制、交叉和变异。

1. 复制

复制(copy)是指父代将遗传信息毫不改变的遗传给子代。

2. 交叉

交叉(crossover)是指两个相互配对的染色体按照某种方式交换其部分基因,从而形成两个新的个体的操作。交叉概率为 0.7 时一般可以得到不错的结果。

如果两个父串差异很大,那么交叉产生的状态和每个父状态都相差很远。通常的情况是:过程早期的群体是多样化的,因此交叉在搜索过程的早期阶段在状态空间中采用较大的步调,而后来当大多数个体都很相似的时候采用较小的步调。

适用于二进制编码或符号编码的个体的基本交叉算子包括单点交叉、两点交叉和多点交叉。单点交叉是指在个体编码串中随机设置一个交叉点,然后在交叉点处交换两个配对个体的部分染色体。同理,两点交叉在个体编码串中随机设置了两个交叉点,多点交叉则是设置多个交叉点,然后在交叉点处进行部分基因交换。均匀交叉的两个配对个体每个基因型上的基因都以相同的交叉概率进行交换,从而形成两个新个体。算术交叉由两个个体的线性组合产生出两个新的个体,适用对象一般是浮点数编码形式的个体。

3. 变异

变异(mutation)是指染色体上一位或几位基因发生改变从而形成新的个体的操作。自然界中变异发生的概率非常小,因此其在遗传算法中也保持很小的概率,一般在 0.001 和 0.01 之间。那么为什么要使用变异呢? Holland 提出变异时将其当作一个不重要的操作,并声明其作用是确保搜索算法不会陷入局部最优值。选择和交叉在得到类似的解决方案后有可能停滞,在这种情况下,所有的染色体都一样,种群的平均适应性不可能得到提高。变异等同于随机搜索，避免了遗传多样性的丧失，进一步优化了解决方案，提供了更合适的局部最优值。

常用的变异方法是基本位变异，对个体编码串依据变异概率随机指定某一位或某几位基因的值。此外，根据求解的问题可以选用不同的变异方法。例如，互换变异，即随机选取染色体上的两个基因进行互换。

7.1.6 遗传算法的应用

例 7-1 利用遗传算法寻找函数($15x-x^2$)在 x 取[0,15]中的整数时的最大值。

解： 染色体需要 4 个基因以表示 16 个数值。设定适应性函数为原函数，种群的大小为 6，交叉概率 p_c 为 0.7，变异概率 p_m 为 0.001。首先用随机产生的 0 和 1 创建染色体的初始种群，然后计算每个染色体的适应性，结果如表 7-1 所示。

表 7-1 例 7-1 中各染色体的信息

染色体	染色体串	解码后的整数	适应性	适应性比率/%
*X*1	1100	12	36	16.5
*X*2	0100	4	44	20.2
*X*3	0001	1	14	6.4
*X*4	1110	14	14	6.4
*X*5	0111	7	56	25.7
*X*6	1001	9	54	24.8

表 7-1 的最后一列为染色体适应性和种群总适应性的比值，该比值决定了染色体被选中进行配对的概率。采用轮盘赌方法进行选择，为了保证下一代中有相同数量的染色体，轮盘应旋转 6 次。轮盘上适应性最强的染色体 *X*5 和 *X*6 的面积最大，被选中的概率最高，而适应性最弱的染色体 *X*3 和 *X*4 只占据很小的一片，被选中的概率比较低。在[0,100]上随机产生一个数字，跨过该数字的染色体即被选中。图 7-1 所示的第一对可能选择 *X*6 和 *X*2 为双亲，第二对可能选择 *X*1 和 *X*5，最后一对可能选择 *X*2 和 *X*5。

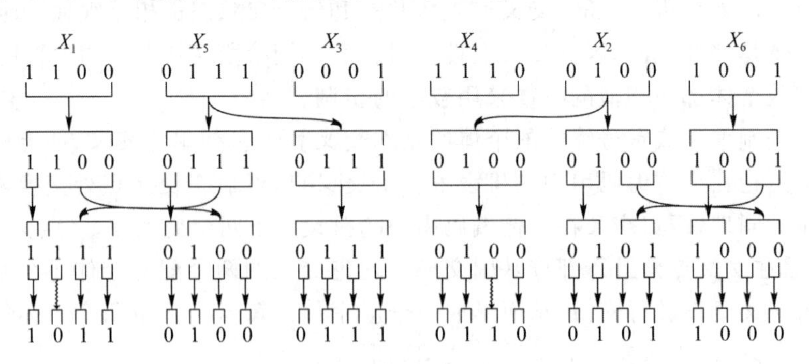

图 7-1 例 7-1 中各染色体产生下一代的过程

选好双亲后，将执行交叉操作。首先随机选择交叉点，交换染色体交叉点后的部分产生两个新的子代染色体。交叉点就是亲代染色体的"断裂"点，如亲代染色体 *X*6 和 *X*2 在第二个基因处交换彼此交叉点后的部分，产生两个子代，如果两个染色体没有交叉，就克隆自己，子代染色体是亲代染色体的精确复制；又如亲代染色体 *X*2 和 *X*5 有可能没有交叉，那么创建的子代就是其自身的复制，如图 7-1 所示。在完成选择和交叉后，染色体种群的平均适应性得到改善，即从 36 增加到 42。

变异操作可以通过随机选择染色体中的某个基因并反转其值实现。例如，在图 7-1 中，X_1 在第 2 位基因处变异，X_2 在第 3 位基因处变异。变异可以以某种可能性发生在染色体的任何一个基因上。

假设预期迭代次数为 100，算法会在种群繁殖 100 代后停下来。

例 7-2 利用遗传算法寻找以下函数的最大值：

$$f(x,y)=(1-x)^2\mathrm{e}^{-x^2-(y+1)^2}-(x-x^3-y^3)\mathrm{e}^{-x^2-y^2}$$

其中 x,y 的取值范围为$[-1,+1]$。保留 2 位小数。

解：首先，将问题的变量表示为二进制串形式的染色体。为了实现保留 2 位小数，每个参数用 8 位的二进制串表示：

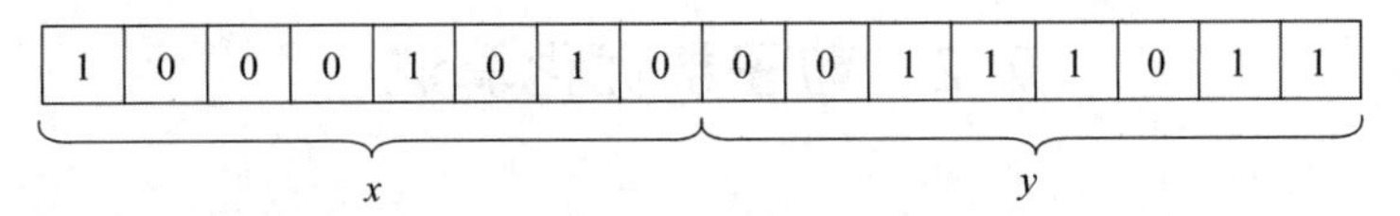

然后，设置种群大小并随机产生初始种群。接下来，将染色体解码为两个实数 x 和 y 以计算每个染色体的适应性。解码时需要将 16 位的染色体分割成两个 8 位的二进制串，然后分别将两个二进制串转换成十进制数：

$$(10001010)_2=(138)_{10}, \quad (00111011)_2=(59)_{10}$$

并将其映射为参数 x 和 y 的实际范围内的实数：

$$x=0.08, \quad y=(59)_{10}\times 0.0235294-3\approx -0.54$$

最后，将解码后的 x、y 的值代入目标函数，计算其适应性。

例 7-3 利用遗传算法求解八皇后问题。

解：八皇后问题需要指定每个皇后放置在相应行的特定列位置。每行有 8 个列位置，采用二进制编码时一个状态需要 $8\times\log_2 8=24$ bit 来表示；而采用符号编码时，每个状态可以用 8 个数字表示，每个数字的范围都是从 1 到 8。这两种不同的编码形式将对算法的执行过程产生很大差异。图 7-2(a)显示了一个由 4 个表示八皇后状态的 8 数字串组成的初始种群。

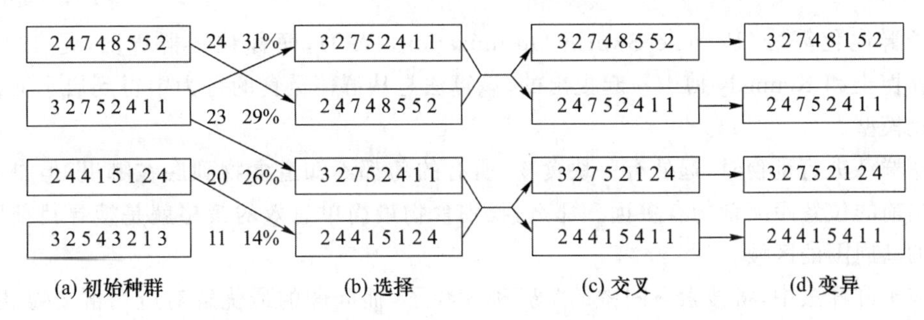

图 7-2 例 7-3 的求解过程

图 7-2(b)～图 7-2(d)显示了产生下一代状态的过程。可以采用不相互攻击的皇后对的数目来表示。每个状态都由其适应性函数评价其适应值，最优解的适应值是 28。图 7-2 中 4 个状态的适应值分别是 24、23、20 和 11。个体被选择进行繁殖的概率与个体的适应值成正比。在图 7-2(c)中，随机地选择两对染色体按照设定的交叉概率进行繁殖。对于要交叉的每一对个体，交叉点是字符串中随机选择的一个位置，选中后在交叉点处交换遗传信息。最后，在图 7-2(d)中染色体会按照一个小概率随机地变异，在八皇后问题中相当于随机地选取一个

皇后将它随机地放到该行的其他方格里。

遗传算法结合了爬山的趋势和随机的探索，最主要的优点在于交叉操作。直观地讲，交叉的优势在于它能够将独立发展出来的能执行有用功能的“砖块”(由多个相对固定的字符构成)结合起来，因此提高了搜索操作的粒度水平。例如，将前3个皇后分别放在位置2、4和6(互相不攻击)就组成了一个有用的砖块，它可以和其他有用的砖块结合起来构造问题的解。遗传算法的理论用模式(schema)的思想解释了算法是怎样运转的，模式就是其中某些位未确定的一个子串。例如，模式246***** 描述了所有前3个皇后的位置分别是2、4、6的状态。能匹配这个模式的字符串(如24613578)被称作该模式的实例，如果一个模式的实例的平均适应值是超过均值的，那么种群内这个模式的实例数量就会随时间增长。

7.2 粒子群优化算法

物种乃至整个生态系统的进化都离不开种群之间的协调作用。因此，可以从自然界中获取很多具有参考意义的科学法则以及相关理论。群智能计算(swarm intelligence computation)是指一类受昆虫、兽群、鸟群和鱼群等的群体行为启发而设计出来的具有分布式智能行为特征的一些智能算法。群智能计算来源于对自然界中生物群体行为的模拟，典型算法包括粒子群算法、蚁群算法、蜂群算法、鱼群算法等诸多算法。

“群智能”指的是无智能的群体通过合作表现出智能行为的特性。群智能计算具有的分布式、自组织、协作性、稳健性和实现简单等特点，在诸如优化问题求解、机器人、电力系统、网络及通信、计算机、交通和半导体制造等领域取得了较为成功的应用，为寻找复杂问题的解决方案提供了快速可靠的基础。为人工智能、认知科学等领域的基础理论问题的研究开辟了新的途径。

7.2.1 基本思想

粒子群优化算法(Particle Swarm Optimization，PSO)，简称粒子群算法，是1995年由Eberhart博士和Kennedy博士一起提出的，该算法是从群体觅食的行为中得到启示而构建的一种优化模型。

当一群鸟进行觅食时，远处有一块食物，所有的鸟都不知道食物到底在哪里，但是它们知道自己当前的位置距离食物有多远。那么，找到食物最简单有效的策略就是搜寻目前距离食物最近的鸟周围的区域。

在粒子群算法中，将搜索空间中的“鸟”称为粒子，而问题的最优解对应鸟群要寻找的“食物”。所有的粒子都具有一个位置向量和速度向量，并且可以根据目标函数计算当前所在位置的适应值，可以将适应值理解为到“食物”的距离。群中的粒子除了根据自身的“经验”即历史位置进行学习以外，还可以根据种群中最优粒子的“经验”进行学习，从而确定下一次迭代时如何调整和改变飞行的方向和速度。

7.2.2 算法模型

粒子群优化算法的基本思想是通过群体中个体之间的信息共享，使整个群体的运动在问题求解空间中进行从无序到有序的演化过程,从而获得问题的最优解。

每个粒子记录了自己目前的位置以及到目前为止发现的最好位置,即局部最优位置,这些信息可以被看作粒子的飞行经验。此外,粒子还知道到目前为止群体中所有粒子发现的最好位置,即全局最优位置,该信息可以看作粒子同伴的经验。粒子通过自己的经验和同伴的经验决定下一步的运动。粒子群算法通过迭代的方式寻找最优解,在每次迭代中计算个体的适应值,从而选择出个体的局部最优位置和种群的全局最优位置,最终整个种群的粒子会逐步趋于最优解。粒子群优化算法的基本步骤如下。

算法:粒子群优化算法

```
1:  设置种群中粒子的数目;
2:  初始化种群中粒子的位置 x 和速度 V;
3:  while(未达到终止条件)
4:  {  计算每个粒子的适应性;
5:     记录每个粒子的局部最优位置 pbest;
6:     记录种群的全局最优位置 gbest;
7:     根据 pbest 和 gbest 更新每个个体的速度和位置;
8:  }
```

在粒子群优化算法中,初始群体的产生方法与遗传算法类似,可以随机产生,也可以根据问题的固有知识产生。种群规模根据问题而定,同时要考虑运算的时间。由于系统中每个个体的开销十分小,系统中每个个体的能力十分简单,因此每个个体的执行时间比较短,实现起来也比较简单,在计算机上容易实现编程和并行处理。此外,群体中相互合作的个体是分布式的,没有中心的控制与数据,系统具有稳健性,不会由于某一个或者某几个个体的故障而影响整个问题的求解。

7.2.3 粒子速度和位置的更新

在每一次的迭代中,粒子通过跟踪两个"极值"——pbest 和 gbest——进行自我更新。在找到这两个最优值后,粒子通过下面的公式更新自己的速度:

$$V_i(t+1)=\omega\times V_i(t)+c_1\times \mathrm{rand}(\ )\times(\mathrm{pbest}_i-x_i(t))+c_2\times \mathrm{rand}(\ )\times(\mathrm{gbest}_i-x_i(t))$$

在更新速度的基础上,粒子将运动到新的位置:

$$x_i(t+1)=x_i(t)+V_i(t+1)$$

上述速度更新公式中的第一项表明粒子在 t 时刻的速度 $V_i(t)$ 对下一时刻速度的影响——由于惯性粒子保持着运动,其中 ω 表示惯性因子。第二项为个体认识分量,表示粒子本身的思考——将当前位置 $x_i(t)$ 和经历过的最优位置 pbest_i 进行比较,其中 c_1 是个体学习因子。第三项为群体社会分量,表示粒子之间的信息共享与相互合作——将当前的位置 $x_i(t)$ 和粒子群全局最优位置 gbest 进行比较,其中 c_2 是社会学习因子。随机函数 rand 产生 0～1 的随机数,将增加个体认知和社会搜索的随机性。

c_1 和 c_2 代表将每个粒子推向 pbest 和 gbest 的加速项的权值。实验表明,将 c_1 和 c_2 设为常数可以得到较好的解。特殊地,当 $c_1=0$ 时,粒子没有了认知能力,变为只有社会的模型(social-only)。粒子有扩展搜索空间的能力,具有较快的收敛速度,但由于缺少局部搜索,对于复杂问题更易陷入局部最优;当 $c_2=0$ 时,粒子之间没有社会信息,模型变为只有认知(cognition-only)的模型。由于个体之间没有信息交流,整个群体的搜索相当于多个粒子的盲目随机搜索,收敛速度慢,因而得到最优解的可能性小。

粒子的信息共享方式还可分为全局最佳和局部最佳。在全局最佳方式中,每个粒子能与其他粒子进行通信,形成全连接的社会网络,用于驱动粒子移动的社会知识使整个群体选择出最优粒子位置。在局部最佳方式中,每个粒了与其邻近的 n 个粒子进行通信,粒子受邻近的最佳位置和自己的经验影响。

此外,粒子具有最大限制速度 $V_{\max}$,如果粒子的速度超过了 $V_{\max}$,其速度就被限定为 $V_{\max}$。最大限制速度决定了当前位置与新位置之间区域飞行精度,设定了空间搜索的最大粒度。如果速度太快,则粒子有可能越过极值点;如果太慢,则粒子不能进行足够的探索。

7.3 蚁群算法

像蚂蚁、蜜蜂、飞蛾等群居昆虫,虽然单个昆虫的行为极其简单,但由单个个体组成的群体却表现出极其复杂的行为。蚁群算法(Ant Colony Optimazation,ACO)是意大利学者 Dorig、Maniezzo、Colorni 等在 20 世纪 90 年代受蚂蚁觅食行为及其通信机制的启发提出的仿生算法。蚁群算法在求解复杂优化问题方面,特别是离散优化问题方面具有一定的优势。

7.3.1 基本思想

蚁群算法对蚂蚁群落的食物采集过程进行模拟。当一只蚂蚁找到食物返回蚁巢呼叫群体时,蚁群从洞穴出发搬运食物,总能找到一条蚁巢与食物之间的最优路径。Dorig 用实验展示了这一过程,如图 7-3 所示。初始时,蚂蚁随机分布在巢穴与食物之间的各个路径分支上,随着时间的推移,越来越多的蚂蚁集中在最短路径上。这是因为蚂蚁在移动过程中会释放一种化学激素——信息素(pheromone),其他蚂蚁能够感知信息素及其强度,并更倾向于向信息素浓度高的方向移动。

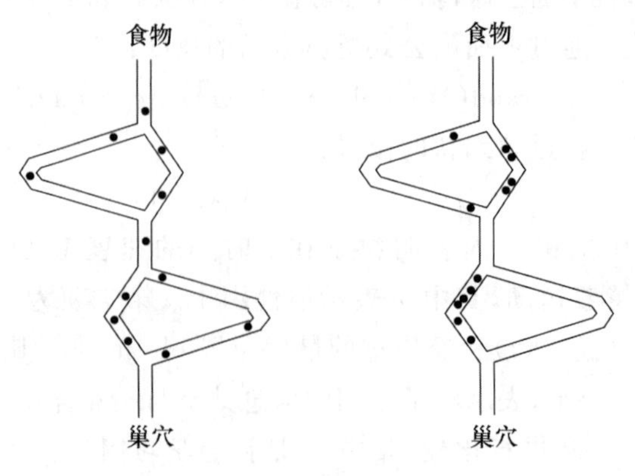

图 7-3 蚁群觅食的"双桥"实验

蚂蚁每经过一条路径均会释放信息素使得该路径上的信息素浓度增加。但是，路径上的信息素将随时间的推移而逐渐挥发。相同数量的蚂蚁同时经过两条不同的路径时，路径上初始的信息素浓度是相同的。路径越短，信息素挥发时间也越短，残留的信息素浓度也将越高。后经过的蚂蚁将根据路径上残留的信息素浓度对路径进行选择，浓度越高选择概率越大。最终，越短的路径上信息素浓度越高，选择这条路径的蚂蚁数目越多，而更多的蚂蚁也将使得该路径上残留的信息素浓度更高。

7.3.2　算法模型

Dorig 用蚁群算法实现了旅行商问题(Travelling Salesman Problem，TSP)的求解：给定一系列城市和每 2 座城市之间的距离，求解访问每座城市一次并回到起始城市的最短回路。在给定城市列表的情况下，寻找一条最短且有效的路径是巨大的挑战。

下面利用 n 个城市的旅行商问题的求解说明蚁群系统模型。蚁群算法设计中的虚拟“蚂蚁”将摸索不同的路线，并留下会随时间挥发而逐渐消失的虚拟“信息素”。一定数目的虚拟蚂蚁在完全连接图中按照某种规则出发，各自独立地根据信息素和启发式信息按照概率规则选择下一步的移动。蚁群算法通过模拟蚂蚁在两座城市之间留下的信息素进行搜索最短路径。蚁群算法模型是一个迭代过程，其基本步骤如下。

算法：蚁群算法实现 n 个城市的旅行商问题

```
1:  设置 n 个城市的地图数据;
2:  确定蚂蚁的只数 m;
3:  while(未达到终止条件)
4:  {  for(city=1; city <=n; city++)    // n 个城市
5:        for(ant=1; ant <=m; ant++)    //m 只蚂蚁
6:           每只蚂蚁以概率 p 选择下一个未遍历的城市;
7:     更新路径上的信息素;
8:     记录当前蚁群找到的最佳路径;
9:  }
```

蚁群算法根据“信息素较浓的路线更近”的原则，使得较短的路径能够有较大的机会得到选择，并且其采用了概率算法，所以在选择最佳路线时能够不局限于局部最优解。虽然蚁群算法对于旅行商问题并不是最好的解决方法，但该算法提出了一种解决问题的新思路，并且成功解决了各种组合优化问题。通过对蚁群算法的研究和应用开发，其在作业调度、路由选择、机器人协作等方面问题的求解，以及电力、通信、交通等领域都得到了成功的应用。

7.3.3　状态转移

每只蚂蚁每次随机选择要走的路径，倾向于选择路径比较短、信息素比较浓的路径。在时

刻 t，蚂蚁 ant 由城市 i 向城市 j 的转移概率 $p_{ij}^{\text{ant}}(t)$ 由局部路径上的信息素 $\tau_{ij}(t)$ 和路径启发信息 η_{ij} 共同决定：

$$p_{ij}^{\text{ant}}(t) = \frac{[\tau_{ij}(t)]^{\alpha}[\eta_{ij}]^{\beta}}{\sum_{j \in \text{city}_{\text{allowed}}} [\tau_{ij}(t)]^{\alpha}[\eta_{ij}]^{\beta}}$$

其中，j 表示下一步允许蚂蚁选择的城市。

每条边上信息素的量直接影响蚂蚁对这条边的选择概率，因此信息素的分布情况决定了整个蚁群的搜索空间和方向。α 为信息素发式因子，表示路径上残留的信息素浓度 $\tau_{ij}(t)$ 对蚁群搜索的相对重要程度。α 值越大，蚂蚁越倾向于选择其他蚂蚁经过的路径。η_{ij} 为启发信息函数，其值与两个城市之间的距离成反比，一般定义为距离的倒数。β 为期望值启发因子，反映蚁群在路径搜索中先验性、确定性因素作用的强度。β 值越大，蚂蚁选择局部最优路径的可能性越大。

7.3.4 信息素更新

信息素更新一般是在解的构建完成后，但有时也会出现在解的构建步骤中。初始时刻，每条路径上的信息素相同，为一个较小的正常数。$t+1$ 时刻的信息素包括 t 时刻路径上信息素的蒸发过程，以及 t 时刻经过路径的蚂蚁的信息素释放过程，计算方式为

$$\tau_{ij}(t+1) = \rho\tau_{ij}(t) + \tau_{ij}(t)$$

信息素蒸发通常以一个固定比例值衰减所有边上的信息素。上式中，$\rho\tau_{ij}(t)$ 表示路径 (i,j) 上残留的信息素，其中 ρ 表示信息素残留因子，是 0～1 的常数。相应地，$1-\rho$ 表示信息素挥发系数，直接关系到蚁群算法的全局搜索能力以及收敛速度。信息素挥发系数过大，会使得未被搜索路径的信息素接近 0、搜索过的路径被再次选择的可能性增大，会影响算法的随机性能和全局搜索能力；反之，减小信息素挥发系数虽然可以提高算法的随机性能和全局搜索能力，但会使算法的收敛速度降低。

信息素的释放量 $\Delta\tau_{ij}(t)$ 等于经过该路径 (i,j) 的蚂蚁释放的信息素 $\Delta\tau_{ij}^{\text{ant}}(t)$ 之和：

$$\Delta\tau_{ij}(t) = \sum_{\text{ant}=1}^{m} \tau_{ij}^{\text{ant}}(t)$$

每只蚂蚁的信息素释放量的大小往往由解的质量决定，不同的策略形成多种不同的蚁群算法模型。

(1) Ant-Cycle 模型

$$\Delta\tau_{ij}^{\text{ant}}(t) = \frac{Q}{L_{\text{ant}}}$$

其中，Q 为常数，表示蚂蚁循环一周释放的信息素总量；L 为优化问题的目标函数值，L_{ant} 表示蚂蚁 ant 在本次循环中走过的完整路径的长度。

(2) Ant-Quantity 模型

$$\Delta\tau_{ij}^{\text{ant}}(t) = \frac{Q}{d_{ij}}$$

其中，d_{ij} 为局部路径 (i,j) 的距离。

(3) Ant-Density 模型

$$\Delta\tau_{ij}^{\text{ant}}(t) = Q$$

第一种模型利用的是整体信息，即蚂蚁完成一个循环后更新所有路径上的信息素，该模型

通常作为蚁群优化算法的基本模型。后两种模型利用的是局部信息，每走一步都要更新残留的信息素浓度。

7.4 本章小结

人工智能进化方法的基础是自然选择和遗传的计算模型，称为进化计算。进化计算包含了遗传算法、进化策略和遗传编程。进化计算所有方法的工作方式为：①创建个体的种群；②计算适应性；③用遗传操作产生新的种群；④重复该过程一定的次数。

群智能算法和传统优化算法相比，具有简单、并行、适用性强等优点。算法不要求问题连续可微，特别适用于具有高度可重入性、高度随机性、大规模、多目标、多约束等特征的各类典型优化问题的求解。研究学者在对基本的群智能算法加强理论研究的同时，从不同的角度进行了必要的算法改进，提高了其应用的广泛性和有效性，克服了诸如精度不高、收敛速度较慢、容易收敛到局部极小值、多样性下降过快、参数敏感等问题，以进一步得到更好、更快、更新和更高效的群智能算法。

7.5 习　题

1. 遗传算法的主要步骤是什么？绘制执行这些步骤的流程图。
2. 简述适应度函数在遗传算法中的作用。
3. 简述基本的遗传操作。
4. 简述粒子群算法的基本思想。
5. 简述粒子群算法速度更新方程中各部分的影响。
6. 简述蚁群算法的基本思想。
7. 简述如何选择蚁群算法中的参数。

第8章 智能体和多智能体系统

随着计算机网络的成熟以及并行计算和分布式处理技术的出现，人工智能的一个重要分支——分布式人工智能(Distributed Artificial Intelligence，DAI)应运而生，并吸引了众多学者的目光。分布式人工智能可以充分利用分散的处理资源，符合社会、经济、科技、军事等领域对信息技术提出的新要求，为大规模复杂问题的解决提供了一条新的有效途径。20 世纪 80 年代后期，多智能体系统的研究成为分布式人工智能研究的热点。任何能够独立思考并可以与环境进行交互的实体都可以抽象为智能体，它既可以描述人，也可以描述智能设备、机器人或者智能软件等。本章将从智能体的概念出发，介绍智能体的基本理论、多智能体系统的体系结构、通信机制以及协调协作机制，为分布式系统的分析、设计、实现和应用提供解决方法。

8.1 智能体的概念与结构

智能体技术从最初被提出直至今日，在人工智能研究中一直占有重要地位。当前，智能体技术得到广泛应用，能够解决现实中存在的复杂问题。

8.1.1 智能体的基本概念

Agent 在英语中具有多种含义，国内人工智能文献中将 Agent 翻译为“智能体”“主体”“智能代理”等，目前并无统一的译法。本书将 Agent 翻译为“智能体”或直接引用英文。在计算机和人工智能领域，Agent 是一个具有智能的实体，它可以是智能机器人、智能软件、智能设备或智能计算机系统等，也可以是一个人。由于目前的译法都无法全面反映 Agent 的本意，因此更多地趋向于直接引用英文原文。

美国的 M. Minsky 教授在其 1986 年出版的《思维的社会》(*Society of Mind*)一书中首次提出了 Agent 的概念。Minsky 认为，社会中的某些个体经过协商之后可求得问题的解，这些个体就是 Agent。他还认为 Agent 应具有两重属性：社会性和智能性。Agent 的概念被引入人工智能和计算机领域后，迅速成为研究热点。

Agent 通过感知器感知环境信息，通过执行器(或效用器)自治地作用于环境并满足设计要求，因此，可以把 Agent 定义为一种从感知序列到实体动作的映射。对于机器人 Agent，摄像机、红外传感器、激光传感器等传感设备是感知器，用于感知外界信息，各种各样的运动部件作为执行器作用于外界环境。对于软件 Agent,使用经过编码的二进制符号序列作为感知与动作的表示。对于人类 Agent,眼睛、耳朵等器官作为感知器,手、脚、嘴和身体的其他部分作为执行器。Agent 与环境的交互作用如图 8-1 所示。

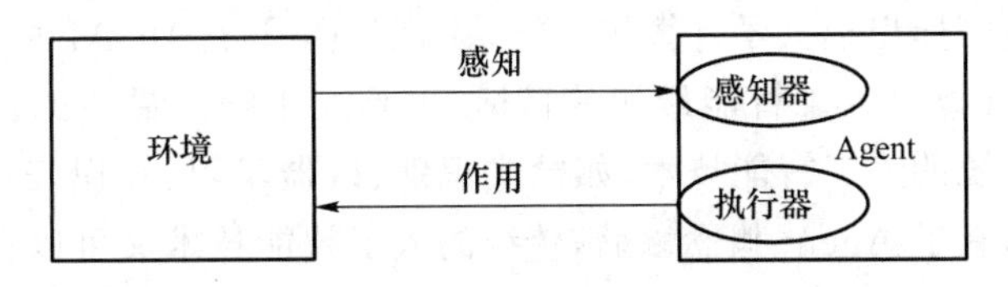

图 8-1 Agent 与环境的交互作用

M. Wooldridge 和 N. R. Jennings 在"Intelligent Agents: Theory and Practice"一文中从狭义和广义两个方面理解了 Agent,提出了 Agent 的弱概念和强概念。从广义角度定义的弱 Agent 可以是计算机硬件或软件系统,它具有以下 4 个基本特点。

① 自主性(autonomy):Agent 能够在没有人类或命令的直接干预下进行操作,主动自发地控制自身的动作和内部状态;

② 社会性(social ability):一个 Agent 一般不能在环境中单独存在,而要与其他 Agent 或人类在同一环境中通过通信语言协同工作;

③ 反应性(reactivity):Agent 存在于一定的环境中,它感知环境的状态,并通过其动作和行为及时做出响应,这里的环境表示的可能是物理环境、用户操作的图形用户接口、其他 Agent构成的环境、网络环境,甚至可能是所有这些因素的组合;环境与 Agent 是对立统一的两个方面,它们之间互相依存,互相作用;

④ 预动性(pre-activeness):Agent 不是简单地对环境变化做出响应,它们能够积极主动地展示有目标的行为。

Agent 的弱概念极大地丰富了它的研究范围。例如,一个独立的并发执行的软件进程可以看作一类 Agent,它封装了若干状态并与其他 Agent 通过信息传递进行交互,这种方法已经成为基于对象的并行程序设计模式的常用开发方法。Agent 的弱概念还可以用于基于 Agent 的软件工程和软件机器人等学科。软件机器人是一类 Agent,通过发出指令与软件环境交互并解释环境的反馈信息,它的执行器是用来改变外部环境状态的命令,感知器是提供信息的命令,例如,UNIX 的 shell 命令 mv、mkdir 等是效用器,shell 命令 ps 是感知器。在弱 Agent 的上述几个特性中,自主性是最重要的特性。

对人工智能领域的研究者来说,Agent 具有更严格的含义,不仅需要具有弱 Agent 的自主性、社会性、反应性、预动性这 4 个特点,还需要具有人类的某些特征,如知识、信念、意图、承诺等心智状态。Agent 的强概念定义了高层次 Agent 的特性。为 Agent 赋予类人属性的另一种方法是将 Agent 形象地表示出来,如对人机接口感兴趣的工作者常用类似卡通的图形图标表示非常重要的 Agent。Agent 的其他属性还包括。

① 移动性(mobility):Agent 可以在信息网络环境中运动。

② 诚实性(veracity):Agent 不会故意发送错误信息。

③ 仁慈性(benevolence):各 Agent 之间的目标不会产生冲突,每个 Agent 总是尽力完成所要求的任务。

④ 合理性(rationality):Agent 总是为了实现目标而努力,不会采取阻碍目标实现的动作,至少在它的信念中是这样的。

作为一种智能技术，Agent 技术与传统的人工智能技术并不是截然不同的。事实上，Agent技术与传统的人工智能技术是互相渗透、相辅相成的。基于 Agent 的概念，人们提出了一种新的人工智能定义："人工智能是计算机科学的一个分支，它的目标是构造能表现出一定智能行为的主体。"美国斯坦福大学计算机科学系的 H. Roth 在 IJCAI'95 的特邀报告中谈道："智能的计算机 Agent 既是人工智能最初的目标，也是人工智能最终的目标。"一方面，Agent 的设计要用到许多传统的人工智能技术，如模式识别、机器学习、知识表示、机器推理、自然语言理解等；另一方面，有了 Agent 概念以后，传统的人工智能技术又可以在 Agent 技术的支持下提高到一个新的水平。

8.1.2 智能体的特性

Agent 作为独立的智能实体应该具有以下特性。

① 自主性：在自身有限的计算资源和行为控制机制下，Agent 能够根据其内部状态和感知的外部环境，在没有外界直接干预的情况下控制自身的状态和行为，其行为是主动的、自发的和有目标的。

② 交互性(或反应性)：Agent 不是独立存在的，它能与环境和其他 Agent 进行各种形式的交互，即，它能够持续不断地感知周围的环境，能在一个限定的时间内对所受的感官刺激计算出合适的反应，并通过动作和行为改变环境。

③ 社会性：Agent 存在于由多个 Agent 构成的社会环境中，与其他 Agent 或人类在一定环境中通过 Agent 语言进行信息交换，表现出人类社会的一些特性。

④ 能动性：Agent 不是简单地对环境变化做出响应，而是能够遵循承诺采取主动行动，表现出面向目标的行为。

⑤ 协作性：Agent 与其他 Agent 进行协调与协作以便完成单个 Agent 无法完成的任务，Agent 之间的协作机制和算法是多 Agent 系统的重要研究内容。

⑥ 持续性：Agent 会在一段时间内连续自主地运行，不随运算的停止而立即结束运行，这是 Agent 的一个重要性质。

⑦ 适应性(或开放性)：Agent 能根据目标、环境等做出行动计划，并根据环境的变化修改自己的目标和计划，而无需对多 Agent 系统重新设计。

⑧ 分布性：在逻辑上和物理上分布的 Agent 系统具有分布式的结构，有利于资源共享、并发执行、性能优化等操作，可提高系统效率。

⑨ 智能性：Agent 具有较高层次上的智能，包括自学习、自增长等一系列的能力，如提取用户行为特征、推测用户意图等。

⑩ 理智性：Agent 会尽力完成自己的承诺，不会采取阻碍目标实现的动作。

自主性是 Agent 区别于过程、对象等其他抽象概念的一个重要特征。如果 Agent 的行为完全基于内置的知识，它就没有必要关注其他对象。虽然这样的 Agent 表现出成功的行为，但它本身并没有智能，智能性只属于 Agent 的设计者，这一点需要我们注意。

8.1.3 智能体的结构

目前为止，我们只是将 Agent 看作一个黑盒子，它将感知器获得的信息作为输入，然后运行 Agent 程序，将执行器的动作作为输出。人工智能的任务就是设计 Agent 程序，实现 Agent

从感知到动作的映射。程序是决策生成机构或问题求解机构，它接收、指挥相应的功能操作模块工作。这种 Agent 程序需要在某种称为结构的计算机设备上运行。简单的 Agent 结构可能只是一台计算机，复杂的 Agent 结构可能包括用在特定任务上的特殊硬件设备，如图像采集设备，Agent 还可能是一个软件平台。Agent 的内部模块集合如何组织起来，它们的相互作用关系如何，Agent 感知到的信息如何影响它的行为和内部状态，如何将这些模块用软件或硬件的方式形成一个有机整体，这些就是 Agent 结构的研究内容。本节将详细介绍 Agent 结构及内部工作过程。

Agent 是一个开放的智能系统，它与环境进行交互以完成目标。由于 Agent 的感知数据的表达方式可能不同，不同模块得到的感知结果也可能不同，所以，它的首要任务是对多个感知器获取的环境信息进行融合和处理，得到比单一信息源更精确完整的估计，接着利用系统状态、任务和时序等信息形成具体规划，最后把内部工作状态和执行的重要结果送至数据库。

一般而言，Agent 需要包含各种感知器、各种执行器以及实现从感知序列到动作映射的控制系统。如果 Agent 所能感知的环境状态集合用 $S=\{s_1,s_2,\cdots,s_n\}$ 表示，所能完成的可能动作集合用 $A=\{a_1,a_2,\cdots,a_n\}$ 表示，则 Agent 函数 $f:S^* \rightarrow A$ 表示从环境状态序列到动作的映射。Agent 的结构规定了它如何根据所获得的数据和运行策略决定和修改 Agent 的输出，其结构是否合理决定了 Agent 性能的优劣。借助于 Agent 的结构，可以更快、更好地开发 Agent 应用程序。Agent 结构需要解决以下问题：

① Agent 由哪些模块组成；

② 这些模块之间如何交互信息；

③ Agent 感知到的信息如何影响它的行为和内部状态；

④ 如何将这些模型用软件或硬件的方式组合起来形成一个有机整体。

1. 反应式结构

反应式 Agent 是一种具备对当前环境的实时反应能力的 Agent。反应式结构是最简单的 Agent 结构，体现在 Agent 与环境的相互作用上，不具有个体自身的内部状态，利用“条件-动作规则”将感知和动作连接起来。每个 Agent 的行为以感知的外界信息为激发条件，中间不需要任何逻辑表示和复杂的推理机制，因此也不能为将来制定计划，只能对它所处的环境产生反应，其结构如图 8-2 所示。Agent 获取当前环境状态，通过“条件-动作规则”将环境映射到一个或多个动作，并从中选择一个最合适的动作。Agent 内部需要预置相关的知识，包含行为集合和约束关系，当外界刺激符合一定的条件时，它的控制机构直接调用预置的知识并产生相应的输出。每个 Agent 既是客户又是服务器，能够根据程序提出请求或做出回答。

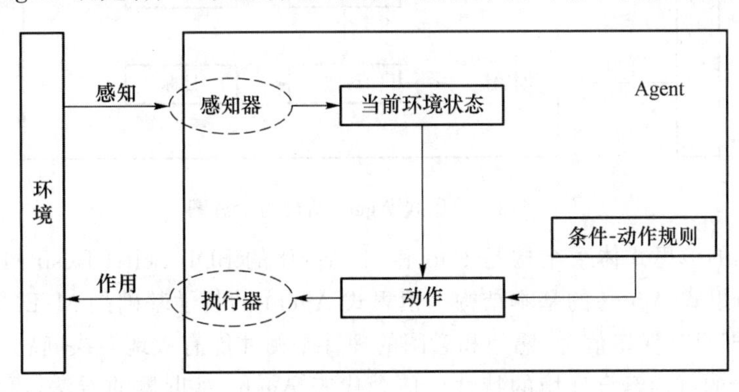

图 8-2 反应式 Agent 的结构示意图

反应式结构的典例有 R. A. Brooks 提出的包容式结构、P. Maes 提出的行为网络以及 Steels 提出的 Mars explorer 系统。这里主要介绍包容式结构的产生和工作机制。

美国麻省理工学院的 R. A. Brooks 是著名的机器人制造专家，他研发了各种类型的机器人，并在 20 世纪 90 年代设计了第一个火星机器人，他提出的包容式结构标志着基于行为的编程方法的正式诞生。Brooks 认为，智能行为不需要明确使用符号人工智能所倡导的显式的知识表示，不需要显式的抽象、精确推理，而可以像人类那样进化，使某些复杂系统自然产生的属性。虽然自然界中的生物(比如昆虫)没有全局信息，甚至不存储信息，但是它们却表现出一定的智能行为。基于行为的机器人学(Behavior-Based Robotics，BBR)正是基于这种现象，为机器人设计了一组独立的简单行为模型，使其能够通过个体交互表现出智能行为。包容式结构机器人的底层是比较原始的行为，如避开障碍物，层次越高，行为越复杂，顶层是最复杂的行为。行为的定义包括触发它们的条件和采取的动作。低层行为比高层行为有更多的优先权，高层行为会包容低层行为，例如，最底层是避开障碍物行为，只有在没有遇到障碍物的情况下，才允许将控制权传递到上一层。每一层之间有不同目标的行为集合竞争控制权，中央裁决机构根据环境状态和内置知识等决定优先选择哪个行为。为支持机器人的这种包容式结构，需要判断每层的输入和输出是否有效，该层是否受到抑制，从而确定高层是否可以获得感知器数据。

反应式 Agent 能及时响应外界信息和环境的变化，易于进行硬件实现，在软件实现方面也有速度上的优势，但是反应式 Agent 的智能程度通常较低，缺乏足够的灵活性，只适用于简单的实时环境。

2. 慎思式结构

慎思式 Agent 是一种基于知识的系统，具有环境描述和丰富的智能行为的逻辑推理能力。慎思式结构基于当前给定的输入集合，对将要执行的动作进行慎重考虑，需要利用感知器、内部状态、知识及其他信息进行逻辑推理从而做出决策。慎思式 Agent 结构的示意图如图 8-3 所示。采用慎思式结构的 Agent 一般预先知道环境模型，依据内部状态进行信息融合，然后在知识库的支持下进行规划，在目标的指引下形成动作序列并作用于环境。与反应式Agent 相比，慎思式 Agent 的规划过程是一个比较复杂的过程，需要通过逻辑推理和智能算法实现。

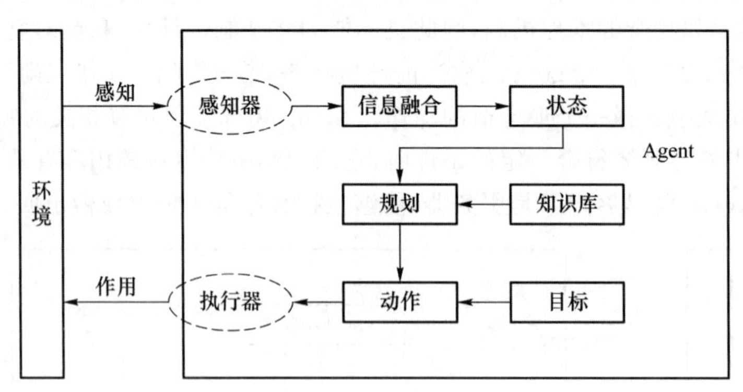

图 8-3　慎思式 Agent 结构的示意图

比较有影响的慎思式体系结构是 Rao 和 Georgeff 的 BDI(Belief-Desire-Intention)模型，它定义了任意慎思式 Agent 的基本结构。慎思式 Agent 的哲学基础是 M. E. Bratman 提出的理性平衡观点，即只有保持信念、愿望和意图的理性平衡才能有效地解决问题。理性平衡的目的在于使 Agent 的行为符合环境的特性。信念代表 Agent 对世界的看法，愿望是目标，意图指定 Agent 使用信念和愿望选择一个或多个动作。M. E. Bratman 认为在开放的世界中，理性 Agent 的行为不能直接由信念、愿望以及由两者组成的规划驱动，在愿望与规划之间应有一个基于信念的意图。基于 BDI 模型的 Agent 可以通过几个要素进行描述：一组关于世界的信念、一组当前打算达到的目标、一个意图结构和一个规划库。BDI 型 Agent 能够针对意图和信念进行推理，建立行为计划，并执行这些计划。在开放和分布式的环境中，一个理性Agent 的行为是受制于意图的，Agent 不会无理由地随意改变自己的意图，也不会坚持不切实际的意图。

慎思式 Agent 具有较高的智能，能够执行规划，可以解决复杂问题。但是，其环境模型一般是预先知道的，因而它对未知的动态环境存在一定的局限性，不适用于未知环境，无法对环境的变化做出快速响应，因而执行效率相对较低。

3. 混合式结构

实际应用的 Agent 大多采用混合式结构。基于反应式 Agent 和慎思式 Agent，研究者们提出了混合式 Agent，它融合了传统人工智能和基于行为的人工智能的优点，表现出较强的灵活性和快速响应能力。混合式 Agent 的内部包含多种相对独立和并行执行的智能形态，包括感知、建模、规划、决策、反射和通信等模块。混合式 Agent 结构的示意图如图 8-4 所示。

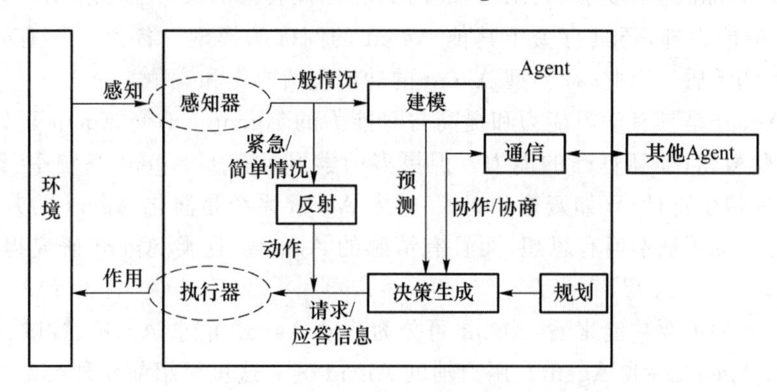

图 8-4　混合式 Agent 结构的示意图

混合式 Agent 包含两个或多个子系统：慎思式子系统和反应式子系统，对于不同的智能层次采用不同的处理方式。Agent 通过感知模块接收环境信息并将环境信息做成不同层次的抽象模型。反应式子系统用于对突发事件做出快速反应，直接将原始信息映射为执行器的动作；慎思式子系统则处理中长期的规划等抽象问题，以实现 Agent 的目标。比较著名的混合式体系结构有 Gergeff 和 Lansky 开发的 PRS(Procedural Reasoning System)、Ferguson 开发的 Touring Machine 以及 Fischer 等开发的 InteRRaP。其中，InteRRaP 采用分层控制的方法(行为层、本地规划层和协作规划层)将反应、慎思和协作能力结合起来，大大提高了 Agent 的能力。

4. 其他结构

黑板结构中有一个全局工作区域，称为黑板，用于存储环境、知识和中间结果等信息，也作为 Agent 之间通信的媒介。每个 Agent 系统内部包含多个不同角色的子 Agent，这些子 Agent 通过黑板进行信息交换和协调，协作完成任务。其他的体系结构还有移动 Agent 结构、基于目标的 Agent 结构、基于效用的 Agent 结构等。由于 Agent 的应用领域非常广泛，其结构也各不相同并且会有显著变化，目前没有统一的分类标准，本书只讨论了几种比较常见的体系结构，更多详细内容可查阅相关资料。

8.1.4 智能体的类型

下面从 Agent 的控制结构、个体特征、主要功能以及应用领域角度出发介绍出现有的主要 Agent 类型。

① 从 Agent 的控制结构来看,Agent 可分为反应式 Agent、慎思式 Agent 和混合式 Agent,8.1.3 节已详细介绍。反应式 Agent 能够主动对环境进行监视,并能做出必要的反应,其典型的应用就是机器人,特别是 Brookes 类型的机器昆虫。慎思式 Agent 的代表是 BDI 模型 Agent,即有信念(知识)、愿望(任务)和意图(为实现愿望而想做的事情)的 Agent,也称为理性 Agent。Agent 的 BDI 模型侧重于形式上描述信念、愿望和意图,其本质上要解决的问题是如何确定 Agent 的目标以及如何实现这个目标。BDI 型 Agent 的典型应用是在互联网上收集信息的软件 Agent。此外,较高级的智能机器人也是 BDI 型 Agent。混合式 Agent 结合反应式 Agent 和慎思式 Agent 的优点,表现出较强的灵活性和快速的响应性。

② 从个体特性来看,Agent 可分为反应式 Agent、BDI 型 Agent、社会 Agent、演化 Agent 和人格化 Agent。这里介绍后 3 种类型。

a. 社会型 Agent 是由多个 Agent 构成的 Agent 社会中的某一个 Agent。该 Agent 除具有意图 Agent 的能力外,还具有关于其他 Agent 的明确的模型。各 Agent 有时有共同的利益,有时利益互相矛盾。因此,社会型 Agent 的功能包括协作和竞争。

b. 演化 Agent 是具有学习能力和提高自身能力的 Agent。单个 Agent 可以在与环境的交互中总结经验教训,提高自己的能力。但更多的学习是在多 Agent 系统中,即社会 Agent 之间进行的。模拟生物社会(如蜜蜂和蚂蚁)的多 Agent 系统是演化 Agent 的典型例子。

c. 人格化 Agent 是不但有思想,而且有情感的 Agent。这类 Agent 研究得比较少,但是很有发展前景。

③ 从 Agent 的主要功能来看,Agent 可分为移动 Agent、信息 Agent、接口 Agent、虚拟角色 Agent(娱乐 Agent、游戏 Agent)、用户辅助 Agent 等。这里介绍前 4 种类型。

a. 移动 Agent 是具有移动性的智能 Agent。移动 Agent 是指能够在网络的各个节点中自行移动,代表其他实体进行工作的一种软件实体。移动 Agent 能自行选择运行地点和运行时机,根据情况中断当前的执行,并移动到另一设备上恢复运行,也能够将原设备上的运行状态保存到目的设备上,从原始状态开始继续运行。

b. 信息 Agent 是用于进行信息检索的 Agent,可以对分布式信息进行管理、控制和分类,完成信息处理(信息处理 Agent)、任务安排(任务 Agent)等功能。

c. 接口 Agent 是人和计算机通过人机界面组成的有机整体,充当用户和机器的桥梁,使合适的信息在合适的时候呈现出来。智能用户接口是 Agent 最早的应用之一。接口 Agent 通过学习了解用户需求和行为习惯,协调用户与环境的交互过程,能最大程度地避免用户工作被打断,同时在运行时能指导用户操作,减轻用户负担。早期的接口 Agent 主要集中于开发 Web 接口,但也有一些其他应用的 Agent 接口。

d. 虚拟角色 Agent 是针对特定的应用开发的,采用多种形式,包括娱乐 Agent、游戏 Agent(非玩家角色)、交谈 Agent,如聊天机器人。

- 娱乐 Agent 可用作计算机特效电影中的角色或用于作战训练。在使用了计算机特效的电影中,角色完全由带铰链的关节制造,通过训练让它们行动起来。动画设计者只需要设计角色的移动和执行某一动作,而不需要一帧一帧地详细设计画面。

• 游戏 Agent 为非玩家角色的 Agent，通过引入自治的角色，进行更加人性化的角色设计，使视频游戏更加逼真。

8.2 多智能体系统的概念

对于现实中复杂的大规模问题，单个 Agent 的知识或能力显得有些力不从心，更多的实际应用是以多个 Agent 协作的形式出现的。多 Agent 系统由多个自主或半自主的 Agent 组成，这些 Agent 之间以及 Agent 与环境之间进行交互，它们运用各自的知识、目标、策略和规划协作完成复杂任务或求解问题。多 Agent 系统的最终目的是实现人类的社会智能，使系统具有更大的灵活性和适应性，更适合开放、动态的环境。多 Agent 系统的理论研究以单 Agent 理论为基础，研究内容涉及多 Agent 系统的组织结构、通信方式、Agent 之间的交互、协商协调机制和学习机制等。

8.2.1 多智能体系统的特点

① 多 Agent 系统中每个智能体都具有独立性和自主性，能够解决给定的子问题，自主地推理和规划并选择恰当的策略，并能以特定的方式影响周围的环境。

② 多 Agent 系统支持分布式应用，具有良好的模块化特性，易于扩展，设计简单灵活，克服了建造大规模知识库时的知识管理和扩展的困难。

③ 多 Agent 系统按照面向对象的方法构造多层次、多元化的 Agent，降低了系统的复杂性，也降低了各个 Agent 问题求解的复杂性。

④ 多 Agent 系统是一个协调协作系统，各个 Agent 之间相互协调合作，多 Agent 系统也是一个集成系统，它采用信息集成技术，将各子系统的信息集成起来。

⑤ 在多 Agent 系统中，个体之间相互通信，彼此协调，并行地求解问题，提高了问题的求解效率。

⑥ 不同领域的专家系统、同一领域不同的专家系统可以协作解决单一专家系统难以解决的问题。

8.2.2 多智能体系统的结构

多 Agent 系统是一个松散耦合的 Agent 群体，这些 Agent 可以是同构的，也可以是异构的，它们可以使用不同的设计方法和开发语言来实现。与设计单个功能强大的 Agent 相比，由多个功能相对简单的 Agent 组成的系统的成本和设计难度更低。每个 Agent 拥有解决问题的不完全信息，而多个 Agent 通过信息融合可以获得更全面的知识库，得到解决问题的优化策略。分布性是多 Agent 系统的一个显著特点，这些分散的 Agent 如何组织起来，它们如何交换信息并互相影响，这些问题属于系统的体系结构问题，在最初设计系统时就要考虑。多 Agent 系统的体系结构影响系统的异步性、一致性、自主性和适应性，决定 Agent 之间的通信方式和控制关系。系统结构是否合理，直接影响 Agent 的智能协作水平和自适应性程度的高低。

下面介绍几种常见的多 Agent 系统体系结构，为各种实际系统的研究和设计提供基础框架。

(1) 网络结构

在网络结构中，没有统一的管理控制中心，Agent 都是对等的关系，它们之间直接进行通信，通信状态和知识都是固定的。这种结构将通信和控制功能嵌入每个 Agent 内部，即要求每个 Agent 都拥有其他 Agent 的大量信息和知识，每个 Agent 必须知道消息应该在什么时候发送到什么地方，以及系统中有哪些 Agent 是可以合作的、都具备什么样的能力等。Agent 采用一对一的直接交互方式导致通信链路增多，当系统中的 Agent 数目增加时系统的效率会降低，甚至出现网络拥塞现象。因此，Agent 网络结构不适用于开放的分布式系统。

(2) 联盟结构

联盟结构的工作方式是：将系统中的 Agent 根据某种方式（如距离远近）划分成多个联盟，每个联盟都有一个协助者 Agent，联盟内部的 Agent 可以直接通信，也可以通过协助者 Agent 进行协调和协商，不同联盟的 Agent 之间的交互通过协助者 Agent 协作完成，联盟内部共享的数据可根据需要选择分布式存储或集中式存储方式。例如，当一个 Agent 需要某种服务时，它就向它所在联盟的协助者 Agent 发送一个请求，该协助者 Agent 将以广播方式发送请求，或者将该请求与其他 Agent 所声明的能力进行匹配，并通过匹配将此信息发送给对它感兴趣的 Agent。这种结构中的 Agent 不需要知道其他 Agent 的详细信息，可以动态地形成联盟，增加了系统的灵活性。协助者 Agent 能够实现一些高层系统服务，如黄页、直接通信、问题分解和监控等。

(3) 黑板结构

黑板结构和联盟结构有相似之处，不同的地方在于黑板结构中的局部 Agent 把信息存放在可存取的黑板上，实现局部数据共享。在一个局部 Agent 群体中，控制外壳 Agent 负责信息交互，网络控制者 Agent 负责局部的 Agent 群体之间的远程信息交互。黑板结构的缺点是，共享局部数据的 Agent 群体需要拥有统一的数据结构或知识表示，这就限制了系统中 Agent 设计的灵活性。

有些文献从运行控制的角度讨论了多 Agent 系统的体系结构，其结构可分为集中式结构、分布式结构和层次式结构。

(1) 集中式结构

集中式结构将 Agent 分成多个组，每组内的 Agent 采取集中式管理方式，即每组 Agent 有一个中心 Agent，它实时地掌握其他 Agent 的信息并做出规划，控制和协调组内多 Agent 之间的协作。集中式结构如图 8-5 所示。集中式结构能保持信息的一致性，中心 Agent 可以利用全局信息得出近似最优策略，易于管理、控制和调度。该结构的缺点在于对通信和计算资源要求较高，随着各 Agent 复杂性的提高和系统规模的增加，系统层次较多，数据传输过程中出错的概率增加，而且一旦中心 Agent 崩溃，其控制范围内的所有 Agent 都会失效。集中式结构适用于环境已知且确定的环境以及规模较小的系统。

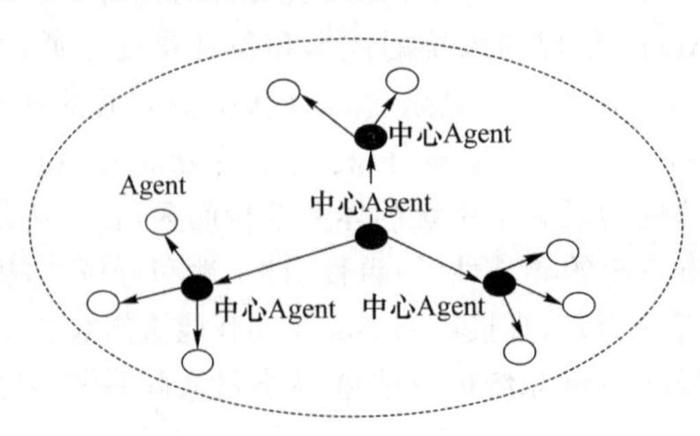

图 8-5　集中式结构的示意图

(2) 分布式结构

分布式结构中各 Agent 无主次之分,所有个体的地位都是平等的,如图 8-6 所示。Agent 的行为取决于自身状况、当前拥有的信息和外界环境,此结构中可以存在多个中介服务机构,为 Agent 成员寻求协作伙伴时提供服务。采用分布式结构的系统具有较大的灵活性、稳定性,但是由于每个 Agent 根据局部和不完整的信息做出决策和采取行动,因此难以统一 Agent 的行为。分布式结构适用于动态复杂环境和开放式系统。

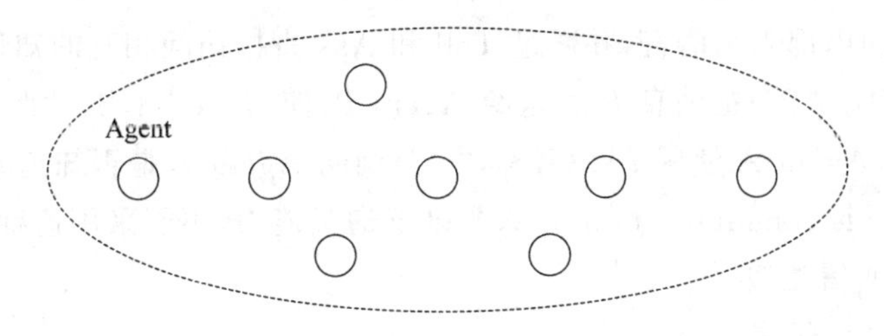

图 8-6　分布式结构的示意图

(3) 层次式结构

为了平衡集中式结构和分布式结构的优点和不足,Agent 群体被分为多个层次,其中每个层次有多个采用分布式或者集中式控制的 Agent。相邻层之间的 Agent 可以直接通信,每一层的决策和该层的控制权集中在其上层的 Agent,上层的 Agent 参与控制和协调下层的 Agent的行为、资源共享和分配,以及管理。分层式结构具有局部集中和全局分散的特点,适应分布式多 Agent 系统复杂、开放的特性,具有很好的鲁棒性、适应性、高效性等优点,因此该结构目前是多 Agent 系统普遍采用的系统结构。例如,智能物理 Agent 基金(Foundation for Intelligent Physical Agents,FIPA)提出的多 Agent 体系结构分为 4 个层次:消息传输层、管理层、通信层和应用程序层,这种结构标准已得到广泛应用。

综上所述,用多 Agent 技术进行控制,建立体系结构的目标是通过各 Agent 之间的协调协作解决大规模的复杂问题。因此,我们可以根据工作环境和不同的任务要求设计多 Agent 系统的体系结构,使系统对环境和外部干扰具有很强的鲁棒性、自适应性、自组织能力。

8.3　多智能体系统的通信

通信是多个 Agent 协同工作的基础,个体之间的信息交换和协调协作都是通过 Agent 之间的通信完成的。Agent 通过通信改变其他 Agent 的心智状态从而使其采取相应的动作,因此通信是它的社会性的体现。从一定角度来看,通信是 Agent 之间思维状态的传递。

两个 Agent 之间的通信过程如下:

① 发送方将自己的思想翻译成通信所用的语言格式;

② 发送方将数据的语言格式加载到通信传播媒体中;

③ 传播载体到达接收方;

④ 接收方读取载体中的语言代码;

⑤ 接收方在思维空间中将语言代码按其格式翻译为思想,从而获悉发送方的意识状态。

8.3.1 通信类型和方式

Agent 的通信类型分为两类：一类是分享相同内部表示语言的 Agent，它们无需外部语言就能实现通信；另一类是无需做出内部语言假设的 Agent，它们以共享英语子集作为通信语言。

(1) 使用 Tell 和 Ask 通信

Agent 分享相同内部表示语言，并通过 Tell 和 Ask 直接访问相互的知识库。例如，Agent A 可以使用 Tell(KB_B,"P")把消息 P 发送给 Agent B，使用 Tell(KB_A,"P")把 P 添加到自己的知识库。类似地，Agent A 使用 Ask(KB_B,"Q")询问 Agent B 是否知道 Q。这样的通信称为灵感通信(telepathic communication)。人类缺乏通灵能力，不能采用这种通信，但机器人编程时可以使用这种通信类型。

(2) 使用形式语言通信

大多数 Agent 的通信是通过语言而不是通过直接访问知识库实现的。有的 Agent 可以执行表示语言的行为，有的 Agent 可以感知这些语言。外部通信语言可以与内部表示语言不同，并且每个 Agent 都可以有不同的内部语言。只要每个 Agent 能够可靠地从外部语言映射到内部表示语言，Agent 就无需统一内部符号了。

Agent 之间的通信方式基本上可以分为黑板和消息/对话 2 种方式。

(1) 黑板方式

在多 Agent 系统中，黑板提供公共工作区用于存放数据、知识、问题、中间结果等内容，以方便各个 Agent 进行存取。发送消息的 Agent 将消息放在黑板上，其他 Agent 从黑板上读取信息，它们将黑板作为共享媒介完成信息交换，而不需要直接通信。黑板系统可用于任务共享系统和结果共享系统，因此 Agent 不一定必须掌握其他 Agent 的大量信息。但是随着 Agent 数目的增加，黑板中的数据会迅速增加，Agent 访问黑板时要从大量信息中搜索感兴趣的信息，影响访问速度。通过采用恰当的结构可以提高信息检索速度。

(2) 消息/对话方式

消息/对话方式是一种点对点的通信方式。采用消息/对话通信方式能实现复杂的协调协作，其中各 Agent 使用规定的协议交换信息。发送消息的 Agent 把特定消息发送给接收 Agent，只有指定的接收 Agent 才能读取该信息。这种点对点的通信方式要求事先知道对方的信息，如名字和地址。两个 Agent 之间直接交换信息，没有缓存。为了支持协作策略，通信协议必须明确规定通信过程、消息格式和选择通信语言。Agent 之间的通信是知识级的通信，通信双方必须知道通信语言的语义。广播式通信可以看作点对点通信的扩展，即 Agent 通过广播方式把消息发送给所有的 Agent。消息/对话方式是一种较为规范化的通信方式，因此目前的多 Agent 系统大都采用此种方式。

8.3.2 通信语言

哲学家和语言学家用言语行为理论说明人类通过自然语言进行交流的活动，鉴于此，计算机和人工智能专家通过对其扩充进行 Agent 之间的通信。言语行为理论(speech act theory)最初是由英国语言哲学家奥斯汀(Austin)在 20 世纪 50 年代提出的，后来在他的学生舍尔

(Searle)的不断总结、创新和规范下,成了一个系统。言语行为理论的基本思想是,言语不仅可以用于表达世界中的事物,还可以用于改变世界的状态。也就是说,我们说话亦是在实施某种行为。根据言语行为理论,一个言语通常可以完成3种行为:言内行为、言外行为和言后行为。

① 言内行为(locutionary act)是说出词、短语和分句的行为,它是通过句法、词汇和音位表达字面意义、信息和某种思想的行为。

② 言外行为(illocutionary act)是表达说话者的目标或意图的行为,它是使用语句完成某种非语言的行为。

③ 言后行为(perlocutionary act)是通过语句实施或导致的行为,它是话语产生的后果或引起的变化,它是通过说话完成的行为。

在Agent通信研究过程中,言语行为被认为是Agent对外部环境和其他Agent动作的结果。我们最关心的是言语行为的言外行为部分,它是言语传递的关键,当前大多数的Agent通信语言都基于言外行为。目前,KQML和FIPA-ACL是多Agent研究中最重要的两种通信语言,它们都是基于言语行为的理论。

(1) KQML及KIF

知识询问与操作语言(Knowledge Query and Manipulation Language,KQML)及知识交换格式(Knowledge Interchange Format,KIF)是由美国高级研究计划局(ARPA)的知识共享计划(Knowledge Sharing Effort)提出的两种相关的Agent通信语言。1997年,T. Finin和Y. Labrou提出了一种KQML新规范,在KQML消息的句法和保留的执行参数方面变化很小,但是在保留的消息类型集、含义和使用方面变化较大。KQML规定了Agent之间传递信息的格式以及消息处理协议,为多Agent系统通信和协作提供了一种通用框架。KQML提供了一套标准的Agent通信原语,使所有利用这种语言的Agent都能够进行交流和共享知识,并且在其上可以建立Agent互操作的高层模型。

从概念上,KQML是一种层次结构型语言,它包括3个层次:通信层、消息层和内容层。通信层描述了与通信双方有关的通信参数,包括发送者、接收者、与此次通信相关的唯一标志、同步等。消息层是KQML语言的核心,规定了与消息有关的言语行为的类型。消息层的基本功能是确定传送消息所使用的协议,并由发送方提供与内容相关的行为原语,以指明消息的内涵是确认、命令、询问还是其他原语类型,以便KQML对要传递的内容进行分析、路由和发送。内容层记录了消息包含的实际内容,由程序自己的表示语言表示,支持ASCII码语言和二进制符号,通常以KIF为语法对需要传输的知识进行编码。

KIF并非消息本身的语言,而是为KQML消息的内容部分提供的一种语法格式。KIF严格基于一阶谓词逻辑演算,在语法上类似于LISP。采用KIF知识交换格式时,Agent可以表示某个对象有某个特性、对象之间的某种关系和全体对象的共性。KIF的表达式可以是单词或表达式的有穷序列,单词分为变量、常量和操作符,因此其表达式有4种类型:术语、句子、规则和定义。KIF提供了这些基本结构以及一阶谓词逻辑的常用连接词、全称量词和存在量词(如and、or、not、exists)、常用的数据类型以及一些标准函数。

(2) FIPA ACL

FIPA致力于推进Agent的应用、服务和设备的成功实现。目前,FIPA发布了FIPA 97、

FIPA 98 和 FIPA 2000 等规范。FIPA 规范规定了 Agent 平台的组成及 Agent 间通信的结构。FIPA 97 只研究静态 Agent，主要包括 Agent 管理、Agent 通信语言（ACL）和 Agent 软件集成等。FIPA ACL 基于言语行为理论，将 Agent 之间传送的消息看作通信行为，即用消息表示 Agent 动作，通过处理接收到的消息执行活动。FIPA ACL 可用于支持和促进 Agent 的行为，如目标驱动行为、动作过程的自主决定、协商和委托、心智状态模型等。FIPA ACL 定义的消息主要组成元素包括通信消息协议、发送 Agent 标识符、接收 Agent 标识符、消息内容、消息内容语言和消息本体论等。描述消息内容的语言可以用语义语言（Semantic Language，SL）、VB、Java 等语言表示，例如：

```
(inform
    :sender agentA
    :receiver agentB
    :content (price desk 10)
    :language sl
    :ontology hpl-auction
)
```

上述消息的第一个元素是确定通信的动作和定义消息的主要含义，接着是一系列由冒号开头的参数、关键字引导的消息参数，包括消息内容、消息发送者、消息接收者等。参数 language、ontology用于帮助接收者解释消息的含义。FIPA ACL 语言中最重要的两个原语是 inform 和 request，其他的语用词则是在这两个原语的基础上定义的。

无论是 KQML 还是 FIPA ACL，都有自身的局限性，学者们在应用的过程中也在不断进行改进或提出新的解决方案。此外，还有一些其他语言陆续出现。尽管如此，目前这两种语言标准仍然代表着 Agent 通信领域的主流方向。

8.4 多智能体系统的协调与协作

多 Agent 系统主要研究功能相对简单的 Agent 之间的智能行为的协调，为了共同的全局目标或各自的不同目标，共享有关问题和求解方法的知识，协作进行问题求解。与分布式问题求解系统不同，多 Agent 系统采用自底向上的设计方法，首先定义分散的自主或半自主的 Agent，然后研究怎样完成实际任务。多 Agent 系统具有较大的灵活性，更能体现人类社会群体的智能，适用于开放的和动态的环境，在电力系统、电子商务、机器人学、智能信息检索、虚拟现实、军事等领域有着广泛的应用。协调和协作是发挥多 Agent 系统优势的关键，是多 Agent 系统的两大特征，其中协作是正向特征，协调是反向特征。

8.4.1 协调与协作的概念

协调（coordination）是指一组 Agent 完成一些集体活动时相互作用的性质。协调的作用一般是改变 Agent 的意图，对其目标、资源进行协调以保证合作有序进行。协作(cooperation)是非对抗 Agent 之间保持行为协调的特例。研究者们以人类社会为范例研究多 Agent 的交互行为。在开放动态的环境下，Agent 必须对其目标、资源进行协调，否则会出现资源冲突甚至死锁现象。另一方面，由于单个 Agent 的能力和知识的局限性，单 Agent 不能独立完成目标，需要其他 Agent 的帮助，于是多 Agent 之间的协作变得不可或缺。如果多 Agent 之间没有协调和协作，Agent 群体就变为各自为政的乌合之众。可以说，研究 Agent 间的协调与协作是研究和开发基于 Agent 的智能系统的必然要求。

Agent 之间的协作是保证多个 Agent 能在一起工作的关键，也是区别多 Agent 系统与其他相关研究领域(如分布式计算、面向对象的系统、专家系统等)的关键概念之一。协作不仅扩展了单 Agent 的能力以及多 Agent 系统的整体性能，还使系统具有更高的灵活性和鲁棒性。协作过程可以分为 6 个阶段：

① 产生协作需求、确定目标；

② 协作规划、求解协作结构；

③ 寻找协作伙伴；

④ 选择协作方案；

⑤ 按协作或交互协议进行协作以实现目标；

⑥ 结果评估。

协作需求的产生，一方面源于 Agent 相信协作能带来好处，如提高效率、扩展能力等，从而产生协作愿望；另一方面来自 Agent 在交流过程中认识到通过协作可以实现更大的目标。协作的各个 Agent 不是孤立存在的，它们相互依赖，必须遵循预定的社会规范，不能逾越或破坏这些规范。这种既各自独立又相互依存的关系使协作成为可能。

8.4.2 协调与协作的方式

协调是多个 Agent 为了以和谐一致的方式工作而进行的交互过程。协调的目的是避免 Agent 之间的死锁或活锁。死锁指多个 Agent 互相等待而无法进行下一步的动作；活锁指多个 Agent 不断工作却无任何进展。多个 Agent 联合行动时协调各自的知识、目标、策略和规划主要涉及两个基本内容：有限资源分配和中间结果通信。为了实现协调，可以采用集中规划方法、基于合同网的协商方法、基于对策论方法和基于社会规范的协调方法等。

协调与协作是多 Agent 系统运行过程中面临的同一个问题的两个方面，它们互相区别，又彼此联系。协作能够起正向增强作用，也会带来反向或负面的影响，这需要通过协调解决。下面介绍几种典型的多 Agent 协作方法。

1. 合同网

合同网(contract net)方法实质上是一种基于协商的多 Agent 协作方法，是所有协作方法中最著名和应用最广泛的方法，由 Smith 于 1980 年提出。合同网的基本思想是：采用市场机制进行任务分解、招标、投标、评标、中标和签订合同实现任务分配。在招/投标过程中，利用通信机制对每个任务的分配进行协商，避免资源、知识等的冲突。合同网系统的协商过程如图 8-7所示。

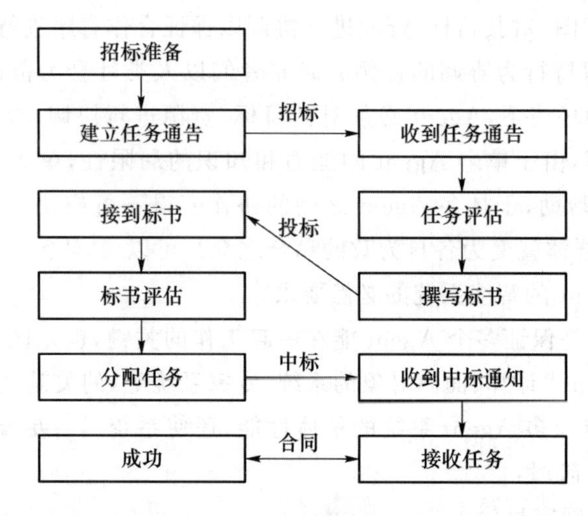

图 8-7 合同网系统的协商过程

所有 Agent 都扮演着 2 种角色:管理者和工作者。Agent 的角色不需要预先规定,而是在运行过程中根据情况动态地变换,即任何 Agent 既可以作为管理者进行招标,也可以作为工作者参与投标。当工作者 Agent 无法独立完成所承担的任务时,它可作为下一级管理者进一步划分子任务,并采用招/投标的方式,选择合适的 Agent 来共同完成这个任务。合同网既是一种组织结构,也是一种协调协作策略。它适用于解决那些任务能够独立分解且子任务之间不存在相互作用的问题。

在采用合同网的多 Agent 系统中,管理 Agent 以广播方式将招标信息发送给所有其他 Agent,并且所有 Agent 都可以参加投标。这要求大量的通信和丰富的资源,因为管理者不仅要与工作者频繁通信,还要评价大量投标,实际情况往往是仅少部分 Agent 中标,从而造成资源浪费。目前,研究者们提出了各种改进措施,例如,管理者 Agent 仅保存部分其他 Agent 的信息以缩小招标范围、利用以前求解问题的方法等。

2. 熟人模型及关系网

熟人模型源于对人类社会关系网结构的观察。Roda 和 Jennings 等首先提出了熟人模型以解决协作 Agent 联盟的形成问题。熟人模型中设计了一个自我模型专门用来表示 Agent 自身的信息,以及一个熟人模型专门用来表示其他 Agent 的资源和能力方面的信息。当确定协作 Agent 时,它优先考虑熟人并进行评估,从中选择最适于合作的 Agent 以提高协作效率。熟人模型降低了系统通信开销,但增加了建立和维护熟人模型所需要的系统资源。研究者们在熟人模型的基础上进行改进,提出了各种改进的熟人模型,如 Tri-Base 熟人模型、复合模型等,以适用于实际系统开发,提高系统性能。陈刚等通过构造 Agent 社会关系网模型解决了多 Agent 系统通信代价和资源开销问题,该方法采用了一种完全分布的方式访问和维护 Agent信息,每个 Agent 结点只需在内部建立和维护一个最近经常访问的熟人通信录,Agent 的选择以及 Agent 之间的任务协商都是在 Agent 社会关系网上实现的。

3. 基于学习的方法

在开放的动态环境下,Agent 需要具有在短时间内快速学习和协调的能力,以满足实时控制的要求。多 Agent 系统的动态性表现以下几个方面:

① 外界环境的动态变化特点;

② Agent 事先不具备领域知识,需要在和其他 Agent 交互的过程中逐步获得;

③ 每个 Agent 不能完全掌握其他 Agent 的行为。

Agent 的学习能力表现在:在追求一个共同目标的过程中,Agent 之间相互通信并互相影响,在学习过程中受到其他 Agent 的知识、信念、意图等的影响,学习其他 Agent 的行动策略后做出最优决策。在合作的多 Agent 系统中,Agent 的动作选择建立在对环境和其他 Agent 状态了解的基础上,因而 Agent 需要不断学习。学习内容包括环境中 Agent 的数量、通信方式、协调策略、环境变化等。学习方法有强化学习、贝叶斯学习等。

强化学习是一个在没有监督的情况下,通过与外界环境交互获得最优解的学习过程。单 Agent 的强化学习示意图如图 8-8 所示。多 Agent 学习是单 Agent 学习的扩展和推广,但比单 Agent 学习复杂得多。在基于强化学习的协作多 Agent 系统中,Agent 选择一个动作作用于环境,改变环境的状态并获得环境给予的奖励信号,Agent 根据强化信号和当前的环境状态再选择下一个动作,并反复执行这一过程,最终获得在任意环境状态下的最佳动作策略。强化学习主要有 4 个组成要素:策略、奖励函数、状态值函数和环境模型。强化学习过程就是一个实现从环境到行为映射的学习过程,Agent 的目标是寻找一个最优的策略使得总收益达到最大。强化学习结合一定的协调机制最终达到协作的目标。

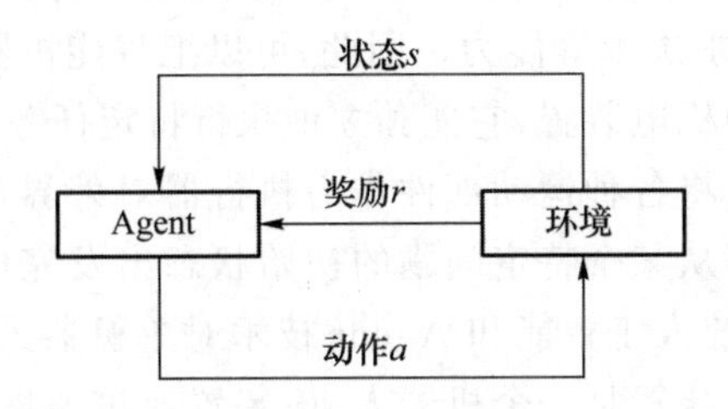

图 8-8 单 Agent 的强化学习示意图

4. 对策论方法

对策论方法主要对理性 Agent 的决策和相互作用进行阐述,适用于有通信和无通信两种情况。Rosenschein 最早提出了基于对策论的协商模型,最早应用对策论分析了多 Agent 系统的协商过程。他提出,理性 Agent 即使在没有通信的情况下也可以根据自己及其他 Agent 的效益模型,按照对策论选择合适的行为。无通信的理性 Agent 的协调使用 Nash 平衡解,可以进行有效协调但不能实现协作。而在基于对策论的有通信的多 Agent 的协调中可以得到协作解。参与协商的各个 Agent 为了寻求自身的最优值或最大效益,相互之间是竞争与协作的互赢过程,即各 Agent 按照一定策略响应其他 Agent 反馈回来的效益值,并将自身的最大效益反馈给其他 Agent,最终形成的协商结果也是决策的最优解。

5. 基于规划的方法

多 Agent 规划有 2 种规划方式:集中规划和分布规划。在集中规划中,至少有一个 Agent 具备其他 Agent 的知识和能力,它对系统目标进行分解,规划每个 Agent 应执行的任务,并由下属 Agent 执行其被分配的相关工作。该方法建立在待解问题的全局模型之上,适用于环境和任务相对固定和需要集中监控的情况。分布规划的代表是由 Durfee 提出的部分全局规划(PGP):首先由每个 Agent 创建局部规划以求解被指派的任务,然后 Agent 之间进行通信并交换各自的规划,创建部分局部规划,最后通过不断修改和优化部分局部规划得到规划结果。

还有一些其他的多 Agent 协作方法,如基于黑板模型的方法、基于生态学的协作、基于社会规则的方法等,这些协作方法的应用都在一定程度上有助于大型复杂问题的求解,为研究多 Agent 之间如何交互以完成特定的任务或达到特定的目标提供了更广阔的思路。当前,多

Agent系统出现了一些新的研究方向,如面向涌现的多 Agent 系统研究,该研究不仅关注Agent之间的交互、协作等局部行为问题,还关注多 Agent 系统在宏观层面的涌现性问题以及系统涌现的宏观与微观层面的联系机制,分析面向涌现的多 Agent 系统设计方法。

8.5 智能体及多智能体技术的应用

随着 Agent 技术的理论日渐成熟,关于 Agent 技术实际应用的研究不断丰富。目前,Agent及多 Agent 技术在机器人学、电力系统、工业过程控制、电子商务、教育、信息网络等领域都有用武之地,并且其应用领域仍在不断扩展。

8.5.1 智能体及多智能体技术应用

1. 机器人学

机器人学是人工智能的一门应用性技术学科,智能机器人具有自主性、交互性、自适应性等特点以及自学习、推理-规划-决策等能力。因此,可以把智能机器人当作一类 Agent。

众所周知,机器人是一种机电装置,它能独立地执行特定任务。它通过自身的传感设备感知外界信息和检测自身状态,将各种运动部件作为执行器对外界产生影响。单机器人规划问题实际上是一种问题求解,即从某个特定问题的初始状态出发完成一系列操作以达到解决问题的目标。我们可以结合传统人工智能和 Agent 技术对单机器人的内部结构、推理和决策进行研究。例如,一个自动灭火装置是一个机器人,该装置通过温度传感器感知火源,利用自动喷水设备对准水源灭火以完成灭火的目标。该灭火装置可设计为一个具有自主性、适应性、协调性等特征的行为实体,即一个 Agent。

2. 智能信息检索

随着互联技术的快速发展和网络资源管理的日趋复杂,如何高效、充分地使用网络信息资源已成为信息领域面临的重要课题。智能信息检索成为检索研究领域的主流课题,而 Agent 技术正好可以满足这方面的需要,因此基于 Agent 的智能检索技术迅速发展起来。在一个基于 Agent 的智能网络信息检索系统中,根据系统的不同要求可能会产生多个不同功能的 Agent,例如,用户 Agent 通过兴趣偏好和信息反馈训练形成用户个性化模型,实现个性化服务;Web 服务 Agent 为用户访问检索服务提供 Web 接口,并接收检索 Agent 返回的检索结果显示给用户;检索 Agent 是系统的核心模块,用于接收 Web 服务 Agent 传递的参数,完成信息检索工作;信息过滤 Agent 将网络信息和用户个性化需求进行匹配,体现智能信息检索的优势。

3. 电子商务

随着互联网应用的不断扩大,越来越多的人看好互联网上的商业机会。商业网站利用Agent技术向用户提供建议,对用户实行因人而异的主动服务。电子商务活动使用多个Agent构造一个类似于人类社会的系统,该系统包含顾客 Agent、订购 Agent、销售 Agent、供应商Agent、管理 Agent 等。顾客 Agent 代表买家,接受顾客对商品的需求信息并进行分析和处理;订购 Agent 负责查找商店,寻找满足顾客需求的商品,需要一些订购策略;供应商 Agent 代表卖方,分析不同用户的消费习惯,向潜在用户群主动推销特定商品。这些 Agent 之间使用消息/对话通信方式协作完成商务活动,组成一个电子商务的多 Agent 系统,并具有一定程度的智能性。

4. 计算机网络

网络环境下的移动 Agent 能够从一个结点移动到另一个结点，并代表用户执行任务。移动 Agent 可以在异构的软硬件环境中自由移动，但仅限于客户机范围内，而服务器中的 Agent 是不能移动的。由移动 Agent 组成的多 Agent 称为移动多 Agent 系统，既具有移动 Agent 的优势，又有多 Agent 的优势，在互联网中有广泛的应用。例如，网络上的移动 Agent 可以代表用户处理远程业务，如一个会议召开前，移动 Agent 可以代表与会者交互协商一个共同认可的会议日程表。又如，扩展多 Agent 电子商务系统，令原多 Agent 系统中的顾客 Agent、供应商 Agent 具有移动功能，使电子商务的功能更强大。

8.5.2 多智能体系统实例——RoboCup 竞赛机器人

多机器人系统是由许多异构或同构的自治机器人组成的系统，主要研究群体体系结构、感知、通信、学习、协调与协作机制等问题。多 Agent 的组织结构、通信机制、协调与协作方法等多 Agent 理论的研究成果可应用于多机器人系统，如机器人足球比赛就是一个典型的多 Agent系统。二者虽然在研究对象上存在差别，但它们之间有着本质的联系。

机器人世界杯足球锦标赛 RoboCup 是国际上一项非常具有影响力的机器人足球比赛，自 1997 年首次举办以来，每年举行一届。RoboCup 包含许多类型的比赛，如机器人足球、搜索与救援，每类又分为计算机仿真组比赛和实物组比赛。目前参加仿真组比赛的队伍数目最多，这就使研究人员避开了诸如目标识别、硬件设计等机器人底层问题，使研究人员能够集中精力研究多 Agent 之间的协作、对抗、学习、实时推理-规划-决策等高层次问题。同时，RoboCup 为多 Agent 系统理论应用于实际环境提供了实验平台，可以检验各种多 Agent 算法和体系结构，研究多 Agent 间的合作和对抗问题。

第一，考虑 RoboCup 机器人足球比赛的世界模型。机器人足球比赛是一个动态变化的环境，机器人处理的信息是实时变化和不确定的，这些体现在：

① 机器人仅能得到视野范围内的有限感知信息，得到的世界信息是非完整的；

② 球场上的球员和球的状态不断变化，因此对每个机器人来说，外界环境在动态变化，无法预知；

③ 为了逼真地模拟实际比赛中的世界复杂性，引入物体随机移动、感知信息和执行机构的不确定性等；

世界模型的更新必须准确、及时，结合 Agent 获取的感知信息以及对执行动作的预测更新世界模型，必要时还会对其他球员和足球进行预测。

第二，考虑单个机器人的结构和能力。每个足球机器人的组成结构包括：决策模块、控制与协作模块、实时动态路径规划模块、通信模块、传感模块和执行机构等。参赛的每个机器人都被视为一个具有基本行为的 Agent，除了具有跑位、传球、截球、带球、断球、射门等个体技能，还具有决策能力、合作能力、学习能力和通信能力等高层技能。

① 个体技能：对应于人类足球队员的个人基本能力。

② 决策能力：根据比赛情况进行实时决策，决定下一步的目标的能力。

③ 合作能力：与其他队员合作共同完成目标的能力。

④ 学习能力：通过学习来判断对方的行为、优化个体行为的能力。

⑤ 通信能力：与本队的其他队员完成信息交换的能力。

机器人接受高层复杂策略生成的子任务,将其进一步规划为具体的行为序列,作用于世界,并把内部工作状态和执行的重要结果发送至数据库。Agent的底层动作(如跑位、传球、截球、带球、断球、射门)是实现高层复杂策略的基础,可采用几何方法对运动模型进行解析计算,也可采用智能算法进行场景训练,实现如带球、传球这类基本行为。根据所编的队形,机器人角色分为前锋、中锋、后卫和守门员。其中,前锋负责进攻、射门、抢球、传球,中锋负责为前锋传球、抢球、射门防守,后卫负责防守、抢球,守门员负责守门。

第三,讨论机器人的高层决策和个体之间的合作与竞争。

参赛双方均为机器人群体,比赛是两个机器人群体的对抗,每个机器人都尽自己最大的努力将球踢进对方球门而得分。RoboCup仿真机器人足球比赛对每个Agent采用分布式控制,相当于每个Agent都有自己的大脑,独立地根据场上的形势做出决策,采用灵活的协作机制处理动态环境下的复杂性和不确定性。一直以来,仿真机器人足球比赛的竞争与合作都是机器人领域和人工智能领域的研究热点,需要解决的问题有任务分配、协作策略的学习、实时推理-规划和及时的动作决策等。由于比赛双方的形势时刻都在变化,因此每个机器人必须及时变换自己的角色,重新组织队伍或布局。仿真系统根据球场形式构造球队的站位、队形和队员的行为模式,以实现球队在比赛过程中的协调。国内外学者对仿真足球机器人的协作机制进行了研究,取得了很多成果。例如,采用决策树方法对球员的基本动作和高层决策进行训练、提出分层学习的学习框架、采用强化学习进行行为策略的学习等。

多Agent系统理论的研究为RoboCup多机器人的协调与协作提供了理论基础,同时,RoboCup为多Agent系统理论应用于实际提供了一个理想的仿真和实验平台,促进了机器人学、人工智能、多Agent系统、模式识别等其他学科的发展。

8.6 本章小结

Agent是一个抽象概念,可以看作一个程序或一个实体,它通过感知器感知环境,通过执行器自治地作用于环境并满足设计要求。本章首先介绍了Agent的概念和结构;然后,详细介绍了多Agent系统的体系结构、通信机制和协调协作等内容;最后,介绍了Agent和多Agent技术的新发展与应用前景,并给出了多Agent的应用案例。当前,多Agent系统已经引起了许多学科的研究者的高度重视,未来也将会取得更加丰硕的成果。

8.7 习题

1. 简述Agent的基本含义及其特性。
2. 简述Agent的结构类型及各类型的特点。
3. 言语行为理论的基本思想是什么?说明Agent的通信语言有哪些。
4. 简述多Agent系统的体系结构类型。
5. 简述多Agent系统的协调、协作的含义,以及各自的工作方式。
6. 选择一个你熟悉的领域,简述该领域在单Agent或者多Agent技术方面的详细应用实例。

第9章 人工智能在电力系统中的应用

随着电力系统规模的增长和电力市场化进程的不断推进，人们对电网可靠性和供电质量的要求不断提高，希望未来电网能够提供安全、可靠、经济、灵活的电力供应，适应用户自主选择的需要，提高电网资产利用率。人工智能技术在电力系统领域有广阔的应用前景，为实现电力系统的信息化、自动化和智能化提供了重要的技术支撑。智能电网是将信息技术、通信技术、计算机技术和原有的输、配电基础设施高度集成而形成的新型电网，具有供电安全可靠、输电网电能损耗低、能源利用率高、环境影响小等优点，符合人们对未来电网的要求。人工智能技术在电力系统建设中发挥了重要作用，在电力系统故障诊断、系统状态监测、系统运行与控制、用电行为分析、管理规划等方面都有出色的表现。

9.1 人工智能在电力系统故障诊断中的应用——专家系统

当电力系统发生故障时，需要工作人员迅速准确地判别故障类型和故障位置，及时处理故障，从而恢复电力系统的正常运行。随着电力系统规模的不断扩大，故障诊断的难度不断加大，而专家系统将大量人类专家的知识和推理方法集成到计算机程序中，能够根据实时获取的监测信息推断出故障原因，并及时给出排除故障的方案，实现自动监测与故障诊断。目前，专家系统已成为电力系统故障诊断应用中使用最多的人工智能技术。

9.1.1 电网故障诊断原理

电力系统是由发电设备、变压器、输配电线路和用电设备等诸多单元组成的复杂非线性动态系统。电力系统运行中不可避免地会出现故障，包括：雷电、台风、大雪等自然灾害造成的输电线路短路或电力设备受损，电力设备绝缘老化造成的短路，以及工作人员操作不当导致的停电事故等。发生故障后如果不及时恢复供电，则有可能造成巨大的经济损失和严重的社会影响。随着电网的不断发展和电力的市场化，人们对电网的安全性和可靠性要求越来越高。当前，电力系统设备日趋复杂化、智能化和光电一体化，电网规模不断扩大，电网互连结构愈加复杂，发生事故的因素增加，调度人员的事故处理工作也变得愈发困难，传统的诊断技术已经不再适用于现代电力系统。由于人们对电能的依赖性越来越大，对停电事故的可接受性越来越低，因此电力供应的可靠性和故障发生后的故障处理及时性成为评价电力系统性能的重要指标。

目前,复杂系统的智能诊断是智能技术研究的一个热点,电力工作者致力于开发先进、准确、高效的自动故障诊断系统:一旦电力系统发生故障,在无需或仅需少量人为干预的条件下,系统中保护装置的动作信息就会被自动传递给调度中心,接着故障诊断和恢复系统自动判断故障原因以及故障发生的具体位置,即可实现网络中问题元器件的隔离或使其恢复正常运行,以最小化或避免用户的供电中断,即实现电力系统的自愈或自修复,从而保证电网安全可靠的运行。电力系统故障诊断可主要分为元件故障诊断和系统故障诊断。元件故障诊断是指对系统运行中发生故障的电气元件进行故障分析,以快速而有效地切除故障或发出报警信号。调度中心根据数据采集监控系统(Supervisory Control and Data Acquisition,SCADA)搜集到的保护装置和开关变位信息,利用掌握的故障信息以及其他电网运维单位提供的分析结果给出最后的故障分析报告,辅助调度员做出合理的运行决策。

系统故障诊断即电网故障诊断,是指在调度中心进行的系统级别的故障诊断,其目标是在电力系统发生故障时,根据获得的各种故障信息,判定故障区域和故障类型,评价保护动作行为,为调度员决策提供依据。从一次系统的故障看,电力系统故障有线路故障、变压器故障、发电机故障等元件故障;从二次系统的故障看,电力系统故障可粗略地分为保护系统、信号系统、测量系统、控制系统及电源系统 5 类故障。下面以电网故障诊断为例,介绍基于贝叶斯网络的电力系统故障诊断。

针对图 9-1 所示的简单电力系统模型,考虑电力系统元件为输电线路、母线和变压器。通常,电力系统继电保护是三段式(Ⅰ、Ⅱ、Ⅲ段)的:Ⅰ段是主保护,即 100%确定性保护(高频保护、距离Ⅰ段、零序电流Ⅰ段);Ⅱ段是第一后备保护(距离Ⅱ段、零序电流Ⅱ段);Ⅲ段是第二后备保护(距离Ⅲ段、零序电流Ⅲ和Ⅳ段)。

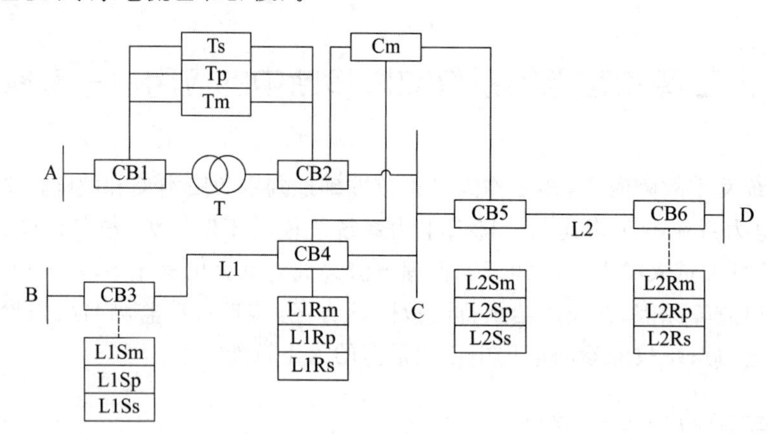

图 9-1　简单电力系统模型

1. 线路保护

线路两端都各有主保护和 2 个后备保护,如线路 L1 两端的主保护分别为 L1Sm 和 L1Rm,后备保护分别为 L1Sp、L1Ss 和 L1Rp、L1Rs。对于 L1 的左端:

① 主保护 L1Sm 只保护线路本身,其一般保护线路 80%～85%的范围,例如,当 L1 故障时,L1Sm 动作跳开 CB3;

② 第一后备保护 L1Sp 的保护范围是本线路全长,并且不超过下一线路的距离Ⅰ段保护范围,它是主保护 LISm 的后备保护,当主保护未动作时,该保护动作切除故障,例如,如果 L1 故障而 L1Sm 未动作,那么 L1Sp 动作跳开 CB3;

③ L1Ss 是第二后备保护，它一般在相邻元件故障的情况下做出保护动作，例如，当相邻元件——母线 C 发生故障并且保护未动作时，L1Ss 作为后备保护动作切除故障，即 L1Ss 动作跳开 CB3。

上述的三段式保护动作中每一段的结果都是触发断路器 CB3 跳闸。线路 L1 右端的三段式保护与左端类似。

2. 母线保护

母线保护一般只有主保护，只保护母线本身。母线保护动作时会跳开与该母线相连的所有断路器。例如，当母线 C 故障时，母线保护 Cm 动作触发断路器 CB2、CB4 和 CB5 跳闸。

3. 变压器保护

如图 9-1 所示，变压器保护一般也是三段式的，分别为 Tm、Tp 和 Ts。其中，主保护 Tm 只保护变压器本身，Tm 动作时跳开其两端的断路器；第一后备保护 Tp 也只保护变压器本身，当 T 故障而 Tm 未动作时，Tp 动作跳开 CB1 和 CB2；第二后备保护 Ts 用于在相邻区域故障而该区域保护未动作时，保护变压器，如当母线 C 故障而 Cm 未动作时 Ts 跳开 CB2，当母线 A 故障而 Am 未动作时 Ts 动作跳开 CB1。Tm、Tp 和 Ts 保护动作的结果都是触发断路器 CB1 和 CB2 跳闸。

目前，电网故障在线诊断主要是对各级各类保护装置产生的报警信息、断路器的状态变化信息以及电压电流等电气量测量的特征进行分析，根据保护动作的逻辑和运行人员的经验来推断可能的故障区域，从而确定故障元件、识别误动和拒动的断路器和保护装置。

9.1.2 专家系统的结构

专家系统(expert system)是一种模拟人类专家解决领域问题的计算机程序系统，它使用知识和推理过程求解那些需要人类专家的知识才能解决的复杂问题。不同于传统的计算机应用程序，专家系统是一个智能程序系统，它内部含有相关领域的大量专家级知识，能够借鉴人类专家解决问题的经验方法进行推理和判断，解决领域内的高水平难题。专家系统具有启发性、透明性、灵活性、专家级水平的专业知识和不确定推理等特点，通过引入人工智能和计算机的新思想和新技术，专家系统的种类逐渐丰富起来，能够很好地解决实际问题。

专家系统的结构是指专家系统的各个组成部分及其组织形式。在实际使用中，各个专家系统的结构可能略有不同，但一般都包括知识库、推理机、数据库、知识获取机构、解释机构和人机接口这 6 个部分，它们之间的相互关系如图 9-2 所示。

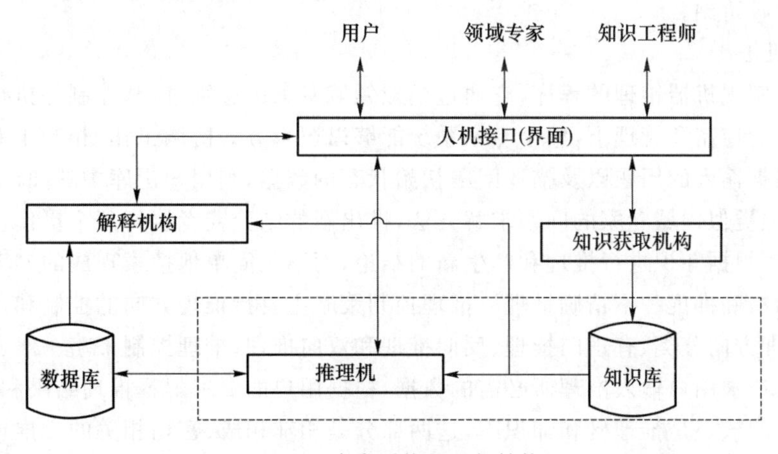

图 9-2 专家系统的一般结构

专家系统的基本工作过程:用户通过人机界面回答系统的提问,推理机将用户输入的信息用知识库中的知识进行推理,不断地由已知的前提推出未知的结论(中间结果),并将中间结果放到综合数据库中,最后将得出的最终结论呈现给用户。专家系统在运行过程中,会不断地通过人机接口与用户进行交互,向用户提问,并为用户做出解释。知识库和推理机是专家系统的核心部分,其中知识库存储解决某领域问题的专家级水平的知识,推理机根据环境从知识库中选择相应的专家知识并按一定的推理方法和控制策略进行推理,直至得出相应的结论。

下面简要介绍专家系统的各主要部分。

1. 知识库

知识库中的知识来源于知识获取机构,同时为推理机提供求解问题所需要的知识。专家知识是指特定问题领域的知识,如在医学领域,把医术高明的医生的医疗实践经验进行分析、归纳、提炼并以某种模式存储到计算机中,则形成了可以被专家系统使用的专家知识。专家知识是专家系统的基础,如医疗专家系统可以利用专家知识模拟人类专家的治疗过程并给出诊断和治疗建议。知识库中的知识包括概念、事实和规则等。在一个控制系统中,事实包括对象的有关知识,如结构、类型及特征等;规则体现在自适应、自学习、参数自调整等方面;其他的还有经验数据和经验公式,如对象的参数变化范围、控制参数的调整范围及其限幅值、控制系统的性能指标等。一个专家系统的能力很大程度上取决于其知识库中含有的知识数量和质量。

知识库中的知识通常以文件的形式存放于外部介质上,运行时被调入内存。系统通过知识库管理模块实现对知识库知识的存储、检索、编辑、增删、修改、扩充、更新以及维护等功能。构建知识库时,必须解决与知识获取和知识表示有关的问题。知识获取要解决的问题是从哪里获取以及如何获取专门知识;知识表示则要解决如何用计算机能理解的形式表达所获取的专家知识并将其存入知识库中。按照知识获取的自动化程序,目前知识获取主要有手工获取、半自动获取和自动获取 3 种模式。

知识库中的知识可以更详细地分为求解问题所需的专门知识和领域专家的经验知识。专门知识是应用领域的基本原理和常识,可以精确地定义和使用,并为普通技术人员所掌握,是求解问题的基础;专门知识的不足是它不与求解的问题紧密结合、知识量大而推理步小、利用专门知识求解领域问题的效率低等。经验知识是领域专家多年工作经验的积累,是对如何使用专门知识解决问题所做的高度集中和浓缩,能够用于高效、高质地解决复杂问题,但其推理的前提条件比较苛刻。

2. 推理机

推理机是实现机器推理的程序,它通过模拟领域专家的思维过程,控制并执行对问题的求解。在推理机的控制和管理下,整个专家系统能够以逻辑方式协调工作,相当于专家的思维机构。推理机根据输入的问题以及描述问题初始状态的数据,利用知识库中的知识,在一定的推理策略下,按照类似领域专家的问题求解方法,推出新的结论或者执行某个操作。需要注意的是,推理机能够根据知识进行推理和产生新的结论,而不是简单地搜索现成的答案。推理机的推理方法包括精确推理和不精确推理。推理控制策略主要指推理方向的控制和推理规则的选择策略,按推理方向分类,有正向推理、反向推理和双向推理;推理控制策略一般还与搜索策略有关。系统可请求用户输入推理所必需的数据,根据用户的要求解释推理结果和推理过程。

专家系统的核心是推理机和知识库,这两部分是相辅相成、密切相关的。推理机的推理方式和工作效率与知识库中的知识表示方法和知识库组织有关。然而,专家系统强调推理机和知识库分离，且推理机应符合专家的推理过程，与知识的具体内容无关，即推理机与知识库是相对独立的，这是专家系统的重要特征。这种方式的优点在于：对知识库进行修改和扩充时，不必改动推理机，保证了系统的灵活性和可扩展性。

3. 数据库

数据库也称综合数据库、动态数据库、黑板，用于存放求解问题过程中所用到的信息（数据），包括用户提供的原始信息、问题描述、中间推理结果、控制信息和最终结果等。因此，数据库中的内容可以变化而且也是经常变化的，这就是“动态数据库”的由来。开始时，数据库中存放着用户提供的初始事实，随着推理过程的进行，推理机会根据数据库中的内容从知识库中选择合适的知识进行推理并将得到的中间结果存放在数据库中。因此，数据库是推理机工作的重要场所，它们之间存在双向交互作用。对于实时控制专家系统，数据库中除了存放推理过程中的数据、中间结果，还会存放实时采集与处理的数据。数据库为解释机构提供了支持。解释机构从数据库中获取信息，从而为向用户解释系统行为提供依据。数据库由数据库管理系统进行管理，完成数据检索、维护等任务。

4. 知识获取机构

知识获取机构是构建专家系统的关键，负责根据需要建立、修改、删除知识以及进行一切必要的操作，从而维护知识库的一致性、完整性等。有的系统由知识工程师和领域专家共同完成知识获取，即知识工程首先从领域专家那里获取知识，然后通过专门的软件工具或程序将其用适当的方法表示出来送到知识库中，并不断地充实和完善知识库中的知识。通常，知识获取机构自身具有部分学习功能，可以通过系统的运行实践自动获取新知识并添加到知识库中。有的系统还可以直接与领域专家对话而获取知识，使领域专家可以修改知识库而不必了解知识库中知识的表示方法、组织结构等细节。

5. 解释机构

解释机构负责回答用户提出的问题，向用户解释专家系统的行为和结果，使用户了解推理过程及其运用的知识和数据。因此，专家系统对用户来说是透明的，解释机构对于用户来说是一项重要的功能。专家系统的透明性使普通用户了解了系统的动态运行情况，从而更容易接受系统，也便于系统开发者调试系统。解释机构用一组程序跟踪并记录推理过程，通常要用到知识库中的知识、数据库推理过程中的中间结果、中间假设和记录等。当用户提出询问需要系统给出解释时，解释机构将根据问题中的要求分别做出相应的处理，然后通过人机接口向用户输出结果。解释机构对于诊断型、操作指导型等专家系统尤为重要，是专家系统与用户之间沟通的桥梁。

6. 人机接口

为了提供一个友好的交互环境，专家系统都提供了一个人机接口，作为最终用户、领域专家、知识工程师与专家系统的交互界面。人机接口由一组程序及相应的硬件组成，用于完成用户到专家系统、专家系统到用户的双向信息转换。领域专家或知识工程师通过人机接口输入领域知识以更新、完善、扩充知识库，普通用户则通过接口输入待求解问题、已知事实和询问。系统可通过人机接口回答用户提出的问题，或对系统行为和最终结果进行必要的解释。人机接口一般要求界面友好，方便操作。目前，可视化图形界面已广泛地应用于专家系统，因此人机接口可能是带有菜单的图形接口界面。在专家系统中引入多媒体技术，将会大大改善和提高专家系统人机界面的交互性。如果人机接口中含有某种自然语言处理系统，那么它将允许用户用一种有限的自然语言形式与系统进行交互。

在系统内部,知识获取机构通过人机接口与领域专家、知识工程师进行交互,通过人机接口接收专家知识;推理机通过人机接口与用户交互,根据需要不断地向用户提问以得到相应的实时数据,并通过人机接口向用户显示结果;解释机构通过人机接口向系统开发者解释系统决策的过程,向普通用户解释系统行为并回答用户的提问。可见,人机接口对专家系统至关重要。

人机接口需要完成专家系统内部表示形式与外部表示形式的相互转换。输入时,人机接口把领域专家、知识工程师或最终用户输入的信息转换为计算机内部的表示形式,然后将其交给不同的机构进行处理;输出时,人机接口把系统要输出的信息由内部表示形式转换为外部表示形式,使用户容易理解。

9.1.3 电网故障诊断专家系统的设计开发

电网故障诊断专家系统是一个人工智能应用系统,该系统的开发设计既具有计算机应用系统的基本特性,又具有人工智能的特性。从计算机观点看,人工智能应用程序开发需要遵从计算机应用开发的原则。但是考虑到人工智能应用的特殊性,其开发需具备三大要素。

(1) 强大的计算力

计算力是计算机系统整体的计算处理能力。由于人工智能应用中需要替代人类脑力劳动中的顶级思维,因此人工智能应用开发对计算机的计算力要求较高。强大的计算力为人工智能应用开发提供了基础能力。

(2) 高效的算法

强大的计算力仅仅是基础能力,而真正起关键作用的是算法。由于人类脑力劳动中的思维活动在人工智能中表现为算法及基于算法编码而成的应用程序。因此,为了保证智能应用系统的响应速度和解决问题的能力,需要高效的算法。

(3) 大数据

人类大脑的思维活动需要获取外界信息和知识来进行推理,包括演绎推理和归纳推理,它们的量值往往是巨大的。这些参与推理的信息与知识在计算机中均表示为不同类型的数据,且需求量大。它们在强大的计算力支持下构筑成一个数据组织与处理实体,为算法的运行提供支持。人工智能应用开发需要大数据的支持才能充分体现智能的效果。

从系统组成结构角度来看,专家系统的核心是知识库、数据库和推理机构。其中,知识库中专家知识的表示方式有:基于谓词逻辑表示法、基于产生式规则表示法、基于语义网络知识表示法、基于框架式表示法、基于知识模型表示法和基于面向对象表示法。在电力系统故障诊断过程中,由于各种保护的动作逻辑、保护与断路器之间的因果关系易于用模块化的规则集表示,因此很多专家系统采用产生式规则描述知识。此外,语义网络表示法也是故障诊断系统经常采用的知识表示方法。在诊断系统运行过程中,专家系统常用的推理有正向推理、反向推理、正反向混合推理 3 种基础推理结构。采用正向推理时,将断路器和保护信息作为驱动输入,按照推理策略与知识库中规则的条件部分相匹配,如果匹配成功,则将该规则作为可用规则放入候选队列中,再通过冲突消解,将结论部分作为进一步推理的证据直至得到诊断结果。在电力系统故障诊断专家系统技术的研究过程中,知识获取一直是众多研究者必须面对的难题,而知识库的维护和系统容错能力也需要更深入的研究。

从系统的实现过程来看,专家系统比传统软件系统更强调渐进性、扩充性。因此,电网故障诊断专家系统的设计与建造方法还有其独特之处。结合软件工程的生命周期方法,专家系统开发的步骤为：需求分析阶段、概念化阶段、形式化阶段、实现阶段、测试阶段和运行与维护阶段。专家系统的开发过程如图 9-3 所示。

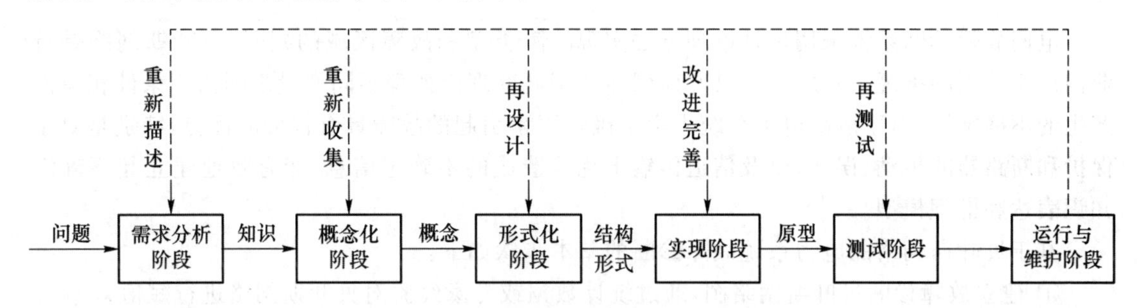

图 9-3　专家系统的开发过程

(1) 需求分析

在建立专家系统之前，必须进行问题分析、问题评估和方案综合、建模、规约、复审。具体来说，需求分析阶段的主要任务是：确定适合用专家系统求解问题的范围，规划求解问题的领域，总结和提取问题类型、重要特征，对系统功能和性能提出要求，全面了解领域专家的情况及其求解问题的模式，专家知识在系统中的地位，各专家模块的输入、输出和处理操作。该阶段还需要确定系统开发所需的资源，如硬件/软件环境、人员、经费和进度要求等。

(2) 概念化

这一阶段的主要任务是：建立问题求解的概念模型，确定求解问题所需要的专家知识涉及的关键概念及其关系，如数据类型、已知条件(状态)和目标(状态)、提出的假设等，建立必要的永久性的概念集，确定任务划分、推理控制要求和约束条件。

(3) 形式化

这一阶段的主要任务是：应用人工智能的各种知识表示方法，把概念化阶段的内容进行提炼、组织，形成合适的结构和规则，并用适合于计算机表示和处理的形式对其进行描述和表示，确定问题的求解策略，选择合适的系统结构、推理机制、知识库形式和用户接口方式等，建立问题的求解模型。

(4) 实现

这一阶段的主要任务是：选择适当的程序设计语言或专家系统工具，建立可执行的原型系统。

(5) 测试

这一阶段的主要任务是：通过各种测试手段评价原型系统的性能，确认知识的合理性和一致性、规则的有效性、系统可靠性、运行效率和解释能力等。测试过程中要运行大量实例并分析测试结果，根据反馈的信息对原型系统进行必要的修改，包括重新认识问题，建立新的概念和概念之间的关系，改进推理方法、完善人机界面等。测试和修改过程应该反复进行，直到满意为止。

(6) 运行与维护

一个系统越依赖于真实世界，发生变化的可能性越大。专家系统在交付使用后，实际运行过程中仍然会发现隐藏的故障和缺陷，或者用户还会提出新的功能或性能要求。因此，需要在运行与维护阶段对专家系统进行修改、扩充或完善。

9.1.4 故障诊断中的推理方法

电网故障诊断系统采用多种推理方法实现故障类型和故障区域的判断，贝叶斯网络是行业内广泛使用的推理工具之一。贝叶斯网络使用概率理论处理不同变量之间由于条件相关而产生的不确定性，对于解决电力系统中由不确定因素引起的故障具有很大的优势，特别是对于保护和断路器的拒动、误动，以及信道传输干扰等造成的不确定信息，能有效地建立起不确定知识表达和推理模型。

基于贝叶斯网络的电力系统故障诊断的基本步骤如下：

① 建立故障诊断贝叶斯网络图，通过统计数据或专家经验对贝叶斯网络进行赋值；

② 从 SCADA 系统中获得故障诊断所需的故障信息及其时标信息，进行预处理；

③ 进行故障诊断推理，即利用贝叶斯网络模型对故障信息进行诊断推理；

④ 在故障诊断推理结果的基础上，进行继电保护的误动、拒动判定，并输出故障诊断结果。

1. 贝叶斯网络故障诊断推理

故障诊断系统以各类保护装置的动作信息为依据来确定故障元件，因此故障诊断贝叶斯网络的结点由元件结点和继电保护结点组成。元件结点是指可能导致系统出现继电保护信息的元件，主要包括线路、母线和变压器，某个元件结点 c_i 的取值 $c_i=0$ 和 $c_i=1$ 分别表示它处于“正常”和“故障”状态，需要通过贝叶斯网络的推理获得。继电保护结点由元件状态影响的保护和继电器组成，某个继电保护结点 s_j 的取值 $s_j=0$ 和 $s_j=1$ 分别表示它处于“不动作”和“动作”状态，一般通过在线监测装置观测获得，并组成继电保护信息。

对图 9-1 所示的电网模型，建立元件 C 的故障诊断贝叶斯网络模型，如图 9-4 所示。其中实线表示元件的主保护及其动作的继电器，虚线表示元件的后备保护及其动作的继电器。以连接弧 C-Cm-CB4-L1Ss-CB3 为例说明模型：母线 C 故障，主保护 Cm 启动，致使断路器 CB4 动作跳闸；若断路器 CB4 拒动，则线路 L1 左侧距离Ⅲ段保护 L1Ss 作为母线 C 的后备保护启动，致使断路器 CB3 动作跳闸，从而避免事故范围的扩大。

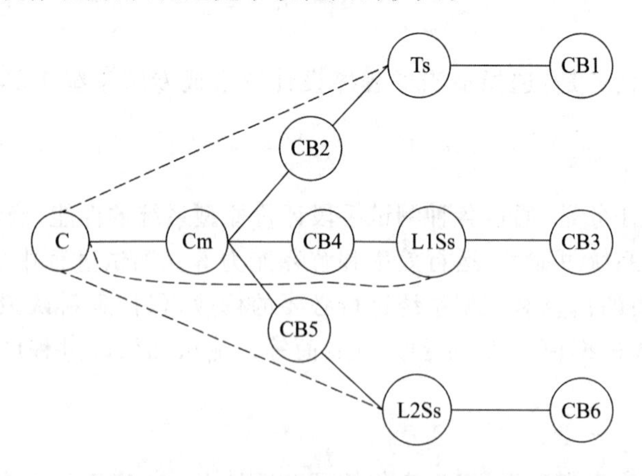

图 9-4 元件 C 的故障诊断贝叶斯网络模型

在进行推理之前，需要确定：

① 元件结点发生故障的先验概率可通过设备历史运行数据和可靠性数据统计得到，或者根据专家经验计算得到。例如，元件结点发生故障的先验概率可以通过一次设备的年故障频

率计算得到，一般为设备连续运行时间 t 的函数：

$$p(T \leqslant t)=1-\mathrm{e}^{-wt} \tag{9-1}$$

其中，T 为设备连续无故障运行的时间，w 为参数。

② 继电保护结点的条件概率的确定：首先根据专家知识、试验数据和历史信息确定保护装置的拒动概率和误动概率，然后根据保护动作原理确定保护和断路器拒动和误动的条件概率。

在确定了元件结点发生故障的先验概率和继电保护结点的条件概率后，先利用贝叶斯网络的逆向推理功能计算出各元件处于故障状态的后验概率，再通过对概率值的分析得出诊断结果。

在推理过程中，经常用到贝叶斯网络的一个重要概念——贝叶斯网络的条件独立性，即贝叶斯网络中的任一结点 N_i，在给定其父结点 $\mathrm{Parent}(N_i)$ 的情况下，条件独立于任何 N_i 的非子孙结点 $A(N_i)$ 为

$$p(N_i \mid \mathrm{Parent}(N_i), A(N_i)) = p(N_i \mid \mathrm{Parent}(N_i)) \tag{9-2}$$

根据结点间的条件独立性假设，各随机变量间的联合概率分布可表示为

$$p(N_1, N_2, \cdots, N_n) = \prod_{i=1}^{n} p(N_i \mid \mathrm{Parent}(N_i)) \tag{9-3}$$

2. 改进的贝叶斯网络故障诊断模型

在构建贝叶斯网络模型时，为了减少条件概率表的参数数目，经常会引入 Noisy-Or 模型和 Noisy-And 模型，使用简化的故障诊断贝叶斯网络。

对于图 9-1 中的母线 C，其故障模型如图 9-5 所示。当母线 C 发生故障时，为隔离故障源，动作保护分为：主保护和相邻元件的第二后备保护动作。这两类保护中的任一类动作都能使其对应的断路器跳闸，都可以切除故障源，因此这两类保护组成 Noisy-Or 节点。在保护装置正常动作的情况下，保护和断路器动作应是一致的，调度端应同时受到保护及其对应断路器的动作信号，因此保护及其对应的断路器组成 Noisy-And 节点。变压器 T 的故障模型如图 9-6 所示，线路 L1 和线路 L2 的故障诊断模型的确定方法也类似。

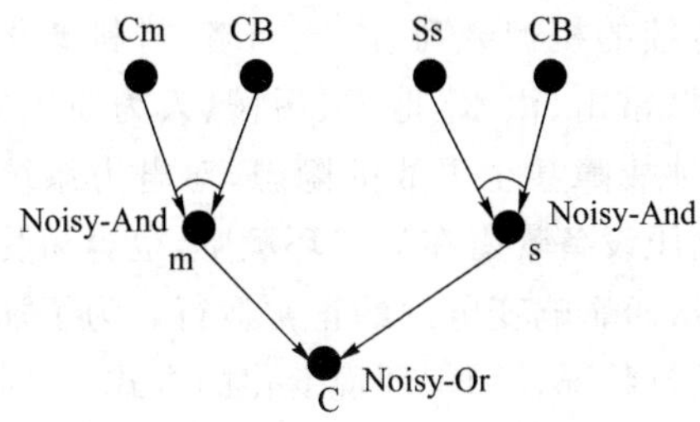

图 9-5 母线 C 的故障诊断模型

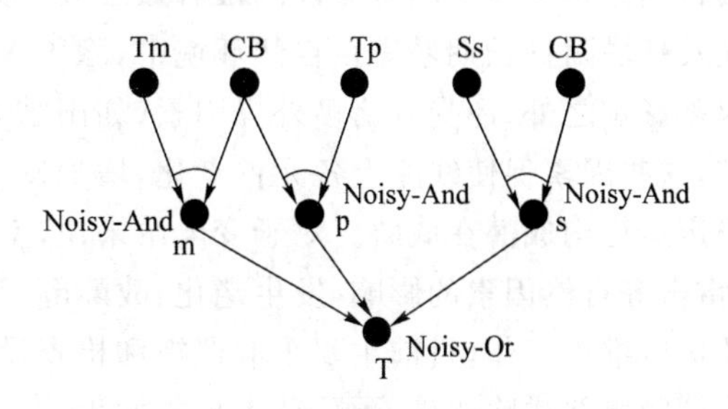

图 9-6 变压器 T 的故障诊断模型

对于引入 Noisy-Or 结点的贝叶斯网络，给定网络中每一条边的条件概率 c_{ij} 及某个节点 N_j 的所有父节点 N_i 为真的概率，可用式(9-4)计算出 Noisy-Or 结点 N_j 的状态。

$$p(N_j = \mathrm{True}) = 1 - \prod_{i=1}^{n} (1 - c_{ij} p(N_i = \mathrm{True})) \tag{9-4}$$

其中，N_i 为 N_j 的第 i 个直接前提条件，也称为父节点；c_{ij} 表示节点 N_i 到节点 N_j 的条件概率，即单个前提 N_i 取值为真时对 N_j 为真的认可程度。

对于引入 Noisy-And 结点的贝叶斯网络，可用式(9-5)计算 Noisy-And 结点 N_j 的状态。

$$p(N_j = \text{True}) = \prod_{i=1}^{n} (1 - c_{ij}(1 - p(N_i = \text{True}))) \quad (9\text{-}5)$$

其中，N_i 为 N_j 的第 i 个直接前提条件；c_{ij} 表示节点 N_i 到节点 N_j 的条件概率，即单个前提 N_i 的取值为假时对 N_j 为真的否定程度。

网络的输入节点只对应着电网中的某一个保护或断路器，将获取的保护和断路器信号作为故障判断的条件，条件概率 c_{ij} 可通过参数学习进行优化，最后考虑各种可能发生的故障情况，形成故障区域决策。

基于贝叶斯网络的电力系统故障诊断方法较好地弥补了传统诊断技术在不确定性和容错处理方面的不足，有效避免了只使用主观经验诊断带来的影响，为操作人员迅速做出决策提供了强有力的支持，在电力系统实时故障诊断和故障处理方面具有很好的前景。随着电力系统规模的日益扩大，系统结构越来越复杂，电力系统故障诊断将从实用化的角度出发，集成多种人工智能技术，提高故障诊断能力，做到及时发现故障、快速诊断消除故障，保证电网安全可靠地运行。

9.2 人工智能在电力设备巡检中的应用——巡检机器人

自 2013 年国家电网公司大力推广智能巡检机器人以来，巡检机器人在电力系统中的应用日益增多，电力行业成为智能巡检机器人应用的主阵地，其主要作用是代替人工完成无人值守变电站和输电线路的日常巡视。人工智能技术是突破机器人能力局限性的一种较好的方法，也是机器人领域研究的核心内容和方向。

9.2.1 电力设备巡检概述

电力设备巡检包括输电线路巡检、变电站设备巡检和地下电缆等电力设备的巡检作业，电力设备巡检是保障电网可靠性的最有效手段。架空输电线路是电力系统的重要组成部分。电力线及杆塔附件长期暴露在自然环境中，除了承受持续的机械载荷、电气闪络、材料老化等自身因素影响之外，还受到诸多外界因素（如雨雪、强风、雷击、洪水、地震、污秽、人为原因等）的侵害，这些因素促使线路上各元件老化，增加发生各种故障甚至事故的隐患，对电力系统的安全稳定运行构成潜在威胁。对于变电站来说，室外高压设备暴露在自然环境中，也容易受到雨雪、雷击等自然因素的影响，发生老化、故障等问题，从而影响变电站的正常运行。为了加强电网的运行维护工作，目前主要采取巡视和检查设备运行状况及周围环境变化的方式，及时发现缺陷和隐患并排除故障，预防危害现象发生。

根据巡检任务的需求不同，电力设备巡检可分为定期巡检、特殊巡检和故障巡检。通常以定期巡检为主，特殊巡检、故障巡检为辅。定期对电力设备巡检，能够及时发现早期损伤和缺陷并加以评估，然后根据缺陷的轻重缓急，以合理的费用和正确的顺序安排必要的维护和修复，最大限度地减少各种故障隐患。

根据巡检对象的不同，电力设备巡检可分为架空输电线路巡检和变电站巡检。架空输电线路巡检的主要内容包括：沿线环境、杆塔、拉线、导线、地线、绝缘子及金具、防雷设施和接地装置、附件及其他设施等的巡检。变电站巡检的主要内容包括变压器、断路器、隔离开关、仪表、熔断器、避雷器、电压式互感器、电容式互感器、电流互感器等的巡检。

电力设备巡检工作的流程一般为制定巡检任务、安排巡检工作、现场巡检、数据上传、信息共享发布、巡检结果判断。传统的人工巡检方式要求工作人员到达目的地，现场采集数据并手工记录在纸上，然后回来录入。随着通信技术和计算机技术的进步，出现了信息钮+IC卡巡检、PDA+GPS或者PDA+条码等巡检方式，将原有的信息系统延伸到了工作现场，省去了巡检人员上报数据这一过程，提高了工作效率。但是，此类巡检方式仍然需要工作人员到现场采集数据。架空输电线路巡检要求工作人员在地面逐基杆塔检查，由于输电线路距离长、分布广，巡检人员需要翻山越岭、徒步或驱车巡检，不仅作业量大、效率低，而且巡检人员的安全和巡视效果都受到多方面因素的制约，存在误检、漏检的可能性。我国许多变电站也处在地理条件十分恶劣的地方，受到高海拔、酷热、极寒、强风、沙尘等不利因素的影响，依靠人工方式进行长时间的室外巡检存在劳动强度大、管理成本高、检测质量依赖工作人员经验等问题。此外，对于设备内部的缺陷，运行人员无专业仪器或仪器精确度太低，只通过简单的巡视不能发现潜在的故障。为了提高运行维护的质量和效率，未来的电力巡检工作将朝着利用多种先进技术和人工巡检相结合的方向发展，以最大限度地减少漏检、误检，确保电力系统长期高效的稳定运行。

9.2.2 巡检机器人与智能体

机器人是人工智能的一种应用，它综合了人工智能中的多种技术，是与机械化手段相结合的一种机电设备。从浅显的角度来讲，机器人是一种在一定环境中具有独立自主行为的个体。它有类人的功能，但不一定有类人的外貌。从学科研究角度看，机器人的研究方向与环境有关联，属于行为主义或控制论主义研究领域，因此它在理论上属于Agent范畴，可以用Agent技术进行指导。

电力巡检机器人以移动机器人为载体，携带检测仪器或作业工具，沿输电线路的地线、导线或者指定路线运动，对电力设备进行检测、维护等作业。电力巡检机器人为电力系统巡检工作提供了一种新的工作模式。电力巡检机器人从最初只具有主从控制系统的简单机器人，到配备各种传感器的具备感知能力的机器人，性能不断提高，功能不断完善。智能化是电力巡检机器人的一个重要发展方向——它具有多种内外部传感器，可以感知内部关节的运行速度、受力大小以及外部环境，并可以做出一定的判断、推理和决策，根据作业要求和环境信息进行自主作业。智能巡检机器人在实际应用过程中，如果具备多种任务的处理功能，则其本身体积较大、重量较重，灵活性较差。由于巡检任务具有特殊性与复杂性，因此在未来应用中可以采用几种作业方式的融合，从而完善巡检作业，实现各个系统的信息共享。巡检机器人的发展趋势，一方面是研制携带多种传感器的机器人平台，可以为重要电力设施提供多角度、全方位的观测信息，通过融合多个机器人获取的感知信息，进一步提高巡检的精度和准确性；另一方面，多机器人协同工作方式也将出现在越来越多的应用场合，充分发挥多机器人系统的优势，例如，在电网迎峰度夏、突发险情的情况下进行应急、抢修、抢险等任务时，利用多机器人协同工作方式有利于快速发现线路缺陷和隐患，及时反馈信息，降低经济损失和社会影响。多机器人协作的理论基础是多Agent技术，它的应用实现可以用多Agent技术指导，并针对电力巡检问题的特殊性研究完成工作的解决方案。

9.2.3 变电站巡检系统的总体结构

巡检机器人与工作人员通过监控后台实现交互。监控后台包括本地监控后台和集中监控中心,同时,监控后台具备相应的故障诊断功能。本地监控后台作为变电站巡检机器人的直接后台控制器,主要用于设定巡检的时间、次数要求以及线路走向等,实时监视巡检机器人采集的设备可见光图像、红外图像/视频和机器人的运动状态,对机器人实施实时控制和任务管理,并提供巡检报表的生成及打印功能、实时数据存储、历史数据查询、专家诊断,同时具备与站内监控系统和集中监控中心的接口。集中监控中心可以实现跨地域远程监视、控制、指挥一个或多个巡检机器人,集中远程监测和管理多个巡检区域的设备及机器人,为变电站无人值守以及无人输电线路的巡检提供了技术支持。集中监控中心通过网络接口发送和接收各种通信信息。

机器人巡检系统的逻辑结构示意图如图 9-7 所示。

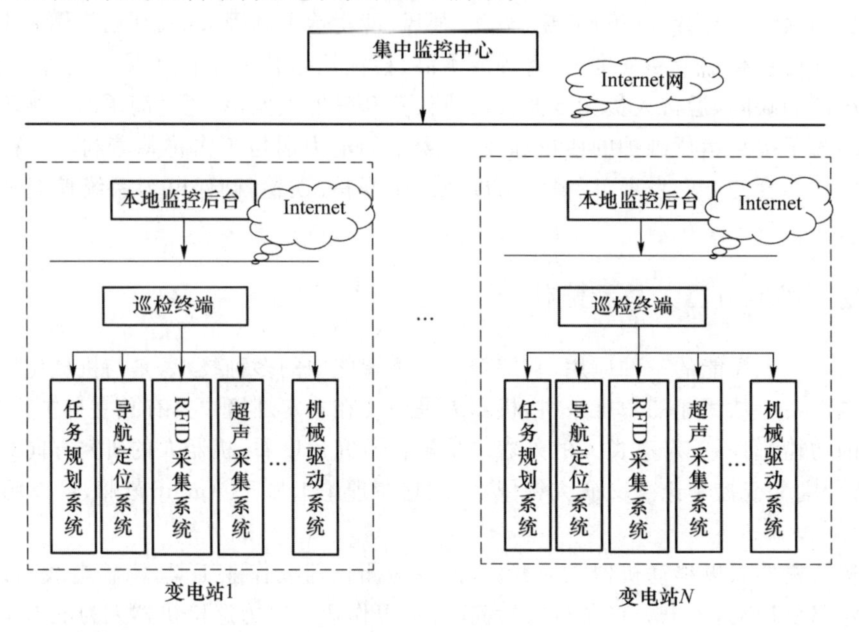

图 9-7 机器人巡检系统的逻辑结构示意图

下面以变电站巡检机器人为例,介绍巡检机器人监控后台的两个重要功能:任务规划和故障诊断。

1. 监控后台的任务规划专家系统

当前,电力系统巡检方案主要是按照巡检规章制度或者专家根据工作经验决定定期巡检、特殊巡检或故障巡检工作。这种检查机制有着相当大的主观随意性,巡检能否及时发现并消除线路隐患很大程度上取决于决策者的个人经验,存在不能及时发现安全隐患的可能性。机器人规划的基本任务是在一个特定的工作区域中自动地生成从初始状态到目标状态的动作序列、运动路径和轨迹。规划系统可分为两级:任务规划和运动规划。任务规划需要解决 3 个基本技术问题:问题或状态的表示、搜索策略和子目标冲突。

集成于监控后台的任务规划专家系统利用巡检专家知识对历史数据进行分析,并结合巡检要求选择巡检对象的过程。各种类型的巡检机器人都与一个巡检任务规划模块相关联,针对机器人巡检任务进行控制,包括任务下发与查询、巡检内容、巡检周期、运行模式等要求。巡检内容包括基于红外的设备热缺陷诊断、设备外观及状态检测、设备运行异常声音检测、整改完成情况等。运行模式包括自主模式和遥控模式,其中自主模式是当前机器人运行的主要模式。

任务规划专家系统能够根据实际需要进行总体规划,即制定目标任务、分配任务以及优化等，适用于变电站巡检机器人和输配电线路巡检机器人。通过在监控后台集成一个专家系统模块，系统能够自动生成任务规划。对于该任务规划专家系统，其各主要部分的设计如下。

（1）知识库

巡检知识是从解决巡检计划的制订过程中分离出来的高度结构化的符号数据，知识库中的内容包括：①电力巡检的若干规范要求，此为任务制定的主要依据，如《架空电力线路管理规范》《变电站管理规范》等；②相关概念；③年度、季度及月度工作计划以及特殊性的保电工作任务；④领域专家经验知识，包括问题识别和分解以及问题的结构化方法。这些知识可以采用产生式规则、语义网络、知识图谱等表示方法进行表示。

（2）推理机

推理机是任务规划专家系统的核心。巡检计划推理机根据需要调用本地模型、事实和各级知识，并以“模式匹配-冲突消解-动作”的推理方式依次对所有层次的巡检事实或中间结果进行推理，得出推理结果，并将其作为下一步推理的事实。

（3）数据库

数据库用于存放任务描述、初始事实、中间推理结果、控制信息和最终结果，例如，变压器位置、检查点信息、历史巡检数据等。

（4）知识获取机构

人工获取方式是目前常用的知识获取方式。知识工程师查阅文献获得有关概念的描述及参数，或者通过与工作人员、领域专家交流提取知识，整理后用某种知识编辑软件输入知识库。随着系统的不断扩充和完善，知识学习关联模块将自动对信息源进行归纳推理从而获得更高层次的知识，提供获取和更新知识的另一种手段。

（5）解释机构

解释机构用于向用户解释系统的任务规划结果以及得到该结果的原因，需要用到知识库的知识、数据库的中间结果。

（6）人机接口

人机接口为用户提供便利的输入/输出方式。终端用户和领域专家通过人机接口与专家系统进行交互，包括录入、更新、完善知识库，输入初始任务信息，提出问题等。

实际的变电站内存在很多较小的部件，需要精细化的检测，对于复杂的电力设备还需要从多个角度获得更全面的设备信息。巡检任务的一个核心问题就是如何实现复杂任务的分解和指派，从而实现变电站的全区域覆盖。知识与数据协同驱动的方法为机器人巡检的研究和应用提供了新途径。知识库是将人类知识结构化而形成的知识系统，其中包含了基本事实、通用规则和其他有关信息。将知识融入机器学习模型可以在一定程度上提高模型的泛化能力，同时增强模型的可控性。

2. 监控后台的故障诊断专家系统

巡检员或机器人携带信息采集器，按规定时间及线路要求进行巡视，读取路线上设置的信息钮信息并记录设备的运行情况。巡检机器人利用内部地图和GPS信息进行定位和导航，通过记录航点和航迹保存巡检轨迹。最后，巡检员或机器人将相关巡检数据上传至后台数据库。

监控后台基于得到的设备图像信息和设备状态结果，实现巡检存储、设备状态分析预警。设备状态分析预警系统相当于一个专家诊断系统，结合历史数据、设备的故障率、设备运行指标的变化趋势等，分析设备异常的区域分布、设备异常情况的发生时间和处理结果，为设备检修和状态评估提供决策支持。后台管理人员通过不同的访问权限，可随时在后台服务器中查询巡检人员的巡检情况和相应的设备运行数据、分析电力设备的运行情况、打印巡检报告，以及生成重大缺陷报表。故障诊断专家系统的详细应用方法可通过查阅相关资料进行了解，此处不再详述。

9.2.4 巡检机器人的路径规划

目前，巡检机器人采用的仍是预先利用各种学习方法和既定规则来优化巡检的方式（主要是巡检点和巡检路线）。路径规划模块根据任务规划模块的要求生成任务长期规划航路信息，根据目标函数确定的最小代价原则，按照规划约束条件产生较详细的路径航路点信息。对于输电线路巡检任务，在确定的巡检线路设定合理数量的检测点并安装巡检信息钮，巡检机器人沿输电线路的地线、导线或者指定线路运动，对电力设备进行检测、维护等作业。对于变电站巡检任务，巡检机器人沿站内磁引导道路或标定点行走，在接受巡检任务后，系统自动生成最佳巡检路线并执行定点任务。需要注意的是，前期磁轨道的铺设和标定工作仍需消耗一定的人力资源，对机器人巡视点位需要定期维护，以确保机器人的正常运行。

路径规划一般可以分解为寻空间和寻路径两个子问题。寻空间是指在某个指定的区域中寻找使机器人安全的位置，使它不与区域中的其他物体碰撞。寻路径是指在某个指定的区域中确定机器人从初始位置移动到目标位置的安全路径，使得移动过程中不会与其他物体碰撞。遗传算法、蚁群算法、A^*算法等都可以用于巡检机器人的路径规划。

将可行走的道路连接起来形成一个拓扑网状图，结点表示交叉路口，边表示道路，那么巡检机器人的路径规划问题可以转化为对图中结点和边的遍历。那么，如何从某个结点开始按照路径最短、转弯最少、综合最优等策略遍历图中指定的结点序列（或每一个结点）呢？全局路径规划可以根据地图信息和任务信息，按照某种策略规划出机器人的最优巡检路线。局部行为规划对机器人的各传感器收集到的周围环境数据和全局路径规划的结果进行综合分析，实时提供机器人的局部路径并传输到机器人运动控制系统。遗传算法、蚁群算法、A^*算法等都可以用于巡检机器人的路径规划。本节利用遗传算法实现面向停靠点的路径规划。

全局路径规划是一个比较典型的组合优化类问题。对于一个有 n 个停靠点的变电站巡检线路，将停靠点用 n 个整数进行编号，停靠点之间的距离用 $n \times n$ 的带权邻接矩阵 $\boldsymbol{W}$ 表示，n 个整数的一个排列表示停靠点到达顺序的一个可能解。基于遗传算法的移动机器人路径规划的基本思想为：将路径个体表达为路径中的一系列中途点并作为遗传算法的编码，目标函数取路径长度。在群体初始化、交叉操作和变异操作过程中考虑巡检问题的合法性约束条件（对所有的停靠点做到不重复、不遗漏）。采用遗传算法进行路径优化有以下几个步骤。

① 参数编码和初始群体设定：采用对停靠点序列进行排列组合的方法进行编码，即某个路径上的染色体个体是该巡检路径的停靠点序列；编码通常是 n 进制编码，即每个基因仅从 1 到 n 的整数里面取一个值，每个个体的长度为 n，其中 n 为停靠点总数。

② 设计计算路径长度的函数，用距离的总和作为衡量个体优劣的依据，个体适应度函数取目标函数的倒数。

③ 计算选择算子：从群体中选择优胜个体、淘汰劣质个体。该操作是建立在群体中个体适应度评估基础上的。

④ 计算交叉算子：将路径个体进行两两配对，并以交叉概率将配对的父代个体加以替换重组而生成新个体。

⑤ 检查群体内路径个体的合法性，并剔除不合法的路径个体。

基于遗传算法的停靠点路径规划算法的流程如下所示。

算法：基于遗传算法的停靠点路径规划算法

```
1:  随机初始化群体 P(0);
2:  设交配概率为 p_c 和变异概率为 p_m;
3:  计算群体 P(0) 中个体的适应度;
4:  t=0;
5:  while (不满足停止准则) do
6:  {
7:     由 P(t) 通过遗传操作形成新的种群 P(t+1);
8:     计算 P(t+1) 中个体的适应度;
9:     t=t+1
10: }
11: 选择适应度最大的染色体，解码后作为最优输出;
```

9.2.5 多机器人协作巡检

虽然对电力巡检机器人的研究已进行了数十年，但目前仍主要以单机器人巡检形式为主。研究复杂环境下鲁棒的多机器人协作巡检控制问题，突破环境变化、个别机器人及传感器失效等挑战，并解决其导致的巡检质量不佳和检测失败等难题，实现机器人安全作业，对于电力巡检具有重要意义。当前，多机器人协作电力巡检方面的研究包括以全区域覆盖为目标的区域划分、遍历多任务点的路径规划、多机器人多巡检点的任务分配、人机/多(类型)机器人协调协作等几个方面。

1. 基于多 Agent 技术的协调协作

多机器人巡检系统可以借助多 Agent 技术实现动态环境下多机器人之间的协调协作。该系统由管理 Agent、协调 Agent 和资源 Agent 组成，其结构示意图如图 9-8 所示。

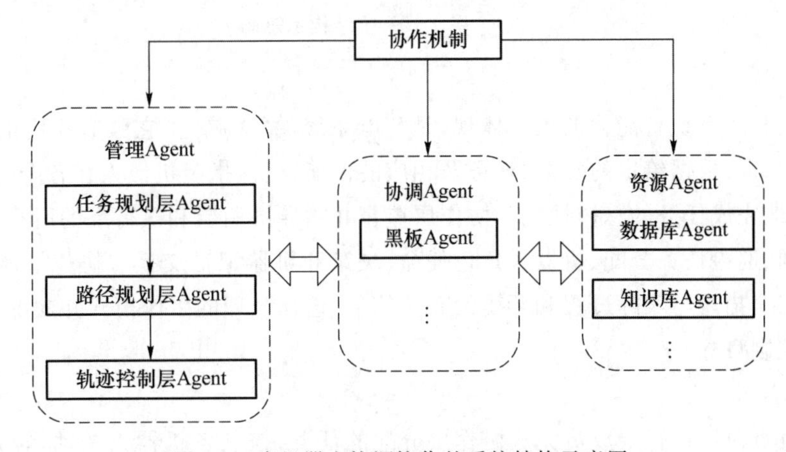

图 9-8 多机器人协调协作的系统结构示意图

① 任务规划层 Agent 根据最小代价原则，按照约束条件对任务进行分解，分解后的子任务队列通过黑板 Agent 向协调 Agent 和资源 Agent 发布信息；各 Agent 根据协作机制执行子任务，任务规划层 Agent 综合求解结果并通过黑板 Agent 发送给路径规划层 Agent。

② 路径规划层 Agent 接收任务规划层 Agent 产生的任务长期规划信息，并对路径规划层 Agent 的任务进行分解，通过黑板 Agent 向其他 Agent 发布信息，再综合各子任务的求解结果并把获得的较详细的路径航路点信息发送给轨迹控制层 Agent。

③ 轨迹控制层 Agent 获得路径规划层 Agent 的详细路径信息后，分解任务并将结果通过黑板 Agent 向其他 Agent 发布信息，最后轨迹控制层 Agent 综合子任务求解结果并把详细的路径信息（速度、方向）送到机器人的自动控制系统。

2. 基于层次式结构的协调协作

在开放动态环境下，多机器人系统通过协作，可以完成单个机器人无法实现的功能；多机器人必须对目标、资源的使用进行协调，以保证多个机器人工作的协调一致性。当出现资源冲突时，若没有很好的协调机制，则可能导致死锁，使得多个机器人陷入僵持状态。多电力巡检机器人系统中的每一个机器人都可以看作一个 Agent，其个体交互方式和组织结构可以借鉴现有的多 Agent 技术。对于不同的工作环境以及机器人不同的工作能力，很难或者不可能有一个通用的结构将多机器人组织为一个整体，因为将多机器人组织为一个整体会使某些机器人的能力受到限制，不能体现多机器人系统的优势。由萨里迪斯提出的分级递阶智能控制理论按照“精度随智能提高而降低”（Increasing Precision with Decreasing Intelligence，IPDI）的原则分层管理系统，它由组织层（协作层）、协调层、执行层组成，是多机器人系统经常采用的一种组织结构，其结构如图 9-9 所示。

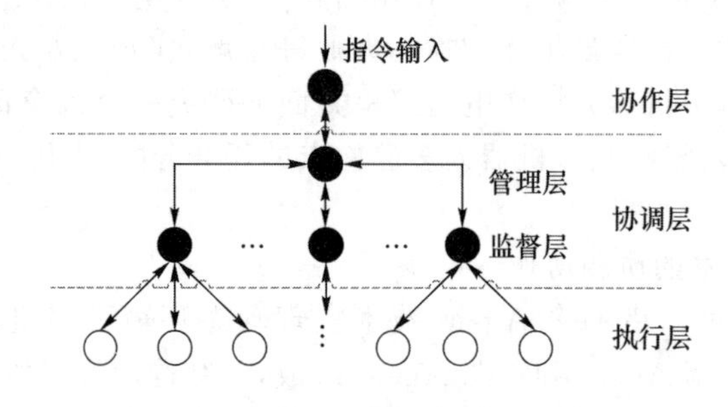

图 9-9　层次式系统结构示意图

（1）协作层

协作层是整个系统智能化的集中体现，是智能系统的“大脑”。它具有相应的学习能力和高级决策能力，即：根据给定的资源、任务及相应的性能评价，指定机器人在各个任务上扮演的角色，最大化地完成任务的总体性能。协作层监督并指导协调层和执行层的所有行为，负责系统的全局规划、巡检任务分配、机器人角色任命、决策和机器记忆交换。协作层能够根据用户对任务的不完全描述与实际过程和环境的有关信息，选择合理的工作模式并向低层传达，从而实现预定的控制目标。

（2）协调层

协调层负责协调执行层成员完成协作层分配的任务，控制各机器人的动作与各子任务的执行。根据巡检任务的复杂程度和规模，协调层还可以再分出若干协调子层。协调层可以进一步划分为管理层与监督层。管理层基于下一层反馈的信息规划如何完成上一层指定的任务，以产生施加给下一层的指令；监督层用于保证、维持执行层的正常运行、参数的整定与性能的优化。

(3) 执行层

执行层接受协调层的指挥，完成具体的巡检任务，通常具有简单的通信能力。同时，执行层利用感知器感知与环境相关的信息和待巡检设备的状态，并将其传递给上一层，给高层决策提供相关依据。

多巡检机器人层次式系统的智能主要体现在高层次上。处在高层的协作层遇到的问题往往具有不确定性。因此，在协作层采用基于知识的学习和规划方法，充分利用了人的直觉和经验实现推理和决策。这样，整个机器人系统就能够在高层的统一组织下高效、可靠地执行复杂的巡检任务了。

综上所述，基于智能机器人的电力巡检系统通过广泛使用人工智能和自动控制技术实现了自动巡检，实现了电力设备巡检的自动化、智能化和信息化，有利于智能电网的建设。目前，基于智能机器人的电力巡检系统已有很多应用案例，具有广阔的应用前景和巨大的推广价值。

9.3 人工智能在用电行为分析中的应用——电力大数据

在智能电网建设的大背景下，电网规模不断扩大，新能源和新设备不断加入，电力系统的数字化、信息化、智能化发展的同时产生了更多的数据源，数据量从TB级跃升到PB级别，甚至将达到EB、ZB级别，可获取的数据类型也愈加丰富，智能电网的大数据趋势日益明显。一些学者认为大数据价值链可分为4个阶段：数据生成、数据采集、数据储存以及数据分析。数据分析是大数据价值链的最后也是最重要的阶段，是大数据价值的实现和大数据应用的基础。电力大数据综合了电力企业的产、运、销、运营和管理数据的业务，电力大数据分析能够为智能电网分析提供强有力的计算和分析条件，其分析结果可为电网规划和安全运行提供数据支撑，也可有效提升配电网各类资产的健康水平，因此电力大数据已经成为电力企业提升应用层次、强化企业管理和经营水平的有力技术手段。

9.3.1 电力大数据概述

电力系统是最复杂的人造系统之一，具有地域分布广泛、设备种类多样、发电用电实时平衡、传输能量数量庞大、电能传输光速可达、实时运行、重大故障瞬间扩大等特点，这些特点决定了电力系统运行时产生数据量大、增长速度快、类型丰富、具有大数据的典型特征。对于电力行业而言，从电力生产到输配电再到电力企业运行管理，电力系统的每个环节产生的各种结构化数据(在线监测数值、台账信息等)和非结构化数据(图像等)共同构成了“电力大数据”。具体来讲，电力大数据的来源可以分为以下几个方面。

(1) 电力生产大数据

电力生产是大数据产生的主要源头之一，覆盖发电、检修、安全等主要业务领域，涉及：运行工况、参数、设备运行状态等实时生产数据，现场总线系统所采集的设备监测数据以及发电量、电压稳定性等方面的数据。对此类数据的分析主要侧重于如何利用历史信息指导发电生产及设备检修。

(2) 智能电网大数据

智能电网的数据源主要是无处不在的各种传感器网络,这些数据通过通信网络被集中到运营调度中心。智能电网状态监测系统中大量的监测节点不断地向数据平台传递采集的数据,形成海量异构数据流,包括:智能电表从数以亿计的家庭和企业终端带来的数据,电力设备状态监测系统从发电机、变压器、开关设备、架空线路、高压电缆等设备中获取的高速增长的监测数据,光伏和风电功率预测所需的大量历史运行数据、气象观测数据等。对此类数据进行分析的主要目标是实现电能使用的可测、可控,使电力系统的运行更加高效可靠。

(3) 电力运营管理大数据

电力企业的经验决策需要大量生产和经验数据的支撑,此类数据涉及电力企业的运营和管理数据,包括由配电自动化系统、调度自动化系统、气象信息系统、地理信息系统、电动汽车充换电管理系统、用电信息采集系统、营销业务管理系统、ERP 系统、95598 客服系统等采集的数据,以多维度、易理解的方式呈现为数据视图,为企业的各种经营活动提供决策信息。

电力大数据之间并不完全独立,其相互关联、相互影响,存在着比较复杂的关系。随着电力系统智能化、信息化和自动化水平的提高以及电网的不断发展壮大,电力数据量呈现出指数级增长速度。此外,智能电网产生的大数据还具有一些其他特征:

① 每个采集点采集的数据类型相对固定,且分布在各个电压等级内;

② 不同采集点的采样尺度不同,数据断面不同;

③ 由于采集设备和外界因素的影响,数据采集存在一定的误差和漏传;

④ 数据分布在整个电力系统的不同应用系统中,数据的定义和类型等可能存在不一致性。

如何有效地组织和利用海量的电力数据,使其更好地服务于电力企业和用电单位,是目前电力领域的重要研究课题。2013 年《中国电力大数据白皮书》的发布,为我国电力大数据技术的发展指明了方向。

9.3.2 用户用电行为分析基础理论

用户用电行为分析是指运用数据挖掘等手段对用户用电数据进行统计、分析、处理等,从中发现用户用电行为的特点及规律。通过用户用电行为分析可以让电力企业和电力系统运行部分更加详细、清楚地了解用户的用电习惯,从而为电力系统及电力用户进一步优化制定供/用电策略提供依据,促进电力系统运行部门改进方案,提高电力系统运行效率,提升电力用户用电体验等。当前,无论是把握电网规模和复杂性,实现输电、配电和用户电能平衡,还是预估市场环境和公众需求量,都对用户用电行为分析工作提出了更高要求,因此以更先进的理论来提高用户用电行为分析技术是电力系统规划和运行的必然要求。

电力用户行为具有效用趋优性、主动性、多样性、可预见性、不确定性、高维复杂性、集群特性和弱可观测性等基本特性,这些特性也将成为构建用户行为模型的基础。电力用户行为模型是由一系列描述用户行为组成部分内在特性或关联关系的子模型构成的,每一个子模型都可以抽象为 $Y=h(X)$ 的形式,即在给定用户行为中的某些信息 X 的情况下试图辨识用户的另一部分行为属性Y，而$h(\ )$则是需要训练的关联函数。图9-10给出了电力用户行为建模的基本研究范式，主要包括数据收集、用户行为模型和用户互动3个模块。

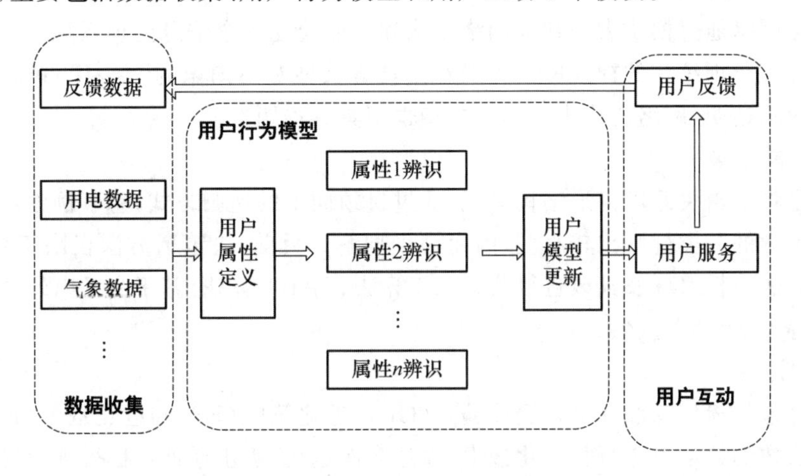

图9-10 用户用电行为建模的基本研究范式

在具体的实践中还存在以下几个问题。

① 海量用户用电信息尚未得到充分利用。在分析用户用电数据时，由于只能提取部分数据以及其中的部分典型因素，因此缺少对数据之间关联性和相似性影响因素的深入分析。

② 用户行为的分析研究模型较为单一，通常仅考虑单一用能数据，以气候、经济、生成结构调整等因素对负荷特性的影响为主，未能充分考虑用户生活信息等复杂因素。

③ 现有的用户负荷分类方法不能满足互动节电需求，未能考虑行业类别、用户个体等因素对用电负荷相似性的影响，仍需要从更多方面提取更有效的负荷信息。

④ 用户对智能用电的参与响应度不高，更多地是以行政手段为一种管理方法。

负荷曲线是分析用户用电行为的主要依据。根据所选时间段的不同，负荷曲线可分为日负荷曲线、周负荷曲线、月负荷曲线和年负荷曲线。2001年，国家电力公司对用电特性指标进行了分类，但是由于自然、历史等原因，各地经济发展和电能消费情况不同，常用的用电行为指标不完全一致。这里选取了一些典型的负荷特征并对其进行了说明。

① 负荷率：平均负荷与最高负荷的比值。

② 平均日负荷：将报告期每日的负荷率相加，除以报告期的日历日数。

③ 峰谷差：报告期最高负荷与最低负荷之差。

④ 峰谷差率：报告期日峰谷差最大值与当日最高负荷的比值。

⑤ 月负荷均衡率：报告月平均日电量与最大日电量的比值。

⑥ 年负荷均衡率：各月最高负荷的月平均数与最高负荷数的比值。

⑦ 最大负荷利用小时：发(供、用)电量与它们最高负荷的比值。

⑧ 负荷重要性：用电设备停电或缺电引起的损失程度。

电力用户的用电行为改变不仅取决于自主生产安排，还与用户消费心理、群体行为、政策影响有关。利用电力大数据能够从不同角度分析电力用户的用电行为，有助于提升智能化用电管理水平，平衡电网供需关系，从整体上促进智能电网朝着精细化、智能化方向发展。大数据分析可以被视为传统数据分析的特殊情况，麦肯锡认为，可用于大数据分析的关键技术源于统计学和计算机科学等学科，它的许多方法来源于统计分析、机器学习、模式识别、数据挖掘等人工智能领域的常规技术。

(1) 人工神经网络

人工神经网络通过模仿大脑神经网络结构和功能建立一个信息处理系统从而实现对海量数据的分析处理。训练后的神经网络可以看作具有某种专门知识的“专家”,其缺点是网络的知识获取过程不透明,网络所代表的预测模型也不具有透明性。

(2) 决策树方法

决策树是将逻辑关系以树形结构呈现,通过自顶向下的递归方式,将事例逐步分类成不同的类别。决策树的分类规则比较直观,因而易于理解。目前,决策树方法仅限于分类任务,主要的决策树算法包括 ID3 及其改进算法、C4.5 算法、CART 算法、基于交叉内外聚类方法的自适应决策树等。

(3) 进化计算

进化计算包括遗传算法(GA)、遗传编程(GP)、进化策略(ES)和进化规划(EP)。此类算法在适应度函数的约束下进行智能化搜索,通过多次迭代,逐步逼近目标得到全局最优解。

(4) 粗糙集理论

粗糙集理论能够发现客观事物中的不确定性知识,发现异常数据,排除噪声干扰,对于大规模数据库中的知识发现研究极为重要。粗糙集理论通过对数据进行相应的化简处理得到相应知识的最小表达,从而建立起决策规则。由于神经网络、决策树这类方法不能自动选择合适的属性集,因此可以采用粗糙集方法进行预处理,滤去多余属性,以提高发现效率。

(5) 关联规则挖掘

关联规则挖掘是通过传统的数理统计方法在给定的数据集中挖掘频繁出现的不同项的相关性知识,包括两个阶段:从数据集中查找高频项目组和遍历高频项目组发现关联规则。常用的关联规则算法有:Apriori 算法、FP-Tree 算法、灰色关联法。

(6) 聚类分析

聚类分析将定量数据按照相似程度的不同划分为不同的类别,是一种非监督学习算法。聚类划分的原则是同一类的样本数据具有较大的相似性,不同类的样本表现出明显的差异性。常用的聚类分析算法有 K-均值聚类、K 中心点聚类和系统聚类。

这里仅列举了用于数据分析的典型方法,当然,还存在其他分析方法,不再逐一介绍。对于电力大数据分析,在实际应用中可根据具体的任务要求选择使用一种或多种人工智能技术。

9.3.3 电力用户用电行为分析方法

1. 基于聚类算法的用户用电模式分析

聚类算法以某一行为特性对用户行为进行划分归类,通过对用电行为的海量数据建模而简化数据,同类对象具有很大的相似性,不同类对象有很大的差异性。聚类分析是一种探索性的分析,它从样本数据出发,自动进行分类。本节以 kMeans 聚类算法为基础对用户用电数据进行聚类分析。

用户在使用电力设备的过程中,会因地区气候、区域,用户年龄、性别差异形成不同的用电习惯。电力用户用电行为分析主要包括以下步骤。

① 对电力用户数据进行选择性抽取,构建专家样本。从电力公司数据库中获取用户的日负荷数据,设用户负荷数据样本集合为 $X=[x_1,x_2,\cdots,x_k,\cdots,x_m]$,其中,$x_k$ 为 m 个样本数据

中的第k个用户的日负荷功率数据，$x_k=[x_{k1},x_{k2},\cdots,x_{k96}]$表示每天96个采样点（每15 min采一个）。

② 数据预处理。对步骤①形成的数据集进行数据探索与预处理，包括采样时间间隔、规约冗余属性、识别缺失值，并对缺失值进行处理，根据建模的需要进行属性构造等。

a. 非正常数据识别与处理。受信号干扰、软件故障、设备性能等情况的影响，负荷数据常未全面采集，或存在失真现象，需要进行非正常数据识别与处理。一般地，短时间内样本日与附近同类日的曲线相似，结合统计学原理，利用样本统计指标与设定阈值判断是否有非正常数据；负荷数据短时间内纵向相似，没有突变，结合统计学原理，利用样本统计指标与设定阈值判断是否有非正常数据。某些时刻由于采样设备故障等突发情况，可能导致负荷曲线的骤升、骤降，会影响负荷聚类的效果，可采用平滑公式对异常数据进行修正。

b. 数据归一化处理。将每个用户一天中的负荷最大值作为参考值，对负荷数据进行归一化处理。

c. 数据加权处理。考虑样本数据中提取的特征向量的各个维度对负荷聚类结果的贡献不同，有必要考虑不同时段负荷的重要性，将峰、平、谷等特定时段具有最接近负荷特性的用户划分到一类，即按照时段为负荷曲线的各点赋予不同的权重。

③ 在步骤②的样本数据基础上，利用k均值聚类算法对负荷数据进行聚类，对用电行为识别模型进行分析评价。k均值聚类算法的主要思想是：首先选取初始聚类中心，然后对所有数据点进行分类，最后计算每个聚类的平均值以调整聚类中心，如此不断地迭代循环，最终使类内对象相似性最大，类间对象相似性最小。

④ 对步骤③形成的模型部署到电力系统。

根据k均值聚类的特点，可将属于同一类的负荷用户归为同一类型用户，聚类中心为该类用户的日等效负荷曲线。本节仅以k均值聚类算法为基础介绍用户用电行为的分析过程，此外，还存在许多对用户用电行为分析的方法，从不同的角度出发得到不同的用户行为分析结果。随着中国用户用电负荷数据量的日益庞大，如何更准确、更全面地分析基于海量用电数据的用户行为特征和规律，是电力行业面临的重要问题。

2. 基于人工神经网络的用户异常行为检测

电力用户窃电行为是用户的一种异常用电行为，可以在用电行为分析的基础上实现窃电行为的检测。因此，本节将用户用电异常行为检测看作用户用电行为分析的一种特殊情况。

窃电行为不仅威胁供电安全，破坏正常的供电秩序，而且给国家和供电企业造成巨大的经济损失。据统计，全国每年因窃电造成的损失在200亿元左右，而被查获的窃电案件不足总窃电案件的30%。传统的用电检查及反偷查漏工作主要依靠突击检查的手段来打击窃电行为，存在先天性的缺陷和不足。随着窃电问题的影响越来越突出，窃电检测工作亟须进行提升。传统意义上对于窃电行为的查处主要依靠供电公司派遣技术人员进行人工筛查，也有一些依靠摄像头或无人机监控的方法，这些方法通常会消耗供电公司较多的人力和物力。同时，物理上的监控无法避免通信等隐蔽攻击手段对电表进行的操纵或篡改，在可靠性、及时性、准确性方面都存在问题。国网公司智能电能表"全覆盖、全采集、全费控"工程的逐步完成，实现了对所有供电用户用电信息的实时采集和监控，结合气象和经济等多行业的数据监测和分析，为基于数据驱动的异常用电行为检测奠定了基础。

1. 窃电行为评价指标

对于窃电样本数据各分量的选取，过少将难以综合描述窃电的可能性，过多又会使数据庞杂，降低网络性能。同时，各指标数据相互影响、关联，使得样本的内部特征是交叉的。目前，常用的与窃电行为关联的指标有：日用电量、用户最大线损值、用表类型、所在台区线损、三相不平衡率、功率因数、合同容量比、电压不平衡率、电流不平衡率、功率因素不平衡率、电量峰值、电量谷值、月用电量同比。电气指标数据异常的程度能够代表窃电行为概率的高低，因此在窃电行为检查过程中通常会为各个指标赋予相应的权值。电气指标异常所能代表的窃电概率越大，其在总体窃电嫌疑分析中起到的作用就越大，权重就越大，反之亦然。专家经验从现场实践和理论积累两方面为研究窃电检测指标的重要性提供指导。

窃电行为的异常用电信息往往不是孤立的，一个窃电场景可能会触发多种异常信息。所以，在进行反窃电工作时，如果只以单一异常事件为依据，则很可能会发生误判或遗漏，且命中率不高。综合考虑各种异常信息的重要程度，基于多维数据分析的预测模型，对现场用户的用电行为进行分析并形成客观的判断。权重是某个因素对被评价对象的重要程度，设评价指标 $u_1, u_2, \cdots, u_n$ 的权重为 $w_1, w_2, \cdots, w_n$，则满足

$$\sum_{i=1}^{n} w_i = 1$$

2. 数据预处理

数据预处理涉及两方面的内容：数据清洗和标准化处理。一方面，由于数据可能出现重复、缺失甚至错误等问题，因此需要对数据进行预处理，主要是数据的清洗；另一方面，在多指标评价体系中，各评价指标由于性质不同，通常具有不同的量纲和数量级。当各指标间的数量级相差较大时，如果直接用原始指标值进行分析，就会突出数值水平较高的指标在综合分析中的作用，因此为了保证结果的可靠性，需要对原始指标数据进行标准化处理。

数据清洗主要是删除重复信息、填补缺失信息和纠正错误信息等。在原始计量数据抽取的过程中发现缺失的现象，可以将存在缺失数据的记录直接抛弃，也可以采用平均值法、拉格朗日插值法填补缺失值。

对于数据样本的选择，需要使选择的样本有代表性，每个类别的样本数量大致相等，每类样本要有均匀性和多样性，同时过滤掉异常数据。例如，节假日用电量与工作日相比，会明显偏低，为了尽可能达到较好的数据效果，将过滤节假日的用电数据。

对于缺失值，当发现原始计量数据存在缺失现象时，若将这些值直接抛弃，则可能造成数据效果较差的后果。为了达到较好的建模效果，需要对缺失值进行处理。拉格朗日插值法对缺失值进行插补的方法是：首先从原始数据集中确定因变量和自变量，取出缺失值前后的 n 个数据，并将取出来的 k 个数据组成一组；然后采用拉格朗日多项式插值公式，对全部缺失数据依次进行插补，直到不存在缺失值。

此外，还需要根据所使用的分析方法决定是否对用电数据进行归一化和生成新指标等数据变换操作。

通常，数据采集的时间间隔为 15 分钟，一天可采集 96 个点。采集的样本数据包括窃/漏电用户电表数据和正常用户的电表数据。窃/漏电用户在电能计量自动化系统中只占一小部分，为了使样本数据更加贴近实际情况，大部分样本数据为正常用电数据，小部分为存在窃电现象的用户用电数据。

3. 模型构建与模型训练

近年来，应用于用户用电行为异常检测领域的数据驱动方法包括基于分类算法、基于回归算法以及基于聚类算法等。此处介绍基于 BP 神经网络的用电行为判断方法。

如果直接分析窃电指标数据且选取的窃电评价指标过多，则会使数据庞杂，降低网络性能，增加系统负荷，而且各时刻的指标数据相互影响、关联。因此，需要对窃电指标数据进行处理。主成分分析(Principal Component Analysis，PCA)是最常用的线性降维方法，通过用几个主成分进行线性组合的方式表达原始的多个变量。PCA 的思想是：将 n 维特征映射到 $k(n>k)$ 维全新的正交特征上(这里的 k 维特征称为主元)。PCA 通过某种线性投影将高维的数据映射到低维的空间中，并期望在所投影的维度上使数据的方差最大，以此达到在使用较少的数据维度的同时保留住较多的原数据点的特性的目的。可以证明，PCA 是丢失原始数据信息最少的一种线性降维方式。

此处，采用 PCA 方法将样本数据从高维数据中提取出特征数据，最后输出的低维数据，即所需要的特征数据，将进一步用于基于用电特征的用户窃电行为检测模型，如图 9-11 所示。

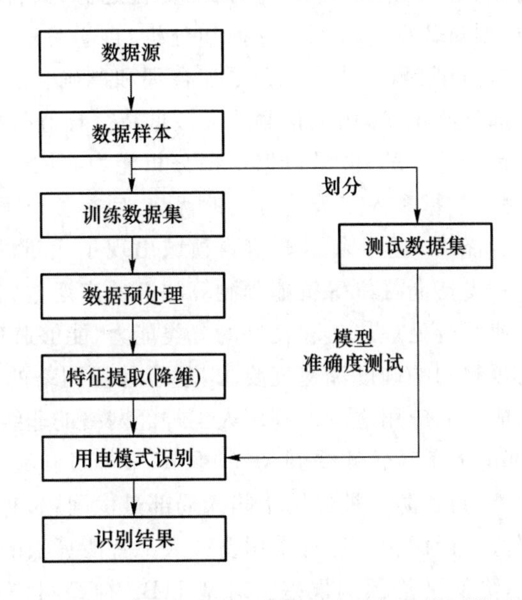

图 9-11　基于用电特征的用户窃电行为检测模型

采用具有多输入、单输出的多层 BP 神经网络作为窃电行为检测模型。该网络的输入向量是降维后的特征向量，输出是一个 0 到 1 之间的数，用于表示判定用户异常的概率。选取某地供电局电能计量系统中电力用户一段时间内的用电数据，通过对数据进行清洗，剔除异常数据以及归一化变换，得到窃电行为检测模型可以使用的数据。随机采用其中 80%的数据作为训练数据集，剩余 20%的数据构成测试数据集。

4. 模型评价评价、验证与部署

窃电行为判别模型的建立过程一般较为复杂，通常涉及激活函数的选取和参数的优化等。基于 K 折(K-fold)交叉验证初步评估模型的分类能力，在多次进行模型的验证后，绘制得到模型的评价曲线(如 ROC)。最后，利用测试结果不断优化窃电行为检测模型，最终将优化后的模型部署到电力系统实现实时在线的用户用电行为检测。

随着人工智能和机器学习技术的发展，随机森林、梯度提升树等算法也得到的众多研究者的关注，这些算法在准确率、分类能力等方面的表现非常出色。未来，将会出现更多更优秀的用户用电行为分析方法，以更高的科学性和实用性提高反窃电技术的信息化和智能化。

9.3.4 基于用电数据的电力负荷预测

我国电网供电区域辽阔，不同区域负荷特征各异，不同类型的电力用户负荷不同，受气候条件等外部因素影响而引起的变化规律也不同，只有将市场分成相应的群组并分析用户特点、预测短期/长期用电需求量以及长期价格走势，才能协助企业管理人员更好地制定出最佳决策。

短期负荷预测是能量管理系统（Energy Management System，EMS）的重要组成部分。准确的短期电力负荷预测可以对整个系统的供/用电模式进行优化，提高系统的安全性、稳定性及清洁性。因此，及时的短期电力负荷预测是当前电力市场主体共同关注的焦点。

电力负荷预测根据历史负荷数据预测未来负荷的变化趋势，其首要任务是建立历史负荷数据仓库，然后通过优化模型对数据进行深度挖掘和分析，自学习地发现负荷变化规律，建立负荷模型，因此在此基础上进行预测的结果将会更加合理和准确。随着配电网信息化的快速发展和电力需求影响因素的逐渐增多，用电预测的大数据特征日益凸显，常规的负荷预测算法难以准确把握各区域的负荷变化规律，海量数据挖掘分析能力有限。基于大数据的分布式短期负荷预测方法，综合利用大数据和人工智能方法的优势，使得负荷预测精度更高。智能预测方法具备良好的非线性拟合能力，近年来用电预测领域出现了大量的研究成果，人工神经网络、遗传算法、粒子群算法和支持向量机等智能预测算法开始广泛地应用于用电预测。

人工神经网络具有快速并行处理能力和良好的分类能力，能够避免人为假设的弊端，可以较好地满足短期电力负荷预测的准确度和速度要求，基于神经网络的负荷预测技术已成为人工智能在电力系统中最为成功的应用之一。利用人工神经网络的非线性预测能力建立电力负荷预测模型，综合考虑短期电力负荷预测受到天气、季节、节假日和经济等因素的影响，提高了电力负荷预测的精度。此外，为了防止神经网络陷入局部最优问题，有学者提出采用遗传算法对人工神经网络的连接权值进行优化。这种采用多种人工智能算法的预测技术能有效提高短期电力负荷预测的准确度，降低平均预测误差。对基于 BP 神经网络和遗传算法的短期电力负荷预测流程的描述如下。

① 收集数据：选择某地区某个月份（如 1 月 1 日～31 日）的电力负荷数据作为训练样本集，对 2 月 1 日的数据进行预测。

② 数据样本预处理：根据 BP 神经网络输入/输出函数的要求和特点，对短期电力负荷的原始数据进行预处理。

③ 构建电力负荷预测模型：需要确定 BP 神经网络的输入层、输出层以及隐含层的节点个数、学习率等参数。初始化 BP 神经网络的连接权值，确定遗传算法的初始种群、最大迭代次数、复制、交叉和变异操作方法等，利用遗传算法对 BP 神经网络连接权值进行优化，直到找到满意的个体，将最优个体解码作为优化后的 BP 神经网络的连接权值。

④ 利用 BP 神经网络和历史数据对电力负荷进行预测，输出预测结果。

有些文献用自适应决策树对存储在数据库中的用电记录、季节、气候和其他一些相关的属性进行聚类分析，不仅划分了用户群组行为模式及其负荷要求情况，制定出了合适的收费表，而且分析出了用户与其他属性相关联的一些特点。例如，用关联规则对客户的模式和用电需求进行划分，可以预测出客户使用的模式，从而改进发电管理，增加自身的竞争力。

通过以上分析可知，将电力大数据作为分析样本可以实现对电力负荷的实时、准确预测，为规划设计、电网运行调度提供可靠的依据，提升决策的准确性和有效性。

智能电网承载着电力流、信息流、业务流，集成了信息技术、计算机技术、人工智能技术，是对传统电网的继承与发扬。大数据技术为智能电网的发展注入了新的活力，电力企业的整体价值将不断跃升，利用大数据技术对电力数据进行深度数据挖掘和分析，能够进一步提升整个电力系统的自动化、智能化和信息化水平。

9.4　本章小结

本章聚焦人工智能技术在电力系统中的应用，详细介绍了电力系统故障诊断、电力设备巡检和电力大数据分析中涉及的人工智能技术，表明了人工智能技术在现代电力系统中的重要性。除了本章介绍的电力系统中人工智能技术应用示例，人工智能技术在电力系统的运行状态监测与预警、发电生产控制与规划、电力市场交易等方面也得到了应用。随着智能电网建设的逐步深入，人工智能技术将在电力系统中发挥更多、更大的作用。

参考文献

[1] 李德毅,于剑,中国人工智能学会. 人工智能导论[M]. 北京:中国科学技术出版社,2018.

[2] 涂序彦,马忠贵,郭燕慧. 广义人工智能[M]. 北京:国防工业出版社,2012.

[3] 涂序彦,韩力群. 人工智能:回顾与展望[M]. 北京:科学出版社,2006 .

[4] 博登. 人工智能哲学[M]. 刘希瑞,译. 上海:上海译文出版社,2006.

[5] 何华灿. 人工智能导论[M]. 西安:西北工业大学出版社,1988.

[6] 王珏,袁小红,石纯一,等. 关于知识表示的讨论[J]. 计算机学报,18(3):212-224,1995.

[7] 王万良. 人工智能导论[M]. 5 版. 北京:高等教育出版社,2020

[8] 肖仰华,等. 知识图谱[M]. 北京:电子工业出版社,2019.

[9] 卢奇,科佩克. 人工智能[M]. 2 版. 林赐,译. 北京:人民邮电出版社,2018.

[10] 史忠植,王文杰,马惠芳. 人工智能导论[M]. 北京:机械工业出版社,2019.

[11] 肖汉光,王勇,黄同愿,等. 人工智能概论[M]. 北京:清华大学出版社,2020.

[12] Frederick Hayes-Roth, 黄祥喜,邱涤虹. 知识工程概况[J]. 计算机科学,1986(3):1-17.

[13] 马少平,朱小燕. 人工智能[M]. 北京:清华大学出版社,2004.

[14] 蔡自兴,等. 人工智能及其应用[M]. 6 版. 北京:清华大学出版社,2020.

[15] 斯加鲁菲. 人工智能通识课[M]. 张瀚文,译. 北京:人民邮电出版社,2020.

[16] 史忠植. 高级人工智能[M]. 3 版. 北京:科学出版社,2016.

[17] 刘振亚. 智能电网技术[M]. 北京:中国电力出版社,2010.

[18] 丛爽. 智能控制系统及其应用[M]. 合肥:中国科学技术大学出版社,2013.

[19] 毕晓君. 计算智能[M]. 北京:人民邮电出版社,2020.

[20] 马希文. 逻辑·语言·计算——马希文文选[M]. 北京:商务印书馆,2003.

[21] 卡伦. 人工智能[M]. 黄厚宽,田盛丰,等译. 北京:电子工业出版社,2004.

[22] 卢格. 人工智能:复杂问题求解的结构和策略[M]. 6 版. 郭茂祖,等译. 北京:机械工业出版社,2017.

[23] 朱福喜,汤怡群,傅建明,等. 人工智能原理[M]. 武汉:武汉大学出版社,2002.

[24] 袁作兴. 领悟数学[M]. 长沙:中南大学出版社,2014.

[25] 刘峡壁. 人工智能导论——方法与系统[M]. 北京:国防工业出版社,2008.

[26] 蔡自兴,蒙祖强. 人工智能基础[M]. 2 版. 北京:高等教育出版社,2010.

[27] 高济,朱淼良,何钦铭. 人工智能基础[M]. 北京:高等教育出版社,2002.

[28] 杨善林,倪志伟. 机器学习与智能决策支持系统[M]. 北京:科学出版社,2004.

[29] 刘白林. 人工智能与专家系统[M]. 西安:西安交通大学出版社,2012.

[30] 蔡自兴,徐光祐. 人工智能及其应用[M]. 4 版. 北京:清华大学出版社,2010.

[31] 丁世飞. 人工智能[M]. 北京:清华大学出版社,2011.

[32] 王士同,陈慧萍,赵跃华. 人工智能教程[M]. 北京:电子工业出版社,2001.

[33] 齐敏,李大健,郝重阳. 模式识别导论[M]. 北京:清华大学出版社,2009.

[34] 盛立东.模式识别导论[M].北京:北京邮电大学出版社,2010.
[35] SERGIOS T, KONSTANTINOS K.模式识别[M].4版.李晶皎,王爱侠,张广渊,等译.北京:电子工业出版社, 2016.
[36] 胡良谋,曹克强,徐浩军,等.支持向量机故障诊断及控制技术[M].北京:国防工业出版社,2011.
[37] NILSSON N J.人工智能[M].郑扣根,庄越挺,译.北京:机械工业出版社,2003.
[38] 宋良图,刘现平,毕金元,等.一种基于任务分解的多知识库协同求解专家系统[J].模式识别与人工智能,2006,19(4):515-519.
[39] 陈立潮.知识工程与专家系统[M].北京:高等教育出版社,2013.
[40] 王汝传,徐小龙,黄海平.智能 Agent 及其在信息网络中的应用[M].北京:北京邮电大学出版社,2006.
[41] 张林,徐勇,刘福成.多 Agent 系统的技术研究[J].计算机技术与发展,2008,18(8):80-83+87.
[42] 陈刚,陆汝钤.关系网模型-基于社会合作机制的多 Agent 协作组织方法[J].计算机研究与发展,2003,40(1):107-114.
[43] 金士尧,黄红兵,范高俊.面向涌现的多 Agent 系统研究及其进展[J].计算机学报,2008, 31(6):881-895.
[44] 张文亮,刘壮志,王明俊,等.智能电网的研究进展及发展趋势[J].电网技术,2009,33(13): 1-11.
[45] 陈树勇,宋书芳,李兰欣,等.智能电网技术综述[J].电网技术,2009,33(8):1-7.
[46] 徐青山.电力系统故障诊断及故障恢复[M].北京:中国电力出版社,2007.
[47] 吴欣.基于改进贝叶斯网络方法的电力系统故障诊断研究[D].杭州:浙江大学,2005.
[48] 李向,鲁守银,王宏,等.一种智能巡检机器人的体系结构分析与设计[J].机器人,2005,27(6):502-506.
[49] 毛琛琳,张功望,刘毅.智能机器人巡检系统在变电站中的应用[J].电网与清洁能源,2009,25(9):30-32+36.
[50] 王磊.基于任务划分的电力线路巡检飞行机器人路径规划研究[D].北京:华北电力大学,2010.
[51] 苏建军.电力机器人技术[M].北京:中国电力出版社,2015.
[52] 刘洪正.输电线路巡检机器人[M].北京:中国电力出版社,2014.
[53] 胡毅,刘凯.输电线路遥感巡检与监测技术[M].北京:中国电力出版社,2012.
[54] 赵云山,刘焕焕.大数据技术在电力行业的应用研究[J].电信科学,2014,30(1):57-62.
[55] 刘科研,盛万兴,张东霞,等.智能配电网大数据应用需求和场景分析研究[J].中国电机工程学报,2015,35(2):287-293.
[56] 彭小圣,邓迪元,程时杰,等.面向智能电网应用的电力大数据关键技术[J].中国电机工程学报,2015,35(3):503-511.
[57] 徐洁磐.人工智能导论[M].北京:中国铁道出版社,2019.
[58] 王艳.贝叶斯网络及其在电网故障诊断中的应用研究[D].河北:华北电力大学,2007.
[59] 李杨,高赐威,孙毅.智能电网用户用电行为分析方法[M].北京:中国电力出版社,2017.

[60] 王继业.电力大数据技术及其应用[M].北京:中国电力出版社,2017.

[61] 张良均,王路,谭立云,等.Python 数据分析与挖掘实战[M].北京:机械工业出版社,2015.

[62] 廉师友.人工智能技术导论[M].3 版.西安:西安电子科技大学出版社,2007.

[63] 王毅,张宁,康重庆,等.电力用户行为模型:基本概念与研究框架[J].电工技术学报,2019,34(10):2056-2068.

[64] 王汉生,周静.深度学习:从入门到精通[M].北京:人民邮电出版社,2020.

[65] 王改华.深度学习——卷积神经网络算法原理与应用[M].北京:中国水利水电出版社,2019.

[66] 陈仲铭,彭凌西.深度学习原理与实践[M].北京:人民邮电出版社,2018.